ENCYCLOPÉDIE DES TRAVAUX PUBLICS

Directeur : **M.-C. LECHALAS,** 12, *rue Alphonse de Neuville, PARIS*
Volumes grand in-8°, avec de nombreuses figures.
Médaille d'or à l'Exposition universelle de 1889

OUVRAGES DE PROFESSEURS A L'ÉCOLE DES PONTS ET CHAUSSÉES

M. Bechmann. *Distributions d'eau et Assainissement.* 2ᵉ édit., 2 vol. à 20 fr........ **40 fr.**

M. Bricka. *Cours de chemins de fer de l'École des ponts et chaussées.* 2 vol., 1.343 pages et 514 figures................ **40 fr.**

M. L. Durand-Claye. *Chimie appliquée à l'art de l'ingénieur,* en collaboration avec *MM. Dérôme et Feret,* 2ᵉ édit. considérablement augmentée, 15 fr. — *Cours de routes de l'École des ponts et chaussées,* 606 pages et 234 figures, 2ᵉ édit., 20 fr. — *Lever des plans et nivellement,* en collaboration avec *MM. Pelletan et Lallemand.* 1 vol., 703 pages et 256 figures (cours des Écoles des ponts et chaussées et des mines, etc.)................ **25 fr.**

M. Flamant. *Mécanique générale (Cours de l'École centrale),* 1 vol. de 544 pages, avec 293 figures, 20 fr. — *Stabilité des constructions et résistance des matériaux.* 2ᵉ édit., 670 pages, avec 270 figures, 25 fr. — *Hydraulique (Cours de l'École des ponts et chaussées),* 1 vol., 716 pages et 129 figures................ **25 fr.**

M. Gariel. *Traité de physique.* 2 vol., 448 figures................ **20 fr.**

M. Guillemain. *Navigation intérieure, rivières et canaux.* 2 vol. (1.172 pages, avec 200 figures ; cours de l'École des ponts et chaussées)................ **40 fr.**

M. F. Laroche. *Travaux maritimes.* 1 vol. de 490 pages, avec 116 figures et un atlas de 16 grandes planches, 40 fr. — *Ports maritimes.* 2 vol. de 1006 pages, avec 524 figures et 2 atlas de 37 planches, double in-4° (*Cours de l'École des ponts et chaussées*)............ **50 fr.**

M. Nivoit. *Géologie appliquée à l'art de l'ingénieur,* cours professé à l'École des ponts et chaussées. 2 vol. de 1.274 pages, avec 555 figures................ **40 fr.**

M. M. d'Ocagne. *Géométrie descriptive et Géométrie infinitésimale* (cours de l'École des ponts et chaussées), 1 vol., 340 fig. .... **12 fr.**

M. J. Résal. *Traité des Ponts en maçonnerie,* en collaboration avec *M. Degrand.* 2 vol., avec 600 figures, 40 fr. — *Traité des Ponts métalliques* 2 vol., avec 500 figures, 40 fr. — *Constructions métalliques, élasticité et résistance des matériaux : fonte, fer et acier.* 1 vol. de 652 pages, avec 203 figures. 20 fr. — Le 1ᵉʳ volume des *Ponts métalliques* est à sa seconde édition (revue, corrigée et très augmentée). — *Cours de ponts,* professé à l'École des ponts et chaussées, 1 vol. de 410 pages, avec 284 figures. (*Études générales et ponts en maçonnerie,* 14 fr.). — *Cours de résistance des matériaux* (École des ponts et chaussées) .... **16 fr.**

OUVRAGES DE PROFESSEURS A L'ÉCOLE CENTRALE DES ARTS ET MANUFACTURES

M. Deharme. *Chemins de fer. Superstructure* ; première partie du cours de chemins de fer de l'École centrale. 1 vol. de 696 pages, avec 310 figures et 1 atlas de 71 grandes planches in-4° doubles (voir *Encyclopédie industrielle* pour la suite de ce cours).

M. Denfer. *Architecture et constructions civiles.* Cours d'architecture de l'École centrale : *Maçonnerie.* 2 vol., avec 794 figures, 40 fr. — *Charpente en bois et menuiserie.* 1 vol., avec 680 figures, 25 fr. — *Couverture des édifices* 1 vol., avec 423 figures, 20 fr. — *Charpenterie métallique, menuiserie en fer et serrurerie.* 2 vol., avec 1.050 figures, 40 fr. — *Fumisterie (Chauffage et ventilation).* 1 vol. de 726 pages, avec 731 figures (numérotées de 1 à 375, l'auteur affectant chaque groupe de figures d'un numéro seulement). — *Plomberie : Eau, Assainissement, Gaz,* 1 vol. de 568 p. avec 391 fig................ **fr.**

M. Dorion. *Cours d'Exploitation des mines.* 1 vol. de 692 pages, avec 1.100 figures........ Ce Cours, professé à l'École centrale, est suivi du recueil complet des documents officiels, actuellement en vigueur, relatifs à l'exploitation des mines (lois, ordonnances et décrets, circulaires).

M. Monnier. *Électricité industrielle,* cours professé à l'École centrale, 2ᵉ édit. considérablement augmentée, 2 vol., à 12 fr. le volume (*sous presse*).

M. Mᵉˡ Pelletier. *Droit industriel,* cours professé à l'École centrale. 1 vol........ **15 fr.**

MM. E. Rouché, ancien professeur de géométrie descriptive à l'École centrale, et C. Brisse, professeur du même cours : *Coupe des pierres.* 1 vol. et un grand atlas........ **25 fr.**

MM. C. Brisse, et **H. Picquet** : *Cours de géométrie descriptive de l'École centrale,* 1 vol. grand in-8° avec figures (Voir ci-dessous : *Encyclopédie industrielle*)........ **17 fr. 50**

OUVRAGE D'UN PROFESSEUR AU CONSERVATOIRE DES ARTS ET MÉTIERS

M. E. Rouché, membre de l'Institut. *Éléments de statique graphique.* 1 vol., **12 fr. 50**

OUVRAGES DE PROFESSEURS A L'ÉCOLE NATIONALE SUPÉRIEURE DES MINES

M. Aguillon. *Législation des mines, française et étrangère.* 3 vol................ **40 fr.**

M. Pelletan. *Lever des plans et nivellement souterrains* (Voir ci-dessus : *Durand-Claye*).

OUVRAGE D'UN PROFESSEUR A L'ÉCOLE NATIONALE FORESTIÈRE

M. Thiéry. *Restauration des montagnes,* avec une *Introduction* par M. Lechalas père. vol. de 442 pages, avec 173 figures................ **15 fr.**

(*Voir la suite*)

COURS

DE

GÉOMÉTRIE DESCRIPTIVE

DE L'ÉCOLE CENTRALE

des Arts et Manufactures

ENCYCLOPÉDIE INDUSTRIELLE

Fondée par M.-C. LECHALAS, Insp⟨r⟩ général des Ponts et Chaussées en retraite

COURS

DE

GÉOMÉTRIE DESCRIPTIVE

PROFESSÉ A

L'ÉCOLE CENTRALE

des Arts & Manufactures

PAR

CH. BRISSE

rédigé et annoté

PAR

H. PICQUET

EXAMINATEUR D'ADMISSION
ET RÉPÉTITEUR DE GÉOMÉTRIE DESCRIPTIVE A L'ÉCOLE POLYTECHNIQUE

PERSPECTIVE : *P. AXONOMÉTRIQUE. — P. CAVALIÈRE. — PROPRIÉTÉS
PROJECTIVES DES FIGURES. — P. CONIQUE. — OMBRES.*
COURBES ET SURFACES : *GÉNÉRALITÉS SUR LES COURBES. — HÉLICE.
GÉNÉRALITÉS SUR LES SURFACES RÉGLÉES, SUR LES SURFACES
DÉVELOPPABLES. — GÉNÉRATION DES SURFACES DÉVELOPPABLES, DES
SURFACES GAUCHES. — RACCORDEMENT DES SURFACES GAUCHES.
SURFACES HÉLICOÏDALES. — COURBURE DES SURFACES.
TRACÉ DES LIGNES D'OMBRE.*
CHARPENTE : *ASSEMBLAGES. — COMBLES. CROUPE BIAISE. — ESCALIERS.*

PARIS

LIBRAIRIE POLYTECHNIQUE

BAUDRY & C⟨ie⟩, LIBRAIRES-ÉDITEURS

13, RUE DES SAINTS-PÈRES, 13

MÊME MAISON A LIÈGE

1898

PRÉFACE

La publication de cet Ouvrage dans l'Encyclopédie de M. Lechalas, si connue et si appréciée par les hommes de science pratique, était décidée lorsque mon ami Brisse, pour des raisons de santé malheureusement trop sérieuses, me pria de me charger de la rédaction de son Cours à l'Ecole centrale des arts et manufactures.

J'acceptai cette tâche, dont la réalisation n'a pas été sans offrir une certaine difficulté si l'on veut bien songer que je n'ai eu pour me guider que des notes prises au cours, très exactes en certaines parties, mais offrant des lacunes qu'il a fallu combler, hélas! sans le secours du Professeur. C'est pourquoi l'on trouvera, dans le texte de l'Ouvrage, deux sortes de caractères.

Le caractère courant a été réservé aux parties du Cours au sujet desquelles aucun doute n'est possible sur la méthode didactique; elles forment la majeure partie de ces leçons. Tout ce qui a été imprimé en caractères plus maigres est relatif à des parties reconstituées ou, pour celles qui ne sont pas comprises au programme intérieur de l'Ecole, à des développements destinés à le compléter sans l'étendre et qui m'ont fourni l'occasion d'apporter à cette rédaction une note personnelle.

Conformément à ce programme, le *Cours de Géométrie descriptive* comprend trois parties.

Dans la première, il est traité des différentes sortes de perspective : perspective axonométrique, perspective cavalière et perspective conique. Tel est, du moins, l'ordre observé dans le programme et dans les notes que j'ai eues entre les mains ; je l'ai respecté scrupuleusement, bien qu'on puisse se demander s'il n'est pas préférable d'opérer dans l'ordre inverse. Un chapitre, relatif aux *propriétés projectives des figures,* précède la perspective conique; je lui ai donné quelque développement, insistant surtout sur l'*homologie,* si utile en perspective toutes les fois qu'il y a lieu d'user de la *méthode de la corde de l'arc.* Ce chapitre pourra être consulté avantageusement au début même du Cours, puisque la méthode que je viens de rappeler est aussi employée en perspective axonométrique et en perspective cavalière.

Ainsi les noms de Chasles et Poncelet, ces grands théoriciens de la Géométrie moderne, apparaissent dès les premiers efforts tentés pour guider l'artiste par le raisonnement. Le Cours professé avec tant de distinction, à l'École polytechnique, par M. le Colonel Mannheim est un modèle dont il est difficile de s'écarter ; aussi paraît-il superflu d'ajouter que celui que je viens de rédiger lui fait de nombreux emprunts. Dans ces conditions, il a pu m'arriver de négliger de citer M. Mannheim : j'espère qu'il voudra bien me pardonner, le cas échéant, cet oubli involontaire.

La première partie se termine par un chapitre consacré à la recherche des ombres et qui renferme des exemples tirés des divers genres de perspective.

La seconde partie a trait à la théorie géométrique des courbes et surfaces. On y trouvera d'abord des généralités sur les courbes, planes ou gauches, puis une étude spéciale de l'hélice, en vue de son application aux surfaces hélicoïdales. Dans les chapitres suivants sont exposées les propriétés des surfaces réglées, gauches ou développables. La théorie de l'application des surfaces développables sur le plan y est traitée avec une rigueur toute spéciale : elle emprunte à l'analyse son point de départ qui est le suivant :

Une courbe gauche étant donnée, on peut trouver une courbe plane qui lui corresponde point par point, de telle façon que les arcs correspondants soient égaux ainsi que les rayons de courbure en deux points correspondants.

C'est la transformée de l'arête de rebroussement de la surface ; les transformées des génératrices et de leurs trajectoires orthogonales forment alors un système de coordonnées qui permet de trouver le transformé d'un point quelconque de la surface. Cette méthode élégante était déjà professée à l'Ecole centrale par M. Rouché, le savant prédécesseur de Brisse.

Un chapitre important traite ensuite des hélicoïdes réglés et, en particulier, des surfaces de vis.

M. le Colonel Mannheim a édifié sur la théorie du mouvement d'une figure de grandeur invariable un admirable exposé de la courbure des surfaces. J'ai regretté de ne pouvoir y recourir sans m'écarter du programme de ce Cours, qui emprunte à l'analyse la relation d'Euler. Je n'ai pu faire que quelques allusions discrètes à la *Géométrie cinématique*, dans deux cas particuliers qui sont le mouvement d'une figure plane dans son plan, et le mouvement d'application d'un plan sur une développable, pour lesquels le pas des hélices décrites est nul ou infini.

Des leçons de Stéréotomie complètent le Cours de Géométrie de l'Ecole centrale ; elles comprennent la Charpente et la Coupe des pierres. Un ouvrage sur la Coupe des pierres, rédigé d'après le programme de ces leçons, ayant été publié par MM. Rouché et Brisse dans l'Encyclopédie des Travaux publics, il a paru suffisant pour compléter ce Cours, de consacrer une troisième partie à la Charpente. Elle est exactement conforme aux leçons de Brisse, qui elles-mêmes se rapprochent assez du Cours de l'École polytechnique pour que j'aie pu tirer la plupart des figures de cette troisième partie des planches qui sont entre les mains des élèves. Suivant le programme de l'École centrale, j'y ai ajouté la description des *noues*.

Il me reste à témoigner toute ma reconnaissance à M. Lechalas pour la façon dont il m'a accueilli dans un Recueil qui paraissait réservé aux Sciences appliquées, et à remercier M. Weil, Ingénieur des arts et manufactures, mis à ma disposition pour l'exécution des figures, de son concours intelligent et dévoué.

Paris. Avril 1898.

H. P.

PREMIÈRE PARTIE

PERSPECTIVE

PRÉLIMINAIRES

1. — La *géométrie descriptive* est l'art de représenter sur une surface qui n'a que deux dimensions des objets qui peuvent en avoir jusqu'à trois.

Les moyens employés sont différents suivant le but à atteindre.

S'il s'agit, par exemple, de corps dont la hauteur est comparable à l'étendue horizontale qu'ils recouvrent, on les remplace d'abord par des figures semblables, de manière à amplifier ou à réduire convenablement leurs dimensions ; puis on en fait deux projections orthogonales ; c'est le système de la géométrie descriptive ordinaire.

S'il s'agit, au contraire, d'un ensemble couvrant une grande étendue horizontale, mais n'ayant qu'une faible épaisseur, comme une fortification ou comme le simple relief de la surface terrestre (cartes à grande échelle), on emploie les projections cotées.

2. Plan, élévations, coupes. — On trouve généralement dans les édifices, les machines, et les corps employés dans l'industrie, trois directions *principales* : l'une verticale et les deux autres horizontales et perpendiculaires entre elles, formant ainsi un trièdre trirectangle. On prend habituellement comme plans de projection des plans parallèles aux faces de ce trièdre. L'un d'eux est donc horizontal et les deux autres sont verticaux.

La projection sur le plan horizontal a reçu le nom de *plan* et les deux autres ceux d'*élévation longitudinale* et d'*élévation latérale*.

Le plus souvent on ne dessine que les parties vues, et pour montrer celles qui sont cachées on fait de nouvelles figures, en supposant que la partie supérieure ou antérieure de l'objet à représenter a été enlevée jusqu'au plan horizontal ou vertical de projection, transporté parallèlement à lui-même dans une position convenable. Ces nouvelles figures ont reçu le nom de *coupes*.

Les coupes, faites par des plans parallèles, dessinées sur papier transparent, placées les unes sur les autres et superposées au plan ou à l'élévation correspondante forment une projection complète de l'objet. Le plan, l'élévation et les coupes portent le nom de *figures géométrales*.

3. — Ce mode de représentation ne laisse donc aucune incertitude ; il définit entièrement le corps et permet de l'exécuter. Mais il a l'inconvénient d'exiger l'étude comparative des diverses projections et de ne pas présenter assez de clarté pour être compris à première vue. Il n'est généralement employé que par les constructeurs.

Lorsqu'on veut seulement faire sauter aux yeux l'agencement des diverses parties d'un ensemble, on a recours aux *perspectives rapides*. Ce sont des projections orthogonales ou obliques des objets proposés sur *un seul* plan de projection. Ce mode de représentation est donc théoriquement incomplet ; mais on verra qu'il atteint parfaitement son but et que, dans bien des cas, il devient complet et permet de restituer les figures géométrales. Nous allons aborder leur étude et nous commencerons par la perspective *axonométrique*.

PERSPECTIVE AXONOMÉTRIQUE

4. — La perspective axonométrique est une projection orthogonale faite sur un plan oblique aux trois directions principales (2).

Cherchons quelle est la disposition des traces sur ce plan des trois arêtes Sx, Sy, Sz d'un trièdre trirectangle Sxyz parallèle au trièdre des directions principales.

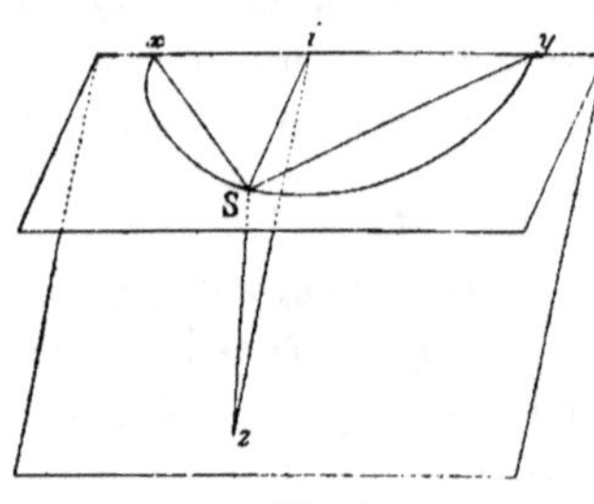

Fig. 1

Soient xy (fig. 1) la trace du plan horizontal Sxy sur le plan de projection, x et y les traces des deux droites Sx et Sy.

Dans ce plan Sxy, le sommet S est sur un cercle décrit sur xy comme diamètre. La perpendiculaire Si, abaissée de S sur xy tombe donc entre x et y, et en élevant en S une perpendiculaire au plan Sxy, le point de rencontre z de cette perpendiculaire avec le plan de projection est tel que l'oblique iz est plus longue que la perpendiculaire iS à Sz. Si donc on rabat le cercle xSy sur le

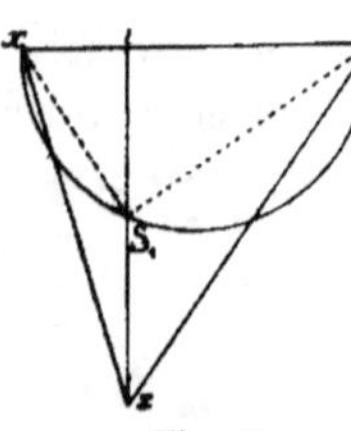

Fig. 2

plan de projection, le point S tombera entre i et z, en S$_1$ (fig. 2) et l'angle xzy sera plus petit que l'angle xS$_1y$, qui est droit. Le même raisonnement appliqué aux arêtes Sx et Sy du trièdre fait voir que *le triangle xyz formé par les traces des arêtes du trièdre sur le plan de projection a ses trois angles aigus.*

5. — Réciproquement, *tout triangle qui a ses trois angles aigus peut être regardé comme le triangle des traces sur le plan de projection d'un certain trièdre trirectangle.*

Soit un tel triangle xyz (fig. **3**) dont un côté xy est disposé horizontalement. Abaissons de z une perpendiculaire zi sur xy ; le point i tombe entre x et y puisque les angles xyz, yxz

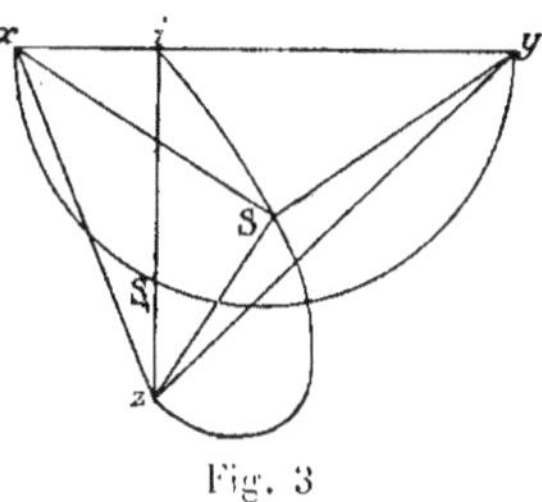

Fig. 3

sont aigus. Sur xy comme diamètre, décrivons une demi-circonférence ; elle coupe zi en S_1 situé entre z et i, puisque l'angle xzy est aigu et que l'angle xS_1y est droit. Sur iz comme diamètre, dans un plan perpendiculaire à xy, décrivons une demi-circonférence où nous inscrirons une corde iS égale à iS_1. Le trièdre $Sxyz$ ou son symétrique par rapport au plan xyz est le trièdre cherché. En effet, l'angle xSy, égal à xS_1y, est droit ; Sz, perpendiculaire à iS puisque l'angle iSz est droit, et à xy puisque le plan iSz est perpendiculaire à xy, est perpendiculaire au plan xSy, puisque iS et xy ne sont pas parallèles.

Le triangle xyz étant donné, la perspective axonométrique du trièdre $Sxyz$ s'en déduit immédiatement. Le plan projetant de Sz sur le plan xyz est en effet le plan Szi ; de sorte que Sz se projette suivant la hauteur zi du triangle xyz. *Les arêtes du trièdre sont donc projetées suivant les trois hauteurs du triangle et le point de concours de ces hauteurs est la projection du sommet* [1].

---

1. Si l'on ajoute que la cote du sommet est une moyenne proportionnelle entre les deux segments déterminés sur l'une quelconque des hauteurs par leur point de concours, segments dont le produit est le même sur chaque hauteur, on a un théorème important de la théorie du trièdre trirectangle et qui est la clef des propriétés précédentes. Il suit de là, en effet, qu'étant donné un triangle à angles aigus, si, au point de concours des hauteurs (intérieur au triangle), on élève au plan du triangle une perpendiculaire de longueur convenable, on obtiendra, de part et d'autre du plan, deux points symétriques d'où l'on verra le triangle sous un trièdre trirectangle. Si, au

L'observateur est toujours supposé en avant du plan de projection et les arêtes du trièdre sont vues ou cachées par ce plan, suivant que le sommet S est ou non du même côté que

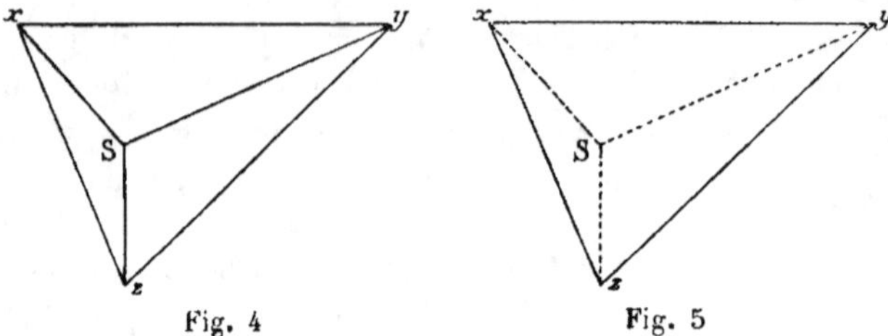

Fig. 4   Fig. 5

l'observateur. Les figures 4 et 5 représentent, suivant les cas, la perspective du trièdre, qui est saillant dans le premier cas, et rentrant dans le second.

6. Echelles. — Il y a d'abord l'échelle du dessin, c'est-à-dire le rapport des longueurs prises sur l'épure aux véritables longueurs de l'espace. C'est généralement un rapport de *réduction* ; nous le désignerons par k.

Considérons maintenant sur une épure géométrale trois directions perpendiculaires entre elles ; l'une verticale, sur laquelle on porte les *cotes*, les deux autres horizontales, respectivement perpendiculaire et parallèle aux projetantes, sur lesquelles on compte les *largeurs* et les *éloignements*. Ces dimensions géométrales se portent respectivement sur les arêtes Sx, Sy, Sz du trièdre axonométrique. La perspective les altère dans un rapport qui est le cosinus de l'angle que fait l'arête correspondante avec le plan de projection, puisque la projection est orthogonale. On donne le nom d'*échelle de ré-*

contraire, le triangle a un angle obtus, le point de concours des hauteurs sort du triangle, le produit précédent change de signe, et les deux sommets du trièdre trirectangle deviennent analytiquement imaginaires.

Ce théorème permet, par exemple, de démontrer, par la géométrie la plus élémentaire, cette propriété bien connue en géométrie analytique : *On ne peut pas, en général, placer sur un cône oblique à base circulaire les arêtes d'un trièdre trirectangle. Si le problème admet une solution, il en admet une infinité.*

duction suivant l'un des axes au rapport aux vraies dimensions de l'espace de celles qui sont portées en perspective sur l'axe correspondant. De sorte que si AB, ab, a_1b_1, a_2b_2, a_3b_3 désignent respectivement un segment de l'espace, le segment correspondant de l'épure et les trois segments réduits suivant les trois axes, et si l'on appelle m, n, p les trois échelles axonométriques et α, β, γ les angles des trois arètes du trièdre avec le plan de projection, on a par définition :

$$\frac{ab}{AB} = k\,, \quad \frac{a_1b_1}{AB} = m\,, \quad \frac{a_2b_2}{AB} = n\,, \quad \frac{a_3b_3}{AB} = p\,,$$

et comme :

$$a_1b_1 = ab.\cos\alpha$$
$$a_2b_2 = ab.\cos\beta$$
$$a_3b_3 = ab.\cos\gamma$$

on en conclut :

$$\left.\begin{array}{l} m = k\cos\alpha \\ n = k\cos\beta \\ p = k\cos\gamma \end{array}\right\} \qquad (1)$$

D'ailleurs les angles α, β, γ que font avec un même plan les trois arètes d'un trièdre trirectangle satisfont à une relation bien connue en géométrie analytique, qui est la suivante :

$$\cos^2\alpha + \cos^2\beta + \cos^2\gamma = 2.$$

Pour la démontrer, traçons (fig. 6) la projection $Sxyz$ du

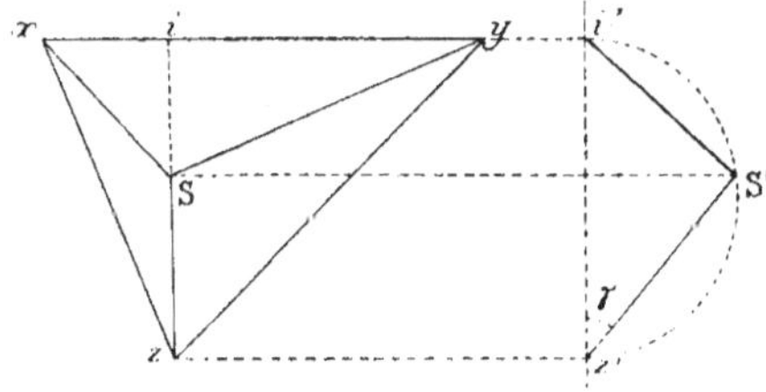

Fig. 6

trièdre axonométrique, et soit $i'S'z'$ la section du trièdre par le plan de profil iz, où l'angle S' est droit et l'angle z' égal à γ.

Les triangles xSy, xzy, ayant même base, sont entre eux comme leurs hauteurs. D'où :

$$\frac{xSy}{xzy} = \frac{Si}{zi} = \frac{Si \cdot \sin \gamma}{zi} = \frac{zi \cdot \sin^2 \gamma}{zi} = \sin^2 \gamma.$$

Par suite :

$$xSy = xyz \cdot \sin^2 \gamma$$

De même :

$$ySz = xyz \cdot \sin^2 \alpha$$
$$zSx = xyz \cdot \sin^2 \beta$$

Ajoutant :

$$1 = \sin^2 \alpha + \sin^2 \beta + \sin^2 \gamma$$

ou, en introduisant les cosinus :

$$\cos^2 \alpha + \cos^2 \beta + \cos^2 \gamma = 2.$$

Si l'on remplace maintenant les cosinus par leurs valeurs en fonction des échelles, on obtient la relation :

$$m^2 + n^2 + p^2 = 2k^2 \qquad (2)$$

qui existe entre les quatre échelles.

7. — Nous nous proposerons les deux problèmes suivants :

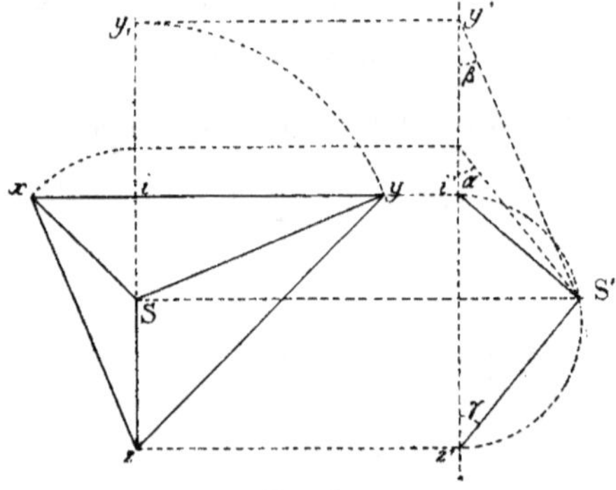

Fig. 7

1° *Connaissant le triangle xyz et l'une des échelles, trouver les trois autres.*

Ce problème est déterminé : le sommet du trièdre axonométrique se déduit en effet du triangle xyz, d'après la note précédente ; on en conclut les trois angles, et, par l'une des échelles et les relations (1), les trois autres échelles.

Voici le détail de la construction. Soit xyz le triangle, S le point de concours des hauteurs ; sur un plan vertical auxiliaire parallèle à Sz projetons la figure qui est dans le plan iSz. L'angle en S étant droit, S' est sur la demi-circonférence décrite sur le diamètre iz', d'où l'angle $\gamma = Sz'i$.

L'angle β est dans le plan perpendiculaire au plan de projection mené par Sy ; faisons tourner ce plan autour de la projetante de S, y vient en y_1 et se projette en y', d'où l'angle $\beta = S'y'i$. L'angle α s'obtient par une construction analogue.

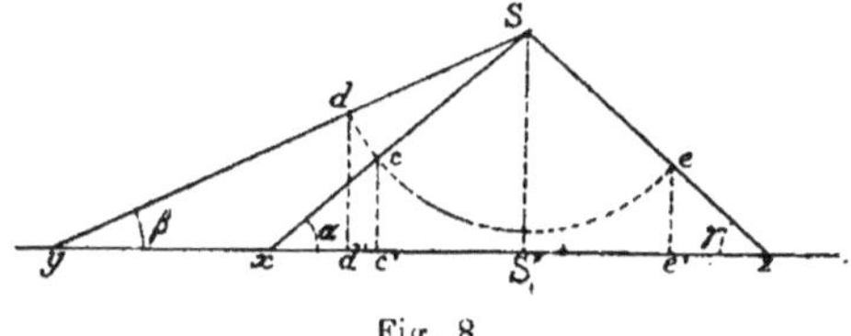

Fig. 8

Soient maintenant **AB** une longueur de l'espace (fig. 8) et ab la même longueur réduite à l'échelle du dessin supposée connue. Par un point quelconque S, menons trois droites Sx, Sy, Sz faisant avec une droite indéfinie yxz les angles α, β, γ ; portons à partir de S sur chacune d'elles en Sc, Sd, Se une longueur égale à ab ; c, d, e se projettent sur xyz en c', d', e' et les trois échelles m, n, p sont respectivement égales aux rapports :

$$\frac{S'c'}{AB}, \quad \frac{S'd'}{AB}, \quad \frac{S'c'}{AB}.$$

Si, au lieu de donner l'échelle du dessin, on donnait l'une des échelles m, n, p, la même figure servirait par une construction inverse à la détermination des trois autres.

2° *Connaissant trois des échelles, trouver la quatrième et orienter le trièdre axonométrique.*

Le problème est déterminé, car la relation (2) donne la quatrième échelle, et les trois angles se déduisent des relations (1). On construira la quatrième échelle comme il suit :

Si les échelles données sont m, n. p, l'hypoténuse bc d'un triangle rectangle de côtés m et n étant tracée (fig. 9), on cherchera de même l'hypoténuse bd d'un triangle rectangle de côtés bc et p. Sur bd comme diamètre on décrira une demi-circonférence ; k sera la corde du quadrant de cette demi-circonférence, en vertu de la relation (2).

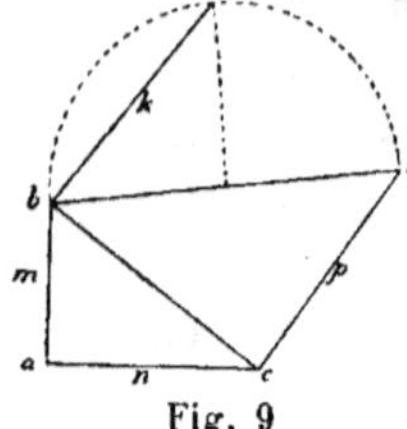

Fig. 9

Les relations (1) donnent ensuite les cosinus des angles α, β, γ ; et comme ils doivent être inférieurs à l'unité, il faut que la valeur de k déduite de la construction précédente soit supérieure à la plus grande des échelles m, n, p. On doit donc avoir, en supposant que p soit cette échelle

$$\frac{p}{k} < 1$$

d'où

$$2p^2 < 2k^2$$
$$2p^2 < m^2 + n^2 + p^2$$
$$p^2 < m^2 + n^2$$

c'est-à-dire que *le carré de la plus grande échelle axonométrique doit être inférieur à la somme des carrés des deux autres.*

Cette inégalité est suffisante, car elle conduit à $\frac{p}{k} < 1$, d'où à *fortiori* :

$$\frac{m}{k} < 1. \quad \frac{n}{k} < 1.$$

Si les échelles données sont m, n, k, on doit avoir d'abord :

$$\frac{m}{k} < 1, \quad \frac{n}{k} < 1. \tag{3}$$

On construira alors $2k^2$ et $m^2 + n^2$ par deux triangles rectangles, puis $2k^2 - m^2 - n^2$ par un troisième triangle rectangle qui donnera l'échelle inconnue p et qui sera toujours possible, à cause des inégalités (3).

Mais on doit avoir en outre $\frac{p}{k} < 1$. On tire de là :

$$\left.\begin{array}{c} p^2 < k^2 \\ 2k^2 - m^2 - n^2 < k^2 \\ k^2 < m^2 + n^2 \end{array}\right\} \qquad (4)$$

Les inégalités (3) et (4) sont nécessaires et suffisantes.

D'une façon générale, les inégalités entre les échelles peuvent se réduire à la double inégalité suivante :

$$p^2 < k^2 < m^2 + n^2$$

qui exprime que *l'échelle du dessin est plus grande que la plus grande échelle axonométrique et plus petite que la racine carrée de la somme des carrés des deux autres.*

Les échelles étant déterminées ainsi que les angles, pour avoir le trièdre axonométrique, on trace une horizontale arbitraire xy (fig. 7) et une perpendiculaire arbitraire $i'z'$ avec laquelle on fait l'angle $z'i'S' = \frac{\pi}{2} - \gamma$.

Au point arbitraire S', on fait l'angle droit $i'S'z'$, d'où le sommet z. Par S', on mène une droite faisant l'angle α avec $i'z'$, d'où, par une rotation autour du point S, le sommet x ; de même, on aura le sommet y, soit par l'angle β, soit au moyen de la hauteur opposée au côté xz.

8. — Nous sommes maintenant en mesure d'aborder les problèmes de la perspective axonométrique. Ils sont au nombre de trois :

1° *Un corps étant donné par ses figures géométrales, trouver sa perspective axonométrique,* c'est-à-dire recopier en perspective axonométrique un dessin donné par une épure de géométrie descriptive ordinaire ;

2° *Un corps étant donné en perspective axonométrique, restituer ses figures géométrales,* ce qui est le problème inverse ;

3° *Composer directement*, c'est-à-dire traiter directement un problème en perspective axonométrique, sans passer par l'intermédiaire des figures géométrales.

9. Premier problème. — Il se résout par le procédé bien connu donné en géométrie analytique pour déterminer un point par ses trois coordonnées.

Soit Sxyz (fig. 10) la projection du trièdre axonométrique, que l'on se donne *à priori* et dans laquelle S est, comme on l'a vu, le point de concours des hauteurs du triangle xyz. Les trois arêtes du trièdre ont pour projections les trois hauteurs

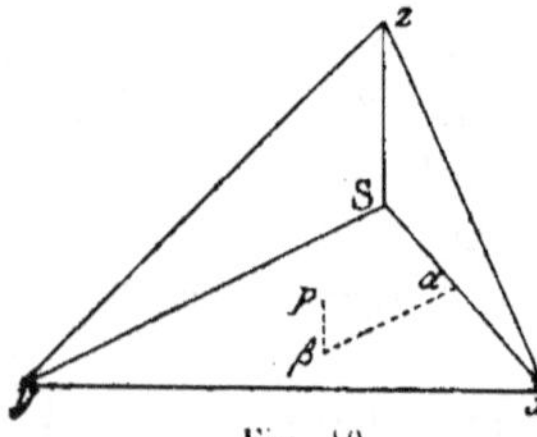

Fig. 10

Sx, Sy, Sz du triangle et correspondent respectivement aux largeurs, aux éloignements et aux cotes, donnés par les figures géométrales.

L'épure donne les dimensions de l'espace réduites à l'échelle du dessin ; on les réduira ensuite à l'échelle axonométrique correspondante au moyen de la figure 8. Pour avoir la perspective d'un point, on portera sur Sx, à partir de S, dans le sens convenable, la largeur Sa donnée par l'épure (fig. 11) et réduite à l'échelle de Sx. On obtiendra ainsi un point α à partir duquel on portera, dans le sens convenable, sur une parallèle à Sy l'éloignement am indiqué par l'épure et réduit à l'échelle de Sy. Enfin, à partir du point β ainsi obtenu, on portera la cote verticale $a'm'$ du point, réduite à l'échelle de Sz et dans le sens voulu suivant que le point est au-dessus ou au-dessous du plan horizontal. On aura ainsi la perspective du point en p.

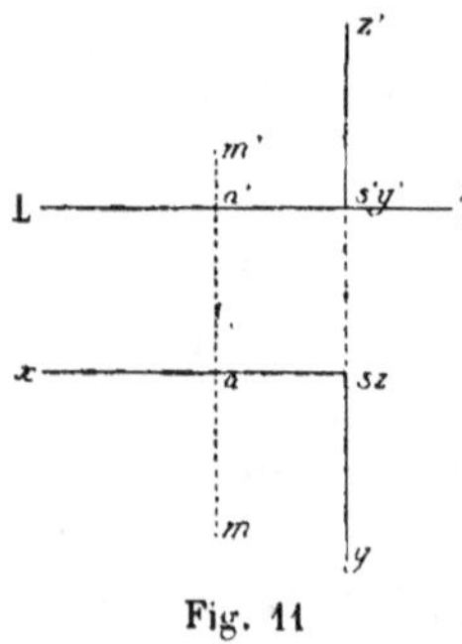

Fig. 11

10. Exemple. — *Assemblage droit à tenon et mortaise.* — Cherchons, comme application, la perspective axonométrique de l'assemblage de charpente dit *à tenon et mortaise.*

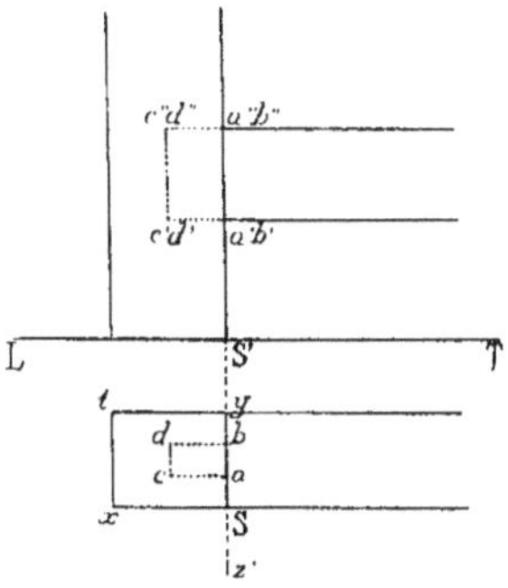

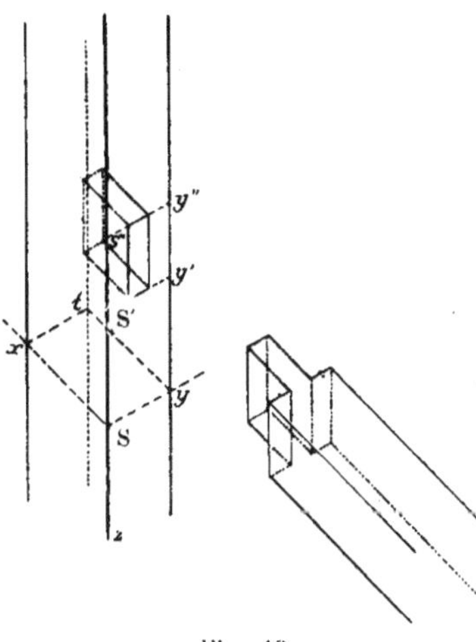

Fig. 12

Supposons une première pièce de bois équarrie, verticale, et une seconde pièce horizontale, de même équarrissage butant contre la première. Elle lui est *assemblée* à l'aide d'un prolongement dit *tenon*, qui pénètre dans une entaille pratiquée dans la première pièce et qu'on appelle *mortaise*. La figure géométrale (fig. 12) fait voir les deux pièces assemblées et, en points ronds, les dimensions communes du tenon et de la mortaise. L'épaisseur *cd* du tenon est à peu près égale au tiers de l'équarrissage. Soit (S, S') sur l'épure, l'origine des coordonnées axonométriques, comptées suivant S*x*, S*y*, S'*z'*.

Pour faire la perspective, plaçons arbitrairement en S (fig. 13) le sommet du trièdre axonométrique supposé saillant, par exemple, comme à la figure 4. Alors on verra les deux pièces en dessus, puisque l'observateur est à l'infini dans une direction perpendiculaire au plan *xyz'* de l'épure et du même côté que S. Et, comme trois droites concourantes peuvent toujours être considérées comme les hauteurs d'un trian-

Fig. 13

gle, donnons-nous arbitrairement les trois directions axonométriques Sx, Sy, Sz, disposées d'ailleurs comme à la figure 4. Nous aurons ainsi facilement le parallélogramme $Sxty$, perspective de la section droite de la pièce verticale en réduisant les longueurs Sx et Sy de l'épure respectivement aux échelles Sc, Sd de la figure 8 ; et, menant par les sommets de ce parallélogramme des parallèles à Sz, nous aurons la perspective de cette pièce, dans laquelle il faut observer que le trièdre axonométrique étant saillant, l'arête verticale S est vue, tandis que l'arête t est cachée.

Pour dessiner la mortaise, portons à partir de S sur l'arête verticale Sz une longueur égale à $S'a'$ de l'épure à l'échelle de Sz, et menons les parallèles $S'y'$, $S''y''$, telles que $S'S''$ soit égal à la hauteur de la pièce horizontale, réduite à l'échelle de Sz. Nous aurons en $S'S''y'y''$ la perspective du *rectangle d'occupation*, dans lequel on placera l'entrée de la mortaise au tiers moyen de l'équarrissage. La profondeur de la mortaise prise sur l'épure permettra d'achever aisément la perspective de cette mortaise.

Pour représenter le tenon, reculons la pièce horizontale suivant Sx d'une longueur arbitraire et reproduisons la figure formée par la mortaise et le rectangle d'occupation. Il suffira, pour achever la figure, de mener par les sommets du parallélogramme, perspective de ce rectangle, des parallèles à Sx qui seront les arêtes de la pièce horizontale et de faire la nouvelle ponctuation en tenant compte des parties vues et cachées.

11. Deuxième problème. — *Restitution des figures géométrales*. — Il est, par sa nature, indéterminé, parce qu'une seule projection ne suffit pas pour déterminer un corps de l'espace, et la restitution exige des données en dehors de la perspective.

Soient $Sxyz$ le trièdre axonométrique (fig. 10) et p la perspective d'un point de la figure ; la plupart du temps, on connaît un plan parallèle à l'un des plans axonométriques dans lequel se trouve le point. Supposons donnée, par exemple, sa cote βp à l'échelle de Sz, en grandeur et en signe. On obtient alors sa projection β sur le plan xSy, en menant βp égal et parallèle à cette cote, dans le même sens ; d'où α sur Sx par une parallèle à Sy, et enfin la troisième coordonnée Sα du point p. Ces trois coordonnées, amplifiées dans les rapports inverses des trois échelles (fig. 8), permettent de restituer le point sur l'épure (fig. 11).

12. Troisième problème. — *Composition directe.* — Nous le traiterons sur un exemple, et nous chercherons l'intersection d'une sphère avec un prisme droit à base rectangle[1].

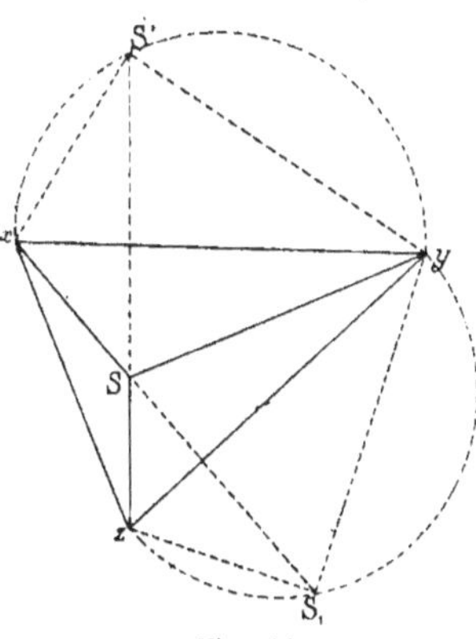

Fig. 11

La projection étant orthogonale, le contour apparent de la sphère est un grand cercle. Soit *abcd* (fig. 13) la perspective du rectangle, base du prisme, que nous supposerons concentrique à la sphère et dont les côtés sont parallèles à Sx et à Sz (fig. 14): le prisme étant droit, ses arêtes sont parallèles à Sy.

Cherchons l'intersection de la face *abef* avec la sphère ; cette courbe est un cercle que nous allons rabattre sur le plan parallèle au plan de projection passant par le centre de la sphère. La charnière, intersection de deux plans, dont l'un est parallèle au plan axonométrique ySz et l'autre parallèle au plan de projection, est elle-même parallèle au côté yz du triangle axonométrique. Pour en avoir un point, coupons par le plan de base du prisme ; il coupe le plan de projection O suivant la parallèle menée par O à xz, puisqu'il est lui-même parallèle au

1. Exemple tiré du Cours de Géométrie descriptive de l'École polytechnique par M. le colonel Mannheim (Gauthier-Villars, 1880, p. 144).

plan axonométrique xSz. Il coupe la face $abef$ du prisme suivant ab ; on a donc en y un point de la charnière qui est dès lors la parallèle menée par ce point à yz.

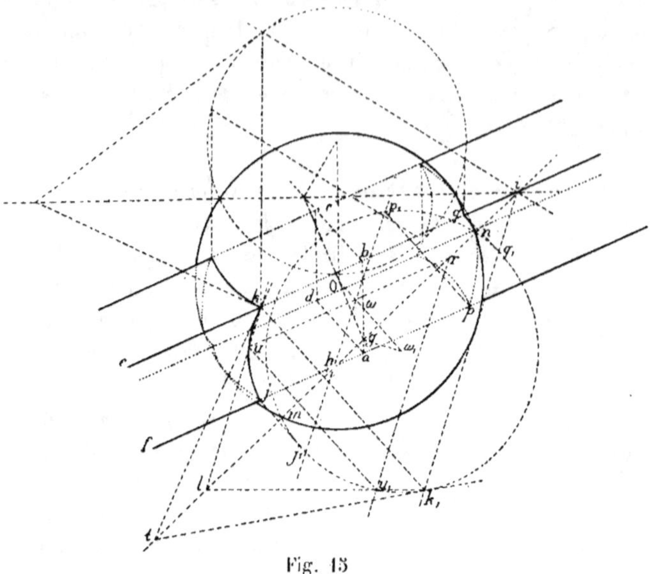

Fig. 13

Le cercle d'intersection passe par les points m et n où cette droite coupe le contour apparent de la sphère ; il suffira d'avoir son centre. Pour cela, abaissons du centre de la sphère une perpendiculaire sur le plan sécant ; cette perpendiculaire est parallèle à Sx, et le pied de la perpendiculaire a pour perspective le point ω, milieu du côté ab du rectangle de base. Dans le rabattement du cercle sur le plan de projection, le point ω se rabattra sur la perpendiculaire $O\omega$ déjà tracée et sur le rabattement de la droite $ab\omega g$.

La direction de ce rabattement est aisée à trouver, car si l'on rabat le plan axonométrique zSy autour de yz sur le plan de projection (fig. 14), le point S se rabat en S_1 sur la demi-circonférence de diamètre yz et les parallèles à Sz se rabattent suivant des parallèles à zS_1. Menant par g une parallèle à cette direction, on aura en ω_1 le rabattement cherché du point ω ; et, par suite, le cercle de centre ω passant par m et n est le cercle cherché.

Les arcs utiles de la circonférence sont compris entre les arêtes af, be. Ces arêtes se rabattent suivant des parallèles au rabattement yS_1 de Sy menées par les points h et i où elles rencontrent respectivement la charnière, lesquelles déterminent sur la circonférence rabattue les arcs utiles $j_1 k_1$ et $p_1 q_1$.

Si l'on observe que, dans le rabattement d'une figure plane autour d'une droite du plan, tous les points de la figure décrivent des arcs dont les cordes sont parallèles dans l'espace et se projettent orthogonalement suivant des parallèles, on voit qu'il suffit de mener par ces points des parallèles à $\omega\omega_1$, ou des perpendiculaires à la charnière, pour obtenir en j, k, p, q les points d'intersection des arêtes avec la sphère. C'est la méthode de *la corde de l'arc*.

La tangente en l'un de ces points se relève au moyen de sa trace t sur la charnière. Un point quelconque u_1 se relève par des parallèles $u_1 r$ à $S_1 y$, ru et $u_1 u$ aux arêtes de la pièce et aux cordes des arcs [1], et la tangente en ce point s'obtient comme la précédente.

On obtient ainsi, par points, les projections de l'intersection de la face considérée avec la sphère. On aura l'intersection des autres faces d'une façon analogue ou par symétrie, et il restera à ponctuer.

---

1. On peut aussi observer que les deux figures, se correspondant point par point de façon que les droites qui joignent les points correspondants soient concourantes (ici parallèles), sont *homologiques*. L'axe d'homologie est évidemment la charnière, sur laquelle se coupent les droites correspondantes. On pourra alors, pour relever le point quelconque u_1, joindre $u_1 k_1$ qui coupe la charnière en l ; la droite $u_1 k_1$ se relève alors en lk sur laquelle on obtient u_1 en u par une parallèle aux cordes des arcs. C'est le procédé général par lequel on trouve le point homologue d'un point donné, dans la figure homologique à une figure donnée, connaissant le centre et l'axe d'homologie ainsi qu'un couple de points correspondants.

13. Avantages de la perspective axonométrique. — *Projection de M. Choisy.* — On a vu que la perspective axonométrique ne suffit pas pour définir un objet; mais elle a l'avantage de rendre compte de son relief et de sa forme générale plus facilement que les figures géométrales.

Elle donne lieu à des constructions simples qui se terminent rapidement avec un peu d'habitude; et cela, d'autant plus que, suivant une remarque déjà faite, les trois directions axonométriques peuvent être choisies arbitrairement (9).

Si même on ne désire que voir l'objet, sans faire un dessin à l'échelle, on peut se donner arbitrairement chaque échelle axonométrique, ce qui revient à déformer l'objet dans le sens de chaque arête du trièdre. C'est la *projection de M. Choisy.*

Dans ce système les figures planes restent planes. Si, en effet, un plan a pour équation :

$$A x + B y + C z + D = 0$$

en multipliant chaque coordonnée par un coefficient arbitraire, l'équation devient :

$$A \alpha x + B \beta y + C \gamma z + D = 0$$

et demeure linéaire.

Il suit de là que les droites restent aussi des droites, et les propriétés projectives ne sont pas altérées. Les relations métriques seules sont modifiées. Un cercle devient une ellipse, mais comme sa projection eût été quand même une ellipse, il n'y a pas là d'inconvénient. Une sphère se transforme en ellipsoïde, et son contour apparent, au lieu d'être un cercle, est une ellipse. La pratique de la méthode a permis de reconnaître qu'il n'y a pas là de difficulté réelle.

Dans l'ouvrage de M. Choisy, intitulé *L'art de bâtir chez les Romains*, on voit des appareils de voûte faits avec ce système de perspective. Le rapport de réduction adopté y est inscrit sur chaque arête du trièdre axonométrique.

Ce mode de représentation est très utile en architecture.

14. Perspectives anisométrique, monodimétrique, isométrique. — Lorsque les trois axes sont inégalement inclinés sur le plan de projection, la perspective est dite *anisométrique*.

Si deux axes sont également inclinés, le troisième ayant une inclinaison différente, la perspective est *monodimétrique*. La géométrie descriptive ordinaire, dans laquelle chaque plan de projection est parallèle à deux des arêtes du trièdre, rentre dans ce cas.

Enfin si les trois arêtes sont également inclinées, on a la perspective *isométrique*. Elle est adoptée dans presque tous les ouvrages anglais. L'angle commun des trois arêtes avec le plan de projection est donné par :

$$3 \cos^2 \alpha = 2$$

d'où :

$$\cos \alpha = \frac{\sqrt{2}}{\sqrt{3}}$$

Si k est, comme plus haut, l'échelle du dessin, et m l'échelle isométrique, on a, à cause de (1) :

$$m = k \, \frac{\sqrt{2}}{\sqrt{3}}.$$

On aura m, c'est-à-dire la longueur qui représente sur l'une des arêtes du trièdre isométrique l'unité de l'espace, par la construction suivante (fig. 16).

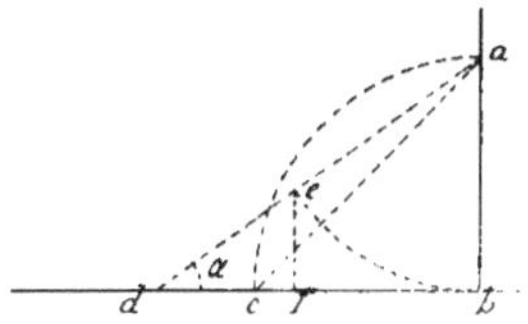

Les deux perpendiculaires ab, bc étant égales à k, on a :

$$ac = k\sqrt{2}$$

Fig. 16

bd étant pris égal à $k\sqrt{2}$, on a :

$$ad = k\sqrt{3}$$

d'où :

$$\cos adb = \frac{k\sqrt{2}}{k\sqrt{3}} = \frac{\sqrt{2}}{\sqrt{3}} = \cos \alpha.$$

Prenant ae égal à k, et projetant e en f, on a :

$$bf = k . \cos \alpha = m.$$

En perspective isométrique, tous les cercles situés dans un plan isométrique ont pour perspectives des ellipses semblables, dites *ellipses isométriques*. Il est aisé de trouver le rapport des axes d'une ellipse isométrique.

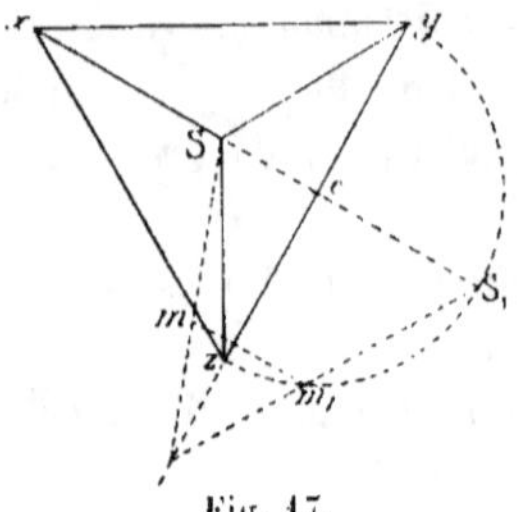

Fig. 17.

Soit $Sxyz$ (fig. 17) le triangle axonométrique, qui est évidemment équilatéral. Le cercle de diamètre yz, dans le plan isométrique Syz, passe par S ; donc il se projette suivant une ellipse isométrique de grand axe cz et de petit axe Sc, et comme la hauteur Sz est bissectrice de l'angle xyz, on en déduit :

$$\frac{b}{a} = \operatorname{tg} 30^{\circ} = \frac{\sin 30^{\circ}}{\cos 30^{\circ}} = \frac{\dfrac{1}{2}}{\dfrac{\sqrt{3}}{2}} = \frac{1}{\sqrt{3}}.$$

La distance focale est donnée par :

$$c^{2} = a^{2} - b^{2} = a^{2} - \frac{a^{2}}{3} = \frac{2a^{2}}{3}$$

d'où :

$$c = a \frac{\sqrt{2}}{\sqrt{3}} = a . \cos \alpha$$

Pour les diamètres conjugués égaux, on a, d'après un théorème d'Apollonius :

$$2a'^{2} = a^{2} + b^{2} = a^{2} + \frac{a^{2}}{3} = \frac{4a^{2}}{3}$$

d'où :

$$a' = a \frac{\sqrt{2}}{\sqrt{3}} = c.$$

C'est là une propriété qui définit l'ellipse isométrique : *les diamètres conjugués égaux égalent la distance focale.*

On voit aussi que Sy et Sz sont les diagonales du rectangle construit sur les demi-axes de l'ellipse. Par suite *les diamètres conjugués égaux d'une ellipse isométrique sont parallèles aux arêtes isométriques du plan de l'ellipse.*

On a construit un *compas isométrique* fondé sur la propriété qu'ont les ellipses isométriques d'être semblables entre elles. Il se compose d'une tige verticale perpendiculairement à laquelle est adaptée une plaque découpée en forme d'ellipse isométrique et qui peut glisser sur la tige de manière à modifier l'ouverture du compas. On place la pointe de la tige au centre de l'ellipse à décrire, et une deuxième tige mobile sur le bord de la plaque, articulée avec la première, décrit l'ellipse.

Il y a aussi le *rapporteur isométrique.* Considérons le trièdre isométrique Sxyz (fig. 17) ; rabattons le plan Syz sur le plan de projection ; S se rabat en S$_1$ sur le cercle de diamètre yz. On divise la demi-circonférence en 180 degrés, et on relève les points de division sur l'ellipse isométrique de grand axe yz, comme dans l'épure de la figure 15. Les droites joignant les points de division au centre de l'ellipse sont les rayons isométriques correspondant aux différents degrés. Si on les reproduit sur une portion de plan, en corne transparente, découpée en demi-ellipse isométrique, on a un instrument qui sert à lire les angles sur une épure exécutée. Il suffit pour cela, après avoir fait coïncider le centre du rapporteur avec le sommet de l'angle, de l'orienter de façon que le bord rectiligne soit perpendiculaire à l'une des arêtes du trièdre isométrique. Il ne peut servir à tracer des ellipses, parce qu'on ne peut traverser la corne. Certains constructeurs ont percé la corne de trous, ce qui permet alors de construire par points les ellipses isométriques.

Il permet de mesurer les longueurs : pour cela, après avoir placé le centre du rapporteur à l'une des extrémités du segment à mesurer, et avoir orienté celui-ci sur le rayon isométrique auquel il est parallèle, on note au point où le bord rectiligne du rapporteur rencontre l'ellipse isométrique passant par l'autre extrémité du segment la longueur cherchée, à l'échelle du dessin.

Si, comme on le fait quelquefois, on amplifie la perspective en portant, à l'échelle du dessin, les longueurs de l'espace sur les arêtes isométriques sans les réduire à l'échelle isométrique, c'est alors sur les diamètres conjugués égaux qu'on mesure, à l'échelle du dessin, la longueur du segment.

Rapportant ainsi à cette échelle l'unité de longueur, sur chaque rayon isométrique, on obtient par là, sur chacun d'eux, une échelle de réduction pour chaque direction de la figure.

La perspective isométrique est d'un usage fréquent dans les dessins de machines, notamment dans la représentation des roues d'engrenages.

CHAPITRE II

PERSPECTIVE CAVALIÈRE

15. — La perspective cavalière est la trace sur un plan de front d'un cylindre dont les génératrices sont obliques par rapport à ce plan, sans être horizontales, et passent respectivement par les différents points de la figure.

Le plan de projection s'appelle le *tableau*. Les génératrices du cylindre, rayons perspectifs des divers points de l'objet, sont les *projetantes*.

Un point A de l'espace a pour perspective un point a du tableau. Le premier étant donné, le second est déterminé ; mais au point a du tableau correspondent une infinité de points A, situés sur la projetante de a dont, par suite, la perspective est un point.

Une droite non parallèle aux projetantes a pour perspective une droite. Des droites parallèles, non projetantes, ont des perspectives parallèles, comme intersections du tableau par des plans parallèles.

Ceci s'applique, en particulier, aux perpendiculaires au tableau. La perspective d'une telle droite est dite une *fuyante* ; toutes les fuyantes sont parallèles.

Soient (T) le tableau (fig. 18), AB une perpendiculaire au tableau, ab sa perspective qui est une fuyante ; menons BC parallèle à ab. On a, dans le triangle rectangle ABC,

$$\frac{BC}{AB} = \frac{ab}{AB} = \operatorname{tg} i$$

en désignant par i l'angle des perpendiculaires au tableau avec les projetantes. Le rapport de la perspective d'un segment perpendiculaire au tableau à la longueur du segment de l'espace est donc constant. Il est, en général, inférieur à l'unité ; on l'appelle le *rapport de réduction* et on le désigne par f.

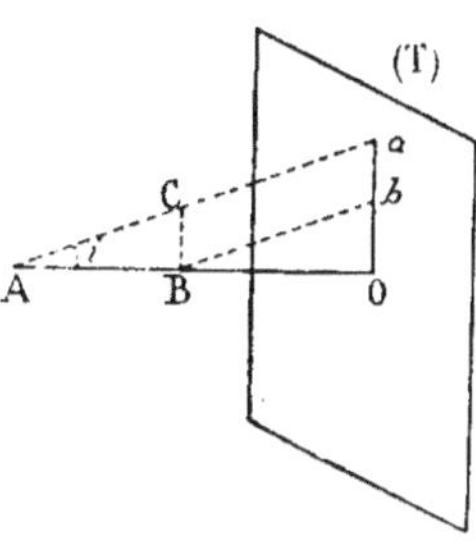

Fig. 18.

Les droites de front ont pour perspectives des droites parallèles. Il n'y en a pas d'autres, car une droite parallèle à sa perspective est parallèle au tableau.

Une figure plane de front a une perspective qui lui est égale ; si elle n'est pas de front, sa perspective ne lui est pas égale.

Si un plan est parallèle aux projetantes, il a pour perspective une droite, qui est sa trace sur le plan du tableau. Tout autre plan recouvre tout le tableau par sa perspective.

Si un plan parallèle aux projetantes est debout, sa perspective s'obtiendra en mettant en perspective une quelconque de ses droites, non parallèle aux projetantes. Prenons, en particulier, une perpendiculaire au tableau, puisque le plan est debout. Il suit de là que *la perspective d'un plan perpendiculaire au tableau est une fuyante.*

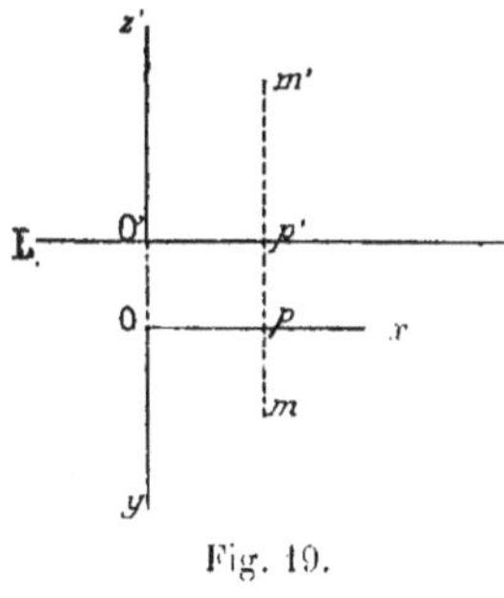

Fig. 19.

16. Problèmes. — *Mettre en perspective cavalière un objet donné par ses figures géométrales.* — Figurons sur l'épure (fig. 19) les trois arêtes Ox, Oy, Oz d'un trièdre trirectangle dont l'une, Ox, est la trace horizontale du tableau ; soient (m, m') les projections d'un point. En perspective (fig. 20), les arêtes Ox, Oy, conserveront les directions de l'épure ; Oy, perpendiculaire au tableau prendra la direction des fuyantes. Au moyen de ces trois axes de coordonnées, le point M de l'espace sera défini par ses trois coordonnées prises sur l'épure, la largeur et la cote étant rapportées en vraie grandeur, tandis que l'éloignement sera rapporté parallèlement aux fuyantes et réduit dans le rapport de réduction, duquel dépend la direction des projetantes.

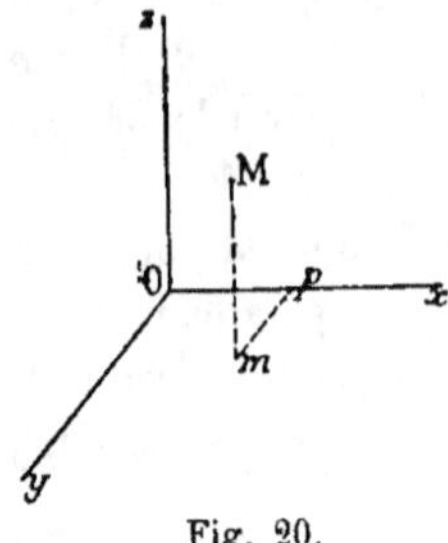

Fig. 20.

Déduire l'épure géométrale de la perspective cavalière. — Il suffira de faire les opérations inverses. On voit qu'il est nécessaire pour cela, les projetantes étant définies d'ailleurs par la direction O*y* des lignes fuyantes et par le rapport de réduction, de connaître, outre la perspective M du point de l'espace, celle de sa projection sur l'un des plans de coordonnées, par exemple la perspective *m* de sa projection horizontale. On sait, en effet, que la seule perspective d'une figure ne la définit pas dans l'espace.

17. — La perspective cavalière est définie par la direction des projetantes. On sait qu'en géométrie analytique la direction d'une droite dans l'espace exige la connaissance de deux conditions, qui sont les angles qu'elle fait avec deux des trois axes coordonnés. Ces deux conditions se remplacent ordinairement, dans les problèmes de perspective cavalière, par deux autres qui sont la direction des fuyantes et le rapport de réduction, données desquelles on peut, inversement, conclure la direction des projetantes, comme on le verra plus loin (36).

Sur cette direction, il y a deux sens ; on suppose toujours l'observateur à l'infini sur celui des sens qui est en avant du tableau. Alors, suivant que la projetante menée par un point du tableau et en avant de ce plan se trouve dans l'un des quatre trièdres trirectangles dont ce point est le sommet, il y a quatre manières de voir les objets.

Si, par exemple, on considère le solide dont les faces sont

parallèles aux plans coordonnés et dont OM est une diagonale,

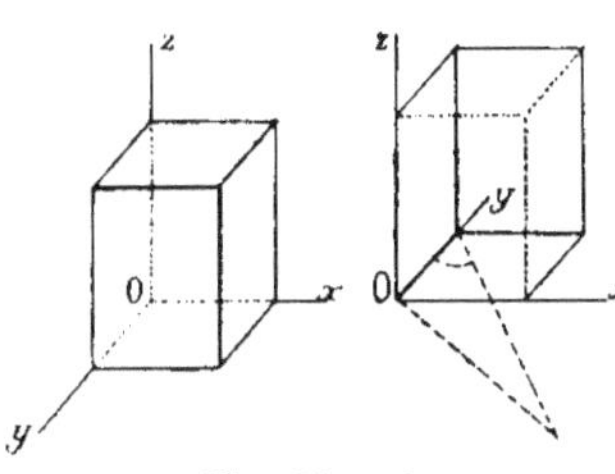

Fig. 21 et 22.

sa perspective, avec les données des figures 19 et 20, est indiquée avec ses parties vues et cachées à la figure 21. L'observateur le voit à sa gauche et de haut en bas ; la projetante d'un point du tableau est alors dans le premier trièdre en avant du tableau.

Si la partie de l'axe Oy correspondant aux éloignements positifs, au lieu d'être comme à la figure 20, est dans son prolongement, la perspective du solide est celle de la figure 22. Il est vu à droite et de bas en haut ; la projetante d'un point du tableau est dans le troisième trièdre en avant du tableau.

Enfin, l'angle xOy de la figure 20 peut être aigu, ce qui

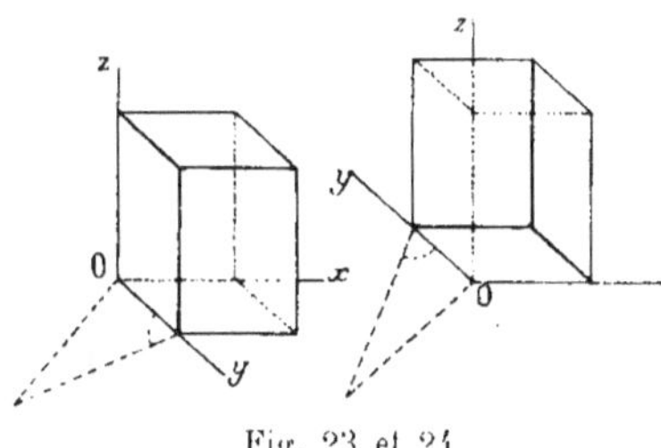

Fig. 23 et 24.

donne deux autres perspectives (fig. 23 et 24), où l'observateur voit le solide à sa droite et de haut en bas dans la première, à sa gauche et de bas en haut dans la seconde : la partie d'une projetante en avant du tableau est alors dans le second ou dans le quatrième dièdre.

Il suit de là que, dans la restitution d'une figure dont on connaît la perspective cavalière, il faudra prévenir, au cas où les parties vues et cachées ne l'indiqueraient pas suffisamment, quelle est la partie de l'axe Oy qui correspond aux éloignements positifs.

18. Composition directe. — *Principes.* — La perspective d'un point et celle de sa projection sur le plan horizontal, ou *géométral*, sont sur une même ligne de rappel.

La perspective d'un point et celle de sa projection sur un
plan de front sont sur une même fuyante.

On figure d'abord la trace xy (fig. 23) du plan de front sur
le géométral ; c'est la ligne
de terre. Un point est défini
par sa perspective M et celle
de sa projection m. On supprime généralement le mot
perspective, et l'on dit le
point M, sa projection m :
M étant au-dessus de m, le
point de l'espace est au-dessus du géométral, et inversement.

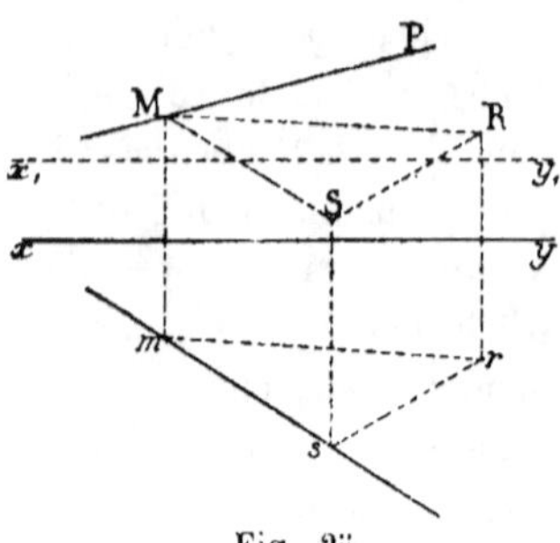

Fig. 23.

Si l'on éloigne le plan du tableau, sa trace horizontale vient
en x_1y_1, les perspectives des points de la figure ne sont pas
changées ; les éloignements seuls sont modifiés.

19. Droite. — Une droite est définie par deux points. Si
les deux points ont des lignes de rappel différentes, on a immédiatement la perspective de la droite et celle de sa projection.
Si les lignes de rappel sont confondues, les projections étant
distinctes, la droite est dans un plan vertical parallèle aux projetantes ; si les projections sont confondues, la droite est verticale. Enfin, les projections étant distinctes, les deux points
peuvent avoir la même perspective ; alors, la droite est une
projetante. Dans ces derniers cas, on aura aisément les deux
perspectives d'un point quelconque de la droite, en partageant
dans le même rapport le segment des deux points et celui de
leurs projections, sauf à conserver le même point ou la même
projection, si la droite est projetante ou verticale.

La trace horizontale d'une droite est le point de rencontre
de ses perspectives.

Une droite horizontale a ses perspectives parallèles, ce qui
permet de trouver sur une droite un point de cote donnée
(fig. 25).

On mène par le point (R, r) de cote donnée une horizontale quelconque (RS, rs) qui coupe en (S, s) le plan projetant horizontalement la droite donnée ; et, dans ce plan, on mène par (S, s) l'horizontale SM qui coupe la droite donnée au point cherché (M, m).

Une droite de front a sa projection horizontale de front.

Une droite debout a ses perspectives parallèles aux fuyantes.

Si deux droites se rencontrent, le point de rencontre de leurs perspectives et celui de leurs projections sont sur une même ligne de rappel, et réciproquement.

Si deux droites sont parallèles, leurs perspectives sont parallèles ainsi que leurs projections, et réciproquement.

Les rapports de plusieurs segments sur une droite sont conservés en perspective.

20. Plan. — Si le plan est parallèle aux projetantes, il est défini par sa trace sur le tableau qui est une droite quelconque. Réciproquement, toute droite du tableau définit un plan parallèle aux projetantes.

Un plan quelconque est défini par trois points, ou par deux droites (AB, ab), (BC, bc) (fig. 26). Une droite quelconque, du plan (AC, ac), s'obtiendra en joignant deux points quelconques du plan (A, a), (C, c).

Une ligne de front du plan a sa projection horizontale parallèle à xy ; ou si xy n'est pas tracée, perpendiculaire aux lignes de rappel. On en conclut sa perspective et on a (DE, de).

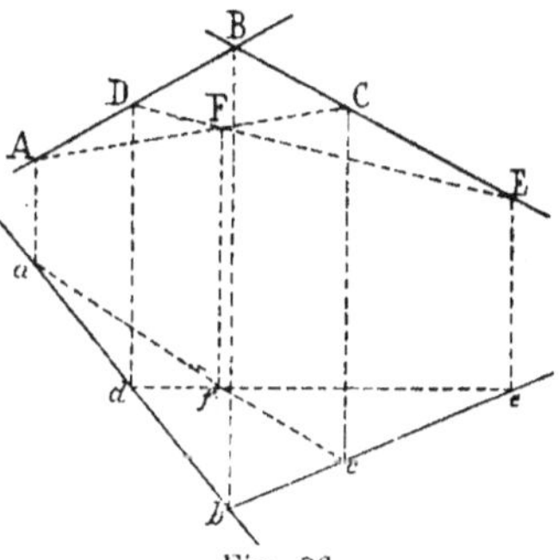

Fig. 26.

Toutes les droites du plan se rencontrent, par exemple AC et DE en (F, f).

Pour trouver une horizontale du plan, donnons-nous le point

(C,c) (fig. 27), ou elle rencontre l'une des deux droites qui défi-

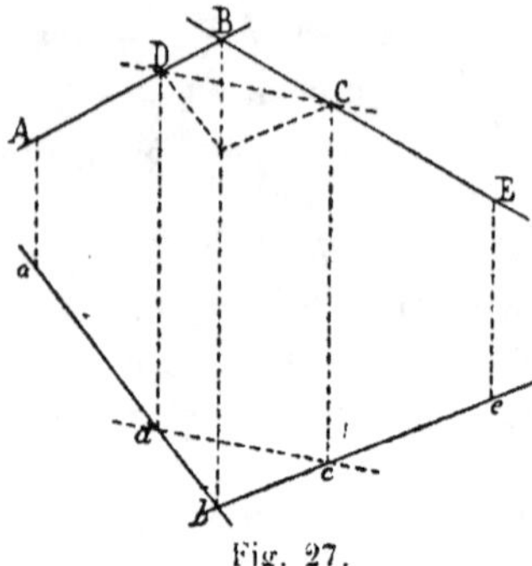

nissent le plan. Elle rencontre l'autre en un point de
même cote ; prenons alors
sur la ligne de rappel Bb le
point de cote Cc; par ce point,
menons une parallèle à ab,
nous aurons le point (D, d) de
cote Cc. Comme vérification,
l'horizontale CD et sa projection cd sont parallèles.

Fig. 27.

21. Intersection de deux plans. — Si les deux plans
sont parallèles aux projetantes, leur intersection est une projetante qui a pour perspective le point d'intersection des deux
droites qui définissent respectivement (19) chacun des plans.

Si un seul des plans est parallèle aux projetantes, l'autre
peut être défini par ses traces sur le tableau et sur le géométral, ou par deux droites quelconques.

Dans le premier cas, soient Pα, Qα (fig. 28), les traces du

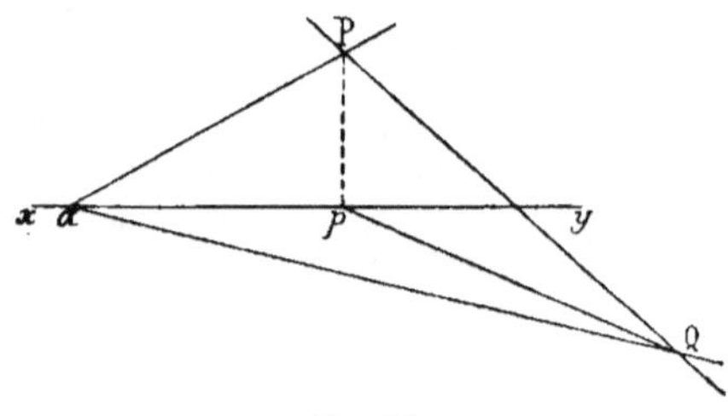

Fig. 28.

plan quelconque, et PQ la perspective de l'autre, on coupera
par le plan du tableau, ce qui donnera le point (P, p) de l'intersection, et par le géométral, ce qui donnera sa trace géométrale Q.

Dans le second cas, soit DE (fig. 29), la perspective du plan parallèle aux projetantes. On coupera par les plans projetant chaque droite sur le géométral, ce qui donnera les points $(D, d), (E, e)$ de l'intersection.

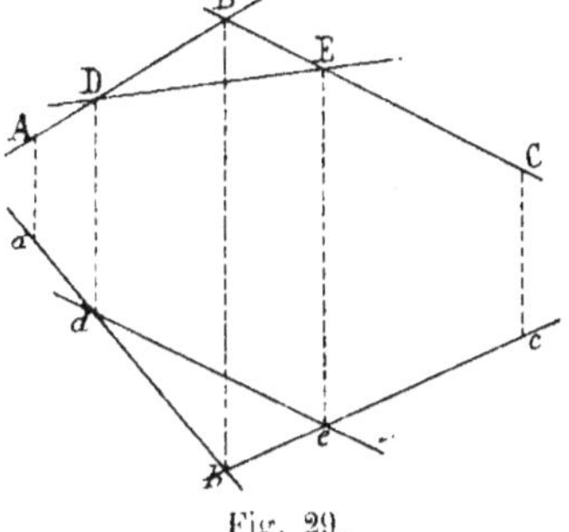

Fig. 29.

22. — Si les deux plans sont quelconques, ils peuvent être définis soit par leurs traces, soit par deux droites quelconques.

S'ils sont définis par leurs traces $P\alpha Q$, $P\beta Q$ (fig. 30), en coupant par le plan du tableau et par le géométral, on aura l'intersection en (PQ, pQ). Il pourrait arriver que l'un des points P, Q fût en dehors de l'épure ; alors on prendrait pour

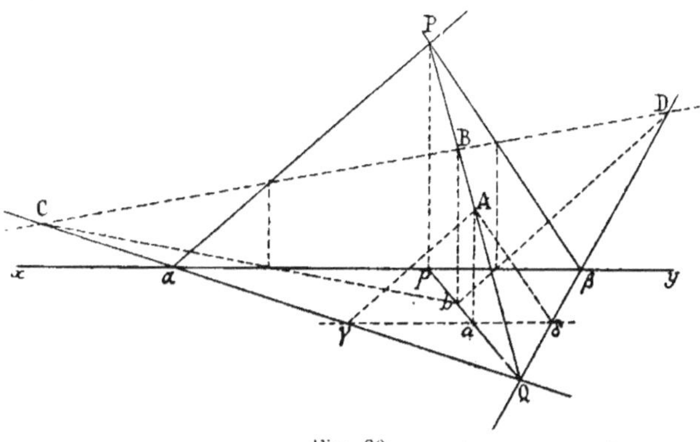

Fig. 30.

plan auxiliaire, soit un plan de front quelconque $\gamma\delta$, d'où le point (A, a) de l'intersection au moyen des frontales $A\gamma$, $A\delta$, soit un plan quelconque CD parallèle aux projetantes, d'où le point (B, b) de l'intersection (20).

Si les deux plans sont définis par deux droites quelconques (fig. 31), on prendra pour premier plan auxiliaire le géométral,

et le point k intersection des traces géométrales gh, ij des
deux plans sera la trace géométrale de l'intersection. Le second
plan auxiliaire sera le plan projetant sur le géométral ou le

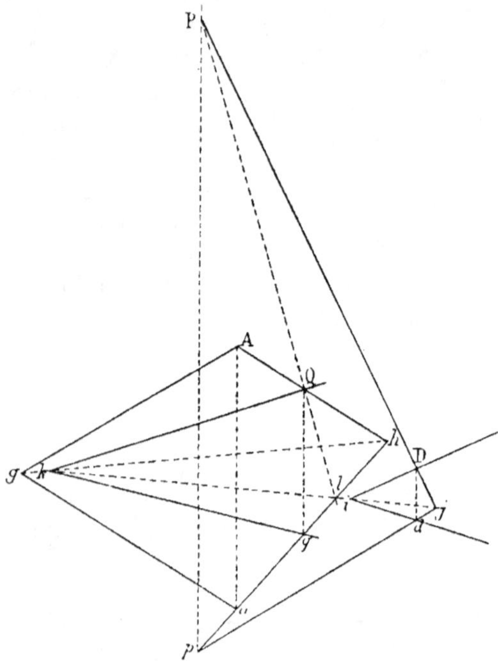

Fig. 31.

plan perspectif de l'une des droites définissant l'un des plans
donnés, par exemple le plan Aha. Si l'on remarque que l'intersection de ce plan auxiliaire avec le second plan donné a
sa trace géométrale en l, on voit qu'il suffit de trouver un
second point de cette intersection, par exemple celui qui est
sur la droite (Dj, dj) en (P,p) : d'où l'intersection (Pl, pl) du
plan auxiliaire avec le second plan donné. Le même plan auxiliaire coupe le premier plan donné suivant (Ah, ah), d'où l'on
conclut en (Q, q) un second point de l'intersection des deux

plans donnés, et par suite l'intersection elle-même (Qk, qk) [1].

23. Intersection d'une droite et d'un plan. — Soit la droite (AB, ab); si le plan PQ est parallèle aux projetantes,

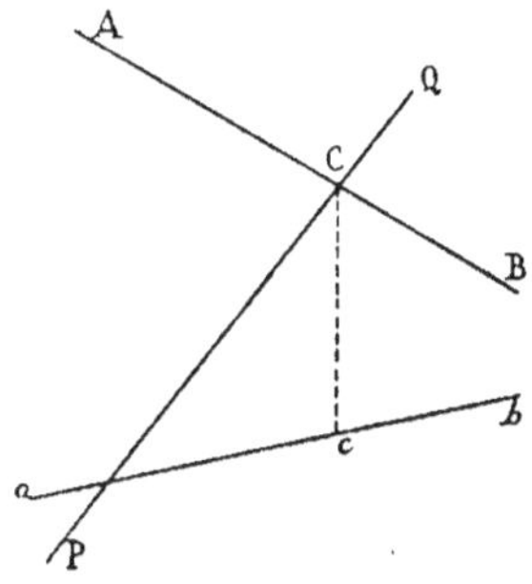

Fig. 32.

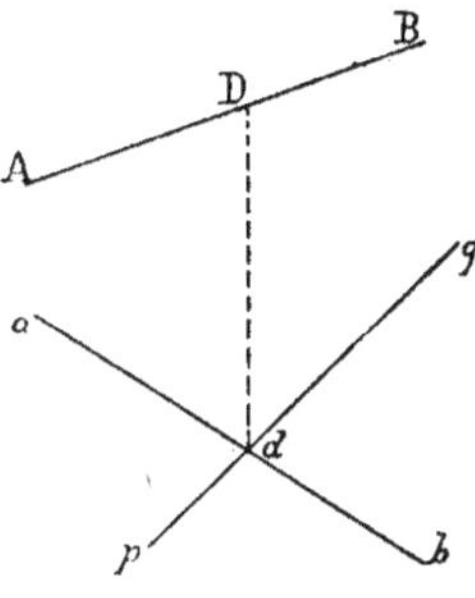

Fig. 33.

on a le point d'intersection en (C, c) (fig. 32).

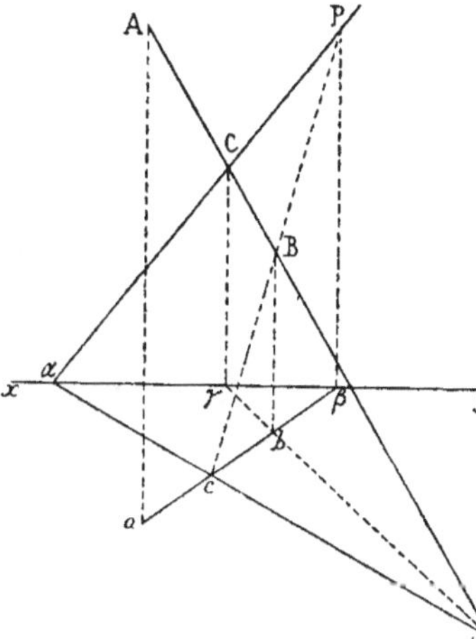

Fig. 34.

Si c'est un plan vertical tel que pq (fig. 33), on a le point d'intersection en (D, d).

Si le plan $P_\alpha Q$ est connu par ses deux traces (fig. 34), on le coupera par le plan $P\beta a$ projetant horizontalement la droite donnée. On aura ainsi l'in-

1. On remarquera que cette intersection a été obtenue en traçant *cinq* droites seulement, savoir gh, ij, Pp, Pl, Qq. C'est le nombre minimum des droites auxquelles on peut réduire la recherche de l'intersection des deux plans dans ce cas tout à fait général. Cette solution est l'analogue de celle qui est aujourd'hui indiquée dans les cours élémentaires de géométrie descriptive, après l'avoir été pour la première fois aux examens d'admission à l'École polytechnique en 1886. Elles diffèrent en ce que, dans le système de deux projections orthogonales, le plan géométral doit être remplacé par le plan bissecteur du second dièdre des plans de projection.

tersection Pc qui rencontre cette droite au point cherché (B, b). Comme vérification, on pourra couper aussi par le plan AB mené par la droite donnée parallèlement aux projetantes, d'où (20) l'intersection (AB, γQ) qui doit passer aussi par le point cherché.

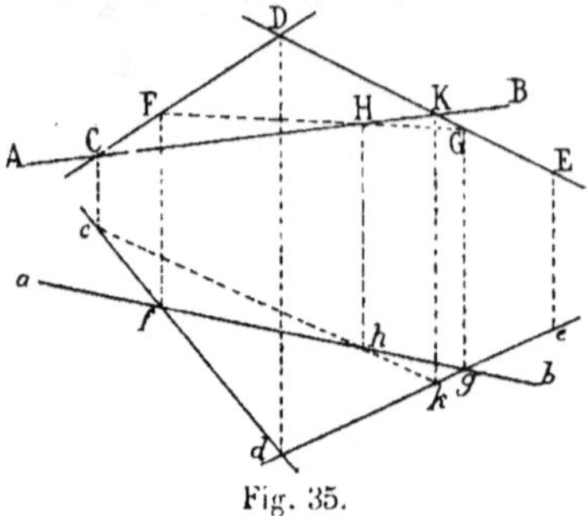

Fig. 35.

Si le plan est donné par deux droites (CD, cd), (DE, de), (fig. 35), le plan projetant horizontalement la droite (AB, ab) coupe le plan donné suivant une droite dont la perspective FG détermine en (H, h) le point cherché. Comme vérification, le plan perspectif de la droite coupe le plan donné suivant la droite (CK, ck) qui doit passer par le point cherché.

24. Rabattements. — On appelle *rabattement* l'opération par laquelle on fait tourner un plan autour d'une de ses droites qui est dite l'*axe de rabattement* ou *charnière*, de façon à l'amener dans une nouvelle position. Elle a pour but, généralement, d'obtenir la vraie grandeur d'une figure de ce plan, ou une figure semblable. En perspective cavalière, il n'y a qu'une manière d'arriver à ce résultat, c'est d'amener le plan à être de front.

Dans tous les cas, le problème se décompose en trois autres:

1° Ayant choisi l'axe du rabattement, abaisser du point que l'on veut faire tourner une perpendiculaire sur cet axe ;

2° Amener la perpendiculaire dans la seconde position ;

3° Lui restituer sa longueur.

On a ainsi la nouvelle position du point de la figure.

25. Amener un plan debout à être de front. — On se donne le plan par sa trace PF sur le plan de front (fig. 36).

Soit M la perspective d'un point du plan ; elle définit ce point, puisque l'on sait qu'il est dans le plan. Le plan étant debout, la perpendiculaire abaissée du point sur la charnière est une pa-

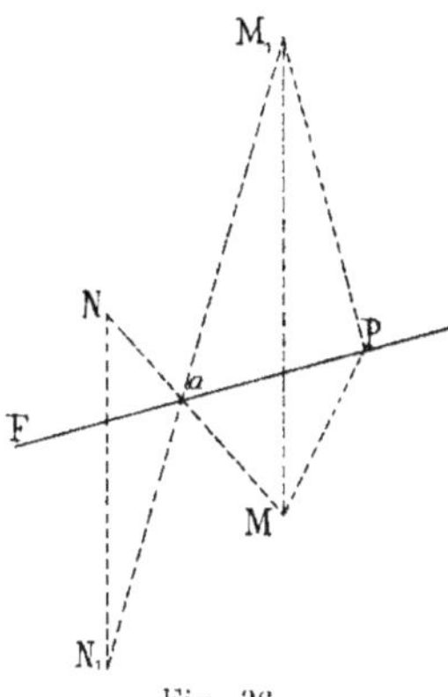

Fig. 36.

rallèle MP aux fuyantes. Dans sa nouvelle position, la droite MP est de front ainsi que PF ; comme l'angle MPF est droit, son rabattement est un angle droit et le point M vient se rabattre sur la perpendiculaire élevée en P à FP, en un point M_1 tel que $\dfrac{MP}{M_1P}$ soit égal au rapport de réduction.

Il y aurait deux inconvénients à appliquer cette méthode aux autres points de la figure. Elle est relativement longue, et il faut veiller au sens dans lequel chaque point doit être rabattu [1]. On applique aux autres points la méthode de *la corde de l'arc*. Tous les points décrivent des arcs dont les cordes sont parallèles dans l'espace, et restent parallèles en perspective, d'où il suit que toutes les droites, telles que MM_1 sont parallèles. Soit alors à trouver le rabattement N_1 d'un point quelconque N du plan. Le

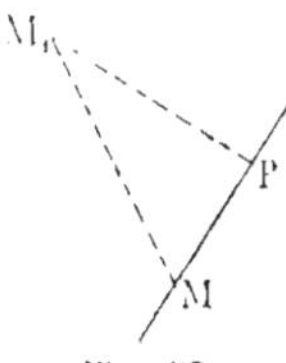

Fig. 37.

point cherché sera sur la parallèle menée par N à MM_1 ; de plus, si l'on joint MN, cette droite a, dans le rabattement, un point fixe a sur la charnière et se rabat suivant M_1a, ce qui donne le rabattement de N en N_1 [2].

Comme cas particulier, le plan debout peut être parallèle aux projetantes. Alors, sa trace

1. On peut ajouter qu'elle exige l'emploi du compas pour porter à partir du point P la longueur MP amplifiée, ce qui tient à ce que le rabattement peut s'opérer de deux manières. Mais, une fois le rabattement de M fixé en M_1, le problème devient linéaire, ce qui explique pourquoi la méthode de la corde de l'arc en donne la solution à l'aide de la règle et de l'équerre.

2. Voir la note, p. 16.

PF est la perspective de toute droite du plan et, en particulier, d'une droite debout. C'est donc une fuyante et elle est confondue avec MP. Le rabattement de M s'obtient alors (fig. 37) en menant au point P la perpendiculaire PM_1 à MP, amplifiée comme dans le cas précédent ; et comme M du tableau est la trace sur le plan du tableau de la projetante de M de l'espace, il en résulte que MM_1 est le rabattement de cette projetante sur le tableau. Dans le cas de la figure, la projetante est dans le premier trièdre et sa partie en avant du tableau est rabattue au-dessus de la charnière.

26. Distance de deux points de l'espace. — Soient, comme application, les deux points (A, a) (B, b) dont on se propose de trouver la vraie distance (fig. 38). On fait passer par les deux points un plan debout et on le rend de front. Ce plan contient la droite AB et la droite debout menée par B. On rabat ce plan autour de sa trace sur un plan de front, par exemple celui qui passe par (A, a) ; (A, a) est un point de cette trace, l'autre s'obtient en relevant en C le point c, où la trace géométrale du plan de front rencontre la droite debout menée par la projection b de B. Pour rabattre B, il suffit d'élever au point C une perpendiculaire à AC qui est de front et de prendre sur cette perpendiculaire la longueur CB_1 égale à CB multiplié par l'inverse du rapport de réduction ; AB_1 est la distance cherchée.

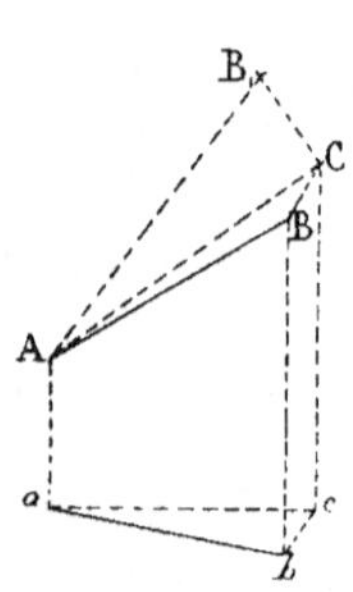

Fig. 38.

27. Amener un plan quelconque à être de front. [1] — Nous supposerons qu'il s'agisse de trouver la perspective d'un cercle situé dans un plan quelconque donné par ses traces,

1. C'est M. le colonel Mannheim qui, dans son cours à l'école polytechnique, a donné le premier la solution de ce problème qui, avant lui, n'avait été traité que pour un plan debout, tant en perspective conique qu'en perspective cavalière.

l'une αQ géométrale, l'autre $P\alpha$ sur le plan de front de rabattement (fig. 39). La perspective sera une ellipse, intersection par le tableau du cylindre projetant le cercle, et ayant pour

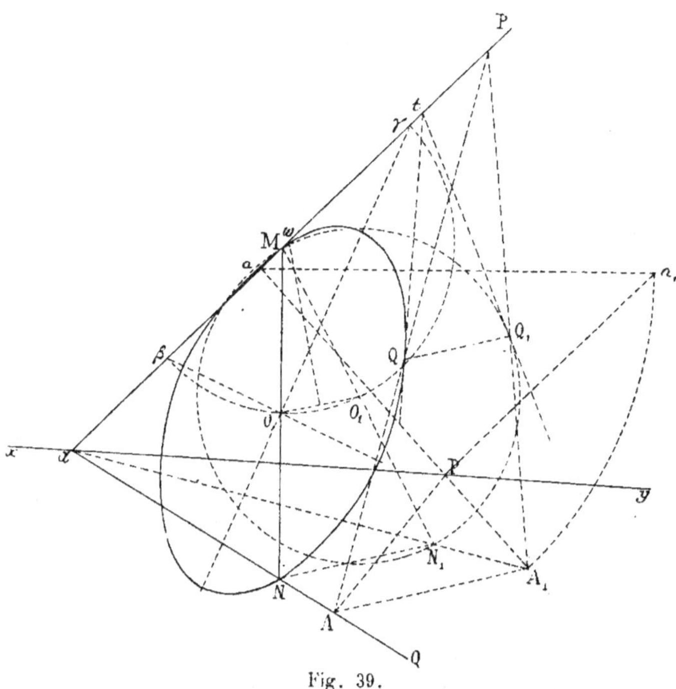

Fig. 39.

centre la perspective du centre du cercle. Le cercle sera défini par un de ses diamètres MN.

Rabattons d'abord un point A de la trace géométrale du plan. A cet effet, abaissons de ce point une perpendiculaire sur la charnière. Le procédé employé dans ce but consiste à faire passer un plan par la charnière, abaisser du point une perpendiculaire sur le plan, du pied de laquelle on en abaisse une autre sur la charnière, dont le pied est le point cherché. Ce procédé a le caractère pratique, nécessaire pour être applicable aux arts graphiques, de donner lieu à une infinité de solutions dont la meilleure devra être discernée dans chaque cas particulier. Ici, il est évident que le plan arbitraire mené par la charnière doit être le plan de rabattement.

La perpendiculaire abaissée de A sur le plan de front est la fuyante AP ; l'autre est la perpendiculaire Pa abaissée de P sur la charnière dans le plan de front, et Aa est la perpendiculaire menée de A à la charnière. Pour avoir sa vraie grandeur, rabattons sur le plan de front le triangle APa dont le plan est debout (24) ; A se rabat en a_1 sur la perpendiculaire Pa_1 à Pa, égale en longueur à AP multiplié par l'inverse du rapport de réduction, et aa_1 est la vraie longueur de Aa ; portant cette longueur dans le plan de front sur la perpendiculaire Pa à la charnière, on a en A_1 le rabattement du point A.

On aura ensuite le rabattement de N par la méthode de la corde de l'arc sur une parallèle NN_1 à AA_1 et sur le rabattement $A_1\alpha$ de la droite AN qui rencontre la charnière en α. Quant au point M, il ne bouge pas, puisqu'il est sur la charnière, et le cercle rabattu a pour diamètre MN_1. On prendra un point quelconque Q_1 sur le cercle et on le relèvera en Q par les procédés inverses. La tangente en ce point se relèvera ensuite au moyen de sa trace t sur la charnière.

On obtiendra deux diamètres conjugués de l'ellipse en relevant deux diamètres rectangulaires du cercle. Deux pareils diamètres sont, en effet, conjugués dans le cercle et le milieu d'une corde a pour perspective cavalière le milieu de la perspective de la corde, comme dans toute projection par rayons parallèles ou *cylindrique*.

Il suffira donc de prolonger deux diamètres rectangulaires du cercle jusqu'à leurs traces sur la charnière et de joindre ces traces au centre O de l'ellipse.

On peut se proposer de construire les deux axes de l'ellipse perspective. Soient pour cela β et γ les points où ces deux axes rencontrent la charnière ; l'angle $\beta O\gamma$ est droit par définition, l'angle $\beta O_1\gamma$ l'est aussi, puisque les deux axes de l'ellipse sont les perspectives de deux diamètres conjugués du cercle. Par suite, le quadrilatère $\beta OO_1\gamma$ est inscriptible et le cercle dans lequel il est inscrit a son centre ω sur $\beta\gamma$ et sur la perpendiculaire élevée au milieu de OO_1. Ce cercle détermine sur la charnière les points β et γ qu'il suffit de joindre au point O pour avoir les axes demandés.

On peut encore chercher les points de l'ellipse pour lesquels la tangente est parallèle à une droite donnée. Pour cela, on rabattra une parallèle quelconque à cette direction, en la faisant passer par un point de rabattement connu et au moyen de sa trace sur la charnière. Il n'y aura plus alors qu'à relever les tangentes du cercle parallèles à ce rabattement. On peut appliquer cette construction à la recherche des points pour lesquels les tangentes sont parallèles aux horizontales ou aux verticales du tableau.

28. Cas d'un cercle horizontal. — Soit AB (fig. 40) le diamètre de front du cercle ; relevons le plan horizontal autour de AB, jusqu'à le rendre de front ; le cercle se relèvera suivant celui de diamètre AB, dont un point quelconque M_1 sera le relèvement du point obtenu en

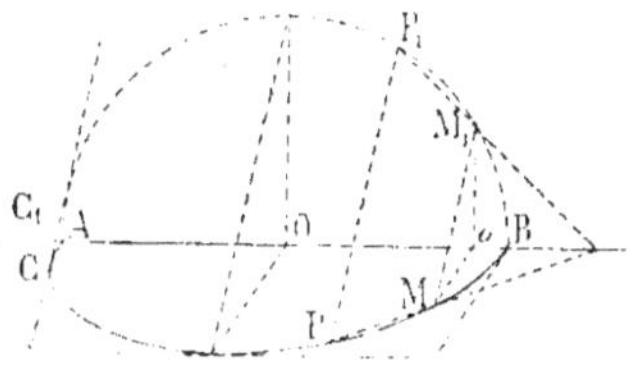

Fig. 40.

abaissant M_1a perpendiculaire sur AB et menant par a la fuyante aM égale à M_1a multiplié par le rapport de réduction. On a ainsi la direction M_1M des cordes des arcs.

La tangente en M s'obtient au moyen de la trace sur la charnière de la tangente en M_1, et le point P de l'ellipse correspondant à un autre point quelconque P_1 du cercle s'obtient, comme plus haut, par la trace de M_1P_1 sur la charnière et par la parallèle P_1P aux cordes des arcs.

Le point le plus bas de l'ellipse correspond au point le plus élevé du cercle, et la tangente en ce point est parallèle à AB.

Les tangentes à l'ellipse en A et B sont parallèles aux fuyantes.

Un point intéressant correspond à celui pour lequel la tangente au cercle est parallèle aux cordes des arcs. Soit C_1 ce point ; le point correspondant C est sur la corde de l'arc menée par C_1, c'est-à-dire sur la tangente au cercle. D'ailleurs, si l'on applique la construction donnée pour la tangente en un point quelconque, on voit que la tangente en C est la corde de l'arc elle-même. Donc cette corde est une tangente commune au cercle et à l'ellipse perspective.

29. Cas d'un cercle vertical. — Considérons le cas d'un cercle vertical décrit sur le diamètre AB, horizontal par hypothèse.

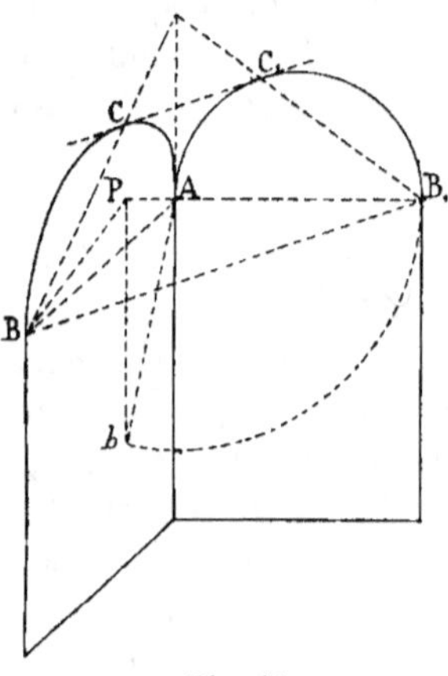

Fig. 41.

Menons par A (fig. 41) la verticale du plan du cercle qui sera l'axe de rabattement. Le diamètre AB, perpendiculaire à la charnière, se rabattra suivant l'horizontale AB_1, ou B_1 sera le rabattement de B, obtenu comme plus haut. Dans le tableau, on décrira le cercle de diamètre AB_1 et on le remettra en perspective comme il a été indiqué. On peut supposer que le demi-cercle est le cintre d'une porte, et on a ainsi représenté la porte ouverte et fermée.

30. Procédé pratique pour tracer l'ellipse par points.[1] — Soit un cercle ayant AB pour diamètre (fig. 42) ; par le point C du cercle menons les droites fixes CA, CB, et figurons la perpendiculaire DE à AB, variable. Les droites AE, BD se coupent en un point M du cercle. Car, dans le triangle ABD, BC et DE étant deux hauteurs, AE, troisième hauteur,

[1]. Mannheim. *Ibid.*, p. 43.

est perpendiculaire sur BD, d'où il suit que l'angle en M est un angle droit.

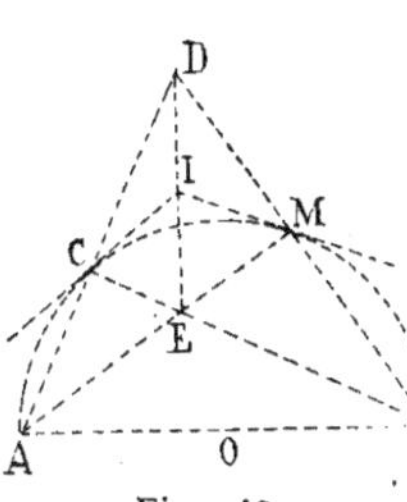

Fig. 42.

Les triangles ACB, ECD, dont les côtés sont respectivement perpendiculaires sont semblables. A la droite CO du premier correspond, comme homologue, la perpendiculaire menée par C, qui est à lui-même son homologue, à CO ; c'est-à-dire la tangente au cercle en C ; et comme O est le milieu de AB, I est le milieu de DE. Au moyen des triangles AMB, EMD, on prouverait de même que la tangente en M passe par le point I ; d'où la construction de la tangente en M.

Faisons la perspective cavalière de la figure. Le diamètre AB a pour perspective (27) un diamètre ab de l'ellipse (fig. 43) ;

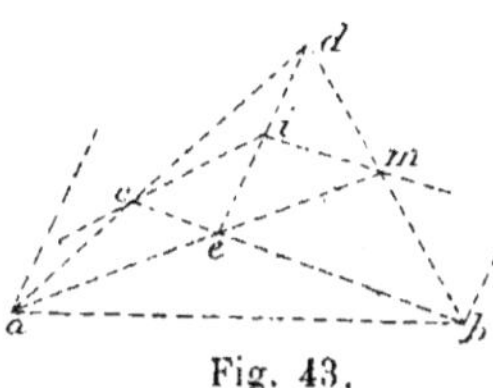

Fig. 43.

c étant un point connu de la courbe, perspective de C, joignons ca et cb : DE a pour perspective une droite arbitraire parallèle au diamètre conjugué de ab. En joignant ae, bd, on aura en m un point de l'ellipse, où la tangente est mi qui passe par le milieu de de. On construit ainsi par points une ellipse dans laquelle on connaît deux points a, c, le centre, milieu de ab, et la direction conjuguée du diamètre ab. Les tangentes en a et b sont d'ailleurs les parallèles menées par ces points à la direction conjuguée de ab.

31. Distance d'un point à une droite. — Il faut abaisser du point une perpendiculaire sur la droite et chercher la longueur de cette perpendiculaire. En ce qui concerne la première partie de la question, on a vu (26) le procédé à employer. Soient (A, a) le point et (BC, bc) la droite (fig. 44) ; par la droite on fait passer un plan, qui ici sera le plan debout qui la projette sur le tableau, et du point donné on abaisse une perpendiculaire sur ce plan, laquelle est de front, puisque le plan est debout.

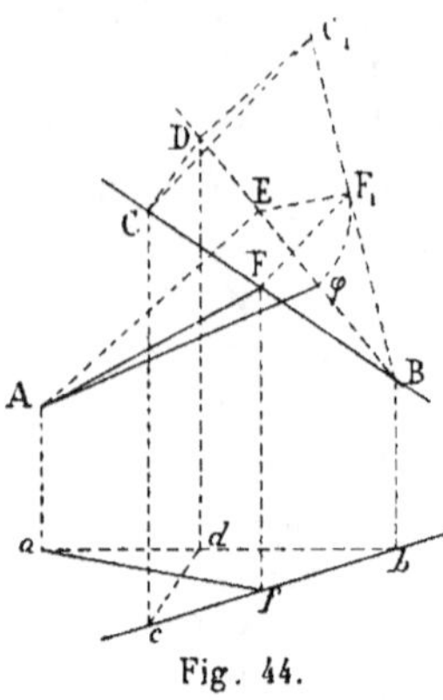

Fig. 44.

Le point (C, c) de la droite se projette en (D, d) sur le plan de front du point A ; la projection de la droite sur ce plan est alors (BD. bd), et la perpendiculaire abaissée de A sur le plan debout est la droite de front AE.

Il faut ensuite abaisser de E, dans le plan debout, une perpendiculaire sur la droite donnée. Pour cela, rabattons (24) le plan debout autour de sa trace BD sur le plan de front ; C vient en C_1, on a le rabattement BC_1 et la perpendiculaire EF_1 ; F_1 se relève en F en menant F_1F parallèle à C_1C. et l'on a le pied (F, f) de la perpendiculaire cherchée.

Pour avoir sa vraie grandeur, on considère le triangle AEF de l'espace, rectangle en E, puisque la droite de front AE est perpendiculaire au plan debout. On rabat ce triangle sur le plan de front autour de AE en prenant Eφ égal à EF_1, vraie grandeur de EF, et Aφ est la distance demandée.

32. Distance d'un point à un plan. — La méthode consiste à mener par le point un plan perpendiculaire au plan et à abaisser du point une perpendiculaire sur l'intersection. Pour cela, on mène du point un plan perpendiculaire à une droite quelconque du plan, et on a un plan perpendiculaire au plan donné.

Supposons le plan PxQ donné par ses traces (fig. 45) ; par le point donné (A, a), menons la droite debout (AB, ab) et par la trace (B, b) de cette droite sur le tableau, abaissons la perpendiculaire BP sur la trace du plan, nous aurons le plan ABP perpendiculaire au plan donné.

(P,p) est un point de leur intersection : un autre point de cette intersection s'obtiendra en (D,d) en coupant les deux plans par le plan auxiliaire de front Aac qui coupe le plan donné suivant la frontale Dc et le plan perpendiculaire suivant la parallèle AD à PB. Pour avoir la perpendiculaire abaissée du point sur cette intersection, on rabat le plan ABD autour de sa frontale AD (24); P vient en P_1 et P_1D est le rabattement

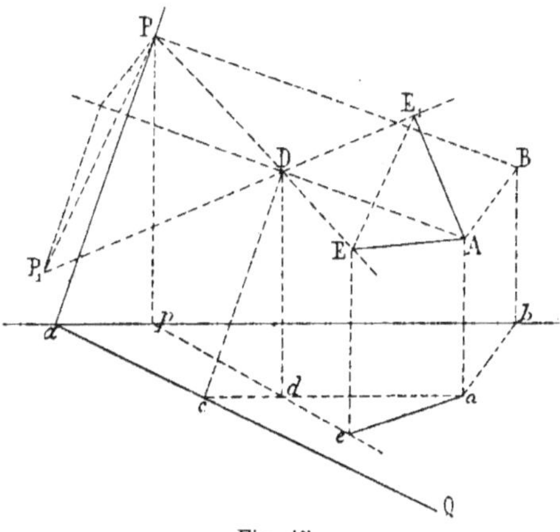

Fig. 45.

de l'intersection. Il n'y a plus qu'à mener de A une perpendiculaire AE_1 à P_1D pour avoir la distance cherchée. Si l'on veut le pied de la perpendiculaire, il se relève en (E,e) par une parallèle E_1E à PP$_1$.

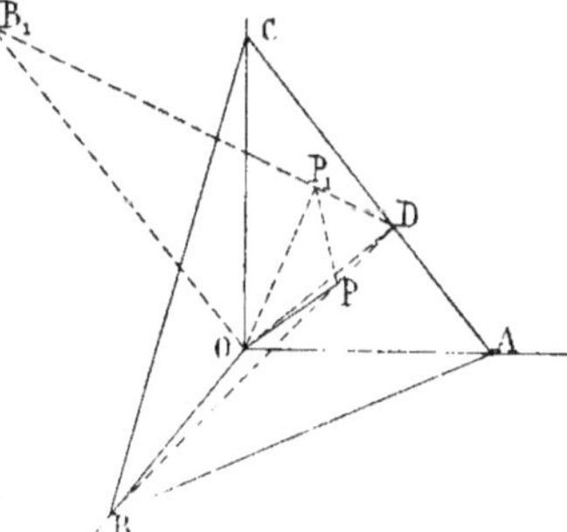

Fig. 46.

33. Cas particulier.— Cherchons la perpendiculaire abaissée du sommet O (fig. 46) d'un trièdre trirectangle, dont une arête est debout et une autre verticale, sur un plan donné par ses traces sur les faces du trièdre. Pour cela, abaissons du point O la perpendiculaire OD sur la droite de front AC ; nous aurons le plan BOD mené par O perpendiculairement à AC et par suite au plan ABC. L'intersection des deux plans est la droite BD, et il reste à abaisser de O une perpendiculaire sur cette droite.

Le pied P de cette perpendiculaire est sur la droite BD, et l'on voit que, dans la perspective cavalière de cette figure, on ne doit pas choisir au hasard le pied de la perpendiculaire qui, d'ailleurs, suivant la valeur du rapport de réduction, sera tel ou tel point de BD. Pour le trouver, rabattons le triangle OBD autour de OD sur le plan de front, B vient en B_1 ; abaissons de O la perpendiculaire OP_1 sur B_1D, et P_1 se relève en P par une parallèle à BB_1.

34. Plus courte distance de deux droites. — Nous

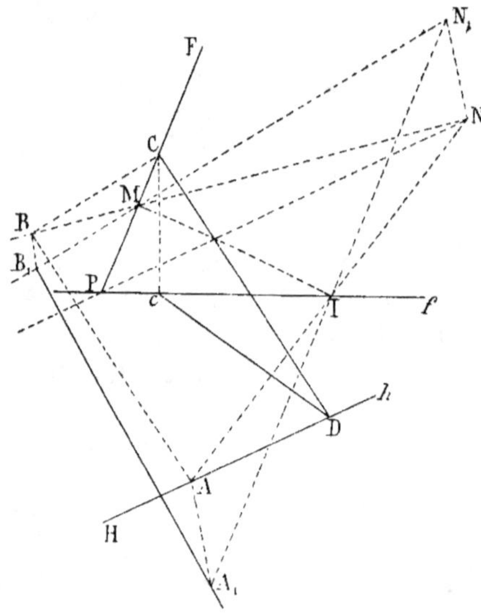

Fig. 47.

supposerons qu'il s'agisse d'une droite de front et d'une horizontale, et nous prendrons pour plan géométral le plan horizontal de l'horizontale qui sera alors à elle-même sa projection géométrale (Hh) (fig. 47). Soit (PF, Pf) la droite de front.

Nous adopterons la méthode indiquée en géométrie élémentaire : par le point P de la droite de front, menons la parallèle PN à l'horizontale, qui détermine avec la frontale un plan dont les traces sont PF et PN. D'un point A de l'horizontale, abaissons une perpendiculaire sur ce plan ; pour cela, menons par A la droite debout AI, dont la perspective est parallèle aux fuyantes et perce le tableau en I, et par le point I menons dans le plan du tableau IM perpendiculaire à la droite de front. Nous obtenons ainsi le plan AMI perpendiculaire à la frontale donnée et par suite au plan FPN, et l'intersection des deux plans est la droite MN.

Il reste à abaisser de A une perpendiculaire sur MN ; pour cela, on fait tourner le plan MNA autour de sa frontale MI ; les points M et I ne bougent pas, N vient en N_1 sur la perpendiculaire menée par I à MI (24). MN se rabat en MN_1 et IN en IN_1. Sur cette dernière droite, A vient en A_1 au moyen d'une parallèle à NN_1, et la plus courte distance cherchée est la perpendiculaire A_1B_1 abaissée de A_1 sur MN_1 ; B_1 se relève en B et si par B on mène la parallèle BC à l'horizontale, on a en CD la perpendiculaire commune.

35. Angle de deux droites. — On mène par un point de l'espace des parallèles aux deux droites et on amène leur plan à être de front.

36. Angle de deux plans. — On mène un plan quelconque perpendiculaire à leur intersection et l'on amène ce plan à être de front.

Supposons les plans PαQ, PβQ donnés par leurs traces (fig. 48) ; leur intersection est PQ ; menons la fuyante Qa, et rabattons le plan debout PQa ; a vient en A_1 (24). Un plan perpendiculaire à l'intersection PQ coupe ce plan debout suivant une perpendiculaire à PQ rabattue suivant B_1c ; sa trace MN

sur le tableau est perpendiculaire à la projection Pa de l'intersection sur ce plan et passe par c. Rabat-
tant ce plan autour de MN, B_1 vient en B_2 obtenu en prenant $cB_2 = cB_1$ et l'angle MB_2N
est le rectiligne du diè-dre formé par les deux plans.

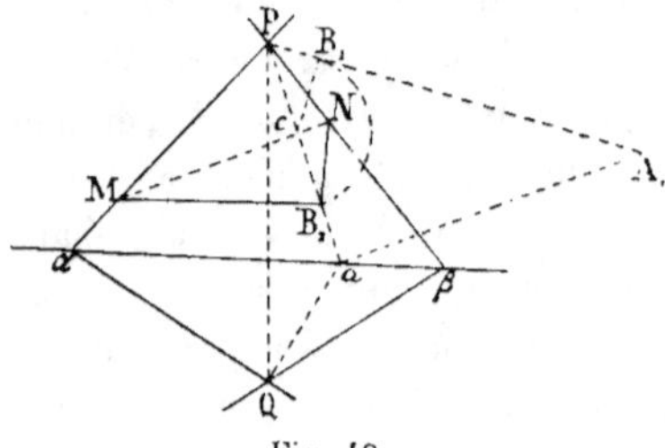

Fig. 48.

37. Angle d'une droite et d'un plan. — Par un point
de la droite on abaisse une perpendiculaire sur le plan ; l'angle des deux droites (34) est le complément de l'angle cherché.

Cherchons, par exemple, l'angle d'une projetante avec le
tableau. Il suffit, comme à la figure 37, d'abaisser d'un point
de la projetante une perpendiculaire sur le tableau et de rabattre sur ce plan le triangle rectangle formé par la projetante, par cette perpendiculaire et par la trace de leur plan
sur le tableau qui est une fuyante. L'angle cherché est alors
l'angle M_1MP. Les figures 22, 23, 24 représentent également
l'angle des projetantes avec le tableau. Dans ces figures, la
partie de la projetante en avant du tableau est rabattue au-
dessous de la charnière, et l'on est conduit dans tous les cas
à la règle suivante, qui est d'une application constante.

Mener par un point une fuyante de longueur arbitraire ; à
l'extrémité de cette fuyante, lui élever une perpendiculaire,
dans un sens ou dans l'autre, égale en longueur à la fuyante
amplifiée. On obtient ainsi un triangle rectangle dont l'hypoténuse forme avec la fuyante l'angle des projetantes avec le
tableau. L'hypoténuse elle-même est le rabattement de la
projetante dont la partie en avant du tableau est rabattue au-
dessus ou au-dessous de la charnière, suivant le sens dans lequel on a mené la perpendiculaire.

38. Surfaces en perspective cavalière. Contour apparent. — Le contour apparent d'une surface est le lieu des points de contact des plans tangents parallèles aux projetantes. La perspective du contour apparent est quelquefois appelée *contour apparent sur le plan de projection.*

Les surfaces les plus simples sont les cônes et les cylindres.

Il suit de ce qui précède que le contour apparent d'un cône se compose des génératrices de contact des plans tangents menés par la projetante du sommet ; et le contour apparent sur le tableau, ou *perspective cavalière du cône*, se compose des traces de ces plans tangents sur le tableau, c'est-à-dire des tangentes menées à la perspective de la base du cône par la perspective du sommet.

De même la *perspective cavalière d'un cylindre* se compose des tangentes menées à la perspective de la base parallèlement à la perspective des génératrices.

Considérons le cas où la base n'est pas tracée, et supposons qu'il s'agisse du cône de sommet Ss (fig. 49) ayant pour base

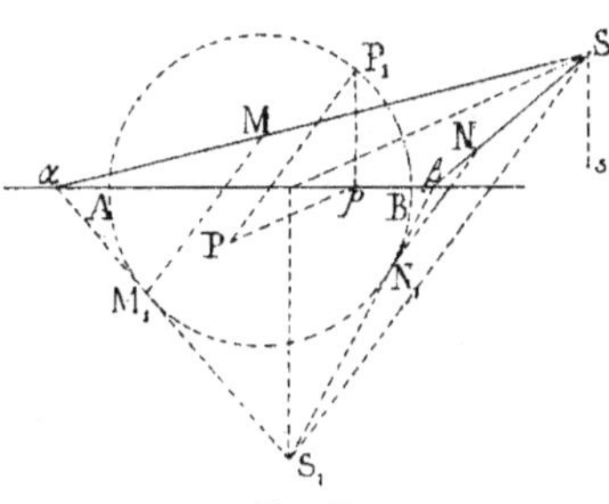

Fig. 49.

un cercle horizontal décrit sur le diamètre de front **AB**. Amenons le plan horizontal à être de front en le relevant autour de AB ; la base se relève suivant le cercle de diamètre AB, dont inversement un point quelconque P_1 se rabat en P en abaissant de ce point une perpendiculaire Pp sur **AB** et menant par p une fuyante réduite. Il faut mener de S des tangentes à l'ellipse lieu des points P. Pour cela considérant le point S comme un point du géométral, cherchons par la méthode de la corde de l'arc le point S_1 correspondant dans le tableau et menons par ce point au cercle AB les tangentes $S_1\alpha$, $S_1\beta$ qui se rabattent en $S\alpha$, $S\beta$, qui forment le contour apparent cherché. Les points de contact M_1, N_1 se rabattent d'ailleurs en M et N par des parallèles aux cordes des arcs.

On observera que cette construction ne dépend pas de s, c'est-à-dire de la position du sommet du cône sur sa projetante, ce qui est évident.

39. Contour apparent d'une surface de révolution dont l'axe est de front. — Considérons une surface de révolution définie par son axe et sa méridienne dans le plan du tableau, et cherchons les points du contour apparent situés sur un parallèle dont le plan est donné par sa trace sur le tableau (fig. 50).

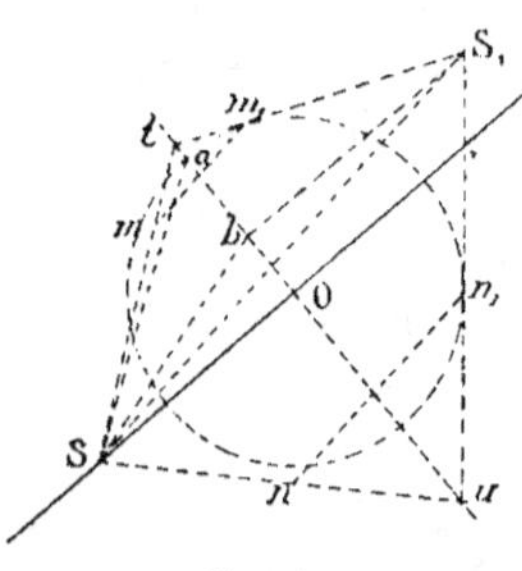

Fig. 50.

Soit a le point où ce parallèle rencontre la méridienne ; la tangente à cette courbe en ce point coupe l'axe au point S, sommet du cône circonscrit à la surface le long du parallèle, et les plans tangents de ce cône parallèles aux projetantes sont aussi tangents à la surface. Il faut donc trouver le contour apparent de ce cône, et l'on est ramené au problème précédent.

Ramenons le parallèle à être de front ; il se rabat suivant le cercle de centre O et de rayon Oa, et cherchons (37) le point S_1 du plan de front qui se relèverait en S, en menant la fuyante Sb et la perpendiculaire bS_1 à la charnière, amplification de cette fuyante ; menons de S_1 au cercle O les tangentes S_1t, S_1u qui se relèvent en St et Su, nous aurons le contour apparent du cône, et les points de ce contour apparent sur la base du cône sont les points cherchés. Ce sont les relèvements des points de contact m_1 et n_1 qu'on obtient en m et n par des parallèles aux cordes des arcs. En l'un de ces points, la tangente au contour apparent est dans le plan tangent à la surface. Ce plan est parallèle aux projetantes, donc sa perspective est une seule droite coïncidant avec la tangente cherchée ; et comme le plan passe par le sommet du cône, la tangente est la génératrice même de contour apparent du cône.

10. Perspective cavalière d'une sphère. — C'est un cas particulier du problème précédent. Déterminons la sphère par son grand cercle de front et considérons la comme de révolution autour du diamètre OS de ce cercle, perpendiculaire aux fuyantes (fig. 51). Soient, comme précédemment, ab

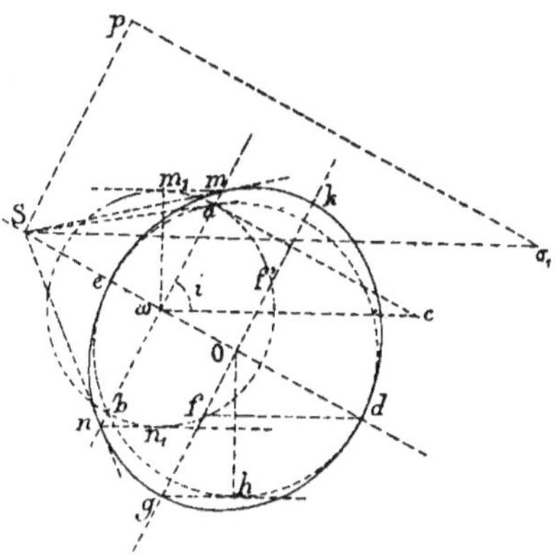

Fig. 51.

la trace du plan d'un parallèle, ω le rabattement de ce parallèle et S le sommet du cône circonscrit correspondant. Le point S_1 s'obtiendra en menant par S une fuyante jusqu'à ab, par suite infinie ; on aurait donc en amplifiant la fuyante un point rejeté à l'infini. La direction de ce point est déterminée ; pour l'obtenir, prenons un point quelconque p sur la fuyante, et amplifions la perpendiculaire. Nous aurons la direction S_{σ_1} parallèlement à laquelle nous mènerons les tangentes au cercle ω ; si m_1 et n_1 sont les points de contact de ces tangentes, m et n leurs traces sur ab, comme elles sont précisément parallèles à SS_1, ces points de contact se relèvent sur ab en m et n qui sont les points cherchés de la perspective cavalière de la sphère. Les tangentes en ces points à cette perspective sont Sm et Sn (38).

11. — La même figure est susceptible d'une deuxième ex-

plication. La droite ab, parallèle aux fuyantes, peut être considérée comme la trace d'un plan debout parallèle aux projetantes, et le cercle ω comme le rabattement de la section de la sphère par ce plan.

La perspective cavalière de la sphère n'est autre que la trace sur le tableau du cylindre circonscrit parallèle aux projetantes ; par suite les points du contour apparent sur le cercle ω sont ses points de contact avec des parallèles aux projetantes. On les obtiendra (37) en rabattant, en même temps que le cercle ω, la direction des projetantes. Menons pour cela la perpendiculaire ac à ωa, égale à ωa amplifié, nous aurons le rabattement ωc, précisément parallèle, par construction, à $S\sigma_1$; les points du parallèle pour lesquels les tangentes sont parallèles aux projetantes sont donc m_1 et n_1 et les traces de ces projetantes sur le tableau sont m et n.

Joignons ωm_1 ; les triangles semblables $\omega m_1 m$, ωac donnent :

$$\frac{\omega m}{\omega m_1} = \frac{\omega c}{ac} = \frac{1}{\sin i}$$

en désignant par i l'angle des projetantes avec le tableau. Il suit de là, à cause de $\omega m_1 = \omega a$, que chaque ordonnée de la courbe perspective cavalière de la sphère, perpendiculaire à $O\omega$, se déduit de l'ordonnée correspondante du grand cercle de la sphère en l'amplifiant dans le rapport constant $\frac{1}{\sin i}$. C'est donc une ellipse dont le petit axe est le diamètre de, et dont le grand axe, parallèle aux fuyantes, est égal au diamètre de la sphère divisé par le sinus de l'angle des projetantes avec le tableau.

Les sommets sur le grand axe peuvent d'ailleurs s'obtenir par la méthode générale appliquée au plan sécant mené par O, et par suite en menant au cercle de front O des tangentes parallèles au rabattement des projetantes.

On trouve aisément les foyers de l'ellipse ; on a, en effet, dans le triangle rectangle Ogh :

$$\overline{gh}^2 = \overline{Og}^2 - \overline{Oh}^2$$

Et comme Og et Oh sont le demi-grand axe et le demi-petit axe, gh est la demi-distance focale ; portant à partir de O, sur le grand axe, des longueurs Of, Of' égales à gh, on a les foyers f et f'.

Joignons fd ; les triangles rectangles Odf, Ogh sont égaux, comme ayant les côtés de l'angle droit égaux chacun à chacun ; par suite l'angle Ofd est l'angle des projetantes avec le tableau et le rapport $\dfrac{Of}{Od}$ est le rapport de réduction. D'où il suit que les foyers de l'ellipse perspective cavalière sont les perspectives des points de la sphère situés sur le diamètre debout.

42. Deuxième méthode. — On peut encore regarder la sphère comme de révolution autour d'un diamètre debout. Ce diamètre a sa perspective Of parallèle aux fuyantes (fig. 52). Un parallèle de la surface aura alors son plan de front ; soit

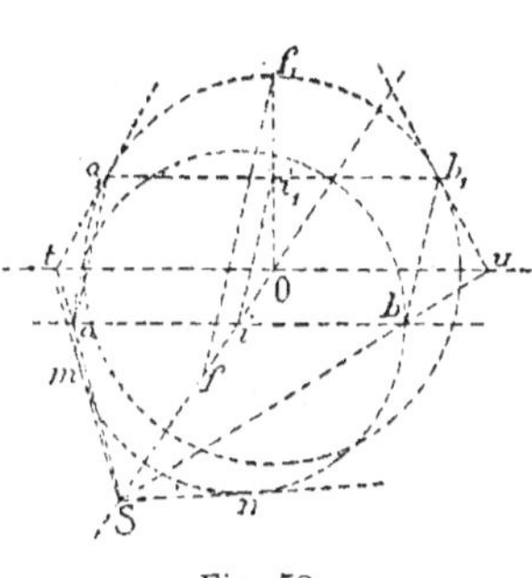

Fig. 52.

ab sa trace géométrale. Pour obtenir les points d'intersection de ab avec la sphère, relevons le géométral sur le plan du tableau ; si f est, sur la fuyante Of, la perspective de l'extrémité du diamètre debout, f se relève en f_1 et i se relève en i_1 par une parallèle à ff_1, donc a_1b_1 est le relèvement de ab et les points d'intersection a_1 et b_1 avec le cercle de front donnent en a et b les points cherchés par des parallèles à ff_1. Le parallèle de front est alors le cercle de diamètre ab.

Le sommet du cône circonscrit le long du parallèle est, dans le géométral, au point de rencontre des tangentes en a et b à l'ellipse, perspective du grand cercle horizontal de la sphère ; on les obtient au moyen des tangentes en a_1 et b_1 au grand cercle de front, qui coupent la charnière en t et u, joignant ta et ub qui se coupent en S sur la fuyante Of.

Le contour apparent du cône circonscrit le long du parallèle se compose alors des tangentes menées de S à ce parallèle, dont les points de contact m et n sont les points du contour apparent de la sphère sur le parallèle, et les tangentes en ces points (39) sont Sm et Sn.

43. — On déduit de là un théorème intéressant de géométrie. Le rayon im est perpendiculaire, dans le cercle i, à la tangente Sm ; et comme l'ellipse, perspective cavalière, admet aussi la tangente Sm, la normale en m à cette ellipse, limitée au grand axe Of, est mi. Si l'on redresse cette normale, en la faisant tourner autour du point i jusqu'à ce qu'elle devienne de front, on obtient ia.

Or le lien des points a, par construction, est la perspective du grand cercle de front de la sphère rabattu dans le géométral : c'est une ellipse, passant par f rabattement de f_1 et foyer de l'ellipse perspective cavalière (41), et bitangente à cette ellipse qui est le contour apparent de la sphère. On a donc ce théorème : [1]

Si l'on redresse, en les faisant tourner autour de leur pied sur le grand axe, les normales d'une ellipse jusqu'à les rendre parallèles à une direction fixe, le lieu de leurs extrémités est une autre ellipse bitangente à la première et passant par ses foyers.

Les points de contact sont ceux où les tangentes à l'ellipse donnée sont perpendiculaires à la direction donnée.

44. — La géométrie permet aussi de vérifier que le foyer de l'ellipse perspective cavalière est le point f. Tous les cercles de front tels que le cercle i sont, en effet, bitangents à cette ellipse, puisqu'ils sont tracés sur la sphère dont elle est le contour apparent ; il en sera de même quand le diamètre ab

1. Mannheim. *Ibid.*, p. 126.

du cercle de front se réduira à zéro, son plan venant à passer par l'extrémité f du diamètre debout ; ce point est le centre d'un cercle de rayon nul bitangent à l'ellipse perspective cavalière ; c'est donc un foyer.

Ce cercle, ayant son rayon nul, le double contact avec la perspective cavalière est imaginaire. Or les points de contact sont précisément les points m et n de la perspective ; on est donc conduit à se demander quelle est, entre les points i et f, la limite des plans de front utiles. Or le plan de front ab donne la corde de contact mn ; pour le plan de front limite, cette corde se réduira à zéro, et comme elle est perpendiculaire au grand axe de l'ellipse, la corde limite mn sera la tangente au sommet de cette ellipse, pour laquelle le cercle de front correspondant, au lieu d'être bitangent, sera osculateur.

Il suit de là que le point cherché est le centre de courbure de l'ellipse, situé sur le grand axe ; ce point est, comme on sait, entre le centre et le foyer.

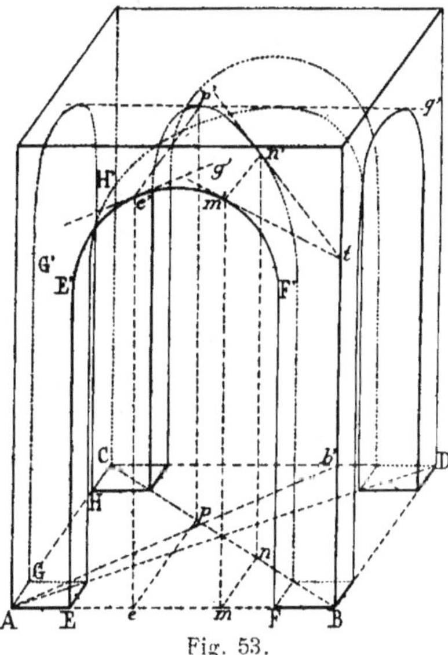
Fig. 53.

45. Section plane d'un cylindre.—Prenons comme exemple la voûte d'arêtes formée par deux cylindres de révolution se coupant à angle droit. Considérons une horizontale de front AB (fig. 53); aux points E et F de cette horizontale tels que AE=FB menons lui deux perpendiculaires EE′, FF′ de longueurs égales. Sur EF′ comme diamètre décrivons un de-

mi-cercle, base d'un premier cylindre de génératrices perpendiculaires au tableau. Par A menons une fuyante AC de longueur HC égale à AB réduit et terminons le carré ABCD.
Ayant pris AG = AE, égaux à AE réduit, élevons de même
les perpendiculaires GG', HH' égales aux premières, et considérons le cercle de diamètre G'II' dans le plan debout AC
comme base d'un second cylindre à génératrices de front.
L'intersection des deux cylindres est la *courbe d'arête* ; elle se
compose de deux ellipses, car les cylindres sont bitangents ;
les plans tangents communs sont les plans horizontaux supérieur et inférieur et les plans des deux courbes planes sont
verticaux et ont pour traces AD et BC.

Déterminons l'une de ces courbes comme intersection du
cylindre debout avec le plan vertical BC. Une génératrice quelconque du cylindre (mn, $m'n'$) a ses projections parallèles
aux fuyantes ; sa trace sur le plan sécant a pour projection
horizontale n et se relève en n'. La tangente en n' s'obtient
par la trace t de la tangente en m' sur la droite BB', intersection du plan sécant avec le plan de base du cylindre.

On peut se proposer de trouver le point le plus haut de la
courbe. La tangente $p'q'$ en ce point p' est parallèle à AB et a
pour projection horizontale BC ; le plan tangent en ce point
est donc déterminé de direction. Le plan parallèle passant par
le point C est défini par la fuyante CA et par la droite (Cb', CB) ;
sa trace sur le plan de base du cylindre est (Ab', AB).

Menant à la base du cylindre la tangente parallèle $e'g'$, de
point de contact (e', e), on obtient la génératrice de contact par
une fuyante et en (p, p') le point cherché, pour lequel la tangente est $p'q'$.

Cette droite, qui est parallèle aux génératrices du cylindre
de front et tangente à une courbe tracée sur le cylindre, peut
être considérée comme son contour apparent ; elle sera, par
suite, également tangente à l'autre portion de la courbe d'a-
rête, dont la perspective s'obtient comme la première. La
perspective de la voûte d'arêtes s'achève en traçant celles des

cercles situés sur le cylindre de front dans les plans debout AC et BD, qui sont des ellipses également tangentes au contour apparent $p'q'$.

CHAPITRE III

PROPRIÉTÉS PROJECTIVES DES FIGURES

46. — Ce chapitre sert d'introduction à la *perspective conique* ou *projection centrale*, dans laquelle les projetantes, au lieu d'être parallèles, comme dans la perspective cavalière, passent par un point fixe qui est le *centre de la projection*, ou le *point de vue* ou encore *l'œil du spectateur*.

Les propriétés projectives des figures sont celles qui ne sont pas altérées par la projection centrale[1]. Elles ont trait en général à des rapports de situation des éléments de la figure les uns par rapport aux autres ; aussi leur donne-t-on aussi le nom de propriétés *descriptives*. Les propriétés non projectives sont ordinairement celles qui se traduisent par des relations entre les grandeurs de la figure, c'est-à-dire les propriétés *métriques*. Cette division n'a rien d'absolu, et si la perspective altère en général les propriétés métriques, il existe des méthodes pour les transformer.

47. Point et droite. — Dans la perspective conique, on joint le point de vue à chaque point de la figure, on a le *rayon perspectif* du point. Sa trace sur un plan fixe, qui est le *tableau* et qu'on suppose toujours vertical, est la perspective du point.

Examinons si tous les points de l'espace ont une perspective. Il faut pour cela que le rayon perspectif rencontre le tableau ; donc tous les points du plan parallèle au tableau

---

1. On leur rattache également celles qui, quoique altérées, peuvent être transformées par la même projection. Exemples : milieu d'un segment, cercle, hyperbole équilatère, etc.

mené par le point de vue n'ont pas de perspective. Ce plan est le *plan de vue*. Il y a exception pour le point de vue dont la perspective est indéterminée.

Tous les points qui ne sont pas dans le plan de vue ont leur perspective bien déterminée. En particulier, les points du tableau coïncident avec leur perspective.

Considérons maintenant la perspective d'une droite. Si la droite passe par le point de vue sans être dans le plan de vue, elle a pour perspective un seul point.

Si elle est dans le plan de vue, elle n'a pas de perspective.

Si elle ne passe pas par le point de vue et si elle n'est pas dans le plan de vue, l'œil et la droite déterminent un plan dont la trace sur le tableau contient la perspective de tous les points de la droite. Ce plan est le *plan perspectif* de la droite et sa trace sur le tableau est la perspective de la droite.

Si la droite est *de front*, c'est-à-dire parallèle au tableau et par suite au plan de vue, elle est parallèle à sa perspective. En effet, la perspective d'une droite qui n'est pas de front passe par la trace de la droite sur le tableau : si la droite devient parallèle au tableau, cette trace s'éloigne indéfiniment et les deux droites deviennent parallèles.

18. — Nous allons étudier la variation de la perspective d'un point qui décrit une droite. Soient (**T**) le tableau (fig. 54), O le point de vue et IA la droite à mettre en perspective. Son plan perspectif peut se déterminer par la droite elle-même et par la parallèle Oφ menée à cette droite par le point de vue ; soit φ la trace de cette parallèle sur le tableau. On peut dire que le point φ est la perspective *du* point à l'infini sur la droite, puisque le rayon

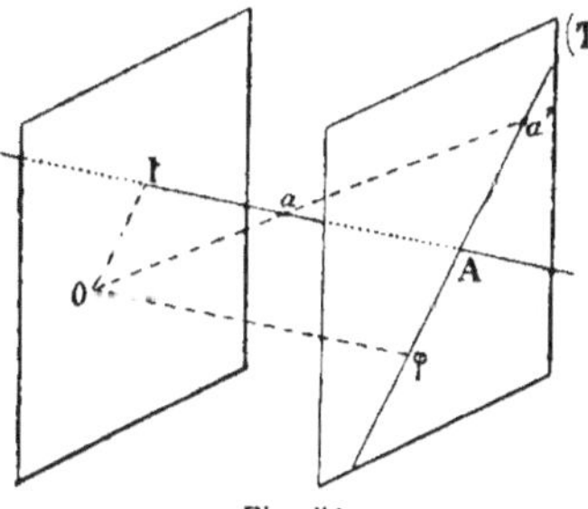

Fig. 54.

Oφ est le rayon perspectif de ce point [1]; le point φ s'appelle le *point de fuite* de la droite.

Lorsque le point de la droite se rapproche du spectateur et décrit par exemple le segment situé derrière lui et finissant en I, sa perspective part du point φ et décrit un segment de droite illimité qui, sur la figure, est dirigé vers le bas du tableau. Lorsque le point de la droite est en I, il n'a plus de perspective (47) ; mais si l'on considère ce cas comme un cas limite, on peut dire qu'elle s'est éloignée indéfiniment sur la perspective Aφ de la droite donnée. En effet, les droites OI et Aφ sont parallèles, comme étant les intersections du plan perspectif par deux plans parallèles et l'on peut alors placer le point sur la droite assez près de I pour que sa perspective soit aussi éloignée qu'on voudra.

Lorsque le point de la droite décrit le segment IA, sa perspective passe vers le haut du tableau et décrit de même un segment illimité finissant en A ; enfin lorsque le point décrit toute la portion de la droite située de l'autre côté du tableau par rapport au spectateur, sa perspective décrit le segment Aφ.

Il y a donc sur la droite de l'espace trois segments ; l'un illimité derrière le spectateur, un autre qui sépare le spectateur du tableau et enfin un troisième illimité de l'autre côté du tableau, auxquels correspondent respectivement trois segments de la perspective : le premier commençant au point de fuite et illimité du côté opposé à la trace de la droite sur le tableau, le second illimité finissant à cette trace, et le troisième limité par cette trace et le point de fuite.

1. Lorsqu'une droite est la perspective d'une autre, leurs points se correspondent individuellement par le moyen des rayons perspectifs. Si au point a de l'une correspond a' de l'autre, réciproquement au point a' correspond le point a. Par le point de vue, on ne peut mener qu'*une* parallèle à l'une des droites (postulatum d'Euclide) ; on doit donc considérer une droite comme n'ayant qu'*un* point à l'infini, dont la perspective est la trace, sur la perspective de la droite, de la parallèle à la droite menée par le point de vue. C'est là une notion fondamentale de la géométrie projective, qui n'est, comme on le voit, qu'une manière particulière d'énoncer le postulatum sur lequel repose la géométrie euclidienne.

Le point de fuite de la droite est la perspective de son point
à l'infini et le point à l'infini sur la perspective est celle du
point de la droite situé dans le plan de vue.

49. Perspective d'un segment de droite. — Suppo-

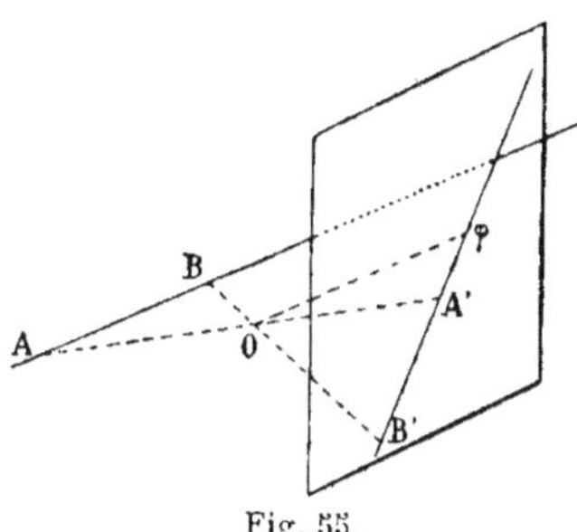

sons qu'on ait trouvé la perspective d'une droite, et soient A′ et B′ (fig. 55) les perspectives de deux points A et B de cette droite. Proposons nous de trouver la perspective du segment limité **AB** de la droite donnée, c'est-à-dire le lieu des perspectives des points de ce segment.

Fig. 55.

Il y a deux cas à considérer : ou bien le point de fuite φ de
la droite est à l'extérieur du segment A′B′, ou il est à l'intérieur.

Dans le premier cas, si la perspective d'un point variable
sur la droite décrit le segment limité A′B′, le point de la droite
ne s'éloigne jamais à l'infini ; il décrit donc le segment limité
AB.

Dans le second cas, c'est le contraire qui arrive ; pour une

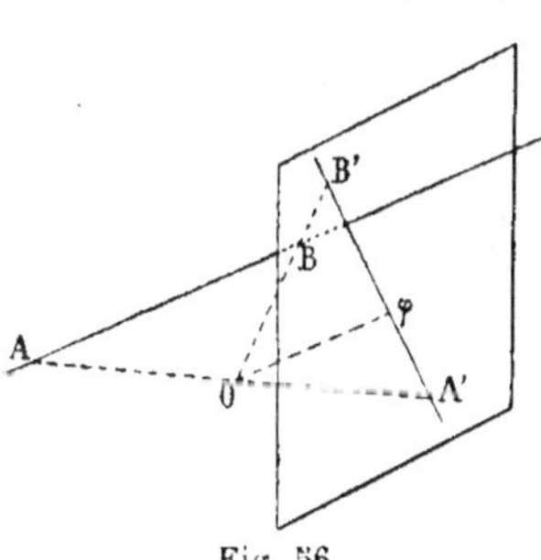

certaine position du point perspective, le point de la droite est
rejeté à l'infini. La portion A′φ
du segment A′B′ (fig. 56) correspond à la portion illimitée
de la droite qui, partant de **A**,
s'éloigne à l'infini du côté opposé à B ; et la portion B′φ correspond à l'autre segment illimité qui va du point à l'infini

Fig. 56.

au point B, sans passer par **A**.

On est conduit par là à considérer sur une droite AB deux
segments commençant en **A** et finissant en **B**. L'un limité, dé-

crit par un mobile qui va toujours dans le même sens ; l'autre illimité, renfermant le point à l'infini et décrit dans un sens de A à l'infini, dans l'autre sens de l'infini à B. Il y a de même deux segments commençant en A′ et finissant en B′ sur la droite perspective de AB.

Il suit de ce qui précède que, *suivant que le segment limité A′B′ est ou non extérieur au point de fuite φ, la perspective du segment limité AB est ou non le segment limité A′B′* [1].

50. Droites concourantes. — Il y a trois cas à considérer.

1° Le point de concours n'est pas dans le plan de vue. Il a alors (47) une perspective bien déterminée qui appartient à celle de chacune des droites de la figure, et toutes les perspectives concourent en un point du tableau, à distance finie.

La réciproque n'est pas vraie ; lorsque sur le tableau une droite passe par un point, cela signifie que la droite dont elle est la perspective rencontre le rayon perspectif du point. Si donc des droites concourent sur le tableau, elles sont les perspectives de droites qui, dans l'espace, rencontrent une droite fixe passant par l'œil. Elles ne concourent dans l'espace qu'à la condition d'être deux à deux dans un même plan.

2° Le point de concours est dans le plan de vue, sans être le point de vue. Alors les plans perspectifs de toutes les droites ont une droite commune située dans le plan de vue, par conséquent parallèle au tableau. Il en résulte que leurs traces sur le tableau, perspectives de ces droites, sont des droites parallèles.

La réciproque n'est pas vraie ; si des droites ont leurs pers-

1. Suivant les cas, le point de fuite φ est ou non sur celui des deux segments A′B′ qui renferme le point à l'infini sur A′B′, lequel point à l'infini correspond au point de AB situé dans le plan de vue. Or cette trace de la droite AB sur le plan de vue sépare les points de la droite qui sont devant le spectateur de ceux qui sont derrière lui. On peut donc dire aussi qu'*un segment limité de droite a pour perspective le segment limité correspondant de la perspective de la droite ou le segment illimité, suivant qu'il est ou non du même côté du spectateur.*

pectives parallèles, cela prouve seulement qu'elles rencontrent une même droite située dans le plan de vue, et passant par l'œil.

3° Le point de concours est le point de vue ; dans ce cas les perpectives de toutes les droites sont des points (47).

51. — Comme cas particulier de droites concourantes, on peut considérer des droites parallèles. Si elles ne sont pas de front, tous les plans perspectifs ont encore une droite commune, qui est la parallèle aux droites menée par le point de vue ; par suite leurs perspectives concourent en un point qui est la trace de cette parallèle sur le tableau, c'est-à-dire leur point de fuite commun.

Si elles sont de front, les perspectives sont parallèles entre elles et à la direction commune des droites.

En résumé, *si des droites concourent en un point, à distance finie ou à l'infini, il en est de même de leurs perspectives.* Ce théorème ne subit d'exception que si le point de concours est le point de vue ; encore peut-on dire que, la perspective du point de vue étant indéterminée, si on la place en un point fixe arbitrairement choisi sur le tableau, le théorème peut encore être considéré comme exact.

52. Plan. — Si le plan passe par le point de vue, sa perspective est une seule droite qui est sa trace sur le tableau.

Si le plan est quelconque, sa perspective recouvre tout le tableau ; considérons dans le plan une direction quelconque, définissant un point à l'infini du plan. La perspective de ce point est la trace sur le tableau de la parallèle à cette direction menée par le point de vue, c'est-à-dire le point de fuite de la direction. Si la direction varie dans le plan, la parallèle menée par l'œil varie dans le plan parallèle au plan donné passant par l'œil, et son point de fuite décrit sur le tableau une ligne droite, trace de ce plan sur le plan du tableau. Cette droite, qui est le lieu des points de fuite des diverses directions du plan, s'appelle *la ligne de fuite* du plan.

Comme le plan ne passe pas par le point de vue, aucune de ses droites ne passe par ce point. Par suite toute droite du plan, sauf sa trace sur le plan de vue, a pour perspective une ligne droite. Réciproquement, toute droite du tableau est la perspective d'une droite déterminée du plan, savoir l'intersection de ce plan avec le plan perspectif de la droite.

Ces deux plans ne sauraient être confondus, car l'un d'eux et non l'autre contient le point de vue, et sauf le cas où la droite du tableau est la ligne de fuite, ces plans ne sont pas parallèles[1] ; la droite du plan correspondant à une droite du tableau est donc déterminée. On admet qu'elle l'est encore dans le cas de la ligne de fuite, ce qui revient à dire que tous les points à l'infini du plan sont sur une même ligne droite, qui est la *droite à l'infini* du plan.

Des plans parallèles ont les mêmes points à l'infini, par suite la même droite à l'infini, et la même ligne de fuite qui est la trace sur le tableau de celui d'entre eux qui passe par le point de vue.

Comme conséquence, si une droite est dans le plan de vue, chacun de ses points ayant sa perspective à l'infini dans le tableau, on peut dire que sa perspective est la droite à l'infini du tableau, au lieu de la considérer comme n'existant pas (47).

53. Plan à l'infini. — Soient A′, B′, C′ (fig. 57) les perpectives de trois points A, B, C d'une surface. Si la surface est telle qu'à un point du tableau correspond un seul point de la surface et qu'à des points en ligne droite sur le tableau correspondent des points en ligne droite sur la surface, cette surface est nécessairement le plan des trois points A, B, C.

En effet, il suit d'abord de la définition qu'elle contient les droites AB, BC, CA ; soient maintenant D′, E′, F′ les traces respectives d'une droite arbitraire du tableau sur les droites A′B′, B′C′, C′A′ ; la droite correspondante de la surface est alors la droite DEF qui joint les

---

1. Ceci suppose que par un point on ne peut mener qu'un plan parallèle à un plan donné. La notion de la droite à l'infini d'un plan, comme celle du point à l'infini sur une droite, repose donc essentiellement sur le postulatum d'Euclide.

points où les rayons perspectifs de ces trois points rencontrent les droites AB. BC, CA. Cette droite décrit le plan ABC.

Supposons maintenant les trois points A. B, C à l'infini respectivement sur les rayons perspectifs de A′, B′, C′. Le lieu des points

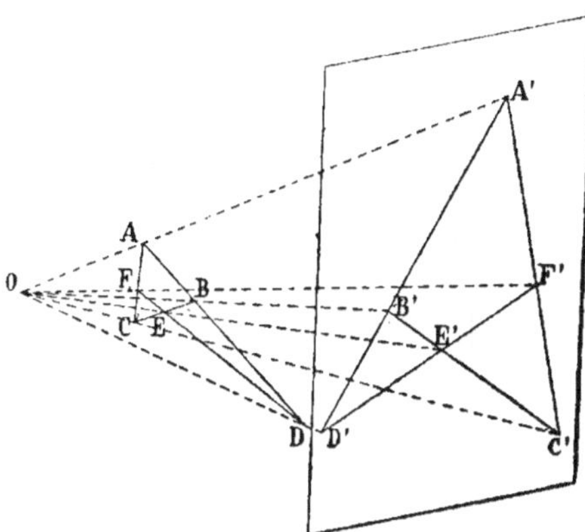

Fig. 57.

à l'infini dans l'espace passe par les points à l'infini respectivement sur ces trois rayons ; de plus, à un point du tableau correspond un seul point du lieu qui est *le* point à l'infini sur les droites dont ce point est le point de fuite (48), et à des points en ligne droite sur le tableau correspondent des points du lieu qui sont en ligne droite sur la droite à l'infini des plans dont cette droite est la ligne de fuite (52). On est conduit par là à dire que ce lieu est un plan qu'on appelle le *plan à l'infini*.

Il suit de là qu'une courbe à l'infini est nécessairement plane ; il y en a une sur toute surface qui a des nappes infinies [1]. Elle peut aussi être définie par un cône ayant pour sommet un point arbitraire de l'espace et dont les génératrices sont respectivement parallèles aux directions définissant les divers points de cette courbe. Ce cône est alors le *cône asymptotique*, ou quelquefois le *cône directeur* de la surface.

---

1. Les points à l'infini d'une courbe fermée ou la courbe à l'infini d'une surface fermée, s'ils n'existent pas géométriquement, sont analytiquement imaginaires ; mais cela ne les empêche pas de jouer quelquefois un rôle géométrique important. Tels sont les points à l'infini d'un cercle ou la courbe à l'infini d'une sphère dont il sera question plus loin.

54. Plan de front. — Un plan *de front* est un plan parallèle au tableau. Sa trace sur le tableau et sa ligne de fuite sont rejetées à l'infini ; l'une et l'autre sont confondues avec la droite à l'infini du tableau, car le tableau, le plan donné et le plan parallèle mené par l'œil sont trois plans parallèles (52).

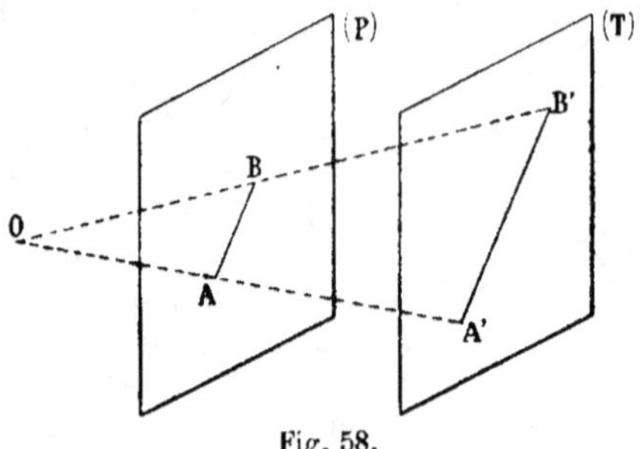

Fig. 58.

Soient (T) le tableau (fig. 58), (P) le plan de front et O, le point de vue ; soit **AB** un segment rectiligne d'une figure dans le plan donné ; sa perspective est le segment limité **A'B'** (49), car le segment **AB** étant de front est tout entier du même côté du spectateur. Les triangles semblables donnent :

$$\frac{A'B'}{AB} = \frac{OA'}{OA} = \frac{d'}{d}$$

en désignant respectivement par d et d' les distances du point de vue au plan de front et au plan du tableau.

De même, toute figure du plan de front et la figure correspondante du tableau sont deux figures homothétiques ; le rapport d'homothétie de la seconde à la première est aussi le rapport suivant lequel la figure est altérée par la perspective. Il ne dépend que des positions relatives des deux plans ; *il est égal au rapport de la distance de l'œil au tableau à sa distance au plan de front.*

Il joue un rôle important en perspective conique et a reçu le nom d'*échelle du plan de front* considéré.

RAPPORT ANHARMONIQUE

55. Rapport anharmonique de quatre points en ligne droite. — Considérons sur une droite (fig. 59) quatre points A, B, C, D. Associons-les deux à deux d'une manière quelconque, par exemple A avec B et C avec D, et formons successivement les rapports des distances d'un point de l'un des groupes aux deux points de l'autre.

Ces rapports sont par exemple $\dfrac{AC}{AD}$ et $\dfrac{BC}{BD}$; le rapport de ces deux rapports

$$\frac{AC}{AD} : \frac{BC}{BD},$$

dans lequel chaque segment est un segment analytique, c'est-à-dire doué d'un signe bien déterminé[1], a reçu le nom de *rapport anharmonique* des quatre points.

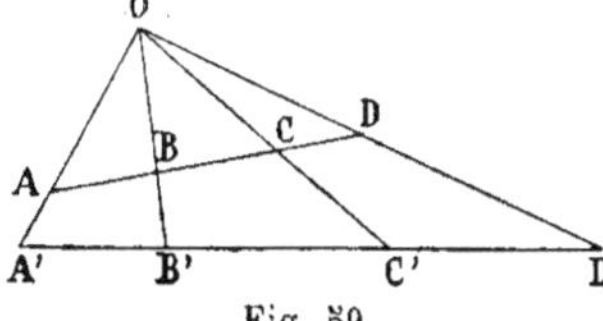

Fig. 59.

THÉORÈME. — *Le rapport anharmonique de quatre points est projectif.* C'est-à-dire qu'il n'est pas altéré par la perspective conique. Nous prouverons d'abord qu'il conserve la même valeur absolue, ensuite qu'il conserve son signe.

Soit O le point de vue, considérons les rayons passant par les quatre points A, B, C, D, et qui, par leurs prolongements déterminent les quatre points correspondants A', B', C' D'. Les triangles OCA, ODA, qui ont même hauteur, sont entre eux comme leurs bases ; on a donc :

---

1. On sait que pour déterminer le signe d'un segment tel que AC, il faut adopter sur la droite qui le porte un sens positif ; le segment est alors positif ou négatif suivant que le mobile qui le décrirait, en partant de son origine A vers son extrémité C, irait dans le sens positif ou dans le sens opposé. Le rapport anharmonique de quatre points étant une fois écrit suivant la règle indiquée, en ayant soin d'écrire AC la distance du point A au point C, et non CA, a un signe bien déterminé et indépendant du sens positif adopté.

$$\frac{OAC}{OAD} = \frac{AC}{AD} = \frac{\frac{1}{2}\,OA.OC.\sin(AOC)}{\frac{1}{2}\,OA.OD.\sin(AOD)}$$

De même :

$$\frac{OBC}{OBD} = \frac{BC}{BD} = \frac{\frac{1}{2}\,OB.OC.\sin.(BOC)}{\frac{1}{2}\,OB.OD.\sin.(BOD)}$$

D'où :

$$\frac{AC}{AD} : \frac{BC}{BD} = \frac{\sin(AOC)}{\sin(AOD)} : \frac{\sin(BOC)}{\sin(BOD)} \qquad (1)$$

La valeur du rapport anharmonique ne dépend donc que des angles que font entre eux les rayons perspectifs, ce qui démontre le théorème en ce qui concerne la valeur absolue de ce rapport.

Pour ce qui est du signe, il peut arriver deux cas ; ou bien le segment limité **AD** ne traverse pas le plan de vue, ou il le traverse.

Dans le premier cas, sa perspective est le segment limité **A'D'**, et la perspective de l'un quelconque des segments qui figurent dans le rapport est le segment correspondant du second. Quel que soit le sens positif adopté sur la droite perspective de la droite **AD** le signe se conserve, car l'ordre des quatre points n'est pas altéré par la perspective.

Dans le second cas, cet ordre est altéré, et suivant que la trace du segment AD sur le plan de vue est entre deux extrêmes ou entre les deux moyens, cela revient à remplacer l'ordre **ABCD** par exemple, par l'un des ordres **DABC** ou **CDAB**. Quoi qu'il arrive, le rapport anharmonique, écrit comme plus haut, ne change pas de signe.

Il peut arriver que l'un des quatre points, D par exemple, soit rejeté à l'infini ; alors le rayon perspectif correspondant (fig. 60) est parallèle à la droite qui joint les trois autres. Quant au rapport anharmonique, il se réduit à $\dfrac{AC}{BC}$ car le rapport $\dfrac{BD}{AD}$

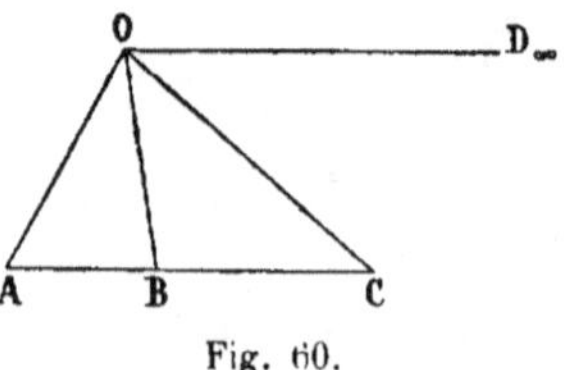

Fig. 60.

de deux segments infinis dont la différence AB est finie, est l'unité. Si en effet on désigne ce dernier rapport par λ, on a :

$$\frac{\lambda}{1} = \frac{BD}{AD}$$

d'où :

$$\frac{1-\lambda}{1} = \frac{AD-BD}{AD} = \frac{AB}{AD} = 0$$

Mais on a toujours :

$$\frac{AC}{BC} = \frac{\frac{1}{2} \, OA.OC.\sin(AOC)}{\frac{1}{2} \, OB.OC.\sin(BOC)} = \frac{\sin(AOC)}{\sin(BOC)} : \frac{OB}{OA}$$

et comme :

$$\frac{OB}{OA} = \frac{\sin(OAB)}{\sin(OBA)} = \frac{\sin(AOD)}{\sin(BOD)}$$

le rapport anharmonique des quatre points **conserve la valeur (1).**

La théorème est donc toujours vrai, et le rapport **anharmonique de quatre points n'est pas altéré par la perspective**[1]. On voit de plus que si l'on forme avec les sinus des angles formés par les rayons perspectifs, pris en grandeur et en signe, le rapport analogue, pour un point de vue quelconque, on a une autre expression du rapport anharmonique.

56. — Il y a vingt-quatre manières d'écrire le rapport anharmonique de quatre points ; mais six seulement de ces rapports sont distincts. Il existe des relations entre ces six rapports, et lorsque l'un d'eux est connu les cinq autres le sont aussi.

On peut le prouver en montrant que trois des quatre points étant donnés, ainsi que leur rapport anharmonique, le quatrième point est déterminé sans ambiguïté. Soit en effet, en grandeur et en signe :

$$\frac{AC}{AD} : \frac{BC}{BD} = \lambda$$

où le point D est inconnu. On tire de là :

---

1. C'est, on le voit, une exception à la règle qui range les propriétés métriques parmi celles qui ne sont pas projectives.

$$\frac{AD}{BD} = \frac{1}{\lambda}\frac{AC}{BC} = \mu$$

où μ est connu en grandeur et en signe. Or il existe un point et un seul dont le rapport des distances à deux points fixes A et B a une valeur algébrique donnée ; le point D est donc déterminé sans ambigüité.

La construction peut s'effectuer comme il suit. Soient A, B, C, (fig. 61) les trois points donnés ; par A menons la droite quelconque AB'C' sur laquelle on choisit B' et C' tels que le rapport $\frac{A'C'}{B'C'}$ soit égal au rapport anharmonique donné, joignons BB' et CC' qui se coupent en O et par le point O menons la parallèle OD à B'C' ; elle détermine le point D cherché. On a en effet, en supposant le rapport anharmonique écrit comme plus haut,

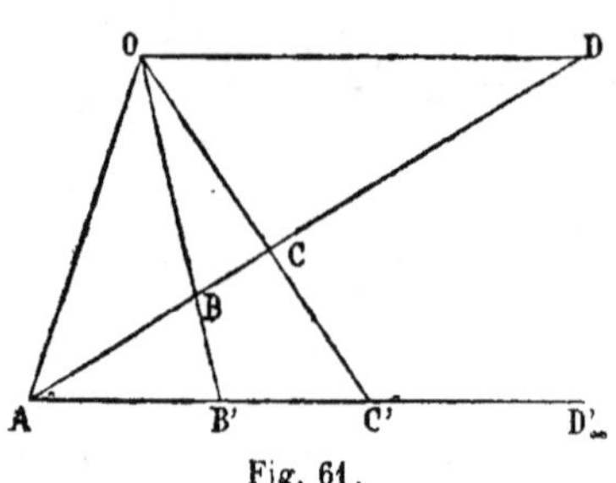

Fig. 61.

$$\text{rapp. anh. (ABCD)} = \text{rapp. anh. (AB'C'}\infty) = \frac{A'C'}{B'C'} = \lambda.$$

57. Rapport anharmonique de quatre droites concourantes. — Le rapport anharmonique de quatre droites concourantes et situées dans un même plan est celui des quatre points où une sécante quelconque rencontre le *faisceau* des quatre droites.

Ce rapport est projectif, comme celui de quatre points. En général, le plan des quatre droites rencontre le tableau et le sommet du faisceau n'est pas le point de vue. Alors le faisceau projeté est un autre faisceau ayant pour sommet la perspective du sommet et passant par les traces des quatre droites sur le tableau. Ces traces sont en ligne droite et leur rapport anharmonique est le rapport anharmonique commun des deux faisceaux.

Si le plan des quatre droites est parallèle au tableau, le faisceau se reproduit en vraie grandeur et la chose est évidente.

Si le point de vue est le sommet du faisceau, les quatre droites ont pour perspectives quatre points en ligne droite qui, étant joints à un point quelconque du tableau, donnent encore lieu à un faisceau de même rapport anharmonique que le premier.

58. Rapport anharmonique de quatre plans. — Les quatre plans ont une droite commune et forment un faisceau.

Une droite quelconque les coupe en quatre points dont le rapport anharmonique est constant. En effet, coupons le système par deux sécantes ABCD, A'B'C'D'; par ces deux droites faisons passer respectivement deux plans. Leur intersection coupe les plans du faisceau aux points a, b, c, d, et l'on a (57) : rapp. anh. (ABCD) = rapp. anh. $(abcd)$ = rapp. anh. (A'B'C'D').

59. Rapport harmonique. — Considérons le rapport anharmonique

$$\frac{AC}{AD} : \frac{BC}{BD}$$

et supposons les trois points B, C, D donnés et distincts. Soit λ le rapport $\dfrac{BC}{BD}$; lorsque le point A décrit la droite, on sait que le rapport $\dfrac{AC}{AD}$ passe une fois et une seule par toute valeur donnée en grandeur et en signe. Par suite il en est de même du rapport anharmonique considéré qui est égal au rapport $\dfrac{AC}{AD}$ divisé par la constante λ.

La valeur *zéro* correspond au point A en C, la valeur *infini* au point A en D et la valeur $+ 1$ au point A en B. En dehors de ces trois valeurs, on a donc toujours quatre points distincts.

Considérons en particulier la valeur — 1. Le rapport $\frac{BC}{BD}$ est positif ou négatif suivant que B, conjugué de A, est à l'extérieur ou à l'intérieur du segment CD ; de même $\frac{AC}{AD}$ relativement au point A. Si donc le rapport anharmonique doit être négatif, les deux points conjugués A et B doivent être l'un extérieur et l'autre intérieur au segment CD, ou encore les segments AB, CD, formés par les couples de points conjugués, doivent empiéter l'un sur l'autre. L'un deux étant donné, les extrémités de l'autre partagent le premier suivant des rapports égaux et de signes contraires. On dit alors que les quatre points sont *conjugués harmoniques* et leur rapport anharmonique est dit *harmonique*.

De même un faisceau de droites ou de plans est *harmonique*, si son rapport anharmonique est égal à — 1.

Supposons que l'on coupe un faisceau harmonique par une parallèle à l'un de ses côtés ; l'un des quatre points d'intersection A, par exemple, est rejeté à l'infini et l'on a vu qu'alors le rapport $\frac{AC}{AD}$ est égal à l'unité. Il faut donc que

$$\frac{BC}{BD} = - 1$$

ce qui revient à dire que le point B, conjugué de A, est le milieu de l'autre segment, propriété importante en perspective qui s'énonce ainsi :

Le milieu d'un segment est le conjugué harmonique par rapport aux extrémités de ce segment, du point à l'infini sur la droite qui porte le segment.

60. — On sait que les bissectrices d'un angle d'un triangle sont perpendiculaires et *partagent harmoniquement* le segment formé par le côté opposé (fig. 62).

Réciproquement, *si dans un faisceau harmonique deux*

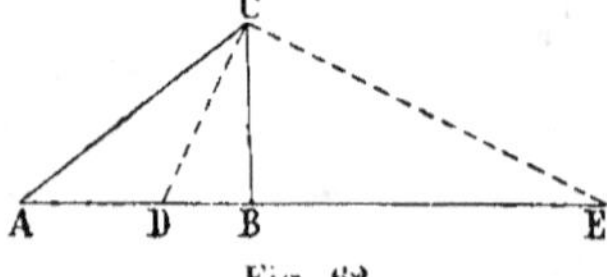

Fig. 62.

*rayons conjugués sont rectangulaires, ils sont les bissectrices
de l'angle des deux autres.*

Car si l'on coupe le faisceau par une parallèle AB (fig. 63)
à l'un des rayons rectangulaires, on détermine sur les deux

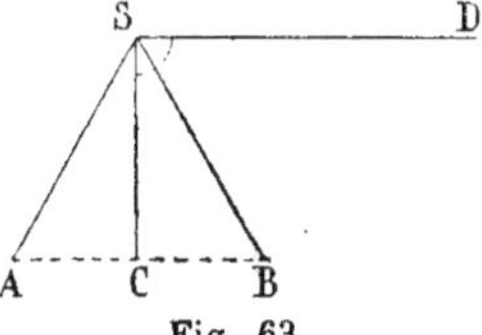

Fig. 63.

autres un triangle ASB dont la
base est perpendiculaire à l'autre, et
partagée par lui en deux parties
égales (59). C'est donc un triangle
isocèle, et sa hauteur SC est en
même temps sa bissectrice.

61. Théorème de Pappus. — *Une diagonale d'un quadrilatère complet, limitée à ses extrémités, est partagée harmoniquement par les deux
autres.*

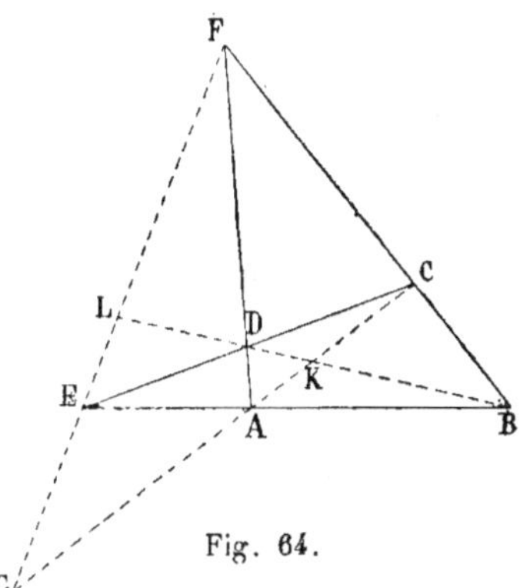

Fig. 64.

Soient ABCD (fig. **64**),
le quadrilatère complet, et
AC, BD, EF ses trois dia-
gonales. D'un point de
vue, pris arbitrairement
dans l'espace, projetons la
figure sur un plan paral-
lèle au plan mené par ce
point et la droite EF. Les
points E et F ont alors
leurs perspectives à l'in-
fini, et la droite EF devient la droite à l'infini du tableau.
Les côtés opposés AB, CD du quadrilatère se projettent suivant des droites parallèles, ainsi que les côtés opposés AD,
BC, et le quadrilatère a pour perspective un parallélogramme
A'B'C'D' (fig. 65), où les quatre points E, F, G, L sont rejetés
à l'infini, tandis que K a pour perspective K', milieu des diagonales.

Le rapport anharmonique des quatre points **E, F, G, L** est aussi celui des quatre droites qui les joignent au point C, ou encore celui de leurs perspectives. Or le rayon CE qui passe par le point D a pour perspective C'D', le rayon CF qui passe par le point B a pour perspective C'B', le

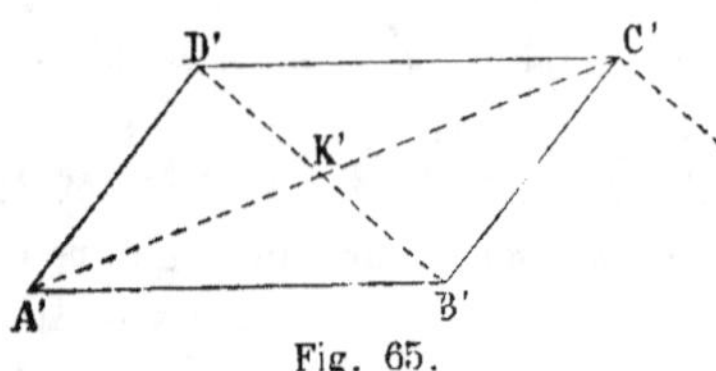
Fig. 65.

rayon CG qui passe par le point A a pour perspective C'A'; enfin le rayon CL qui rencontre en L la diagonale BD a pour perspective la parallèle à B'D' menée par C'.

Mais K' est le milieu de B'D'; le faisceau dont trois rayons sont C'B', C'K', C'D' et dont le quatrième est parallèle à B'D' est donc harmonique (59), par suite aussi le faisceau C (EFGL); le théorème est donc démontré en ce qui concerne la diagonale EF.

Pour les deux autres, il résulte de ce que le point K', milieu de chaque diagonale, est conjugué harmonique, par rapport à ses extrémités, du point à l'infini sur elle.

69. Applications. — Cherchons les tangentes au point double de la courbe d'intersection de deux cônes de sommets différents qui ont un plan tangent commun.

Figurons les traces des deux cônes sur un même plan (fig. 66) ; la trace sur ce plan du plan tangent commun est alors une droite telle que AB, à la fois tangente aux deux bases. Le plan tangent commun passe à la fois par les deux sommets, et la trace θ de la droite des sommets appartient à la droite AB; soient S et T les projections des sommets sur le plan de base.

Employons la méthode ordinaire des plans sécants auxiliaires passant par la droite STθ; un plan auxiliaire voisin du plan tangent commun, coupe chaque cône suivant deux génératrices voisines de la génératrice de contact, qui se projettent suivant Sa', Sa'' pour l'un des cônes, Tb', Tb'' pour l'autre, et déterminent quatre points de la courbe d'intersection projetés en 1, 2, 3, 4.

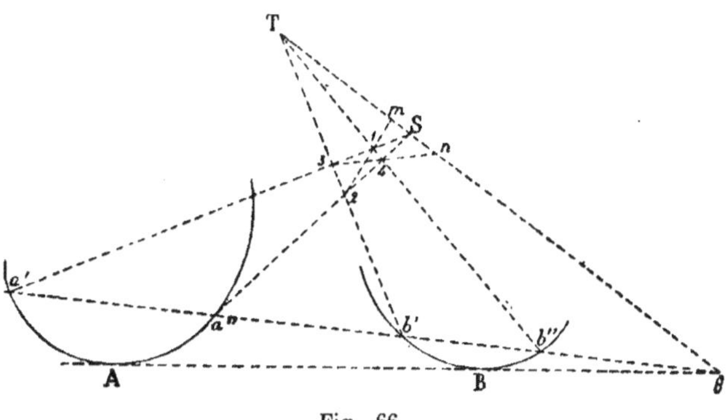

Fig. 66.

Faisons tourner la trace du plan sécant autour du point θ, en partant du point d'intersection 1. La correspondance des points de la courbe d'intersection avec les points aux bases fait voir que les points 1 et 2 décrivent la même branche, tandis que les points 3 et 4 en décrivent une autre. Dans le quadrilatère complet 1 2 3 4, la diagonale ST est divisée harmoniquement par les deux autres aux points m et n, et les tangentes à chaque branche de courbe sont les positions limites des diagonales 1 2 et 3 4, qui sont conjuguées harmoniques par rapport aux droites qui joignent leur point d'intersection aux deux sommets S et T. Or à la limite leur point d'intersection est le point de contact des deux cônes ; ces droites sont les deux génératrices menées par le point de contact, et l'on voit que *les tangentes au point double de la courbe d'intersection de deux cônes de sommets différents qui ont un plan tangent commun, sont conjuguées harmoniques par rapport aux deux génératrices.*

L'une d'elles peut se construire, lorsqu'on connaît l'autre.

63. Théorème. — *Quand deux cônes du second degré ont*

*une courbe plane commune, ils en ont une seconde et les plans
de ces courbes partagent harmoniquement la droite des sommets.*

Figurons la base commune (fig. 67), et sur le plan de cette
courbe la trace θ de la droite des sommets ST. Un plan sécant auxiliaire coupe cette base en deux points variables A, B,
d'où quatre génératrices SA, SB, TA, TB, donnant lieu au

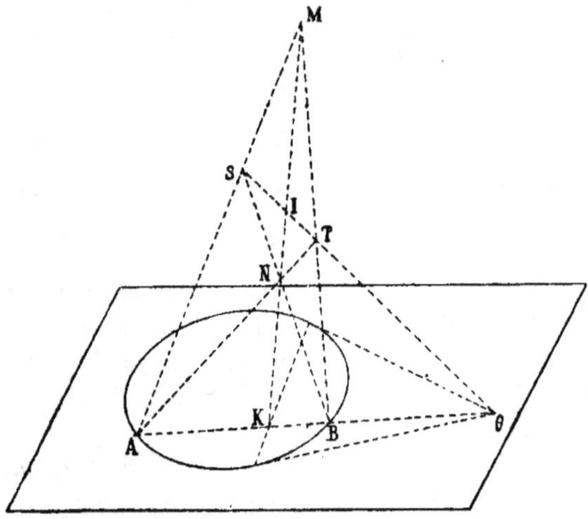

Fig. 67.

quadrilatère complet SMTN, dans lequel la diagonale ST est
partagée harmoniquement aux points I et θ. Il suit de là que
le point I est fixe, puisque les trois autres sont donnés. Donc
toutes les droites telles que MN passent par un point fixe, par
conséquent elles décrivent une surface conique.

De même, la diagonale AB est partagée harmoniquement
aux points K et θ. Le lieu du point K, conjugué harmonique
du point fixe θ par rapport aux points d'intersection avec une
conique d'une sécante variable passant par ce point, est donc
le polaire de θ par rapport à cette conique. Donc toutes les
droites telles que MN passent par un point fixe et rencontrent
une droite fixe ; elles décrivent un plan et les points M et N

décrivent une conique, qui est la courbe d'intersection de ce plan avec l'un quelconque des deux cônes, et qui est la seconde courbe plane commune.

Les plans des deux sections planes coupent la droite des sommets aux points I et ϑ et par suite la partagent harmoniquement.

61. Théorème. — *La courbe de contact d'un cône ou d'un cylindre circonscrit à une surface du second degré est une courbe plane.*

Par le sommet S du cône (fig. 68) faisons passer une droite fixe qui coupe la surface en deux points fixes A et B, et autour de cette droite faisons pivoter un plan qui coupe la surface suivant une conique variable passant par les points A et B. Figurons la conique donnée par une position du plan et menons lui des tangentes par le point S ; la courbe de contact du cône circonscrit est le lieu des points m et n où ces tangentes touchent la conique variable. Soit I le point où la droite variable mn coupe la droite fixe SAB ; mn est la polaire de S,

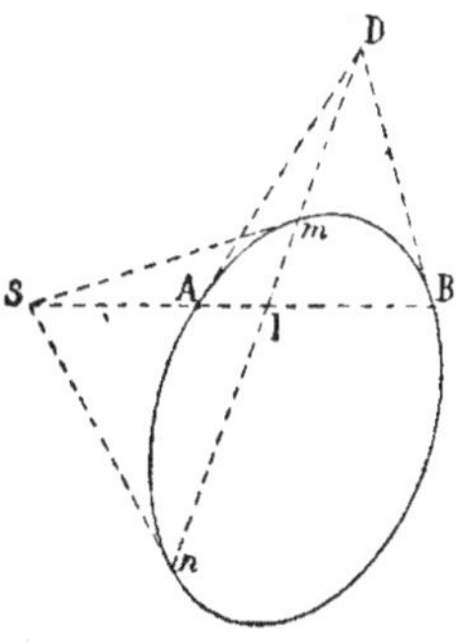

Fig. 68.

SAB est une sécante, donc le point I est le conjugué harmonique de S par rapport à A et B, c'est un point fixe.

Menons les tangentes en A et B à la conique, soit D leur point d'intersection ; c'est le pôle de la droite AB, qui passe par S ; donc D est sur mn qui est la polaire de S. D'ailleurs, la droite AD, tangente en A à la conique est située dans le plan tangent en A à la surface ; de même BD est dans le plan tangent en B, donc le point D décrit la droite d'intersection de ces deux plans. Donc enfin les droites mn, qui passent par le point fixe I en s'appuyant sur cette droite, décrivent un plan, et la courbe de contact, lieu des points m et n, est une courbe plane.

65. Problème.— On a quelquefois à résoudre le problème suivant : *transformer par la perspective deux coniques données dans un même plan en deux cercles*. Remarquons tout d'abord que les points imaginaires à l'infini d'un cercle (53, note) sont les mêmes pour tous les cercles du plan. En effet, deux points à l'infini sont définis par deux directions de droites (48) et les directions des points à l'infini d'une hyperbole peuvent être considérées comme étant celles qui sont à la fois conjuguées harmoniques à tous les couples de diamètres conjugués de la courbe, en particulier à deux de ces couples. Dans l'ellipse, deux couples de diamètres conjugués empiètent l'un sur l'autre, et les directions à la fois conjuguées harmoniques à ces deux couples sont imaginaires ; les points à l'infini correspondants sont imaginaires et la courbe est fermée. Si les deux couples de diamètres conjugués sont rectangulaires, l'ellipse est un cercle ; les directions qui leur sont à la fois conjuguées sont toujours imaginaires, mais elles sont indépendantes du cercle considéré. Les points à l'infini d'un cercle sont donc les mêmes pour tous les cercles du plan ; ils ont reçu le nom de points *cycliques* et sont définis par les directions conjuguées communes à deux couples quelconques de droites rectangulaires, qui sont les directions *isotropes*.

On prévoit par conséquent que pour résoudre le problème proposé par un point de vue réel, deux des points communs aux coniques données devant avoir pour perspectives les points cycliques dans le plan des deux cercles, il est nécessaire que les deux coniques aient deux de leurs points d'intersection imaginaires et que la droite *réelle* qui les joint soit rejetée à l'infini par la perspective.

Nous supposerons donc cette condition réalisée, et nous considérerons deux coniques (C) et (D), dans un même plan (P) qui sera le plan de la figure, pour lesquelles une droite connue (T) soit une corde commune à la fois extérieure aux deux courbes (fig. 69). Cette condition, qui paraît purement analytique, peut se traduire cependant par des relations descriptives.

A chaque point α pris sur la droite en correspond un autre β qui est la trace sur cette droite de la polaire du point par rapport à l'une des coniques. Ces deux points sont conjugués harmoniques par rapport aux points où la droite coupe la coni-

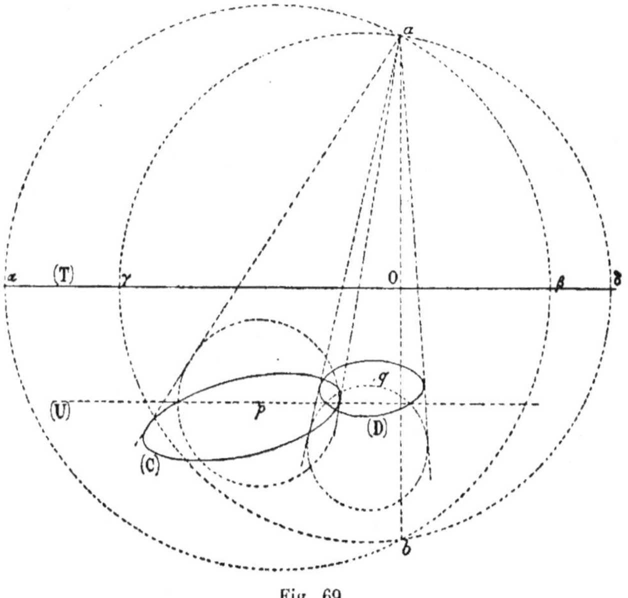

Fig. 69.

que, même s'ils sont imaginaires ; et puisque les deux coniques ont les mêmes points imaginaires sur la droite, le point β correspondant à α est le même, quelle que soit celle des deux coniques qui ait été considérée (56)

Lorsque les coniques sont tracées et que l'on connaît, comme sur la figure, leurs deux autres points d'intersection, on sait construire la corde commune qui joint leurs points d'intersection imaginaires par cette condition, par exemple, que sur une tangente commune le segment limité aux deux points de contact est partagé harmoniquement par les cordes communes opposées.

Cela posé, la droite (T) doit être rejetée à l'infini par la perspective ; donc le plan sur lequel s'opère cette perspective et le

plan mené par le point de vue et par (T) sont deux plans parallèles, et leurs traces sur le plan (P) sont deux droites parallèles. Soit donc (U) la trace sur (P) du plan des deux cercles,
trace parallèle à (T) ; le point de vue est alors dans le plan mené par (T) parallèlement au plan des deux cercles. Supposons
que ce dernier soit donné, le point de vue S est dans un plan
(Q) qui est connu.

Pour déterminer ce point, figurons les pôles p et q de la
droite (T) respectivement par rapport aux coniques (C) et (D) et
remarquons que les propriétés qui lient pôles et polaires, étant
uniquement basées sur le rapport harmonique, sont projectives (55). Il suit de là que les perspectives de p et de q seront,
dans les cercles cherchés, les pôles respectifs de la droite à
l'infini, c'est-à-dire les centres respectifs ; et les couples de
droites conjuguées, telles que $(p\alpha, p\beta)$, $(q\alpha, q\beta)$, issues de
ces points dans chaque conique, et déterminant par hypothè-
se les mêmes couples de points sur la corde commune (T),
auront pour perspectives des couples de diamètres conjugués
dans les deux cercles, c'est-à-dire des couples de droites rectangulaires : et comme le plan (Q) et le plan des deux cercles
sont parallèles, les plans perspectifs de ces couples qui passent respectivement par les projetantes Sp et Sq coupent le
plan (Q) suivant des angles droits ayant pour sommet S. Si
doncs $\alpha\beta, \gamma\delta$ ont sur (T) deux quelconques des couples à la fois
conjugués aux deux coniques, le point de vue cherché est dans
le plan (Q) l'un des points communs aux cercles ayant pour
diamètres respectifs les segments $\alpha\beta, \gamma\delta$. Ces segments, à la
fois conjugués harmoniques à deux points imaginaires, em-
piètent l'un sur l'autre, et les cercles dont ils sont les diamètres se coupent en deux points qui répondent à la question. En
effet, les deux coniques déduites des coniques données, au
moyen de l'un d'eux pris pour point de vue, ont respectivement pour centres les perspectives p' et q' de p et de q, et
chacune d'elles admet deux couples de diamètres conjugués
$(\alpha p'\beta, \gamma p'\delta)$ $(\alpha q'\beta, \gamma q'\delta)$ qui sont rectangulaires.

De plus, si le plan des deux cercles, tout en restant parallèle à (T), varie dans l'espace, le plan (Q) tourne autour de (T) ; mais les segments $\alpha\beta,\gamma\delta$ restent les mêmes et la corde commune aux cercles dont ils sont les diamètres décrit un plan perpendiculaire à (T), tandis que ses extrémités décrivent dans ce plan un cercle ayant son centre sur (T).

On peut décrire dans le plan de la figure les cercles de diamètres $\alpha\beta,\gamma\delta$; on a alors en O le centre du cercle décrit par le point de vue, en a et b ses traces et en ab celle de son plan, perpendiculaire à (T), sur le plan de la figure. Les points a et b sont les points de vue limites dans le plan (P), pour lesquels les cercles perspectifs sont, dans ce plan, respectivement homologiques aux deux coniques données, l'axe d'homologie étant la droite (U) et le centre d'homologie étant le point de vue (74).

On peut donc énoncer ce théorème:

A toute corde commune extérieure à deux coniques, correspond un cercle réel, lieu des points d'où on peut les projeter suivant deux cercles sur une série de plans parallèles, de direction déterminée pour chaque point du cercle. Ce cercle est dans un plan perpendiculaire à la corde commune et son centre est à l'intersection de ce plan avec la corde[1].

1. Poncelet, *Traité des Propriétés projectives des figures.*

NOTIONS SUR LES FIGURES HOMOGRAPHIQUES OU HOMOLOGIQUES

66. Divisions homographiques. — Etant données dans l'espace deux droites, si l'on a une série de points sur la première droite, et une autre série sur la seconde telle qu'à un point de la première série corresponde un point déterminé de la seconde, si en outre [1] le rapport anharmonique de quatre points quelconques de la première égale celui des quatre points correspondants de la seconde, les deux divisions, tracées respectivement sur les deux droites, sont dites *homographiques*.

Donnons nous trois points a, b, c sur la première droite (fig. 70) et les trois points a', b', c' correspondants sur la seconde ; il est aisé de prouver que si l'on se donne un quatrième point d sur la première, le point correspondant d' de la

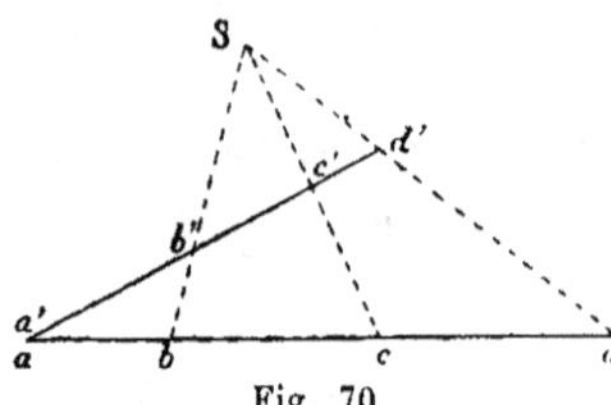

seconde est déterminé, et que par conséquent les deux divisions homographiques sont connues.

Pour cela, sans changer les distances mutuelles des trois points a', b', c', trans-

Fig. 70

portons la seconde droite d'une façon quelconque de manière que le point a' coïncide avec le point a. Joignons bb' et cc' qui se coupent en S, la droite Sd détermine le point d', car le

---

[1]. Si l'on désigne par x_1 et x_2 les abscisses d'un point variable dans chaque division, rapportées respectivement à deux origines fixes, il suit de la première partie de la définition que la relation entre x_1 et x_2 est de la forme

$$ax_1x_2 + bx_1 + cx_2 + d = 0.$$

Il est aisé d'en conclure que le rapport anharmonique de quatre points x_1 est égal à celui des quatre points correspondants x_2. La seconde condition imposée par la définition du texte peut donc être considérée comme une conséquence de la première.

Il suit de là que *si deux divisions sont homographiques à une troisième, elles sont homographiques entre elles*, car à un point de la première correspond un seul point de la troisième, auquel correspond un seul point de la seconde, et réciproquement.

rapport anharmonique est projectif (55). On voit donc qu'à la condition que le point d'intersection des deux droites se corresponde à lui-même, les droites qui joignent deux points correspondants sont concourantes, c'est-à-dire que les divisions homographiques sont en perspective.

67. Faisceaux homographiques. — Deux faisceaux de droites concourantes sont homographiques, lorsque leurs rayons se correspondent individuellement [1] et que le rapport anharmonique de quatre rayons de l'un d'eux est égal au rapport anharmonique des quatre rayons correspondants de l'autre.

Deux faisceaux homographiques sont définis lorsqu'on connaît trois rayons de l'un d'eux et les trois rayons correspondants de l'autre. En effet, sans changer la figure formée des trois rayons $O'a'$, $O'b'$, $O'c'$ (fig. 71) transportons-la d'une manière quelconque de façon que les rayons Oa, $O'a'$ coïncident ; soient alors B le point d'intersection des rayons Ob et $O'b'$ et C celui des rayons

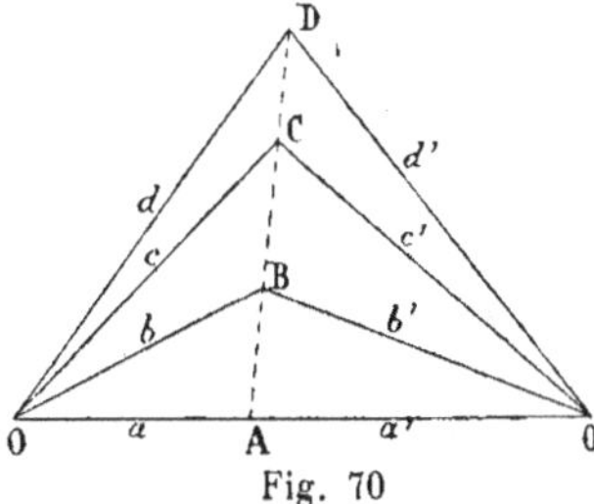

Fig. 70

Oc et $O'c'$. Joignant les sommets O et O' à un même point quelconque de BC, on obtient deux rayons correspondants OD, O'D, car les deux faisceaux OABCD, O'ABCD ont le même rapport anharmonique (57).

On remarque que les deux faisceaux homographiques ainsi déterminés sont tels que la droite qui joint les sommets se correspond à elle-même, soit qu'on la considère comme un rayon du premier faisceau, soit qu'elle appartienne au second. A cette condition, le lieu des points d'intersection des rayons homologues est une ligne droite. Cette particularité disparaîtra

1. Cette définition appelle la même observation que celle de deux divisions homographiques, et on est conduit de la même manière à cet énoncé : *deux faisceaux homographiques à un troisième sont homographiques entre eux.*

si l'on déplace l'un des faisceaux autrement qu'en faisant glisser cette droite sur elle même.

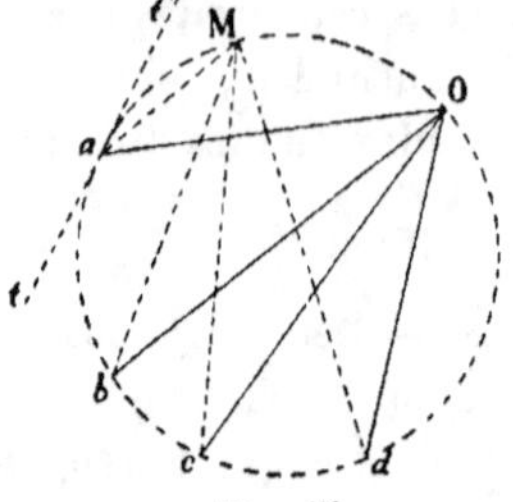

Fig. 72

Soit donné un faisceau de quatre droites O.*abcd* (fig. 72) ; par le point O faisons passer un cercle quelconque qui coupe les quatre rayons aux points *a*, *b*, *c*, *d*, et joignons à ces points un point M variable du cercle ; les deux faisceaux O.*abcd*, M.*abcd* ont évidemment même rapport anharmonique, car ils sont superposables comme formés de rayons faisant deux à deux et dans le même ordre les mêmes angles, au moins tant que le point M ne franchit pas l'un des quatre points *a*, *b*, *c*, *d*. Lorsqu'il franchit l'un des points, l'un des rayons coïncide avec la tangente *at* en ce point, ce qui donne le faisceau *a.tbcd*, qui a toujours le même rapport anharmonique : mais c'est aussi (57) celui du faisceau *a.t'bcd* ; dès lors il ne change pas lorsque le point M franchit le point *a*. On peut donc énoncer ce théorème :

Le rapport anharmonique des quatre droites qui joignent un point variable d'un cercle à quatre points fixes du même cercle est constant.

Dès lors les faisceaux dont les sommets sont deux points fixes du cercle et dans lesquels deux rayons correspondants se coupent sur le cercle sont homographiques. En effet, leurs rayons se correspondent individuellement puisqu'une droite passant par l'un des sommets ne coupe plus le cercle qu'en un point, et le rapport anharmonique de quatre rayons de l'un d'eux est égal à celui des quatre rayons correspondants du second [1].

---

1. A peine est-il nécessaire d'ajouter que le théorème est encore vrai si le cercle est remplacé par une conique quelconque. Il suffit pour le voir de transformer par la perspective la conique en un cercle : ce qui est possible d'une infinité de manières, puisque le cône ayant pour base la conique et pour sommet un point quelconque de l'espace admet deux directions réelles

68. Points doubles. Rayons doubles. — Supposons deux divisions homographiques $a, b, c, d \ldots a', b', c', d' \ldots$ (fig. 73) tracées sur une même droite, et cherchons s'il n'existe pas de point qui, considéré comme appartenant à l'une des divisions, soit son homologue dans l'autre.

Traçons un cercle dans le plan et joignons un point O, pris arbitrairement sur ce cercle, aux différents points de chaque division, nous aurons (55) deux faisceaux homographiques, dont les rayons rencontrent le cercle respectivement aux

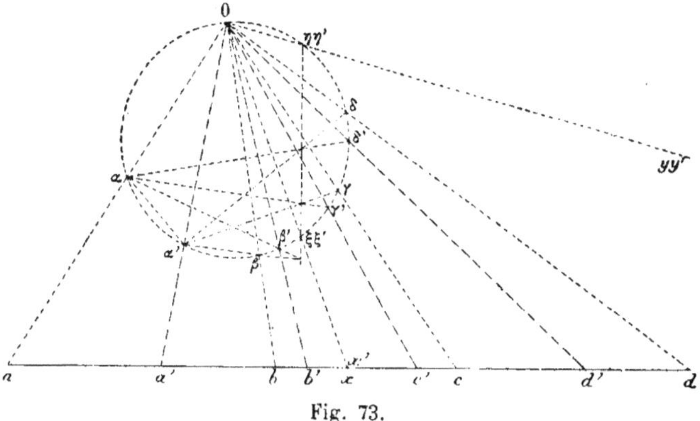

Fig. 73.

points $\alpha, \beta, \gamma, \delta \ldots \alpha', \beta', \gamma', \delta' \ldots$ Prenons deux points correspondants α et α', par exemple, et joignons chacun d'eux à quatre points de l'autre série, parmi lesquels soit le second.

de sections circulaires. Du théorème démontré pour le cercle on déduit alors le même théorème relativement à la conique donnée.

Cette propriété importante est due à Chasles, (*Traité des sections coniques*, p. 3) : elle sert à construire une conique par cinq points et est fondamentale dans la théorie géométrique de ces courbes.

Réciproquement, le lieu des points d'intersection des rayons homologues de deux faisceaux O et O', dans lesquels la droite OO' ne se correspond pas à elle-même, est une conique passant par les sommets O et O' ; car si $a, b, c,$ désignent trois points du lieu et m un point quelconque de la conique OO'abc, on a par le théorème direct

$$\text{rapp. anh. } O\,(abcm) = \text{rapp. anh. } O'\,(abcm).$$

Si la droite OO' se correspondait à elle-même, les trois points a, b, c seraient en ligne droite (67).

On a ainsi les deux faisceaux $\alpha\,(\alpha'\,\beta'\,\gamma'\,\delta')$, $\alpha'\,(\alpha\,\beta\,\gamma\,\delta)$. Or on a (67)

$$\text{rapp. anh. } \alpha\,(\alpha'\,\beta'\,\gamma'\,\delta') = \text{rapp. anh. } O\,(\alpha'\,\beta'\,\gamma'\,\delta').$$

Mais les deux divisions données étant homographiques, on a aussi

$$\text{rapp. anh. } O(\alpha'\beta'\gamma'\delta') = \text{rapp. anh. } O(\alpha\beta\gamma\delta) = \text{rapp. anh. } \alpha'(\alpha\beta\gamma\delta)$$

donc les deux faisceaux $\alpha\,(\alpha'\,\beta'\,\gamma'\,\delta')$, $\alpha'\,(\alpha\,\beta\,\gamma\,\delta)$, sont homographiques, et comme le rayon $\alpha\alpha'$ se correspond à lui-même, le lieu des points d'intersection des rayons correspondants est une ligne droite (67).

Par hypothèse, les points cherchés x et x' sont confondus, donc aussi les points correspondants ξ et ξ' où les rayons Ox, Ox' rencontrent le cercle. Le point $\xi\,\xi'$ est donc à l'intersection de la droite avec le cercle, et l'on voit que les divisions homographiques ont deux points doubles x et y qui s'obtiennent en joignant le point O aux points d'intersection. Ces points ne sont réels que si la droite rencontre le cercle ; ils sont confondus si elle lui est tangente.

De même deux faisceaux homographiques, à sommet commun, ont deux *rayons doubles* réels ou imaginaires. Pour les obtenir, on coupe les faisceaux par une droite quelconque, ce qui donne deux divisions homographiques (55) dont les points doubles, joints au sommet commun, déterminent les rayons doubles.

69. Figures planes homographiques. — Deux figures planes sont homographiques lorsque à des points en ligne droite et à des droites concourantes de l'une, correspondent respectivement des points en ligne droite et des droites concourantes dans l'autre, de manière que quatre points en ligne droite de l'une des figures aient leur rapport anharmonique égal à celui des quatre points correspondants de la seconde, et que quatre droites concourantes de la première figure aient leur rapport anharmonique égal à celui des quatre droites correspondantes de la seconde [1].

---

[1]. C'est la définition de Chasles (*Géom. sup.*, p. 362) qui partage avec Poncelet la gloire d'avoir donné à la Géométrie ses grandes méthodes générales.

Analytiquement, deux figures homographiques se correspondent point par

Tout d'abord, il existe des figures répondant à cette définition. La chose est évidente, par exemple, si, les figures étant supposées dans des plans différents, l'une d'elles est la perspective de l'autre.

On peut encore considérer deux figures *semblables*.

On sait qu'alors les points ou les droites des deux figures se correspondent individuellement de façon qu'à des points en ligne droite correspondent des points en ligne droite et des droites concourantes à des droites concourantes. De plus, les segments homologues, comptés en grandeur et en signe, sont proportionnels, et les angles homologues comptés dans le même sens de rotation, sont égaux.

Si donc a, b, c, d sont quatre points en ligne droite dans l'une des figures et a', b', c', d' leurs correspondants dans l'autre, on a par définition, en grandeur et en signe

$$\frac{ac}{ad} = \frac{a'c'}{a'd'}$$

$$\frac{bc}{bd} = \frac{b'c'}{b'd'}$$

d'où :

$$\frac{ac}{ad} : \frac{bc}{bd} = \text{rapp. anh. } (abcd) = \frac{a'c'}{a'd'} : \frac{b'c'}{b'd'} = \text{rapp. anh. } (a'b'c'd').$$

Enfin si deux faisceaux de quatre droites concourantes sont homologues, deux droites d'un faisceau forment le même angle que les droites correspondantes de l'autre, à cause de la similitude des figures ; par suite les faisceaux sont superposables et ont le même rapport anharmonique. Donc deux figures semblables sont homographiques.

Il résulte de la définition des figures homographiques que les divisions formées par les points correspondants sur deux droites homologues sont homographiques ainsi que les faisceaux composés de droites homologues menées par deux points correspondants.

70. — La connaissance de quatre couples de points homologues est nécessaire et suffisante pour qu'il soit possible de construire une figure homographique à une figure donnée.

point de façon que deux courbes algébriques correspondantes aient le même degré, d'où il suit que les coordonnées (x_1, y_1), (x_2, y_2) de deux points correspondants sont liées par les relations :

$$x_1 = \frac{a_1 x_2 + b_1 y_2 + c_1}{a_3 x_2 + b_3 y_2 + c_3}, \qquad y_1 = \frac{a_2 x_2 + b_2 y_2 + c_2}{a_3 x_2 + b_3 y_2 + c_3}$$

Pour prouver qu'elle est suffisante, soient aa', bb', cc', dd' (fig. **74**) ces quatre couples de points et f un point quelconque de la première figure ; il s'agit de trouver le point correspondant f' dans l'autre. Pour cela, considérons dans la première figure le faisceau $a(bcdf)$; le faisceau correspondant de l'autre est $a'(b'c'd'f')$. On aura donc le rayon $a'f'$ par la condition

$$\text{rapp. anh. } a(bcdf) = \text{rapp. anh. } a'(b'c'd'f'). \qquad (1)$$

De même la condition

$$\text{rapp. anh. } b(acdf) = \text{rapp. anh. } b'(a'c'd'f'). \qquad (2)$$

détermine la droite $b'f'$ et le point f' est connu.

Elle est nécessaire ; car si au point c', homologue de c, on substitue un autre point c'', l'un au moins des rayons $a'c'$, $b'c'$ est modifié, et par suite l'un au moins des rayons $a'f'$, $b'f'$; donc le point f' ne reste pas le même. On peut, par une construction de même nature, trouver le point c' qui doit être l'homologue de c pour qu'au point f corresponde un point f' arbitrairement choisi ; d'où il suit que le point homologue d'un point donné est complètement indéterminé, si l'on ne se donne que trois couples de points homologues.

71. — Lorsque le point f varie dans le plan d'une façon quelconque, les rayons af forment un faisceau (A) ; de même les rayons $a'f'$ forment un faisceau (A'). Si les rayons af, $a'f'$ se correspondent par la relation (1), ces deux faisceaux sont homographiques. En effet, à un rayon af correspond un rapport anharmonique déterminé $a(bcdf)$ et par suite un rayon déterminé $a'f'$, et inversement (67, note). De même les faisceaux (B) et (B') auxquels donnent lieu les rayons bf, $b'f'$ assujettis à la relation (2) sont homographiques.

Supposons maintenant que le point f décrive une droite ; les rayons af et bf forment deux faisceaux homographiques, car à un rayon af correspond un seul point f de la droite, donnant lieu à un seul rayon bf. Les faisceaux (A) et (B) étant homographiques, les faisceaux (A') et (B') qui leur sont respectivement homographiques, sont homographiques entre eux. En effet, à un rayon de (A') correspond un seul rayon de (A), auquel correspond un seul rayon de (B), auquel correspond un seul rayon de (B'), et inversement. De plus, le rayon $a'b'$, qui joint les sommets des faisceaux, se correspond à lui-même dans chaque faisceau : en effet, au rayon $a'b'$ du faisceau (A') correspond, par la relation (1), dans le faisceau (A), le rayon ab ; ce rayon coupe la droite donnée en un point f qui, joint au point b, donne dans le faisceau (B) le même rayon ab, auquel correspond, par la relation (2), dans le faisceau (B') le rayon $a'b'$. Il suit de là (67) que le lieu des points d'intersection des rayons homologues

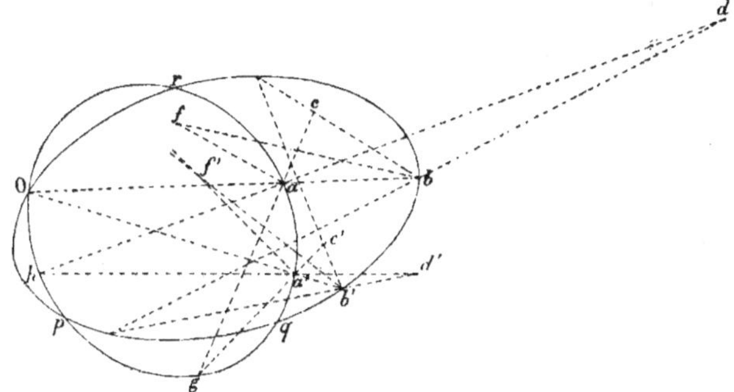

Fig. 74.

des faisceaux (A') et (B') est une droite, et enfin qu'*à une droite dans la première figure correspond une droite dans la seconde.*

D'après cela, si un point est sur une droite, le point correspondant est sur la droite correspondante, donc au point d'intersection de deux droites correspond le point d'intersection des droites correspondantes ; donc enfin *à des droites concourantes correspondent des droites concourantes.*

Il suit de ce qui précède que les deux divisions formées par les points f et f' sur les droites correspondantes sont homographiques, car elles résultent respectivement de l'intersection de ces droites avec les faisceaux (A) et (A') par exemple, qui sont homographiques. Par suite, *à quatre points en ligne droite de la première figure correspondent dans la seconde quatre points en ligne droite de même rapport anharmonique.*

Enfin *si quatre droites concourent dans l'une des figures, les quatre droites correspondantes de l'autre,* qui concourent aussi, *ont le même rapport anharmonique.* Il suffit pour le voir de couper les deux faisceaux par des droites correspondantes.

Les deux figures, déduites l'une de l'autre comme il a été dit au moyen de quatre couples de points homologues, satisfont donc à toutes les conditions requises par la définition ; dès lors elles sont homographiques.

72. — Supposons que le point f soit à l'infini, dans des direc-

tions variables ; les faisceaux (A) et (B). sont encore homographiques, car deux rayons correspondants étant parallèles, les faisceaux
sont superposables. On voit alors, comme précédemment, que le
lieu du point f est une droite : c'est la droite de la seconde figure
qui correspond à la droite à l'infini supposée appartenir à la première figure ; on l'appelle (J'). De même, à la droite à l'infini
supposée appartenir à la seconde figure correspond dans la première une droite qui est la droite (I).

73. Points et droites doubles. — Considérons dans les
deux figures, les deux faisceaux homologues de sommets a et a',
dans lesquels la droite aa', ne se correspond pas en général à elle-
même. Le lieu des points d'intersection de leurs rayons homologues
est alors (67) une conique passant par les points a et a' et par les
points O, g, h, où se coupent respectivement les couples de rayons
$(ab, a'b')$ $(ac, a'c')$ $(ad, a'd')$. S'il existe un point qui se corresponde
à lui-même dans les deux figures, cette conique le renferme, car les
droites qui le joignent aux points a et a' sont homologues.

Les deux faisceaux homologues de sommets b et b' déterminent
de même une conique qui passe par les points doubles, s'il y en a.
Ces deux coniques ont, en général, quatre points communs, réels
ou imaginaires. L'un d'eux est le point O où se coupent les rayons
ab, $a'b'$ qui sont homologues dans les faisceaux (A), (A'), et dans les
faisceaux (B), (B').

Soit r l'un des trois autres points d'intersection ; c'est un point
double. En effet, les droites ar, $a'r$, qui se coupent sur la première
conique sont homologues, ainsi que les droites br, $b'r$ qui se coupent
sur la seconde ; par suite, le point r considéré comme intersection
des droites ar, br de la première figure a pour homologue le point
d'intersection des droites $a'r$, $b'r$, c'est-à-dire qu'il est son homologue
à lui-même. Ce mode de raisonnement exclut d'ailleurs le point O
comme point double, parce que les droites aO et bO coïncident.

Les deux coniques, ayant un de leurs points d'intersection réel,
en ont un autre, il suit de là que :

*Deux figures homographiques planes ont trois points doubles, dont l'un
au moins est réel.*

La droite qui joint deux points doubles se correspond évidemment à elle-même et comme la droite qui joint deux points imaginaires conjugués est réelle, on voit en même temps que :

*Deux figures homographiques planes admettent trois droites doubles,
dont l'une au moins est réelle.*

*Les points doubles sont les sommets et les droites doubles sont les côtés
d'un seul et même triangle.*

74. Figures homologiques. — On prouve aisément que,
dans deux figures homographiques, toute droite qui n'est pas
double renferme un couple de points correspondants : ces points
sont ceux où elle rencontre les droites qui lui sont homologues, soit
qu'elle appartienne à la première, soit qu'elle appartienne à la seconde figure.

Considérons quatre droites concourantes en un point S (fig. 75),
et prenons pour définir les deux figures homographiques (70) les
couples de points situés respectivement sur ces droites. On démontre
dans les éléments que si deux triangles, tels que les triangles *abc*,
a′b′c′ dont les sommets sont les trois premiers couples, ont leurs
sommets situés deux à deux sur des droites concourantes, les côtés
correspondants se coupent deux à deux suivant trois points α, β, γ

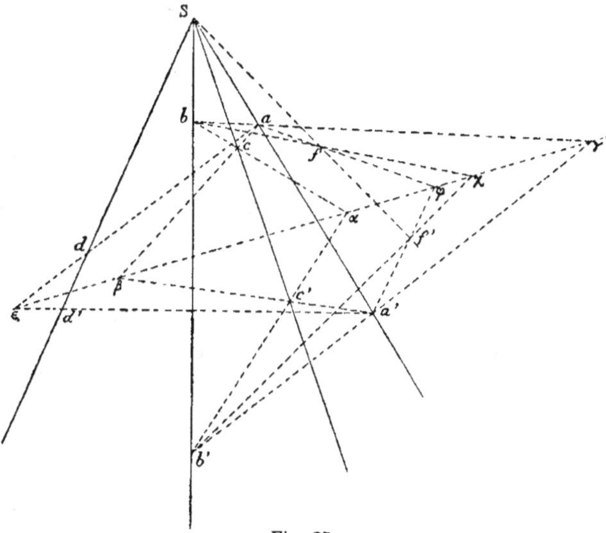

Fig. 75

qui sont en ligne droite : on dit alors qu'ils sont *homologiques*. De
même, les triangles *abd*, *a′b′d′* sont homologiques, mais la droite
qui joint les points de concours des côtés correspondants, *axe d'homologie* de ces triangles, ne coïncide pas en général avec l'axe d'ho-

mologie des deux premiers qu'elle coupe au point γ, où se rencontrent les côtés ab, $a'b'$.

Toutefois, si les points d et d' sont choisis d'une façon convenable, les deux axes d'homologie peuvent coïncider. Il suffit pour cela que les côtés correspondants ad, $a'd'$, par exemple, se coupent en un point ε de l'axe d'homologie $\alpha\beta\gamma$, car alors les deux axes d'homologie des deux couples de triangles ont deux points communs γ, ε; par suite bd et $b'd'$ se coupent sur le même axe en η.

Supposons qu'il en soit ainsi et que les quatre couples aa', bb', cc', dd' ainsi choisis définissent deux figures homographiques. Nous allons prouver que la droite qui joint deux points correspondants quelconques f et f', construits comme plus haut (70), passe par le point S et que deux droites correspondantes quelconques se coupent sur l'axe $\alpha\beta\gamma$.

En effet, les deux faisceaux formés par les rayons af et par les rayons $a'f$ sont homographiques (71) ; de plus, les rayons homologues ab, $a'b'$ se coupent en γ ; ac, $a'c'$ en β ; et ad, $a'd'$ en ε : or $\beta, \gamma, \varepsilon$ sont en ligne droite. On est donc dans le cas (67) où le lieu des points d'intersection des couples de rayons homologues est une ligne droite, par suite af, $a'f$ se coupent en un point φ de l'axe $\alpha\beta\gamma$. De même bf, $b'f'$ se coupent en χ sur le même axe, parce que les points α, γ, η sont en ligne droite. Dès lors les triangles abf, $a'b'f'$, dans lesquels les points d'intersection γ, φ, χ des côtés deux à deux sont en ligne droite, sont homologiques ; par conséquent, les droites qui joignent les sommets correspondants concourent, c'est-à-dire que ff' passe par le point S.

Il suit de là qu'un rayon quelconque, mené par S, rencontre deux droites correspondantes suivant des points correspondants ; en particulier, le point d'intersection de deux droites homologues se correspond à lui-même. L'axe $\alpha\beta\gamma$ renferme plusieurs de ces points, il se correspond donc à lui-même ; le point où il rencontre un rayon quelconque mené par S, ayant son homologue sur ce rayon, se correspond aussi à lui-même. Donc enfin tout point de cette droite est à lui-même son homologue et deux droites homologues quelconques se coupent sur elle.

Deux pareilles figures, qui jouissent de toutes les propriétés de deux figures homographiques, mais où il arrive en outre que les droites qui joignent deux points homologues sont concourantes, et que les droites homologues se coupent sur une droite fixe, sont dites *homologiques* [1]. Le point de concours des droites qui joignent deux

---

1. Poncelet, *Traité des propriétés projectives des figures.*

points homologues est le *centre* et la droite fixe est l'*axe* d'homologie.

75. — Il résulte des constructions précédentes que la figure homographique d'une figure donnée dépend de huit paramètres ; tandis que la figure homologique ne dépend plus que de cinq, qui sont les coordonnées des homologues de trois de ses points, liées par la relation qui exprime que les trois droites qui joignent les points correspondants sont concourantes.

En particulier, on peut construire la figure homologique d'une figure donnée lorsqu'on connaît l'axe xy. le centre S d'homologie et un couple de points homologues a, a' en ligne droite avec le point S (12, note). Pour obtenir l'homologue b' d'un point donné b de la première figure, on joindra ab (fig. 76) qui rencontre xy en t ; b' sera le point d'intersection de $a't$ et de Sb.

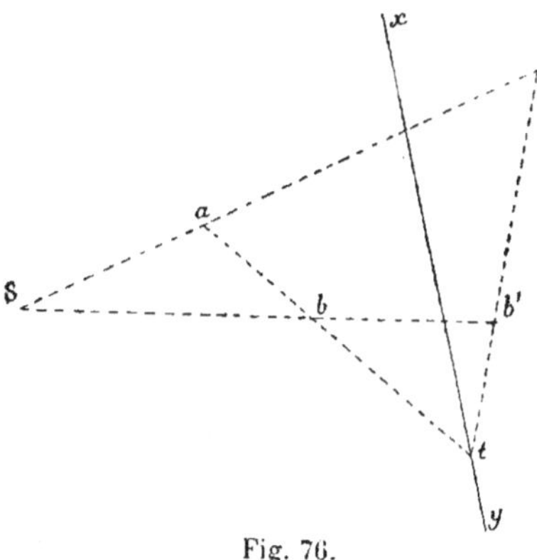

Fig. 76.

On peut encore dire que deux figures homologiques sont deux figures homographiques, situées dans le même plan, qui admettent en outre d'un point double isolé qui est le centre d'homologie, une infinité de points doubles en ligne droite sur l'axe d'homologie. En effet, les coniques qui déterminent ces points lorsqu'on connaît les quatre couples aa', bb', cc', dd' sont (73) les coniques $aa'\beta\gamma\epsilon$ (fig. 75) et $bb'\alpha\gamma\eta$, en désignant, comme plus haut, par γ, le point de concours des droites bd, $b'd'$; or, dans le cas de l'homologie tous les points désignés par des lettres grecques sont en ligne droite. Ces coniques se réduisent donc l'une et l'autre à deux droites, dont l'une est commune, l'axe d'homologie. Elles passent en outre l'une et l'autre par le point d'intersection de aa' et de bb' qui est le centre d'homologie et qui est aussi à lui même son homologue.

Les droites doubles sont l'axe d'homologie et une droite quelconque passant par le centre d'homologie.

76. — Réduction de l'homographie à l'homologie par un déplacement. — *Quand deux figures, situées dans un même plan, sont homographiques, on peut toujours par un déplacement convenable de l'une d'elles les amener à être homologiques*[1].

Considérons les droites (I) et (J') (72) respectivement homologues de la droite à l'infini supposée appartenir à la seconde et à la première figure, et déplaçons l'une des figures de façon que ces deux droites deviennent parallèles.

Un point quelconque a de (I) a son homologue à l'infini, donc toutes les droites passant par a, ont leurs homologues parallèles entre elles; soit (D) la parallèle à ces droites menée par a, son homologue (D') lui est parallèle. Par un autre point b de (I), on mènera de même une droite (E) parallèle à son homologue (E'). Transportons parallèlement l'une des figures de manière à faire coïncider les angles DE, D'E', et soit S leur sommet commun ; alors les deux figures sont homologiques et le point S est le centre d'homologie.

En effet, menons par S une parallèle aux droites (I) et (J'), elle est à elle-même son homologue; car elle passe par le point S, qui se correspond à lui-même, et par le point à l'infini sur (I) dont l'homologue est sur (J') parce que le premier est à l'infini, et à l'infini parce que le premier est sur (I) ; ce point est donc aussi à lui-même son homologue. Il y a donc, par le point S, trois droites qui se correspondent à elles-mêmes ; les faisceaux homographiques ayant ce point pour sommet commun coïncident et deux points homologues quelconques sont en ligne droite avec le point S.

De plus, considérons la droite sur laquelle se coupent deux couples de droites homologues ; elle joint deux points qui, par suite de ce qui précède, sont à eux-mêmes leur homologue ; donc elle se correspond à elle-même, et il en résulte, comme plus haut (74), que deux droites homologues quelconques se coupent sur cette droite ; par suite les deux figures sont homologiques.

Cette propriété fait ressortir ce fait important que la relation de forme est la même entre deux figures homographiques ou entre deux figures homologiques ; dans le second cas, il y a en outre une relation de situation.

77. — Exemples. — On a déjà observé (69) que si deux figures planes sont en perspective, elles sont homographiques ; dans cette position, deux droites homologues se coupent sur la droite d'intersection des deux plans. Faisons tourner l'un d'eux autour de cette

---

1. Chasles, *Traité de géométrie supérieure*, p. 408.

droite jusqu'à faire coïncider les deux plans, il en sera toujours de même, et aussi lorsque les plans coïncideront. On en conclut par un raisonnement inverse du précédent (76) qu'alors les droites qui joignent deux points correspondants concourent, et les figures sont homologiques.

Considérons une figure plane et faisons tourner le plan autour d'une de ses droites ; la figure prend une nouvelle position. La corde qui joint deux points homologues quelconques soustend un arc de rayon variable, mais dont l'angle au centre est toujours le même en grandeur et en position ; c'est l'angle des deux plans : ces cordes sont parallèles. Si l'on projette les deux figures sur un même plan à l'aide de projetantes parallèles, les cordes restent parallèles ; si la projection est conique, elles concourent au point de fuite de leur direction commune de l'espace. Dans l'un et l'autre cas, les projections des deux figures satisfont aux conditions requises pour l'homographie, de plus les droites qui joignent les points correspondants concourent. à distance finie ou non. Elles sont homologiques, le centre d'homologie est ce point de concours, l'axe d'homologie est évidemment la projection de la charnière, et dès que l'on aura fait tourner un point, on pourra obtenir la nouvelle position d'un autre point quelconque, en cherchant le centre d'homologie (75). C'est la méthode de *la corde de l'arc* qui est d'une application constante, aussi bien dans la représentation des corps à l'aide de deux plans de projection que dans les différentes sortes de perspectives. Il en a déjà été fait un fréquent usage (12,25, etc.).

Les projections orthogonales d'une même figure *plane* sur deux plans différents sont évidemment deux figures homographiques. Si l'on rabat l'un des plans de projection sur l'autre, comme cela se fait en géométrie descriptive, on a, dans le même plan, deux figures homographiques telles que les droites qui joignent les points correspondants (lignes de rappel) sont parallèles ; elles sont donc homologiques (76). Il est aisé de trouver l'axe d'homologie : deux droites homologues sont en effet les deux projections d'une même droite du plan de la figure. Or on sait que le point de rencontre des projections d'une même droite représente à la fois les deux projections confondues de sa trace sur le plan bissecteur du second dièdre des plans de projection ; ce point appartient à la droite sur laquelle s'effectuent les deux projections de la trace du plan de la figure sur le deuxième bissecteur. L'axe d'homologie est donc la projection unique de la trace du plan de la figure sur le deuxième bissecteur ; il est aisé de le construire, et dès que l'on aura les projections d'un point de la figure, on pourra rappeler tout autre point par la construction indiquée plus haut (75).

78. — Figures semblables ou égales. — Imaginons dans le même plan deux figures homographiques dans lesquelles deux points doubles sont imaginaires (73) ; les deux coniques qui définissent les points doubles ont alors une corde commune extérieure. Sur un autre plan arbitraire, parallèle à cette corde commune, et d'un point de vue convenablement choisi (65) projetons ces deux coniques suivant deux cercles. On a vu que les deux coniques ont aussi deux points communs réels dont l'un est le point d'intersection O des droites homologues ab, $a'b'$ tandis que l'autre est le point double réel r ; d'ailleurs la première passe par les points homologues a et a' et la seconde par les points b et b'.

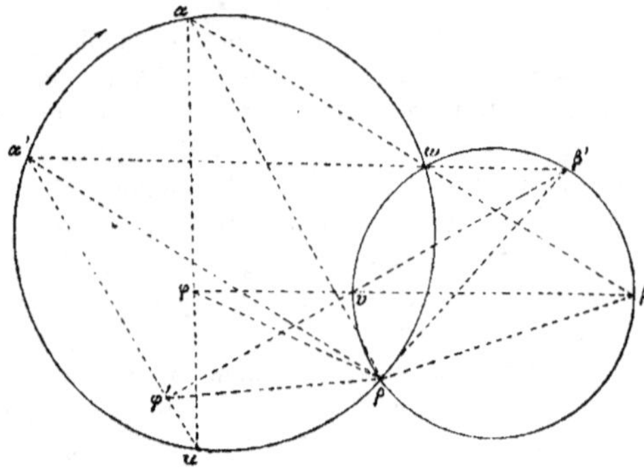

Fig. 77.

Il suit de là que nous aurons, dans le nouveau plan, deux cercles se coupant aux points φ et ω (fig. 77), passant le premier par deux points homologues α et α' des nouvelles figures, le second par les points homologues β et β', et tels que les droites $\alpha\beta.\alpha'\beta'$ se coupent en ω ; l'autre point d'intersection φ est le point double réel.

Soit φ un point quelconque de la première figure ; le rayon $\alpha\varphi$ coupe le cercle $(\alpha\alpha'\omega)$ en u ; le point homologue φ' sera alors sur le rayon $\alpha'u$. Les deux cercles sont en effet, comme les deux coniques, les lieux respectifs des points d'intersection des couples de rayons homologues, l'un, des faisceaux de sommets α et α', l'autre, des faisceaux de sommets β et β'.

De même, si $\beta\varphi$ coupe le cercle $(\beta\beta'\omega)$ en v, le point φ' est sur $\beta'v$; il est alors déterminé.

Dans les triangles $\alpha\beta\varphi$, $\alpha'\beta'\varphi'$, les angles de sommets α et α' sont égaux comme ayant pour mesure la moitié de l'arc ωu de l'un des cercles ; les angles de sommets β et β' sont égaux comme ayant pour mesure la moitié de l'arc ωv de l'autre cercle. Ces triangles sont semblables, et par suite aussi les deux figures considérées, dans lesquelles les points φ et φ' sont deux points homologues quelconques.

Ainsi *deux figures homographiques dont deux points doubles sont les points cycliques* (65) *sont deux figures semblables.*

La réciproque est vraie : soient en effet $\alpha\alpha'$, $\beta\beta'$, deux couples de points homologues, et φ un point arbitrairement choisi dans la première figure. Au point α', dans le même sens que l'angle $\beta\alpha\varphi$, faisons l'angle $\beta'\alpha'\varphi'$; au point β', dans le même sens que l'angle $\alpha\beta\varphi$, faisons l'angle $\alpha'\beta'\varphi'$; nous aurons l'homologue φ' du point φ.

A cause de l'égalité des angles α et α', les quatre points $\alpha, \alpha', \omega, u$ sont sur un même cercle et les droites homologues $\alpha\varphi, \alpha'\varphi'$, font le même angle que les droites homologues $\alpha\beta, \alpha'\beta'$. De même les quatre points β, β', ω, v sont sur un même cercle, et les droites $\beta\varphi, \beta'\varphi'$ font aussi le même angle que les précédentes.

L'angle de deux droites homologues est constant et le lieu des points de rencontre des rayons homologues de deux faisceaux homologues est un cercle qui passe par les sommets des faisceaux. Il en résulte que les coniques qui définissent les points doubles (73) sont deux cercles : les points doubles sont alors les points cycliques et un point réel, ρ, à distance finie, qui est le *centre de similitude*.

Le point ρ se correspond à lui-même ; on a donc les rapports égaux

$$\frac{\rho\alpha}{\rho\alpha'} = \frac{\rho\beta}{\rho\beta'} = \frac{\rho\varphi}{\rho\varphi'} = \frac{\alpha\beta}{\alpha'\beta'}.$$

Leur valeur commune est le *rapport de similitude*. De plus, les faisceaux homologues $\rho(\alpha\beta\varphi)$, $\rho(\alpha'\beta'\varphi')$ sont superposables ; si on fait tourner l'un d'eux, dans un sens convenable, d'un angle égal à l'angle de deux droites homologues, ils viendront en coïncidence ; c'est la rotation (76) qui rend les deux figures homologiques.

Si le rapport de similitude est égal à l'unité, les figures sont *égales* et la rotation précédente les fait superposer l'une à l'autre. Le centre de similitude devient alors le *centre de rotation*, et lorsqu'il

s'agit du déplacement *infiniment petit* d'une figure de grandeur invariable, c'est le centre *instantané* de rotation.

79. Figures homothétiques. — Lorsque deux figures semblables ont ainsi été amenées à être homologiques, deux droites homologues quelconques sont parallèles, par suite l'axe d'homologie
est la droite à l'infini.

On dit alors que les figures sont *homothétiques;* le point de concours des droites qui joignent les points homologues est le *centre
d'homothétie* et le rapport de deux segments homologues est le
rapport d'homothétie.

On retrouve ainsi la définition élémentaire de l'homothétie, et
l'on voit que pour transformer deux figures homologiques en deux
figures homothétiques, il suffit d'en faire la perspective sur un
même plan de façon à rejeter à l'infini l'axe d'homologie, c'est-à-
dire que le plan passant par le point de vue et l'axe d'homologie
doit être parallèle au plan sur lequel s'opère la perspective.

80. Involution. — Supposons que deux divisions homographiques soient sur une même ligne droite, et cherchons s'il peut
arriver qu'un point a ait le même point homologue, quelle que soit
celle des deux divisions à laquelle il appartienne. Soient pour cela
a et a' deux points homologues, P et Q les points doubles des deux
divisions ; les points a, a', P, Q, considérés comme appartenant à
l'une des divisions ont alors respectivement pour homologues les
points a', a, P, Q. On a donc (66) :

$$\text{rapp. anh.} \, (aa'\text{PQ}) = \text{rapp. anh.} \, (a'a\text{PQ})$$

ou :

$$\frac{Pa}{Qa} : \frac{Pa'}{Qa'} = \frac{Pa'}{Qa'} : \frac{Pa}{Qa}$$

d'où :

$$\left(\frac{Pa}{Qa}\right)^2 = \left(\frac{Pa'}{Qa'}\right)^2$$

$$\frac{Pa}{Qa} = \pm \frac{Pa'}{Qa'}.$$

Si l'on prend le signe $+$, les points a et a' coïncident ; les deux
divisions, ayant trois points doubles, coïncident en tous leurs points
et sont *identiques.*

Si l'on prend le signe $-$, le couple variable aa' est conjugué harmonique (59) aux points fixes P et Q. On dit alors que les couples

variables *aa'* sont *en involution*, ou forment deux divisions en involution [1].

Deux divisions homographiques en involution, au lieu d'être définies comme dans le cas général (66) par trois couples de points homologues, n'exigent pour cela que la connaissance de deux couples. On apprend en effet dans les éléments à construire par des cercles les deux points à la fois conjugués harmoniques à deux couples donnés *aa'*, *bb'* ; ces points sont les points doubles de l'involution définie par les deux couples.

Si l'on joint un point quelconque du plan aux couples de points de deux divisions homographiques en involution, on obtient deux faisceaux homographiques dans lesquels un rayon a le même homologue quelle que soit celle des deux divisions à laquelle il appartienne, ou encore des couples de rayons conjugués harmoniques à deux rayons fixes ; on dit que *les deux faisceaux sont en involution*. Tels sont les couples de diamètres conjugués d'une conique, qui sont conjugués harmoniques à deux droites fixes ; ces droites sont les asymptotes de la conique. Si la conique est une ellipse, les rayons doubles sont imaginaires; en particulier, si c'est un cercle, ils sont parallèles aux directions de rayons infinis du cercle, qui sont les directions isotropes (65). On peut donc dire que *si un angle droit pivote autour de son sommet, ses côtés donnent lieu à deux faisceaux en involution, dont les rayons doubles sont les isotropes menées par le sommet.*

Réciproquement, *si des couples de points sont en involution sur une ligne droite, et si les points doubles sont imaginaires, il existe deux points symétriques par rapport à la droite, d'où l'on voit chaque couple sous un angle droit.* En effet, soient *aa'*, *bb'* les deux couples qui définissent l'involution ; on sait par les éléments que pour que le segment conjugué commun soit imaginaire, il faut que les deux couples empiètent l'un sur l'autre. Soient alors S et S' les deux points d'intersection réels des cercles de diamètres respectifs *aa'* et *bb'* ; les deux faisceaux de sommet S, par exemple, et ayant pour base les couples de l'involution considérée sont en involution. Mais deux couples de rayons homologues *aSa'*, *bSb'*, sont rectangulaires; les rayons doubles sont donc les isotropes menées par S et par suite tous les autres couples sont rectangulaires.

---

1. Dans ce cas, la relation homographique (66, note), doit être, par définition, symétrique en x_1 et x_2 : elle devient donc

$$a x_1 x_2 + b (x_1 + x_2) + d = 0$$

et l'on en déduit aisément toutes les propriétés du texte.

CHAPITRE IV

PERSPECTIVE CONIQUE

81. — On a vu (46) que la perspective conique diffère de la perspective cavalière en ce que les projetantes, au lieu d'être parallèles, passent par un point fixe, qui est le point de vue ou l'œil du spectateur.

La distance de ce point au plan du tableau égale en général de deux à trois fois la largeur de la portion de ce plan qui limite le dessin. Les deux plans verticaux passant par l'œil et limitant ainsi latéralement le tableau forment un angle qui est *l'angle optique*.

Le plan horizontal mené par l'œil est le *plan d'horizon* ; sa trace sur le tableau est la *ligne d'horizon*.

On projette ordinairement les points à mettre en perspective sur un plan horizontal, lequel est par conséquent perpendiculaire au tableau qui est vertical (47). Ce plan s'appelle le *géométral ;* la trace du géométral sur le tableau est la *ligne de terre* et le limite à sa partie inférieure.

MISE EN PERSPECTIVE

82. Echelle des largeurs, échelle des éloignements. — En perspective conique, comme en perspective cavalière, on peut se proposer trois problèmes :

1° Mettre une épure en perspective,

2° Tracé direct,

3° Restituer l'épure au moyen de la perspective.

Nous allons traiter le premier de ces problèmes. Soient ab (fig. 78), la trace horizontale du tableau sur l'épure et O la projection horizontale de l'œil ; l'angle aOb est alors (81) l'angle optique.

Pour mettre la figure en perspective, on l'amplifie généralement de façon à la rendre plus lisible en profitant de l'espace libre de la feuille de dessin ; mais nous supposerons d'abord, pour l'explication des opérations, que l'échelle du tableau est la même que celle de l'épure.

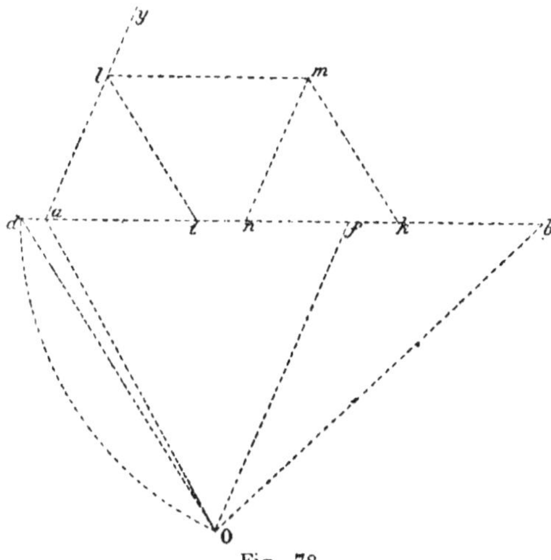

Fig. 78.

On rapporte alors la figure de l'espace à trois axes de coordonnées ayant le point a pour origine. L'un d'eux est la ligne de terre ab ou *l'échelle des largeurs* ; l'autre échelle horizontale est une droite telle que ay, choisie de telle façon que la parallèle menée par le point O rencontre la ligne de terre en un point f situé entre a et b, on l'appelle *échelle des éloignements* ; la troisième est la verticale du point a ou *échelle des hauteurs*.

Soit alors ABHH′ (fig. 79) le tableau, limité par la ligne de
terre AB prise égale à *ab* et deux verticales menées à ses extrémités, soit HH′ la ligne d'horizon menée à une distance de
AB égale à la hauteur donnée de l'œil au-dessus du géométral,
plan horizontal de l'épure.

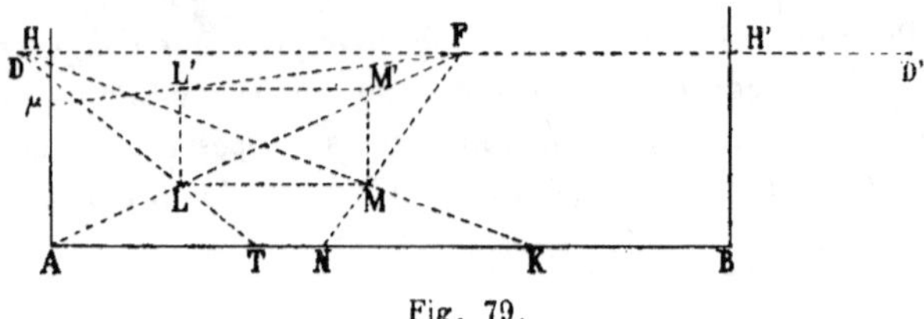

Fig. 79.

L'échelle des largeurs est AB ; cherchons la perspective de
l'échelle des éloignements. Le point *a* a pour perspective A ;
il suffit de trouver la perspective du point à l'infini sur *ay*, qui
est son point de fuite (48).

Rappelons pour cela (52) que lorsqu'une droite est dans un
plan, son point de fuite est sur la ligne de fuite du plan ; il suit
de là que toute horizontale a son point de fuite sur la ligne
d'horizon HH′ qui est la ligne de fuite de tous les plans horizontaux. Le point de fuite de l'échelle des éloignements est
donc sur HH′ ; pour l'obtenir il suffit de mener par le point
O (fig. 78) une parallèle à *ay*, ce qui détermine sur *ab* un
point *f*, et, comme le point de fuite cherché est dans le plan
d'horizon, de porter sur HH′ (fig. 79) HF égal à *af* ; le point F
est le point cherché et AF est la perspective de l'échelle des
éloignements.

Soit alors un point du géométral, donné en *m* sur l'épure ;
menons par ce point des parallèles à *ab* et à *ay*, on a sa largeur *an* et son éloignement *al*. La perspective du point *n* s'obtient immédiatement en portant sur AB du tableau AN égal à
an. En ce qui concerne le point *l*, on fait usage de la *méthode
du point de distance*.

83. Méthode du point de distance. — On appelle point

de distance accidentel relatif à une direction horizontale le point de fuite des droites qui interceptent des segments égaux sur les parallèles à cette direction et sur les horizontales de front.

Prenons sur l'épure $at = al$, et joignons lt : cette droite, et par suite toute droite qui lui est parallèle, intercepte des segments égaux sur l'échelle des éloignements et sur la ligne de terre, par conséquent sur la première d'entre elles et sur toute horizontale de front, des segments égaux. Le point de fuite des parallèles à lt est alors le point de distance accidentel relatif à la direction de l'échelle des éloignements.

Pour obtenir ce point de fuite, portons à partir de f sur ab, une longueur fd égale à Of dans le sens inverse de celui dans lequel on a porté at à partir de a. Les deux triangles lat, Ofd isocèles et dont les côtés égaux sont parallèles chacun à chacun, sont semblables et les troisièmes côtés Od, lt sont aussi parallèles. Le point d est alors le point de fuite des parallèles à lt, et si l'on porte sur le tableau FD égal à fd de l'épure et dans le même sens, on a en D le point de distance accidentel relatif à la direction de l'échelle des éloignements.

On doit observer que l'on aurait pu porter at à partir de a dans le sens opposé ; fd aurait alors été porté à partir de f dans l'autre sens, et l'on aurait obtenu un autre point de distance D′ symétrique du premier par rapport au point de fuite F.

Toute direction admet donc deux points de distance, symétriques par rapport à son point de fuite ; on choisit celui qui paraît le plus convenable pour l'exécution de l'épure.

Il résulte de ce qui précède que si l'on porte sur la ligne de terre du tableau et à partir du point A la longueur AT égale à at de l'épure, on aura en TD la perspective de la droite lt de l'épure, puisque T est la perspective de t, et que D, point de fuite des parallèles à lt, est la perspective du point à l'infini sur lt.

La droite TD rencontre AF au point L perspective de l ; on repère alors immédiatement la perspective M de m, au moyen de ses coordonnées. Il suffit de mener par L la parallèle à AB qui est la perspective de *lm*, et par N la droite NF qui est la perspective de *nm*, comme passant par son point de fuite. Le point d'intersection de ces droites est le point cherché.

S'il n'y a qu'un point, ou un petit nombre de points à mettre en perspective, on peut opérer pour chacun d'eux comme si l'échelle des éloignements était la parallèle menée par ce point à *ay*. On voit par exemple, on opérant directement pour le point *m* comme il a été fait pour le point *l*, que la perspective M est à l'intersection de la droite NF perspective de *nm* et de la droite KD perspective de *hm*, où le point K a été obtenu en portant NK égal à *nk*, égal lui-même à *nm*.

84. Échelle des hauteurs.—L'échelle des hauteurs, étant (82) la verticale du point *a*, a pour perspective le côté AH du cadre. Soit donnée la cote, à l'échelle commune de l'épure et du tableau, du point de l'espace dont on cherche la perspective et qui se projette sur l'épure en *m*.

Portons cette cote à partir de A et au-dessus de ce point, si le point de l'espace est au-dessus du géométral ; on obtient ainsi le point μ. Joignons μF ; cette droite, passant par le point F, peut être regardée comme la perspective d'une parallèle à *ay* ; et comme μ se projette en A, cette parallèle est située dans le plan vertical de l'échelle des éloignements. Ces deux parallèles sont partout également distantes et en particulier le point L′ de cette droite qui se projette en L a sa cote égale à Aμ. Menons la parallèle L′M′ à LM, ces deux horizontales de front sont partout équidistantes, et le point M′ de cette horizontale qui se projette en M est la perspective cherchée.

85. Amplification du tableau. — Le plus souvent, ainsi qu'il a été dit, on amplifie le tableau. Au lieu de prendre AB égal à *ab* de l'épure, on détermine la largeur du tableau par l'espace disponible sur la feuille de dessin (fig. 80) et l'on a un rapport d'amplification géométrique qui est celui de la largeur AB ainsi déterminée à *ab* de l'épure.

Alors l'origine des échelles ne peut plus être le point A puisque les longueurs devraient être portées sur AB amplifiées. Mais on observe qu'il existe un plan de front, situé de l'autre côté du tableau par rapport au spectateur, et pour lequel la réduction des longueurs des segments situés dans ce plan, qui est l'échelle de ce plan de front (54) lorsqu'il n'y a pas d'amplification, est compensée par l'amplification du tableau, qui ramène son échelle à l'unité. C'est sur la trace géométrale de ce plan de front que les largeurs doivent être portées en vraie grandeur et c'est cette droite qui est prise pour échelle des largeurs.

On opère alors de la façon suivante ; soit HH' (fig. 80) la

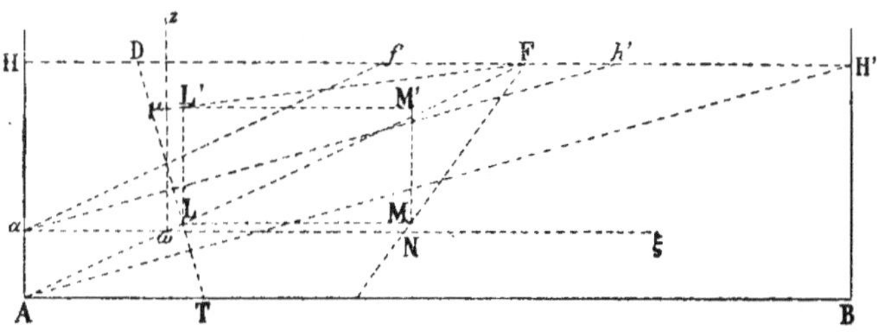

Fig. 80.

largeur amplifiée du tableau : prenons Hh' égal à l'ancienne largeur, c'est-à-dire à ab de l'épure et Ha égal à la vraie hauteur de l'œil au-dessus du géométral, c'est-à-dire à AH de la figure précédente ; menant alors H'A parallèle à $h'a$, on a la nouvelle ligne de terre AB et la parallèle $a\xi$ menée par a est l'échelle des largeurs [1]. Si maintenant on prend Hf égal à HF

1. En effet, Ha est la perspective de la portion d'une verticale située dans le plan de front $a\xi$ et limitée au géométral et au plan d'horizon. Or, elle doit se projeter en vraie grandeur ; il faut donc que Ha soit la vraie hauteur de l'œil au-dessus du géométral pour que a soit un point de l'échelle des largeurs. C'est pour cette raison que nous avons porté les largeurs Hh' et HH' sur la ligne d'horizon pour en déduire la ligne de terre au lieu de les porter, comme on a l'habitude de le faire, sur la ligne de terre pour en déduire la ligne d'horizon ; on a en même temps un point a de l'échelle des largeurs, tandis qu'autrement après avoir déterminé la ligne d'horizon, il aurait encore fallu porter Ha au-dessous de cette ligne pour avoir l'échelle des largeurs.

de la figure précédente, la parallèle menée par A à *af* détermine sur HH′ le point de fuite F de l'échelle des éloignements, et c'est le point ω où cette parallèle rencontre l'échelle des largeurs qui est l'origine des échelles. C'est à partir de ce point que l'on porte ωN égal à *an* de l'épure, et la perspective de *mn* de l'épure est FN, ainsi obtenu comme on le voit sans amplification.

En ce qui concerne la coordonnée *at* qui est égale à *al*, et la longueur *fd* qui définit sur la ligne d'horizon le point de distance accidentel, il faudrait les porter respectivement sur la ligne de terre et sur la ligne d'horizon en les amplifiant. Mais on observe que si on les porte en vraie grandeur en AT et en FD, comme lorsque le tableau n'était pas amplifié, la droite TD détermine sur l'échelle des éloignements AF le même point L que si on les avait agrandies, à cause de la similitude des triangles ALT, FLD. On se dispense donc de le faire, et le point D au moyen duquel on détermine ainsi le point L est le *point de distance réduite* des parallèles à l'échelle des éloignements. Le point M est alors déterminé sur FN à l'aide de la parallèle menée par L à la ligne de terre.

Il reste à placer le point de l'espace ; pour celà sur l'échelle des hauteurs ωz, on porte la cote ωμ de l'épure en vraie grandeur. Elle se conserve parce qu'elle est dans le plan de l'échelle des largeurs. L'horizontale Fμ détermine sur la verticale du point L un point L′ qui a la même cote, et l'horizontale de front menée par L′ détermine sur la verticale de M le point M′ cherché.

86. Applications. — Ces principes généraux suffisent pour la mise en perspective d'une figure de l'espace ; ils constituent le *trait de perspective* et nous en verrons quelques exemples.

Pour commencer par des applications simples, cherchons *la distance de deux points du géométral*.

Soient HH′ (fig. 81) la ligne d'horizon et ωξ l'échelle des largeurs. Définissons l'œil par le pied P de la perpendiculaire abaissée de ce point sur le tableau, et par sa distance au tableau portée à partir de P sur la ligne d'horizon en PD, après l'avoir préalablement multipliée par le rapport d'amplification, P est alors le point de fuite des perpendiculaires au tableau, et D est l'un des points de distance relatif à la direction de ces perpendiculaires (83), car la droite qui joint l'œil à ce point fait avec le tableau l'angle de 45°. Le premier est le *point principal de fuite*, le second et son point symétrique sur HH' par rapport à P sont les *points principaux de distance*, et la distance PD est la *distance principale*.

Soient *a* et *b* les perspectives des deux points du géométral, *f* le

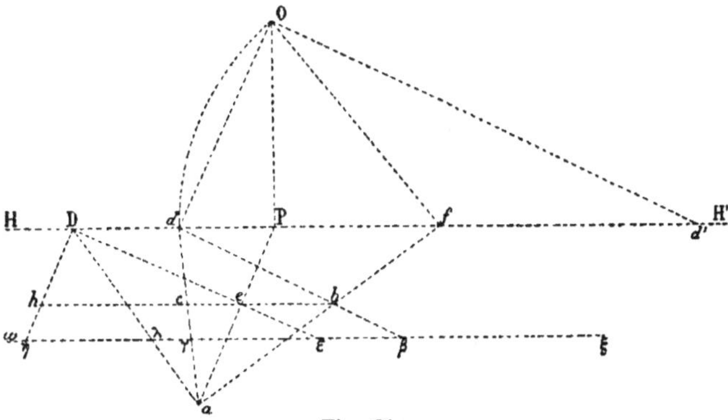

Fig. 84.

point de fuite de *ab*; si l'on connaît le point de distance relatif à la direction *ab* on aura par les principes précédents la distance cherchée. Pour déterminer ce point, rabattons l'œil en O sur le plan de l'échelle des largeurs en prenant PO égal à PD sur la perpendiculaire élevée en P à la ligne d'horizon, joignons O*f*, et prenons à partir de *f* sur HH' dans le sens le plus convenable pour l'épure *fd* = O*f*; *d* est alors (83) l'un des points de distance accidentels relatifs à la direction de point de fuite *f*. Joignant *ad* et menant par *b* l'horizontale de front *bc*, on a dans l'espace *ab* = *bc*, et comme *bc* est de front, *bc* serait la distance cherchée si l'échelle du plan de front dont la trace géométrale est *bc* était l'unité. On dit alors que *bc* est la distance cherchée à *l'échelle du plan de front bc* (54). Pour l'avoir en vraie grandeur, il faut l'évaluer sur l'échelle des largeurs qui correspond au plan de front dont l'échelle est l'unité ; il suffit pour cela de joindre *db*, qui rencontre l'échelle des largeurs au point β; les droites *db*, *dc* du géométral sont parallèles puisque leurs perspectives concourent sur la ligne d'horizon, on a donc dans l'espace *bc* = βγ, et comme βγ est compté sur l'échelle des largeurs c'est la distance demandée.

87. Système des couples de points de distance. — Figurons le second point de distance d' relatif à la direction de point de fuite f en prenant, de l'autre côté de f, $fd' = Of = fd$. Le triangle dOd' est rectangle en O ; il suit de là que *deux points de distance conjugués sont vus de l'œil sous un angle droit*, le point de fuite de la direction correspondante étant le point milieu du segment déterminé par eux sur la ligne d'horizon.

Comme conséquence, deux points de distance conjugués sont les points de fuite de deux directions horizontales perpendiculaires entre elles, d'où la solution du problème suivant :

Abaisser d'un point, dans le géométral, une perpendiculaire sur une droite donnée.

Il suffira de joindre le point au point de fuite d', si la droite donnée a d pour point de fuite.

On peut encore dire (80) que *les couples de points de distance forment un système de couples de points en involution dont les points doubles sont imaginaires sur les droites isotropes menées par l'œil*. Ces points doubles sont par conséquent les perspectives sur le tableau des points cycliques du géométral et sont communs à toutes les coniques, perspectives sur le tableau des cercles du géométral.

88. Distance de deux plans de front. — Supposons qu'on veuille trouver la distance des plans de front des points a et b (fig. 81) ; alors la distance cherchée doit être comptée sur la perpendiculaire au tableau menée par a, perpendiculaire dont la perspective est aP et dont le pied est au point e. Le point de distance à employer est alors le point principal de distance D ; joignant De et Da, on a sur l'échelle des largeurs en λ la distance demandée.

Comme cas particulier, on peut chercher la distance de l'œil au plan de front bc. On doit donc supposer que le point a est dans le plan de front de l'œil, et par suite que sa perspective est à l'infini dans une direction arbitraire, aP par exemple. La droite Da devient alors la parallèle menée par le point D à la droite aP, ce qui donne la distance he à l'échelle du plan de front bc, ou la distance λ en vraie grandeur. La figure PDhe est un parallélogramme et l'on en conclut

$$he = \mathrm{PD}$$

c'est-à-dire que *la distance de l'œil à un plan de front quelconque, évaluée à l'échelle de ce plan, est constante et égale à la distance principale*. Il est facile de se rendre compte directement de cette propriété importante en coupant toute la figure par le plan profil de l'œil.

Soient en effet (fig. 82) tt', ee', ff' les traces de ce plan sur le plan du tableau, sur le plan de l'échelle des largeurs et sur le plan de front considéré ; soit Of la perpendiculaire à ces plans menée par

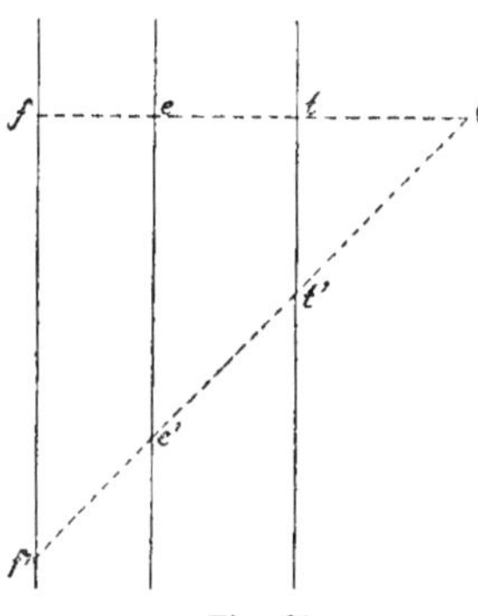

Fig. 82.

l'œil : la distance de l'œil au plan de front est Of. Pour la mesurer à l'échelle du plan de front ff', il faut (54) la mettre en perspective ; prenant donc $ff = Of$ et joignant Of' qui coupe le tableau en t', on aurait en tt' la distance cherchée, s'il n'y avait pas d'amplification. Mais puisque ee' est le plan de front de l'échelle des largeurs, c'est que le rapport d'amplification est $\dfrac{Oe}{Ot}$ (85);

cette distance est alors $tt' \cdot \dfrac{Oe}{Ot}$; et

comme $tt' = Ot$ à cause de $ff = Of$, la distance cherchée est Oe, qui n'est autre que la distance amplifiée de l'œil au tableau, ou la distance principale (86).

89. Perspective d'une moulure. — Cherchons la perspective d'une moulure et de son profil à l'angle saillant formé par deux murs verticaux.

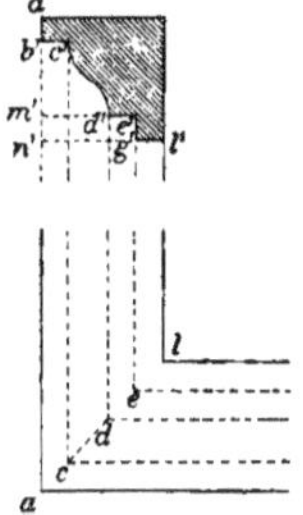

Fig. 83.

Donnons-nous (fig. 83), le profil obtenu en coupant la moulure par un plan perpendiculaire à ses arêtes horizontales[1]. La projection horizontale s'en déduit si l'on connaît les traces horizontales des plans des deux murs, et l'on a ainsi en $ac\,d\,e\,l$ la projection horizontale du profil d'intersection des deux moulures, situé par symétrie dans le plan bissecteur de l'angle des murs verticaux.

Supposons que l'on ait déterminé par les procédés généraux du trait de perspective (85) les perspectives des points extrêmes a, l du profil en A, A' et L, L' (fig. 84), ainsi que les points de fuite des directions des arêtes horizon-

1. Les figures 83 et 84 sont extraites du Cours Mannheim.

tales des deux murs, sur la ligne d'horizon HH'. Les droites
joignant les points A' et L' à ces points de fuite sont les pers-

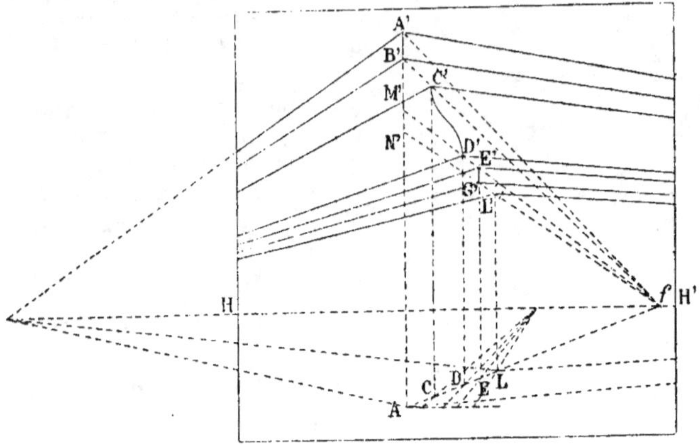

Fig. 84.

pectives des arêtes horizontales de la moulure menées par a
et l.

Pour avoir les perspectives des autres arêtes, joignons AL et
cherchons sur cette droite les perspectives des points $a, c, d, e,$
l. Il suffit pour cela de partager le segment AL en parties proportionnelles aux segments ac, cd, de, el de l'épure. A cet
effet on porte, à partir du point A, ces segments en vraie grandeur sur une horizontale de front et on joint l'extrémité du
dernier au point L ce qui détermine sur la ligne d'horizon un
certain point de fuite ; joignant ce point de fuite aux extrémités des autres segments, on obtient sur AL les points cherchés en C, D, E : en effet, les droites convergentes sur la ligne
d'horizon sont les perspectives de droites horizontales du
géométral, qui interceptent sur AL et sur l'horizontale de
front des segments proportionnels.

Il reste à trouver les points de l'espace. Soit f le point de
fuite de l'horizontale AL ; si l'on joint A'f et L'f, on a les
perspectives des horizontales menées par les points a', l' de

l'épure dans le plan vertical al : la droite $L'f$ rencontre la verticale AA' en un point N', perspective du point n' de l'épure projeté en a. Les horizontales menées par les divers points du profil donnent sur la verticale aa' de l'épure les points a', b', m', n' ; on obtiendra les perspectives de ces points sur le tableau en partageant $A'N'$ en parties proportionnelles à $a'b'$, $b'm'$ et $m'n'$, ce qui se fera comme dans l'espace parce que la verticale AA' est de front. Joignant alors les points de partage au point de fuite f, on a les perspectives des horizontales $b'c'$, $d'e'$, $g'l'$ de l'épure, lesquelles déterminent sur les lignes de rappel des points A, C, D, E, L, les perspectives des divers points du profil.

On peut, de la même manière, trouver exactement la perspective d'un point quelconque de la courbe $c'd'$, projetée en cd sur l'épure. Joignant ces points par une courbe continue, ainsi que les segments verticaux $A'B'$, $E'G'$, on obtient la perspective du profil saillant de la moulure, car les plans horizontaux $B'C'$, $D'E'$, $G'L'$ ne donnent lieu à aucune arête saillante. Enfin si l'on joint les points B', C', D', E', G' aux points de fuite des arêtes horizontales des deux murs, on achève la perspective de tout l'ensemble.

CONSTRUCTIONS DIRECTES SUR LE TABLEAU

90. Points et lignes de fuite. — On voit par l'exemple qui précède, où l'on a traité directement le problème du partage d'un segment en parties proportionnelles à des segments donnés, qu'il n'est pas toujours nécessaire de recourir au trait de perspective pour résoudre les problèmes qui peuvent se rencontrer au courant de la mise en perspective de l'épure, et qu'au lieu de les résoudre dans l'espace pour mettre ensuite les résultats en perspective, on peut effectuer des constructions directes sur le tableau. Il est clair que cela est possible toutes les fois que les constructions de l'espace peuvent se transformer projectivement.

En particulier, les problèmes descriptifs relatifs au plan et à la

ligne droite se résolvent immédiatement ; ils ont été traités en perspective cavalière et nous n'y reviendrons pas. Un élément nouveau
s'introduit seulement, le point de fuite de la droite (48) et la ligne
de fuite du plan (52).

Si la droite est donnée par deux points (a,a') (b,b') (fig. 85), $a'b'$ est

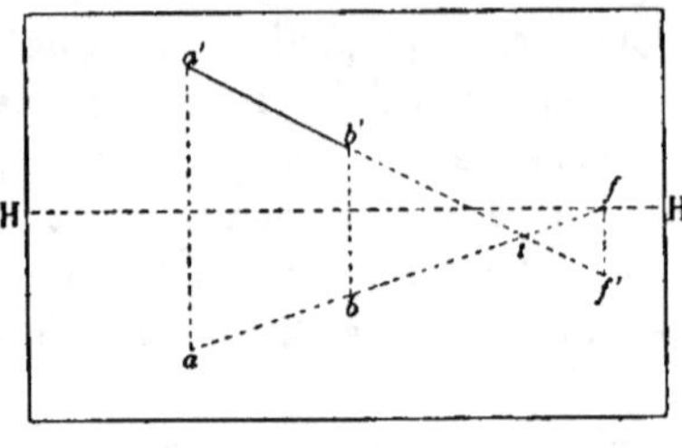

Fig. 85.

la perspective de la droite, ab est celle de sa projection géométrale. Son point de fuite, étant la perspective du point à l'infini de la droite, se projette à l'infini sur le géométral, c'est-à-dire au point f où ab rencontre la ligne d'horizon ; alors il se relève en f'. Tout point du tableau peut être regardé comme un point de fuite, à la condition de se projeter sur la ligne d'horizon.

La trace géométrale d'une droite est, comme en perspective cava

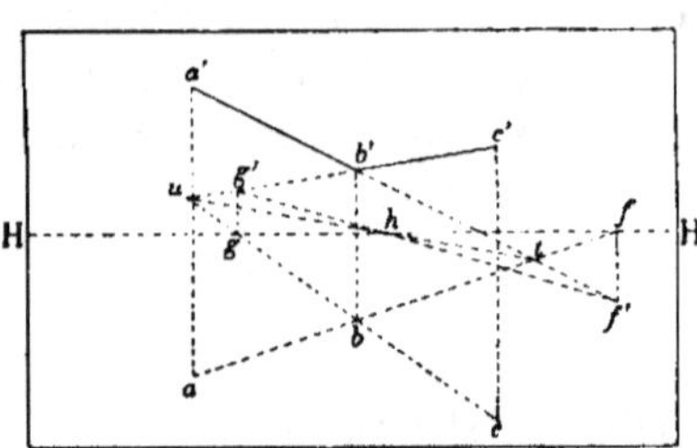

Fig. 86.

lière, le point de rencontre t de sa perspective et de sa projection géométrale.

Si un plan est donné par deux de ses droites $(ab,a'b')$ $(bc,b'c')$ (fig. 86), sa ligne de fuite est la droite qui joint les points de fuite (f,f') (g,g') des deux droites ; elle se projette conséquemment sur la ligne d'horizon.

Sa trace géométrale est la droite tu qui joint les traces géométrales de deux de ses droites. Elle rencontre la ligne de fuite fg en un point h de la ligne d'horizon, qui est le point de fuite des horizontales du plan.

91. Points derrière le spectateur. — La solution des problèmes relatifs à l'épure amène à mettre en perspective tous les points de l'espace, ceux qui sont derrière le spectateur, comme ceux qui sont devant lui.

Il est clair que toute la partie du tableau comprise entre la ligne de terre et la ligne d'horizon correspond à tous les points du géométral qui sont devant le spectateur et de l'autre côté du tableau par rapport à lui. En outre, de deux points situés dans cette partie du géométral, c'est celui qui est le plus éloigné du spectateur qui a sa perspective la plus rapprochée de l'horizon.

Si le point du tableau s'élève au dessus de l'horizon, le point correspondant du géométral passe derrière le spectateur et s'en rapproche jusqu'à venir dans le plan du front de l'œil, lorsque sa perspective s'est éloignée à l'infini.

Enfin si sa perspective passe au-dessous de la ligne de terre et s'en rapproche, le point du géométral passe devant le spectateur et se rapproche du tableau.

Quelle que soit la perspective d'un point du géométral, il est donc aisé de le restituer dans l'espace relativement au spectateur. Et comme un point de l'espace est placé par rapport au spectateur de la même manière que sa projection géométrale, on voit que la première chose à faire pour restituer un point de l'espace relativement au spectateur est de restituer sa projection géométrale, ce qui est immédiat.

Il faut maintenant restituer le point relativement à l'horizon et au géométral. Alors, de deux choses l'une : ou le point est devant le spectateur ; sa projection m (fig. 87) est au dessous de la ligne d'horizon, sa perspective s'élève vers la ligne d'horizon en même temps que le point de l'espace s'élève vers le plan d'horizon et l'on a les trois cas m', m'', m''' qui correspondent respectivement à un point devant le spectateur entre le géométral et l'horizon, au-dessus de l'horizon, ou au-dessous du géométral.

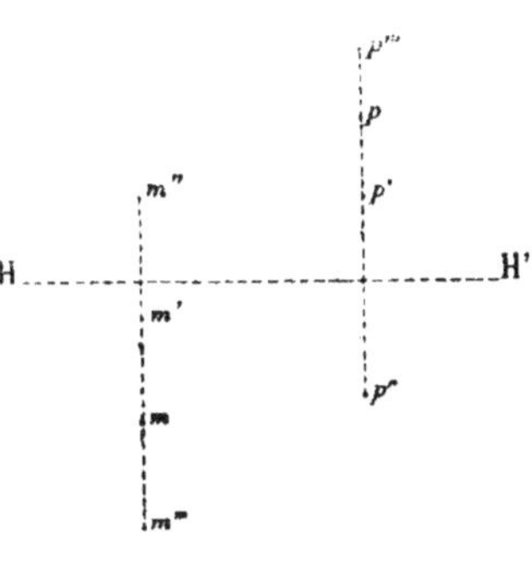

Fig. 87.

Si le point est derrière le spectateur, sa projection p est au-dessus de la ligne d'horizon et, relativement au géométral et à l'horizon, on a les trois mêmes cas en p, p', p''. L'image indéfinie de la verticale du point p traversant le géométral et l'horizon est alors renversée.

92. Relever le géométral. — Un procédé général pour effectuer les constructions directes consiste à amener le plan d'une figure à mettre en perspective à être parallèle au tableau ; il faut pour cela le faire tourner autour d'une de ses frontales.

Opérons sur le géométral. Une frontale du géométral est une horizontale de front. Soient HH' (fig. 88) la ligne d'horizon, xy la charnière, P et D les points principaux de fuite et de distance.

Pour relever un point m du géométral, abaissons de ce point la perpendiculaire mP sur la charnière ; soit a son pied. Par ce

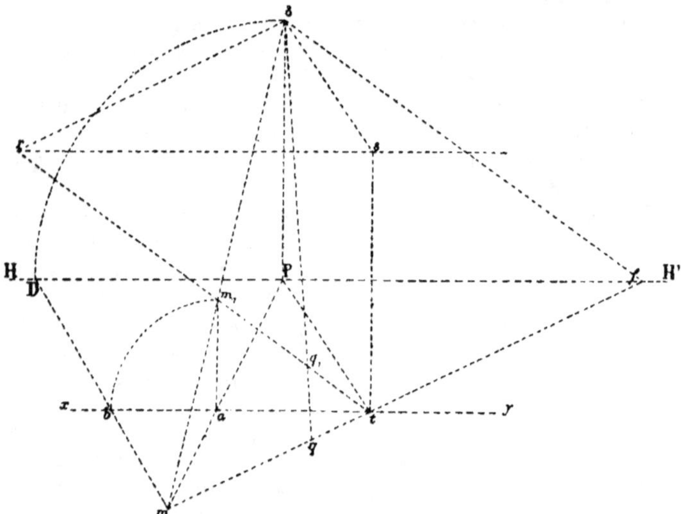

Fig. 88.

point, dans le plan de front de la charnière, élevons à celle-ci une autre perpendiculaire sur laquelle nous prendrons, à l'échelle de ce plan, une longueur égale à ma, nous aurons en m_1 le relèvement du point m. Il suffit pour cela de joindre mD qui coupe xy en b et de porter $am_1 = ab$.

Le relèvement des autres points du géométral peut se simplifier si l'on observe (77) que la perspective de la figure géométrale et son relèvement sont deux figures homologiques. L'axe d'homologie, lieu du point qui est à lui-même son homologue, est évidemment la charnière xy. Le centre d'homologie est facile à déterminer.

Ce point est le point de concours des droites telles que mm_1 qui joignent deux points homologues. Or ces droites sont les perspectives des cordes des arcs décrits, dans la rotation, par les divers points de la figure ; ces cordes sont parallèles et leur point de fuite est le centre d'homologie cherché. Chacune d'elles est dans un plan profil, et leur point de fuite est sur la ligne de fuite des plans profils, qui est la perpendiculaire $P\delta$ à HH'. Le centre d'homologie est alors le point δ où la droite mm_1 rencontre cette perpendiculaire.

On remarquera que les triangles semblables mam_1, $mP\delta$, donnent $P\delta = PD$ à cause de $am_1 = ab$; cela devait être car, l'œil étant désigné par O, dans le triangle rectangle $OP\delta$, l'hypoténuse $O\delta$ est inclinée à 45° sur l'horizon, et par suite les côtés de l'angle droit sont égaux. Le point δ a reçu le nom de *point supérieur de distance* ; si l'on avait relevé le géométral en sens inverse, c'est-à-dire de façon à amener au-dessus du géométral les points situés au-delà du plan de front xy, le centre d'homologie eût été le point symétrique de δ par rapport à P, c'est-à-dire le *point inférieur de distance*.

Cela posé, soit q un point quelconque du géométral. Pour obtenir son relèvement q_1, il suffit d'appliquer la construction qui détermine (75) le point de l'une des figures, homologue d'un point donné de l'autre, lorsqu'on connaît le centre et l'axe d'homologie, ainsi que deux points homologues.

On joindra qm qui coupera xy en t, les droites tm_1 et $q\delta$ se rencontreront au point q_1 cherché.

Inversement, on conclura q de q_1, opération nécessaire pour revenir de la figure établie dans le plan de front à sa perspective.

93. Trace géométrale du plan de front de l'œil. — Si l'on suppose le point donné à l'infini dans une certaine direction, par exemple dans la direction tq de la figure, le principe reste le même.

On mènera par le point m la parallèle à la direction donnée, qui est la droite tq de la figure ; la droite tm_1 et la parallèle à la même direction menée par δ se rencontrent au point r cherché.

Ce point est le relèvement d'un point du géométral dont la perspective est à l'infini, situé par conséquent sur la trace géométrale du plan de front de l'œil ; et, comme celle-ci est de front, elle se relèvera suivant la parallèle à xy menée par r qui sera ainsi le lieu de tous les relèvements obtenus, lorsque la direction donnée variera.

C'est ce dont rendent compte immédiatement les triangles semblables mtm_1, δrm_1, dans lesquels, les points m, m_1, δ étant fixes et le point t décrivant xy, le point r décrit nécessairement une parallèle à xy.

De plus, la distance ts des deux parallèles est égale à $P\delta$ (88); puisque c'est la distance du plan de front de l'œil au plan de front xy, mesurée à l'échelle de ce dernier. On a effectivement

$$\frac{ts}{am_1} = \frac{tr}{tm_1} = \frac{m\delta}{mm_1} = \frac{P\delta}{am_1}$$

d'où $ts = P\delta$.

94. Relèvement de la ligne d'horizon.

— Un point du géométral dont la perspective est sur la ligne d'horizon est à l'infini ; il doit donc se relever à l'infini. Prenons par exemple le point f où mt rencontre la ligne d'horizon. Son relèvement, effectué comme précédemment, est à l'intersection de tm_1 et de $f\delta$.

Or les triangles $s\delta r$, Ptf dans lesquels $\delta s = Pt$ comme côtés opposés d'un parallélogramme, et dont les côtés sont parallèles chacun à chacun, sont égaux ; donc δr est égal et parallèle à tf et la figure $drtf$ est un parallélogramme, donc enfin rt et $f\delta$ sont parallèles, et le point f, comme c'était prévu, se relève à l'infini.

95. Perspective d'un cercle horizontal.

— Le relèvement du géométral donne directement la perspective de toute figure tracée dans ce plan. En particulier, si l'on veut mettre en perspective un cercle donné dans le géométral, on pourra par exemple effectuer le relèvement autour de son diamètre horizontal. Donnons-nous alors le cercle relevé, ayant son centre en O sur xy (fig. 89) et déterminons, comme plus haut, des points tels que $m, q, \ldots$ correspondants aux relèvements $m_1, q_1 \ldots$

La perspective du cercle est alors une conique passant par les points m et q, ainsi que par les points c, e extrémités du diamètre de front H, qui se correspondent à eux-mêmes puisqu'ils sont sur l'axe d'homologie. Les tangentes menées au cercle par le centre d'homologie δ sont aussi tangentes à la

conique ; enfin il est aisé de voir pourquoi les droites que joignent les points c et e aux deux points de distance principaux

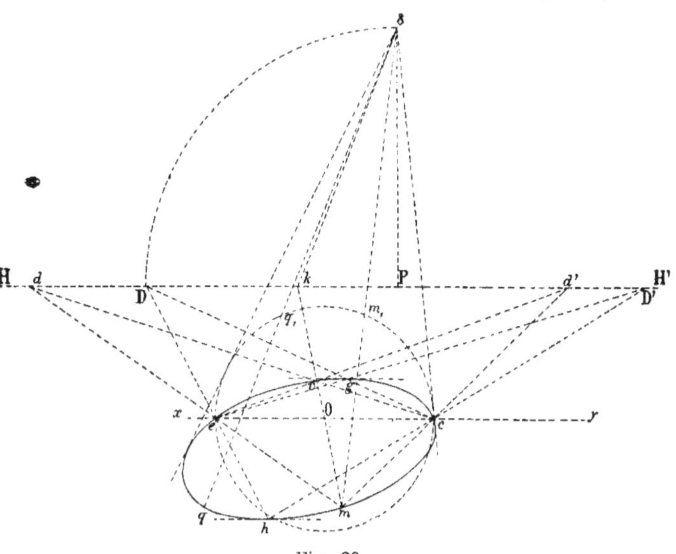

Fig. 89.

D et D′ se rencontrent aux points g et h de la conique pour
lesquels les tangentes sont parallèles à xy.

Relativement à cette conique, le point O est le pôle de la ligne
d'horizon, parce que ce point se correspond à lui-même dans les
deux figures ; qu'à la droite à l'infini du plan du cercle, qui est sa
polaire par rapport au cercle, correspond dans le géométral la ligne d'horizon ; et qu'enfin la propriété pour un point d'être le pôle
d'une droite est projective.

Cette conique ne rencontre pas la ligne d'horizon, parce que les
points à l'infini du cercle sont imaginaires ; mais les points qui sont
leurs perspectives sont définis (87). Ce sont les points communs à
la ligne d'horizon, et au point supérieur de distance, considéré
comme cercle de rayon nul. Cette propriété suffirait à elle seule
pour construire la conique, connaissant par exemple trois de ses
points, perspectives de trois points définissant le cercle.

On peut enfin construire cette conique en transformant la propriété du cercle d'avoir tous ses rayons égaux, c'est-à-dire en por-

tant à partir du point O sur un rayon quelconque O*m* une longueur égale à O*c*, à l'échelle du plan de front *xy*. Pour cela, prolongeons O*m* (86) jusqu'à la ligne d'horizon nous avons un point de fuite *k*, et prenons sur HH′ les longueurs *kd*, *kd′* égales à *kô* ; nous obtenons en *d* et *d′* les points de distance accidentels relatifs à la direction de point de fuite *k*. Joignant ces deux points aux extrémités *c* et *e* du diamètre de front, nous obtenons en *m* et *v* les extrémités du diamètre suivant O*m*. Comme vérification, les angles de sommets *m* et *v*, dont les côtés passent respectivement par deux points de distance conjugués *d* et *d′* sont les perspectives de deux angles droits (87). Effectivement, les angles dont ils sont les perspectives sont inscrits chacun dans un demi-cercle.

96. Branches infinies. — Nous allons examiner le cas où la perspective du cercle a des branches infinies. Il faut pour cela que le cercle rencontre dans le géométral la trace du plan de front de l'œil qui est le lieu des points qui ont leur

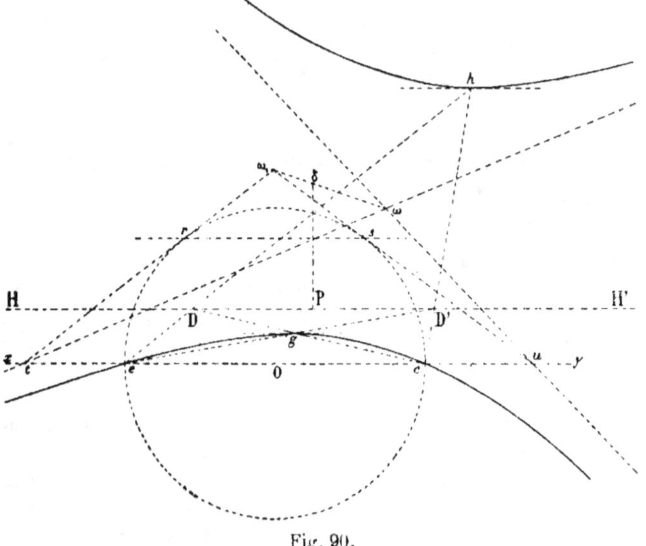

Fig. 90.

perspective à l'infini, ou encore qu'il ait des points devant et des points derrière le spectateur.

Soient donc HH′ la ligne d'horizon (fig. 90), P, D, D′ les points principaux de fuite et de distance, δ le point supérieur de distance et xy le diamètre de front du cercle. Relevons la trace géométrale du plan de front de l'œil en prenant comme plus haut une parallèle rs à xy à une distance égale à PD.

La perspective du cercle aura des branches infinies si le cercle rencontre cette parallèle ; traçons donc un cercle ayant son centre sur xy et qui rencontre cette droite aux points r et s. Nous aurons comme plus haut une conique passant aux points c et e et admettant des tangentes parallèles à xy aux points g et h où se rencontrent les droites qui joignent les extrémités du diamètre de front aux points principaux de distance.

Ses points à l'infini sont les points homologues des points r et s ; les directions asymptotiques sont donc δr et δs. Quant aux asymptotes, ce sont les homologues des tangentes au cercle en ces points ; ces tangentes rencontrent l'axe d'homologie aux points t et u : menant par ces points des parallèles $t\omega$, $r\omega$, aux directions asymptotiques, on obtient les asymptotes qui se coupent au point ω, centre de l'hyperbole et homologue du pole ω_1 de la droite rs, par rapport au cercle.

97. Perspective d'un cercle vertical. — Les mêmes principes permettent de mettre directement en perspective une figure plane quelconque ; il suffit d'amener ce plan à être de front.

Supposons d'abord qu'il s'agisse d'un plan vertical et cherchons encore la perspective d'un cercle tracé dans ce plan. On rabattra le plan du cercle autour d'une de ses frontales, c'est-à-dire autour d'une verticale et on le ramènera à sa première position.

Soient HH′ la ligne d'horizon (fig. 91), P et D les points principaux de fuite et de distance, ab la trace géométrale d'un plan vertical et xy la verticale de ce plan qui doit servir de charnière pour l'amener sur le plan de front $a_1 b_1$. Cherchons ce que devient le point a après le rabattement ; on pourrait pour cela (86) porter à partir du point c où la droite ab rencontre la charnière xy, sur l'horizontale de front a_1 b_1, une longueur ca_1 égale à ca à l'échelle du plan de front a_1 b_1. Pour ramener la construction dans les limites de l'épure d'où elle sortirait à cause de la longueur de la distance principale PD, relevons le géométral autour de a_1 b_1, ce qui amène le point a en α, d'où $c\alpha = ca$ à l'échelle du plan de front de c ; portant $ca_1 = c\alpha$, on a alors le rabattement du point a, d'où, en joignant aa_1, le centre d'homologie en δ sur la ligne d'horizon, puisque les cordes des arcs sont horizontales.

On a alors les éléments nécessaires à la construction d'une figure quelconque du plan puisque la figure rabattue et sa perspective sont deux figures homologiques (77) et que l'on connaît le centre d'homologie δ, l'axe d'homologie xy ainsi qu'un couple de points correspondants (75). Si l'on suppose par exemple qu'il s'agit d'une porte en plein cintre a_1 b_1 c_1 g_1 e_1, on trouvera sa perspective en $abcge$ par la méthode habituelle. Si l'on mène par δ une tangente au demi-cercle qui forme le plein cintre, elle est aussi tangente à l'arc d'ellipse qui en est la perspective, et le point de contact s'obtient en cherchant l'homologue g du point de contact g_1.

La droite à l'infini de la figure perspective, lieu des points dont la perspective est à l'infini, correspond dans l'espace à la trace du plan de la figure sur le plan de front de l'œil ; elle a pour homologue dans la figure rabattue le rabattement de cette trace ; et comme le plan de front sur lequel s'opère le rabattement et le plan de front de l'œil sont parallèles, ils sont coupés par le plan de la figure suivant deux droites parallèles, ici deux verticales. L'une est la charnière xy, l'autre est l'homologue de la droite à l'infini dans la figure perspective.

Il suffit donc de chercher un point de cette droite, par exemple celui qui correspond au point à l'infini sur la trace géométrale ac, ce qui se fait en menant par δ la parallèle à ac qui rencontre l'homologue a_1 c de ac au point i cherché. La paral-

lèle menée par ce point à xy est le lieu des rabattements des
points à l'infini de la figure, de même que la ligne de fuite ff'
du plan vertical correspond à la droite à l'infini du rabattement,
résultats qu'on pourrait comme plus haut (93, 94) démontrer
par des triangles semblables.

Si la figure rabattue rencontre la droite ik, la figure perspective a des points à l'infini, et inversement. Ce n'est pas le
cas de l'épure, c'est pourquoi le demi-cercle a pour perspective
un arc d'ellipse. Le pôle de ik par rapport au cercle est sur la
ligne de naissance $e_1 c_1$ du plein cintre ; le pôle de la droite à
l'infini de la figure perspective par rapport à l'ellipse, c'est-à-

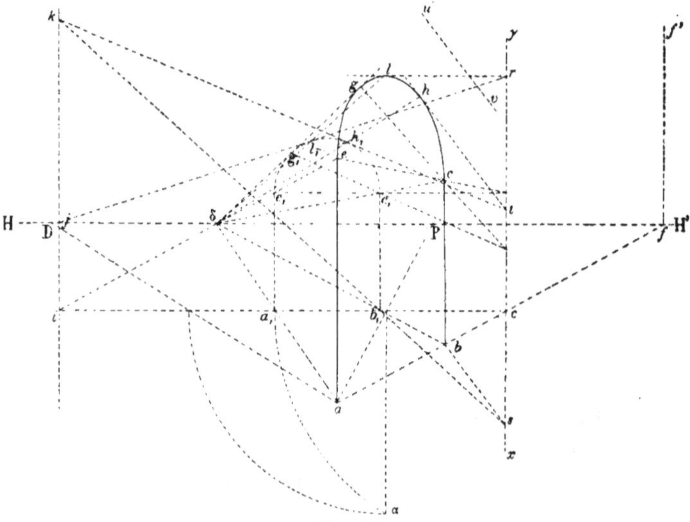

Fig. 91.

dire le centre de l'ellipse, est donc sur la ligne de naissance
ec ; par suite l'arc d'ellipse est une demi-ellipse.

Si la perspective du cercle avait des points à l'infini, on trou-
verait comme plus haut (96) les directions asymptotiques en
joignant le point à aux points d'intersection du cercle avec ik
et les asymptotes en menant des parallèles à ces droites par

les points où les tangentes en ces points d'intersection rencontreraient respectivement l'axe d'homologie xy.

On peut se proposer de chercher le point de la demi-ellipse pour lequel la tangente est parallèle à une droite donnée uv. A toutes les droites parallèles à uv dans la figure perspective correspondent dans le rabattement des droites concourantes en un point de ik ; ce point s'obtient en menant par b la parallèle bs à uv qui coupe xy en s et joignant sb_1 qui rencontre ik au point k cherché. A la tangente demandée correspond la tangente kh_1, menée par le point k au demi-cercle ; cette tangente coupe xy en t et se relève suivant la parallèle à uv menée par le point t, et le point de contact est en h à l'intersection de cette droite avec δh_1.

Si l'on applique la construction donnée plus haut pour le point i qui correspond à un point donné à l'infini de la figure perspective, à la recherche du point homologue du point à l'infini sur la ligne d'horizon dans la figure perspective, ce point doit se trouver sur la parallèle menée par δ à la direction donnée, c'est donc le point j où la ligne d'horizon rencontre la droite ik. Si donc par le point j, on mène au demi-cercle la tangente jl_1 elle se relève suivant la tangente horizontale rl de la demi-ellipse, dont le point de contact l, situé sur δl_1, est le point le plus haut de la perspective du plein cintre.

98. Distance de deux points quelconques. — Le relèvement du géométral, et le procédé indiqué (86) qui conduit à la même construction que si on relevait le géométral autour de sa droite à l'infini, permettent de trouver la vraie grandeur d'un segment du géométral.

S'il s'agit d'un segment quelconque, on peut amener de front le plan vertical qui le projette sur le géométral. Il est plus commode d'amener de front, comme en perspective cavalière, le plan debout qui le projette sur le tableau.

Soit $(ab, a'b')$ le segment donné (fig. 92) ; le plan de front du point (b, b') a pour trace géométrale bh, et la droite debout menée par (a, a') qui est $(a\mathrm{P}, a'\mathrm{P})$ rencontre ce plan au point (h, h') : le plan debout qui projette le segment sur le tableau est le plan $(abh, a'b'h')$.

Puisque la droite $(ah, a'h')$ est debout, si l'on joint le point a' au point principal de distance D, on a en $h'\alpha$ la longueur de $a'h'$ de l'espace à l'échelle du plan de front de h', qui est le plan de front bh. Menant ensuite au point h' une perpendiculaire à $h'b'$ sur laquelle on prend $h'\mathrm{A} = h'\alpha$, on a en $b'h'\mathrm{A}$ le rabattement du triangle rectangle de l'espace dans le plan de front bh, et par suite la distance cherchée $\mathrm{A}b'$ à l'échelle de ce plan. Si l'on con-

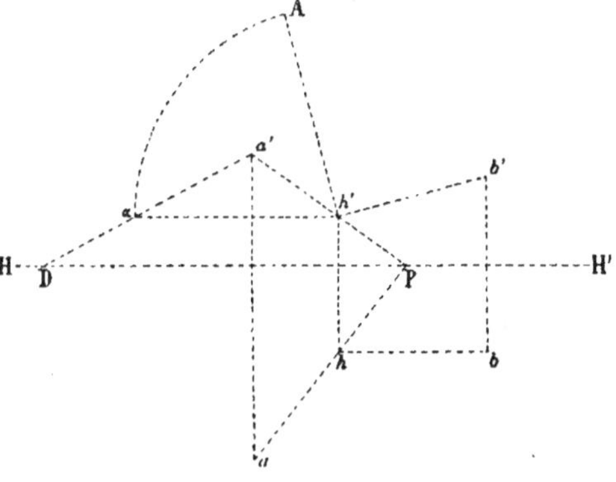

Fig. 92.

naît l'échelle des largeurs, on la ramènera, comme il a été dit, à sa vraie grandeur [1].

99. Distance d'un point à un plan [2]. — Il faut abaisser du point une perpendiculaire sur le plan et trouver sa vraie grandeur.

---

1. L'opération qui consiste à amener un plan quelconque à être de front a été donnée par M. le Colonel Mannheim ; tous les cas traités n'en sont que des cas particuliers (voir *Cours de Géométrie descriptive de l'Ecole polyt.*, p. 76).

2. Les solutions données par M. Brisse pour cette question et la suivante (angle de deux plans) sont analogues à celles de la perspective cavalière (32) ; celles du texte en diffèrent.

Pour résoudre la première partie de la question, il suffit de trouver le point de fuite des perpendiculaires au plan.

Supposons le plan défini par deux de ses droites $(ab,\ a'b')$ $(bc,\ b'c')$ (fig. 93) ; soient P et D les points principaux de fuite et de distance et $f'\varphi'$ la ligne de fuite du plan, construite comme il a été dit (90) ; désignons l'œil par O ; le plan $Of'\varphi'$ est le plan parallèle au plan donné mené par l'œil. Considérons la perpendiculaire à ce plan menée aussi par l'œil, et le plan de cette perpendiculaire et de la perpendiculaire OP au tableau. Ce plan passant par la première droite est perpendiculaire au plan $Of'\varphi'$, passant par la seconde il est perpendiculaire au

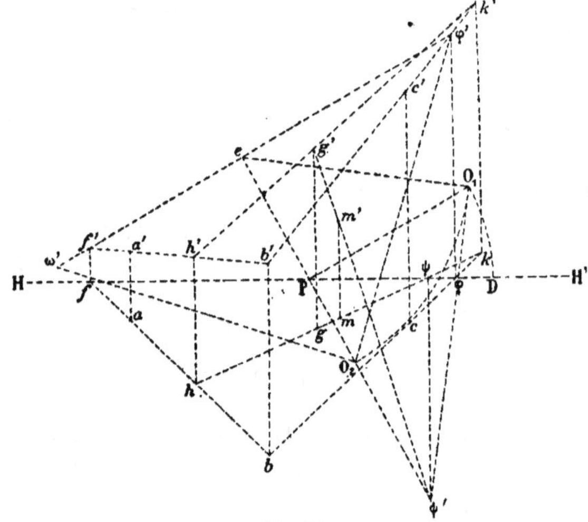

Fig. 93.

tableau ; il est donc perpendiculaire à leur intersection qui est $f'\varphi'$; par suite $f'\varphi'$ est perpendiculaire à toute droite du plan et en particulier à sa trace sur le tableau, ou sur tout plan de front.

Abaissant donc du point P une perpendiculaire Pe sur $f'\varphi'$, nous aurons la ligne de fuite du plan qui projette orthogonalement sur le tableau la perpendiculaire cherchée.

Soit ψ' le point de fuite de cette perpendiculaire ; le triangle $eO\psi'$ est rectangle en O ; si on le rabat sur un plan de front quelconque autour de l'hypoténuse $eP\psi'$, on obtient (88) à l'échelle de ce plan le rabattement de O en menant au point P à cette hypoténuse une perpendiculaire égale à la distance principale PD. Soit O_1 ce rabattement, la perpendiculaire à $O_1 e$ menée par ce point détermine sur Pe le point de fuite cherché.

Soit maintenant (m, m') le point dont on veut trouver la distance au plan donné ; $m'\psi'$ est la perspective de la perpendiculaire abaissée du point sur le plan, $m\psi$ est celle de sa projection. Le plan vertical $(m\psi,\ m'\psi')$ coupe le plan donné suivant une droite projetée géométralement suivant $m\psi$ et dont les points projetés en k et h se relèvent en k' et h' ; la perspective de cette droite est donc $k'h'$, qui rencontre la perpendiculaire $(m\psi,\ m'\psi')$ au point (g, g') pied de cette perpendiculaire. Appliquant au segment $(mg, m'g')$ la construction de la figure 92, on aura la longueur de ce segment qui est la distance cherchée.

100. Points de fuite de trois directions rectangulaires. — Considérons dans le plan donné deux directions rectangulaires ; l'une de point de fuite φ' par exemple. L'autre aura son point de fuite en un point ω' de la ligne de fuite du plan déterminé comme il suit : la distance de l'œil à la ligne de fuite $f\varphi'$, à l'échelle du plan de front sur lequel s'opère le rabattement est égale à $O_1 e$; prenant $eO_2 = eO_1$ sur la perpendiculaire Pe, on aura en O_2 le rabattement du sommet de l'angle droit sous lequel on voit de l'œil les deux points de fuite ; on joindra donc $\varphi'O_2$ et on mènera la perpendiculaire $O_2\omega'$.

On a ainsi en φ', ψ' et ω' les points de fuite de trois directions rectangulaires deux à deux, ou, si l'on veut, les traces sur un plan de front quelconque des arêtes d'un trièdre trirectangle ayant l'œil pour sommet. Il suit de là (5, note) que le triangle $\varphi'\psi'\omega'$ doit avoir pour point de rencontre des hauteurs la projection de l'œil sur le plan de front, qui est le point P ; c'est ce qui est évident sur la figure en ce qui concerne la hauteur menée par le sommet ψ'. Il en est de même des deux autres puisque ω', par exemple, est le point de fuite des

perpendiculaires aux plans ayant pour ligne de fuite $\varphi'\psi'$. De plus,
la distance de l'œil au plan de front doit être la moyenne proportionnelle entre les segments $P\varphi, P\psi'$: c'est aussi ce qui résulte de la
construction.

101. Angle de deux plans. — Il suffit de connaître
les lignes de fuite $f'\varphi', f'\psi'$ des deux plans (fig. 94) : le point de
fuite de leur intersection est alors f' et le plan perpendiculaire
à cette intersection a pour ligne de fuite (99) une perpendiculaire $\varphi'\psi'$ à Pf' obtenue en prenant sur la perpendiculaire PO_1 à
Pf', la longueur PO_1 égale à la distance principale PD, joi-

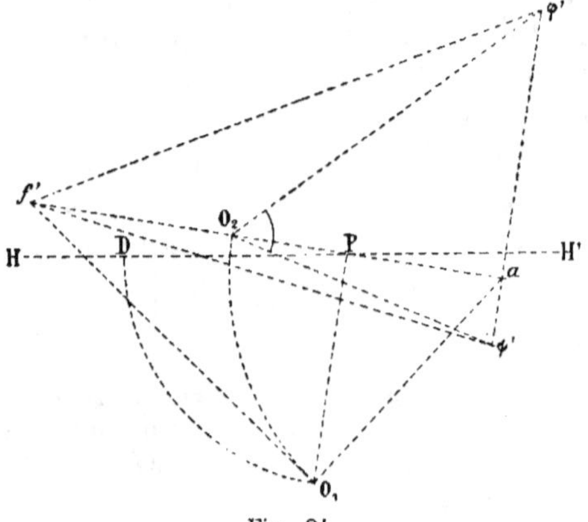

Fig. 94.

gnant $f'O_1$ et lui menant la perpendiculaire $O_1\,a$. L'angle des
deux plans est alors celui qui a pour sommet l'œil et dont les
côtés passent par les points de fuite φ' et ψ'. On le rabat sur un
plan de front quelconque en prenant $aO_2 = aO_1$; l'œil est rabattu sur ce plan en O_2 et l'angle $\varphi'O_2\psi'$ est l'angle cherché.

102. Voûte d'arêtes. — Comme exemple d'effet de perspective, cherchons celle d'une voûte d'arêtes à laquelle on a
déjà appliqué (45) un autre mode de représentation.

La voûte d'arêtes est formée par la rencontre de deux *ber-*
ceaux, que nous supposons en plein cintre, de même *montée*.

et rectangulaires ; la courbe d'arêtes est alors l'intersection de
deux cylindres de révolution de rayons égaux : l'un d'eux sera
de front et l'autre debout.

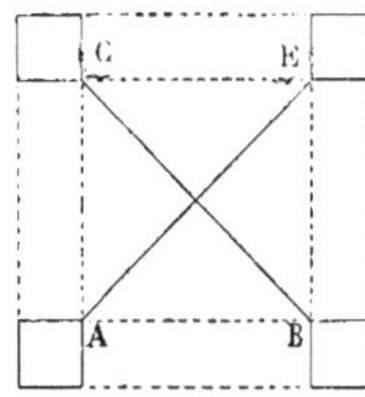

Fig. 95.

Soit ABCE (fig. 95) sur l'épure[1] le carré
formé dans le plan horizontal par les arêtes intérieures des piliers qui supportent
la voûte ; il faut trouver la perspective de
ce carré. Donnons-nous pour cela, sur le
tableau, (fig. 96) le segment de front **AB**
dont la longueur est supposée, à l'échelle
de son plan de front, égale à **AB** de l'épure ;
pour avoir les perspectives des deux autres sommets, il suffit
de joindre le point **A** au point principal de distance **D** et le
point **B** au point principal de fuite **P**. On obtient ainsi le sommet **E** et par une horizontale de front le sommet **C** sur **AP**.

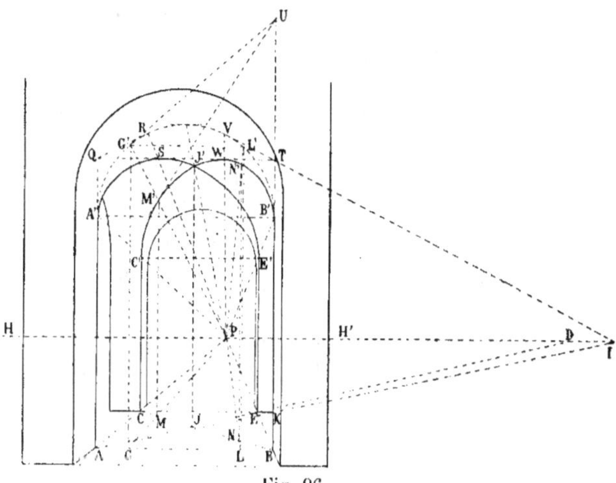

Fig. 96.

Le carré A'B'C'E', dans le plan des naissances, s'en déduit
au moyen des verticales AA', BB' égales l'une et l'autre à la hauteur donnée des piliers, prise à l'échelle du plan de front **AB** ;

1. Les figures 95 et 96 sont extraites du cours Mannheim.

joignant A'P, B'P, on a les deux autres sommets C', E' sur les verticales des points C et E.

Les droites PA', PB' qui sont perpendiculaires au tableau sont les génératrices de naissance du cylindre debout dont une section droite est le demi-cercle de front décrit sur le diamètre A'B'.

Les deux cylindres, ayant même rayon et même plan de naissance, ont deux plans tangents communs horizontaux ; ils se coupent donc suivant deux courbes planes et les plans de ces deux courbes sont par symétrie les plans verticaux AE, BC. Il est donc inutile de chercher une base pour le cylindre de front, et le problème revient à la recherche d'une section plane du cylindre debout. Cherchons, par exemple, la perspective de la courbe d'arêtes dans le plan vertical BC.

Prenons pour plans auxiliaires des plans horizontaux, soit G'L' la trace de l'un d'eux sur le plan de front AB. Il coupe le cylindre suivant deux génératrices debout (GP, G'P), (LP, L'P), qui rencontrent le plan vertical BC respectivement en deux points M et N projetés aux points d'intersection de la trace géométrale BC avec les projections des génératrices. Ces points se relèvent en M' et N' sur les perspectives de ces génératrices, et on a ainsi deux points d'une des lignes d'arêtes.

La tangente en M' est l'intersection du plan tangent et du plan sécant ; le plan tangent rencontre la base qui a été adoptée pour le cylindre dans le plan de front AB, suivant la tangente à cette base au point G' qui rencontre au point U la droite d'intersection BB' du plan de base et du plan sécant et la tangente cherchée est M'U.

On peut ainsi construire autant de points et de tangentes que l'on voudra de chacune des lignes d'arêtes et l'on a la courbe B'N'M'C' tangente en B' et C' aux arêtes verticales des piliers, et une courbe analogue, située dans le plan vertical AE et tangente en A' et E' aux arêtes verticales AA', EE'.

Les constructions précédentes prouvent que le cercle de base de diamètre A'B' et la première courbe d'arêtes, qui sont les perspectives de deux courbes planes dont les points se correspondent deux à deux sur des droites concourantes en P, sont homologiques (77). Le centre d'homologie est le point P, et l'axe d'homologie est la droite d'intersection BB′ des plans des deux courbes.

Cette remarque va nous servir pour déterminer le point le plus haut de la courbe d'arêtes. En ce point, la tangente à cette courbe est horizontale, elle correspond à une tangente du cercle qui passe par le point de son plan homologue du point à l'infini sur HH′, dans le plan de la courbe d'arêtes. Pour déterminer ce point, observons que deux points homologues sont A et C ; menons donc (75) la parallèle CE à HH′ qui rencontre en K l'axe d'homologie BB′ et joignons AK. Le point cherché étant sur la ligne d'horizon, qui est l'horizontale menée par P, est à l'intersection I de cette ligne avec AK. Si maintenant l'on mène par ce point la tangente IV au cercle de base, son homologue passe par le point T où cette tangente rencontre l'axe d'homologie ; c'est donc l'horizontale TW. Quant au point de contact, qui est le point cherché, c'est l'homologue du point V ; il est donc à l'intersection W de PV avec la tangente horizontale menée par T.

Si l'on considère le cylindre de front, ses génératrices sont des horizontales de front, son contour apparent est donc une horizontale de front ; comme la courbe d'arêtes qui vient d'être déterminée est située sur ce cylindre, ce contour apparent est l'horizontale TW. Il suit de là que cette droite est aussi la tangente horizontale de l'autre courbe d'arêtes, située dans le plan vertical AE. Cette fois l'axe d'homologie avec le cercle de diamètre A′B′ est la verticale AA′, que la tangente TW rencontre au point Q, et son homologue est la tangente QR au demi-cercle, de point de contact R. Joignant PR, on obtient en S le point de contact de TW avec l'autre courbe d'arêtes.

Les plans des deux courbes d'arêtes se coupent suivant une verticale dont la trace géométrale est en J, au point d'intersection des diagonales AE, BC du carré ; les deux courbes ont donc un point commun qui est celui où cette verticale rencontre l'un des cylindres. La génératrice du cylindre debout qui passe par ce point est la génératrice la plus élevée du cylindre ; sa perspective est la droite qui joint le point P au point du cercle de base pour lequel la tangente est horizontale. Le point J' où cette droite rencontre la verticale J est le point d'intersection des deux courbes d'arêtes.

On achève facilement la perspective de la voûte en représentant les parties vues des piliers et les cercles suivant lesquels les plans extérieurs des piliers coupent le cylindre debout.

RESTITUTION

103. — Le troisième problème à traiter (82) est la restitution de l'épure lorsqu'on connaît la figure perspective. Cette opération exige la connaissance des trois coordonnées de l'œil ; mais comme il arrive souvent que, pour restituer une figure perspective, on n'ait aucune donnée à ce sujet, nous supposerons qu'il en soit ainsi et nous ferons voir comment on peut quelquefois déduire la position de l'œil dans l'espace des seuls éléments de la figure, sauf à rechercher ensuite quelle est l'influence sur la restitution de l'épure d'une erreur commise sur la restitution de l'œil.

104. Restitution de l'œil. — L'œil, comme tout point de l'espace, a trois coordonnées, la hauteur, la largeur et l'éloignement.

Sa hauteur, mesurée à l'échelle de l'épure, est définie lorsqu'on connaît la ligne d'horizon et l'échelle des largeurs ; elle est en effet précisément égale à la distance de ces deux droites (85).

Plusieurs remarques permettent de placer sur le tableau la ligne d'horizon. S'il y a des verticales sur la figure perspective, la ligne d'horizon leur est perpendiculaire. Les grandes arêtes horizontales d'un édifice sont des droites parallèles dans l'espace : leur perspective converge donc en un point de la ligne d'horizon. On peut encore trouver un point de la ligne d'horizon si l'on connaît sur une horizontale deux segments égaux et contigus, ou ce qui revient au même le milieu d'un segment horizontal ; le conjugué harmonique du point milieu par rapport aux extrémités de la perspective du segment est un point de la ligne d'horizon. Enfin si deux coniques, situées dans un même plan horizontal, sont supposées être les perspectives de deux cercles de ce plan, et si elles se coupent en deux points du tableau, la ligne d'horizon est leur corde commune extérieure Il existe plusieurs procédés pour la déterminer géométriquement ; l'un d'eux a été indiqué (65) et consiste à leur mener les deux tangentes communes réelles, et à prendre sur chacune d'elles le conjugué harmonique par rapport aux deux points de contact du point où elle est rencontrée par la corde commune non extérieure.

Quant à l'échelle des largeurs, c'est la trace géométrale du plan de front dont l'échelle est l'unité. On choisit sur la figure perspective un segment de front qui conservera sa longueur sur l'épure ; la projection géométrale de ce segment est l'échelle des largeurs. On a déterminé par là l'échelle de l'épure qui est le rapport de la longueur du segment choisi sur le tableau à sa vraie longueur de l'espace.

On peut encore dire que du choix arbitraire de l'échelle des largeurs dépend le rapport d'amplification du tableau, ou, ce qui revient au même, le rapport de réduction de l'épure qui est son inverse. Il est clair que ce rapport n'influe que sur l'échelle de l'épure.

Donnons-nous aussi arbitrairement la ligne de terre, qui sera par exemple le bord inférieur du cadre si l'on veut restituer tous les points du géométral au-delà de la ligne de terre de l'épure. Ce nouveau choix définit celui de tous les plans de front qui est pris pour plan du tableau, et l'on prouve aisément que lorsque ce plan varie, l'épure reste homothétique à elle-même.

Cela posé, l'échelle des largeurs partage la distance de la ligne de terre à la ligne d'horizon dans le rapport d'amplification (85) et la hauteur de l'œil au-dessus du géométral, à l'échelle de l'épure, est égale à la distance de la ligne d'horizon à l'échelle des largeurs.

105. — Pour avoir la largeur et l'éloignement de l'œil, cherchons les points principaux de fuite et de distance.

S'il y a sur la figure perspective deux angles qu'on suppose être droits dans l'espace et dans un même plan horizontal, leurs côtés prolongés jusqu'à la ligne d'horizon donnent deux couples de points de fuite de directions rectangulaires. c'est-à-dire (87) deux couples de points conjugués dans l'involution des points de distance. Ces couples empiètent nécessairement l'un sur l'autre et donnent lieu à des segments qui sont les diamètres de deux cercles dont les points communs *réels* sont les points supérieur et inférieur de distance (92). Leur corde commune coupe la ligne d'horizon au point principal de fuite, et les points de distance principale s'obtiennent en rabattant autour de ce point sur la ligne d'horizon les points supérieur et inférieur de distance.

Si une ellipse de la figure perspective est supposée la perspective d'un cercle horizontal, deux diamètres conjugués de cette ellipse peuvent être considérés comme les perspectives des angles droits nécessaires pour la détermination précédente.

Si on connaît la vraie longueur, à l'échelle du plan de front qui passe par l'une de ses extrémités, d'un segment horizontal, on sait en conclure (86) le point de distance accidentel relatif à la direction de ce segment et par suite (87) son conjugué. Si l'on peut construire de la même manière deux autres points de distance conjugués, on aura encore deux couples de points conjugués dans l'involution des points de distance, d'où comme précédemment les points principaux de fuite et de distance.

106. Restitution de l'épure. — L'œil étant restitué, on passe à la restitution de l'épure. On connaît le rapport de réduction de l'épure par rapport au tableau, qui est l'inverse du rapport d'amplification ; on peut donc tracer la ligne de terre et y rapporter les points principaux de fuite et de distance, ainsi que les bords verticaux du tableau. On peut aussi placer l'œil sur la perpendiculaire élevée à cette droite au point principal de fuite, à une distance égale à la distance principale réduite, et on a l'angle optique.

On choisit ensuite l'échelle des éloignements en se donnant sur le tableau son point de fuite, qui peut être, si l'on veut, le point principal de fuite, auquel cas l'échelle des éloignements est, sur l'é-pure, perpendiculaire à la ligne de terre. L'échelle des hauteurs est alors sur le tableau la perpendiculaire à l'échelle des largeurs en son point d'intersection avec l'échelle des éloignements.

Cela posé, étant donné un point du tableau et sa projection géométrale, on le restitue par les procédés inverses de ceux qui ont été indiqués (83) pour la mise en perspective. On ne peut restituer que les points du tableau dont on connaît la projection géométrale ; on sait en effet que la perspective d'un point ne suffit pas pour le définir dans l'espace.

107. Restitutions comparées. — Si la figure perspective

ne définit pas l'œil exactement, on pourra commettre une erreur sur sa restitution. Cherchons alors comment varie la restitution de la figure de l'espace, lorsque l'œil se déplace. Supposons toujours que chaque point du tableau soit défini par sa perspective et par sa projection géométrale.

Considérons d'abord une figure géométrale. Pour deux positions différentes de l'œil O_1 et O_2 (fig. 97)[1], les deux restitutions m_1 et m_2 d'un même point sont dans le plan passant par la droite O_1O_2 et par la perspective M du point considéré ; la droite m_1m_2 qui les joint est donc la trace géométrale de ce plan. Lorsque le point M varie dans le tableau, le plan O_1O_2M tourne autour de O_1O_2, et sa trace géométrale tourne autour du point R où cette droite perce le géométral. On peut donc dire que les points des deux figures restituées se cor-

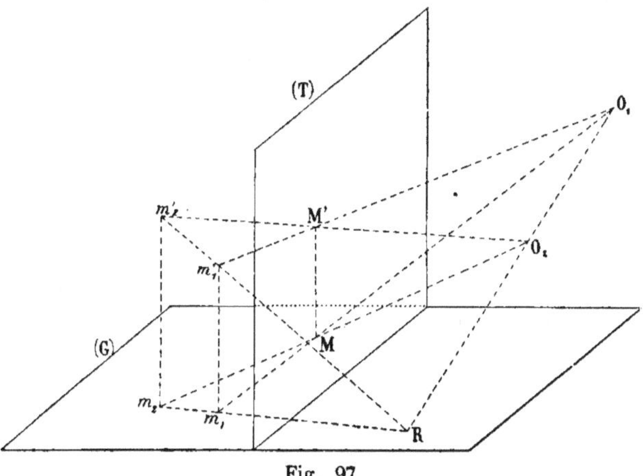

Fig. 97.

respondent individuellement de façon que deux points correspondants soient sur des droites concourantes au point R ; il est évident d'ailleurs que deux droites correspondantes se coupent sur le tableau : il suit de là que *deux restitutions géométrales sont deux figures homologiques pour lesquelles l'axe d'homologie est la ligne de terre, tandis que le centre d'homologie est la trace géométrale de la droite qui joint les deux positions de l'œil.*

On voit par là que l'épure géométrale se déforme toujours ; pour

1. Figure extraite du Cours Mannheim, p. 108.

qu'elle restât homothétique à elle-même, il faudrait (79) que l'axe d'homologie fût rejeté à l'infini, ce qui n'arrivera jamais puisque cet axe est la ligne de terre. Il en résulte que la figure de l'espace se déforme en même temps.

Joignons O_1M' et O_2M', nous obtenons en m'_1 et m'_2 les deux restitutions du point de l'espace ; la droite $m_1 m'_2$ a pour projection géométrale $m_1 m_2$ et par suite elle la rencontre. Mais elle rencontre aussi O_1O_2 parce qu'elle est dans le plan O_1O_2M' ; comme elle n'est pas dans le plan de ces deux droites, elle passe par leur point d'intersection R. Deux points correspondants des deux figures de l'espace sont donc aussi sur des droites concourantes au point R, d'ailleurs deux plans correspondants se coupent évidemment suivant une droite du tableau.

Les deux figures sont *homologiques dans l'espace* ; le *plan d'homologie* est le plan du tableau et le centre d'homologie est, comme plus haut, la trace géométrale de la droite qui joint les deux positions de l'œil.

Lorsqu'on observe une figure perspective, un tableau, on opère une restitution au jugé ; on voit par ce qui précède qu'il est important de se placer aussi exactement que possible au véritable point de vue. C'est pour cela que l'on a l'habitude de pencher les tableaux placés à une certaine hauteur au-dessus du spectateur ; cette opération a pour résultat d'abaisser la partie du plan d'horizon qui est en avant du tableau et permet au spectateur d'y placer l'œil au point convenable.

CHAPITRE V

OMBRES

108. Ombre au flambeau, ombre au soleil. — La représentation d'un objet se complète en l'éclairant ; les ombres accusent le relief des corps et, principalement en perspective où la restitution n'est pas toujours possible, elles concourent à une détermination plus exacte des ensembles.

On suppose toujours, afin de se rapprocher des circonstances de la pratique, que la source de lumière est un point. S'il est à distance finie, on a *l'ombre au flambeau* ; s'il est à l'infini, c'est *l'ombre au soleil*.

109. Ligne d'ombre propre, ligne d'ombre portée. — La ligne d'ombre est celle qui sépare les parties éclairées des parties non éclairées ; on distingue *la ligne d'ombre propre et la ligne d'ombre portée*. La première est celle pour tous les points de laquelle un rayon lumineux est tangent à la surface éclairée ; la seconde est la trace sur la surface qui reçoit l'ombre de la première du *cône lumineux* tangent à la première. Cette surface peut d'ailleurs être la surface éclairée elle-même ; lorsqu'elle est un plan interposé pour arrêter les rayons lumineux, elle reçoit le nom d'*écran*.

110. Arcs réels, arcs virtuels. — Il suit de là que la solution du problème de l'ombre consiste à chercher le cône ayant pour sommet le flambeau et circonscrit à la surface éclairée. La ligne d'ombre propre est sa courbe de contact avec celle-ci, tandis que la ligne d'ombre portée est sa trace sur la surface qui reçoit l'ombre.

On a ainsi l'ombre *géométrique* ; il est aisé de voir que tous les points de l'ombre géométrique ne répondent pas à la question. Figurons un rayon lumineux (fig. 98) et soient S le flambeau, a le point d'ombre propre et b le point d'ombre portée : il y a trois dispositions possibles qui répondent à l'ordre S*ab*, à l'ordre S*ba*, ou à l'ordre *b*S*a*. Dans la première, il y a effectivement ombre propre et ombre portée; dans la seconde, il n'y a ni l'une, ni l'autre ; dans la troisième, il n'y a que l'ombre propre : si l'ombre est au soleil ce troisième cas ne se présente pas.

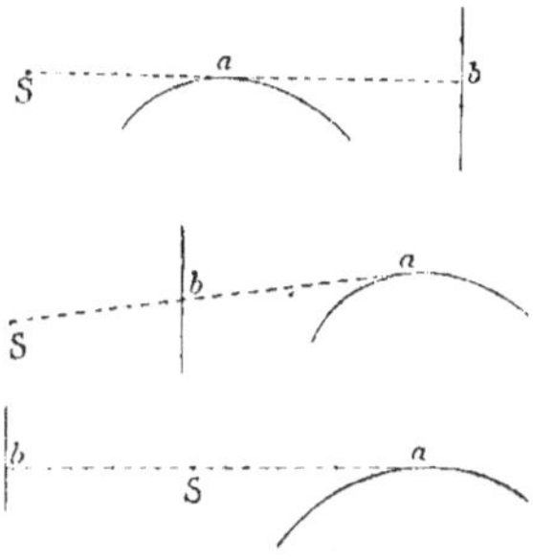

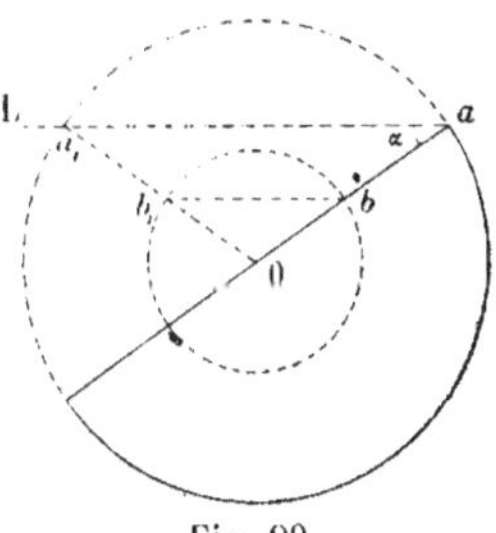

Fig. 98.

Les points de l'ombre géométrique qui appartiennent à l'ombre vraie sont des points *reels* d'ombre, les autres sont des points *virtuels*, qu'il s'agisse de l'ombre propre ou de l'ombre portée. Les premiers donnent lieu aux *arcs reels*, les derniers aux *arcs virtuels* de l'ombre. Pour qu'un rayon lumineux donne lieu à un point d'ombre propre et à un point d'ombre portée réels l'un et l'autre, il faut que sur ce rayon *le point d'ombre propre soit entre le flambeau et le point d'ombre portée.*

Nous allons étudier quelques exemples d'ombre dans les divers modes de représentation des corps.

111. — Ombre portée à l'intérieur d'une demi-sphère en projection orthogonale. — Figurons le contour apparent de la sphère (fig. 99) et supposons que le plan qui limite la demi-sphère soit perpendiculaire au plan de contour apparent. Dans ce cas, il sera représenté par sa trace qui est un diamètre O*a*. Supposons les rayons lumineux parallèles entre eux et parallèles au plan de projection, ce qui revient à dire qu'on a choisi pour plan de projection un plan parallèle aux rayons lumineux et perpendiculaire au grand cercle, base de la demi-sphère. La courbe d'ombre géométrique est le reste de l'intersection avec la sphère du cylindre dont les génératrices sont parallèles

Fig. 99.

aux rayons lumineux et dont la base est le grand cercle qui la limite. Menons par a une parallèle aL aux rayons lumineux ; on a en a_1 un point de l'ombre géométrique.

Coupons par un plan parallèle au plan de projection ; nous obtenons un petit cercle concentrique au cercle de contour apparent. Un point de ce cercle dans le plan limitant la demi-sphère est projeté en b. Par ce point menons une parallèle aux rayons lumineux, on a un point de l'ombre projeté en b_1. Le triangle aOa_1 est isocèle ; si l'angle à la base est α, l'angle en O est $\pi - 2\alpha$: dans le triangle isocèle bOb_1, où l'angle à la base est aussi α l'angle en O est de même $\pi - 2\alpha$, c'est-à-dire le double de l'angle du rayon lumineux avec la normale au plan de base. Les droites Oa_1, Ob_1 sont donc parallèles, et comme elles passent l'une et l'autre par le point O, elles sont confondues. Donc tous les points de l'ombre portée se projettent sur une même droite Oa_1b_1 ; ils sont dans un même plan perpendiculaire au plan de projection passant par le point O, et comme ils sont aussi sur la sphère, l'ombre géométrique est un grand cercle.

Deux grands cercles d'une sphère peuvent se déduire l'un de l'autre, point par point, au moyen d'une rotation autour de la droite d'intersection de leurs plans ; on a ainsi, si on les projette tous les deux sur un même plan (77) une correspondance homologique. Ici l'axe de rotation est dans le plan qui limite l'hémisphère, la perpendiculaire à Oa ; Oa est la projection du rayon lumineux sur ce plan.

D'où, la règle suivante pour trouver l'ombre : on projette le rayon lumineux sur le plan qui limite la demi-sphère ; on mène par le centre dans ce plan une perpendiculaire à cette projection et on fait tourner autour de cette perpendiculaire le grand cercle, base de l'hémisphère, d'un angle égal au double de l'angle du rayon lumineux avec la normale au plan de base.

112. — Ombre portée dans l'intérieur d'une niche par son ouverture, en projection orthogonale. — Cherchons, comme application, l'ombre à l'intérieur d'une niche en projection orthogonale.

Nous supposerons que le plan vertical qui limite la niche soit de front ; représentons l'ouverture qui sera alors (fig. 100)

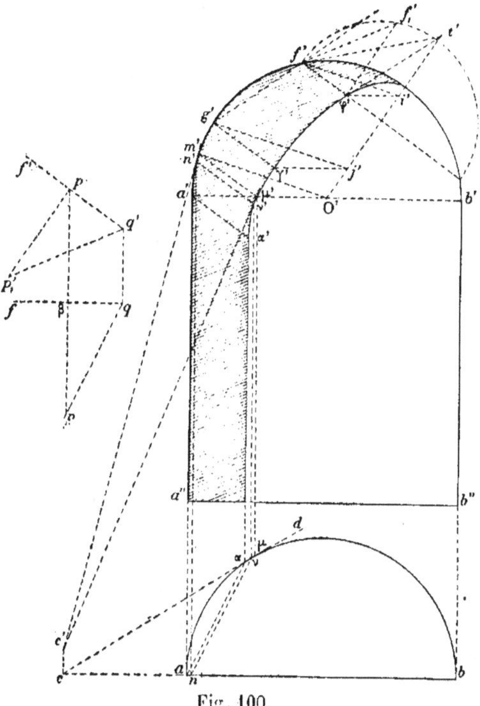

Fig. 100.

un demi-cercle limité à une horizontale ; les tangentes verticales $a''a'$, $b''b'$ sont les arêtes des *piedroits*. La base de la niche est le demi-cercle de diamètre ab et sa surface intérieure est le demi-cylindre projeté en $a''a'b'b''$ surmonté d'un quart de sphère.

Supposons les rayons lumineux parallèles et donnons-nous leur direction en pq, $p'q'$: comme nous aurons besoin de leur rabattement sur un plan de front, faisons tourner le plan debout qui projette le rayon lumineux autour de la frontale qf, $q'f'$. En prenant sur la perpendiculaire élevée à cette frontale au point

p' la longueur $p'p'_1$, égale à $p'3$, on a en $p_1'q'$ le rabattement du rayon lumineux.

Cela posé, pour avoir l'ombre portée à l'intérieur de la sphère par un point quelconque f' du demi-cercle qui limite la niche, imaginons le plan debout qui projette le rayon lumineux de ce point ; sa trace est la parallèle $f'\varphi'$ menée par f' à $p'q'$. Rabattons-le sur le plan de front ab ; il coupe la sphère suivant un demi-cercle qui est en arrière du plan de front ab et qui se rabat, par conséquent, au dessus de $f'\varphi'$, puisque le point p qui est en avant de $p'q'$ a été rabattu en dessous. Le rayon lumineux du point f' se rabat suivant la parallèle $f'f_1'$ menée de ce point à $p_1'q'$, qui coupe le demi-cercle en f_1', point qui se relève en φ'.

La courbe d'ombre est une ellipse, passant par le point φ', projection d'un grand cercle dont le plan coupe le grand cercle de front suivant une droite qu'on peut obtenir par la règle indiquée plus haut ; c'est la perpendiculaire menée par O' à la projection $f'\varphi'$ du rayon lumineux sur le plan du cercle qui porte l'ombre.

Cette droite est l'axe d'homologie de l'ellipse et du grand cercle de front (111) ; on aura donc la tangente au point φ', en joignant ce point au point t' où la tangente en f' au grand cercle coupe l'axe d'homologie.

Le centre d'homologie est à l'infini sur $f'\varphi'$, car les cordes des arcs se projettent suivant des droites parallèles. On aurait donc immédiatement en rabattant la droite $g'f'$ l'ombre portée par un point quelconque g' ; pour ne pas sortir des limites de l'épure, on peut mener par φ' une droite quelconque par exemple l'horizontale $\varphi'i'$ et joindre $f'i'$; la droite $i'\varphi'$ est le rabattement de $i'f'$. La parallèle $g'j'$ menée par g' à $f'i'$ se rabat suivant la parallèle à $i'\varphi'$ menée par le point j' où elle rencontre l'axe de rotation, et l'on a en γ' l'ombre portée par g'. Le choix de l'horizontale $i'\varphi'$ permet de trouver le point du grand cercle de front qui porte son ombre sur le grand cercle horizontal $a'b'$; il suffit de mener par O' une parallèle $O'm'$ à $i'f'$, elle rencontre le grand cercle de front au point m' qui est le point cherché : son ombre portée est au point μ' où le rayon lumineux mené par m' rencontre le diamètre $a'b'$. L'ombre portée sur le quart de sphère est donc un arc d'ellipse tangent au grand cercle de front à l'extrémité du diamètre $O't'$, passant aux points φ', γ' et se terminant au point μ'.

Il reste à trouver l'ombre sur le cylindre ; pour avoir l'ombre portée par la génératrice $a''a'$, menons par a une parallèle à la projection horizontale pq du rayon lumineux, on a en $a\alpha$ la trace horizontale du plan d'ombre, en $\alpha\alpha'$ la génératrice d'ombre et, au moyen du rayon lumineux mené par a', l'ombre α' du point a' ; il n'y a plus à chercher que l'ombre portée par l'arc $a'm'$ du grand cercle. L'ombre d'un point quelconque n' de cet arc se détermine au point ν' par le même procédé que celle du point a'.

La tangente au point ν' de l'ombre portée est l'intersection du plan tangent au cylindre de la niche avec le plan tangent au cylindre lumineux. Coupons-les par le plan de front ba ; le premier est coupé suivant la verticale cc' passant par le point c où la tangente en ν à la base du cylindre coupe le diamètre de front ab, le second a pour trace sur le plan de front ab la tangente $n'c'$ au point n' du grand cercle de front ; la tangente cherchée est $\nu'c'$.

Cette construction appliquée au point α' prouve que l'ombre de l'arc $a'm'$ se raccorde en α' avec celle de la génératrice $a''a'$. De même les ombres portées par le grand cercle de front sur le cylindre et sur la sphère se raccordent au point μ' ; en effet, les tangentes à la courbe d'ombre en ce point sont respectivement l'intersection du plan tangent au cylindre lumineux avec le plan tangent à la sphère et le plan tangent au cylindre de la niche au point μ' ; or ces deux surfaces admettent en ce point le même plan tangent qui est le plan vertical de trace μd, il y a donc raccordement des courbes d'ombre en μ'.

113. Rayon à 45°. — On emploie souvent en architecture

un rayon lumineux tel que $(mp, m'p')$ (fig. 101) dont les deux projections font l'angle de 45° avec la ligne de terre : cette symétrie facilite la recherche de l'ombre.

Cherchons par exemple l'ombre portée par le point (m, m') sur le plan de front du point p ; le point d'ombre est la trace (p, p') du rayon lumineux mené par (m, m') sur ce plan de front. Menons l'horizontale $p'q'$; le triangle $m'q'p'$ est isocèle, et on tire de là un procédé pour trouver l'ombre d'un point saillant sur une façade, dans un dessin d'architecture, sans faire usage du plan horizontal de projection.

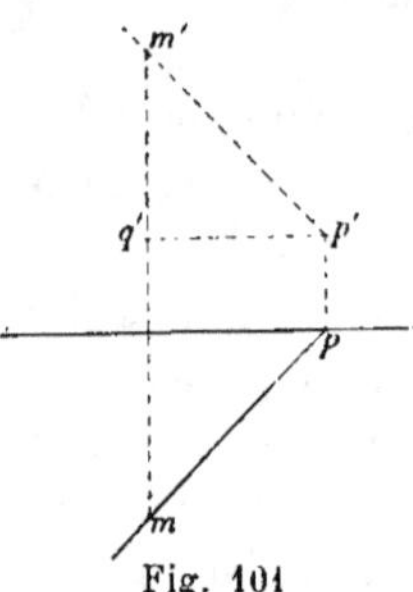

Fig. 101

Il suffit de descendre la projection verticale du point d'une quantité égale à sa saillie sur le mur de façade, supposé de front ; on obtient ainsi le point q', qu'on déplace encore horizontalement vers la droite d'une quantité égale.

114. — Considérons l'ombre portée par une moulure sur elle-même : supposons que la moulure ait été *poussée* sur deux murs verticaux à angle droit, dont l'un est de front et l'autre debout. Soit $a'b'c'd'e'f'g'$ (fig. 102) la projection verticale du profil de la moulure du plan debout ; elle est en vraie grandeur puisque le plan du profil, perpendiculaire aux arêtes debout de la moulure, est de front. Elle représente en même temps la projection du profil de l'intersection des deux moulures, situé par symétrie dans le plan bis-

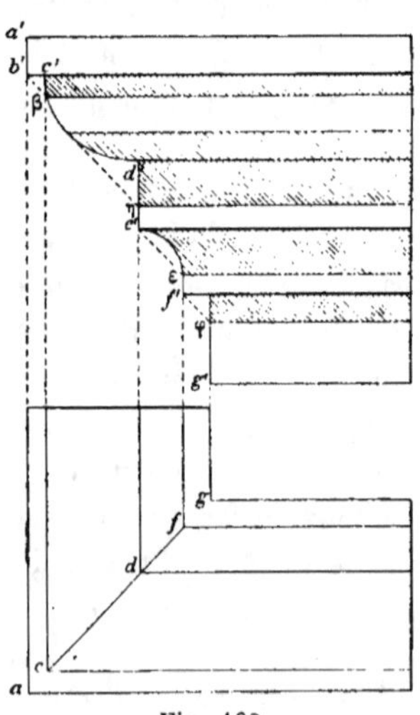

Fig. 102

secteur des deux murs, et projeté horizontalement en *acdfg*.

Éclairons cet ensemble par des rayons à 45°, et cherchons l'ombre portée sur elle-même par la moulure de front. Coupons-la par un plan parallèle aux rayons lumineux, et dans ce plan menons des tangentes parallèles aux rayons lumineux ; les points de contact sont les points de séparation d'ombre et de lumière. Or la section est précisément celle qui est projetée en (*acdfg. a'b'c'd'e'f'g'*) ; comme la projection verticale du rayon lumineux est aussi inclinée à 45°, il suffit de mener des rayons lumineux par les points saillants, ou des tangentes aux courbes saillantes du profil parallèlement à cette direction ; on obtient ainsi des points d'ombre en βγεζ. Les lignes d'ombre sont les horizontales menées par ces points.

115. — Soit, dans un plan vertical incliné à 45° sur le plan vertical de projection, une horizontale (*ab, a'b'*) (fig. 103) ; sur le segment *ab* comme diamètre, décrivons un demi-cercle horizontal, et cherchons l'ombre portée par cette tablette sur le mur vertical *ab*. Si le rayon lumineux est incliné à 45°, la projection verticale de cette ombre est un demi-cercle.

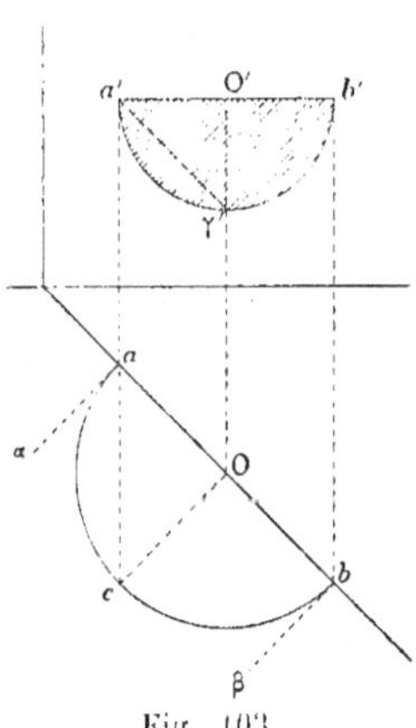

Fig. 103

Tout d'abord elle passe par les points *a'* et *b'*, et les tangentes en ces points sont les projections verticales des ombres des tangentes de l'espace. Or celles-ci sont contenues dans les plans verticaux *a*α, *b*β, dont les traces sur le mur sont des verticales ; les tangentes en *a'* et *b'* sont donc les verticales de ces points. Considérons maintenant le point *c* pour lequel la tangente est parallèle à *ab* ; par symétrie, la ligne de rappel de ce point est celle du point *a*, son point d'ombre est (O, γ') et l'on voit que la tangente en γ', projection verticale de l'ombre de la tangente en *c*, est horizontale et parallèle à *ab*.

Enfin, la projection étant cylindrique, le centre O de la tablette a pour ombre le centre O′ de la courbe d'ombre ; dans celle-ci, les diamètres perpendiculaires O′a′, O′-′, dont l'un est parallèle à la tangente à l'extrémité de l'autre, sont conjugués, et comme ils sont égaux dans le triangle isocèle a′O′-′, la courbe d'ombre est un demi-cercle.

116. Ombre portée par un piston dans un demi-corps de pompe, en projection orthogonale. — Soit un cylindre de révolution, dont la projection horizontale est le cercle de diamètre ab (fig. 104) ; limitons-le verticalement aux plans horizontaux $a'b'$, $a''b''$ et considérons seulement la partie du cylindre en arrière du plan de front ab. On aura représenté un demi-corps de pompe de machine à vapeur ; on suppose que le demi-couvercle $a''b''$ n'a pas été enlevé. Dans ce corps de pompe, oscille un piston $c'd'e'f'$ guidé par une tige dont la section droite est le petit cercle de diamètre $(gh,$ $g'h')$; ce piston est resté entier. Tout l'ensemble est éclairé par des rayons à 45° et l'on cherche l'ombre portée à l'intérieur du demi-corps de pompe.

Déterminons d'abord l'ombre portée par le demi-couvercle horizontal $a''b''$; c'est l'intersection du plan lumineux passant par le bord $a''b''$ du demi-couvercle avec le cylindre, c'est-à-dire une conique ayant pour centre, dans l'espace comme en projection, le milieu de $a''b''$. La tangente en l'un des points a'' ou b'' est dans le plan tangent au cylindre qui est le plan de contour apparent ; c'est donc la droite de contour apparent du cylindre vertical. L'ombre portée de a'' s'obtient en α' au moyen du rayon lumineux $(a\alpha, a''\alpha')$, la tangente en ce point est l'intersection du plan d'ombre avec le plan tangent au cylindre ; ce dernier est de front, c'est donc une frontale du plan d'ombre, c'est-à-dire une parallèle à $a''b''$: par suite les diamètres perpendiculaires d'extrémités a'' et α' sont conjugués et comme ils sont égaux à cause de l'inclinaison du rayon lumineux $a''\alpha'$, la courbe d'ombre est le cercle de diamètre $a''b''$. Sa partie utile commence en α et finit en b''.

L'ombre portée par la génératrice $a'a''$ est la génératrice du point α', et s'il n'y avait pas le piston, on aurait ainsi limité l'ombre portée par le cylindre à son intérieur.

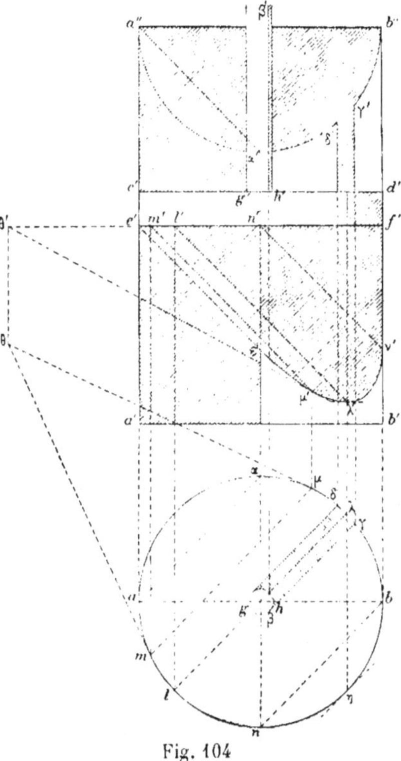

L'ombre propre sur la tige du piston et son ombre portée sur le cylindre s'obtiennent par les plans tangents parallèles au rayon lumineux, plans dont les traces horizontales déterminent sur la tige la génératrice d'ombre $\beta\beta'$ et sur le cylindre les génératrices d'ombre $\gamma\gamma'$, $\delta\delta'$. L'espace compris entre ces deux traces est l'ombre sur le disque supérieur du piston.

Fig. 104

L'ombre sur le piston est déterminée par l'un des plans tangents à 45°, qui donne la génératrice d'ombre projetée en η.

Il reste à trouver l'ombre portée par le piston. On détermine l'ombre du point e' en ε' sur la génératrice $\alpha\alpha'$; la tangente en ce point est l'intersection du plan tangent au cylindre lumineux, qui est debout parce qu'il renferme la tangente au disque du piston en e', avec le plan tangent au cylindre vertical en ε' qui est de front; c'est donc la projection verticale

$e'\varepsilon'$ du rayon lumineux. Un point quelconque (m, m') du disque fournit de même le point (μ, μ') de l'ombre : la tangente en ce point s'obtient en coupant les plans tangents aux deux cylindres par le plan de leur base commune, le plan tangent au cylindre vertical a pour trace $\mu\vartheta$ et l'autre $m\vartheta$; on relève ϑ en ϑ' qui est un point de la tangente. Appliquant cette construction au point (l, l') pour lequel la tangente au disque est inclinée à 45°, on trouve le point (λ, λ') de l'ombre pour lequel la tangente est horizontale ; c'est le point le plus bas.

L'arc utile de l'ombre portée se termine au point (b, ν') qui est l'ombre du point (n, n') du disque, et pour lequel la tangente, qui est située dans un plan tangent debout du cylindre vertical sans être debout dans l'espace, est la droite de contour apparent du cylindre.

117. Méthode des projections obliques.— Cette méthode sert à trouver l'ombre portée par une ligne sur une autre ; pour cela, on cherche les ombres portées par les deux lignes, ou leurs *projections obliques* sur un même plan ; les points de rencontre de ces ombres sont les traces des projetantes qui rencontrent à la fois les deux lignes. Ces projetantes sont des rayons d'ombre et donnent en même temps l'ombre propre et l'ombre portée.

Cherchons[1], comme application, l'ombre sur la surface de révolution engendrée par le contour $a'c'd'$ (fig. 105) tournant autour de la verticale o, et son ombre portée sur le plan horizontal d'. Pour avoir l'ombre portée sur la surface par le parallèle $a'b'$, nous chercherons, d'après le principe précédent, l'ombre portée par ce cercle sur les divers parallèles de la surface. L'ombre du parallèle $a'b'$ est un cercle de même rayon et dont le centre est la trace du rayon lumineux mené par le milieu de $a'b'$. En relevant les points d'intersection de cette ombre avec les ombres des différents parallèles de la surface, on

---

1. Cet exemple et la figure qui l'accompagne sont extraits du *Cours Mannheim*, p. 11.

obtient autant de points de l'ombre portée $n'p'$ par le parallèle sur la surface.

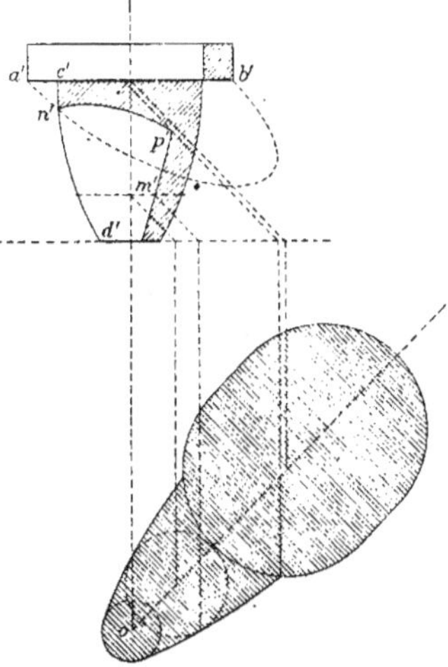

Fig. 105

Le point n' où cette ombre rencontre la courbe méridienne peut s'obtenir directement en cherchant l'ombre portée par le parallèle $a'b'$ sur le plan de cette courbe ; c'est une ellipse qui passe par le point cherché. La tangente en ce point est la courbe méridienne elle-même qui est courbe de contour apparent pour la surface de révolution.

La méthode s'applique aussi à la détermination de la courbe d'ombre propre.

Pour cela considérons un parallèle quelconque et son ombre portée sur le plan horizontal ; au point m' où il rencontre l'ombre propre, le plan tangent de la surface est parallèle au rayon lumineux et son ombre se réduit à une droite qui est l'ombre d'une droite quelconque de ce plan, en particulier de la tangente au parallèle en m', et de la tangente au même point à la courbe d'ombre propre. L'ombre du parallèle et la ligne d'ombre portée admettent donc la même tangente au point d'ombre portée par le point m'; ce qui revient à dire que la ligne d'ombre portée sur le plan horizontal est l'enveloppe des ombres portées par les divers parallèles de la surface et chaque point de contact, relevé par une parallèle au rayon lumineux, détermine le point d'ombre propre sur le parallèle correspondant.

Au point p' où la ligne d'ombre portée $n'p'$ rencontre la ligne d'ombre propre $m'p'$, la tangente à la première est l'intersection du plan tangent à la surface en p' avec le plan tangent

au cylindre lumineux de base $a'b'$. Le point p' appartenant à
la courbe d'ombre propre, le plan tangent en ce point à la
surface renferme, comme le plan tangent au cylindre, le
rayon lumineux du point p'; d'ailleurs ces deux plans ne coïncident pas en général, car la tangente au cercle $a'b'$ ne dépend
pas de la surface, ce rayon est donc la tangente en p' à la
courbe $n'p'$.

**118. Ombre portée par le bord d'une demi-sphère
creuse dans son intérieur en perspective axonométrique.** — Soient $Sxyz$ (fig. 106) le trièdre axonométrique,
xS_1y le rabattement du triangle xSy sur le plan de projection
et tsz le rabattement sur le même plan du triangle tSz suivant lequel le trièdre est coupé par le plan mené par S perpendiculairement à xy; Sz est la cote du point S.

Imaginons une sphère creuse dont le centre est en O et représentons le grand cercle suivant lequel elle est coupée par le
plan parallèle au plan de projection mené par O, qui est son
contour apparent sur ce plan; considérons celle des deux
demi-sphères limitées par le grand cercle dont le plan est parallèle à xSy dont l'intérieur est en partie visible.

La trace du plan de ce cercle sur le tableau est la parallèle
OT à xy; la perspective du cercle est une ellipse bitangente
au cercle de contour apparent aux points a et b. Un point
quelconque Q de cette ellipse se déduit du point correspon-
dant Q_1 du cercle par la condition que les rapports $\dfrac{cQ_1}{cQ}$, $\dfrac{tS_1}{tS}$
sont égaux; on peut par exemple joindre S_1y, mener Q_1d et
dQ respectivement parallèles à S_1y et yS, on a le point Q,
d'où l'on déduit tous les autres points ou tangentes par correspondance homologique. Traçons cette ellipse qui est tout
entière visible si l'on ne conserve que la demi-sphère inférieure.

Eclairons cette demi-sphère creuse par des rayons parallèles
dont la direction est définie par la parallèle aux rayons lumi-

neux menée par le point S ; soit RS cette parallèle qui perce le
tableau en R. Si autour de SR nous rabattons le plan qui la
projette sur le tableau, en prenant sur la perpendiculaire SS_2 à
SR la longueur SS_2 égale à S_7, nous obtenons en S_2R le rabattement du rayon lumineux sur le tableau.

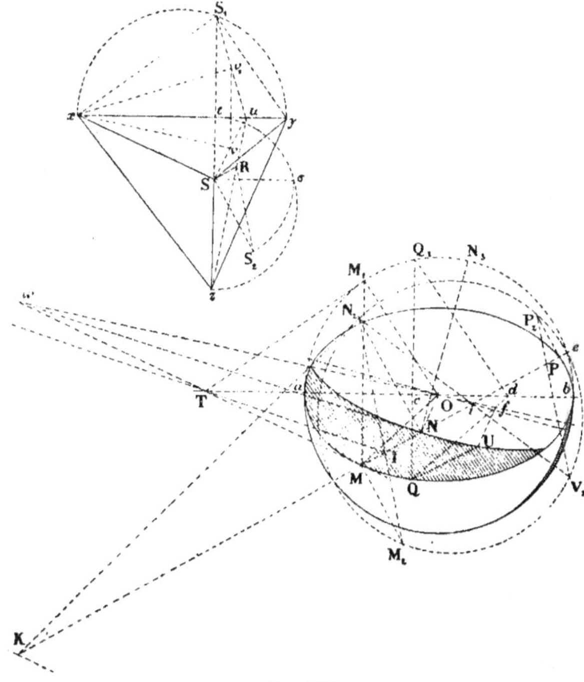

Fig. 106

Cela posé, pour obtenir l'ombre portée à l'intérieur de la
demi-sphère par un point quelconque M du cercle qui la limite, menons par ce point un plan perpendiculaire au tableau
et parallèle au rayon lumineux : sa trace est la parallèle Me à
SR, il coupe la sphère suivant un petit cercle dont le diamètre
est connu et qu'on peut rabattre sur le plan de front O. Le
point M se rabat en M_2 et le rayon lumineux de ce point sui-

vant la parallèle M_2N_2 à S_2R. Le point N_2 est alors un point de l'ombre portée sur la sphère ; il se relève en N.

On peut aisément vérifier que ce point d'ombre portée appartient à la demi-sphère sur laquelle nous cherchons l'ombre. En effet le plan sécant coupe le cercle qui la limite en un second point projeté en P et qui, n'étant pas du même côté du plan de front O que le point M se rabat en P_2, de sorte que l'arc de cercle suivant lequel il coupe la demi-sphère est l'un des arcs d'extrémités M_2 et P_2. C'est celui qui rencontre le contour apparent de la demi-sphère, car le point de rencontre est fixe dans le rabattement, et celui-là renferme aussi le point N_2, qui dès lors est un point utile de l'ombre portée.

La tangente à la ligne d'ombre au point N est l'intersection du plan tangent à la sphère en ce point et du plan tangent au cylindre d'ombre au point M. Coupons-les par le plan de front O.

Le cylindre d'ombre ayant pour directrice le cercle aMb, son plan tangent en M renferme la tangente MT. Cette tangente se déduit de la tangente au point M_1 du cercle de front qui correspond à M, comme Q_1 correspond à Q, et sa trace T sur ab est un point de la trace du plan tangent au cylindre sur le plan de front O ; d'ailleurs ce plan renferme le rayon lumineux du point M qui perce le plan de front en I, la trace cherchée est donc TI.

Le plan tangent à la sphère renferme la tangente au petit cercle au point N, tangente rabattue en N_2K et dont la trace est K ; d'ailleurs il est perpendiculaire au rayon ON, sa trace est donc la perpendiculaire $K\theta$ menée par le point K à la projection ON de ce rayon. Cette perpendiculaire rencontre la droite TI au point θ, et la droite $N\theta$ est la tangente cherchée [1].

On peut simplifier la recherche des autres points de l'ombre ; on sait en effet (114) que la courbe d'ombre est un demi-cercle dont le plan coupe le plan du grand cercle qui limite la demi-sphère suivant le diamètre de ce plan qui est perpendiculaire à la projection du rayon lumineux sur ce plan. On

1. Le point θ est en dehors des limites de l'épure, mais la tangente $N\theta$ peut se tracer à l'aide de la vérification indiquée plus loin.

peut dès lors considérer les projections des deux grands cercles comme deux courbes homologiques, avec la droite d'intersection de leurs plans comme axe d'homologie et le point à l'infini sur la projection du rayon lumineux comme centre d'homologie. Or, si l'on joint zR qui coupe xy en u, on a en Su la direction de la projection du rayon lumineux sur le plan qui limite la demi-sphère ; Su se rabat suivant $S_1 u$, et si l'on abaisse xv_1 perpendiculaire à Su, v_1 se relevant en v, xv est la perspective de la perpendiculaire à la projection du rayon lumineux sur xSy. Menant donc Ow parallèle à xv, on a la trace du plan du cercle d'ombre sur le plan qui limite la demi-sphère, qui est l'axe d'homologie de la courbe d'ombre et de l'ellipse, projection du cercle qui limite la demi-sphère. Comme vérification, la tangente en M à l'ellipse et la tangente en N à la courbe d'ombre, qui sont deux droites homologues, doivent se rencontrer sur Ow. Alors pour construire un point quelconque de l'ombre, on prendra arbitrairement Q_1 sur le cercle de contour apparent, d'où l'on déduira Q comme il a été dit, et l'on construira l'homologue U de Q au moyen de l'axe d'homologie Ow, du centre d'homologie qui est à l'infini sur MN, et des points homologues M et N. Si le point d'intersection de MQ avec l'axe d'homologie, nécessaire pour relever cette droite, est en dehors des limites de l'épure, on mène par le point M une droite de direction arbitraire, par exemple, la parallèle à Qd qui est déjà tracée et qui coupe Ow en un point qui, dans l'épure, coïncide avec le point O. Par le point f où Qd rencontre Ow on mène une parallèle à ON et par le point Q une parallèle à MN ; ces parallèles se coupent au point U de l'ombre, homologue de Q.

On peut aussi déduire directement la courbe d'ombre du grand cercle de front ; pour cela, il faut chercher la trace du plan de cette courbe sur le plan du grand cercle. Coupons-les par le plan auxiliaire MP ; nous obtenons sur le plan de la courbe d'ombre la droite rabattue $N_2 V_2$ et sur le plan de front la droite MP ; ces droites se coupent au point i, et la droite Oi est la trace cherchée. Abaissant du point N une perpendiculaire sur Oi, on a en N_3 le point du cer-

cle de front qui correspond au point N, et l'on peut achever de tracer la courbe d'ombre qui est bitangente au cercle de front aux
extrémités du diamètre O*i* et dont une partie seulement est visible

119. Ombre d'un mur avec bandeau en perspective cavalière.

— Considérons un mur d'encoignure, dont une
face est de front et l'autre perpendiculaire au tableau (fig.107).

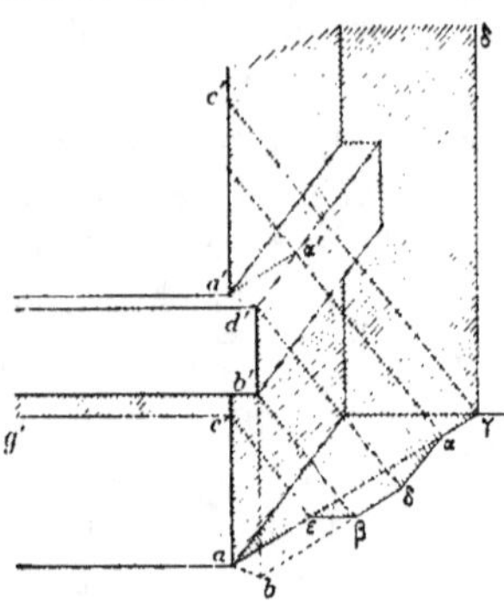

Fig. 107

Un bandeau horizontal con-
tourne les deux faces du mur, et
on cherche l'ombre portée sur
lui-même et sur un mur de fond
par cet ensemble éclairé par des
rayons parallèles.

Si l'on connaît le profil du
bandeau, on construit aisément
la perspective de l'ensemble à
l'aide de la direction des fuyantes et du rapport de réduction.
Menant par les points *a* et *a'*
des parallèles à la projection horizontale du rayon lumineux,
on obtient en *a'α'* l'ombre portée par l'arête verticale *ac'* sur
le plan supérieur du bandeau et en *aαγ* l'ombre portée par la
même arête sur le géométral ; elle se relève au point *γ*, ombre de *c'*, suivant la verticale *γδ* qui limite l'ombre portée sur
le mur de fond.

Quant à l'ombre du bandeau, on peut se servir de la méthode des projections obliques. L'arête verticale *b'd'* a sa trace
géométrale en un point *b* tel que les droites *ab*, *a'd'* soient parallèles. La parallèle à *aα* menée par le point *b* contient l'ombre de *b'd'* ; cette ombre est le segment *βδ* limité par les rayons
lumineux de *b'* et *d'*. Menant par *β* l'horizontale de front *βε*
on a au point *ε* l'intersection de l'ombre de l'horizontale de
front de *b'* avec celle de l'arête verticale *aa'*, par suite en *e'*
l'ombre portée de la première sur la seconde, d'où la ligne
d'ombre *e'g'*.

Joignant enfin le point *δ* au point *α* ou *α'* porte son ombre sur le géométral, on a en $\delta\alpha$ l'ombre portée par le segment $d'\alpha'$ de l'arête saillante du bandeau.

120. Ombres portées dans une arche de pont coupé en perspective cavalière.

— Considérons un pont dont la direction générale serait perpendiculaire au tableau et coupons-le par un plan de front passant par le sommet d'une arche. La voûte de cette arche sera coupée suivant un rectangle de front $a'b'c'd'$ (fig. 108)[1] et l'on apercevra l'intérieur de l'ar-

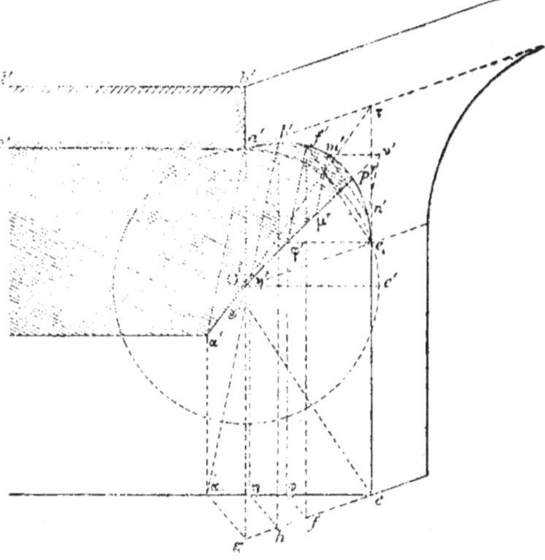

Fig. 108

che ; si le pont est en plein cintre, la moitié restante de la base de cette arche sera un quart de cercle dont la perspective sera un quart d'ellipse.

Pour tracer cette perspective, par le centre O' de la base menons une fuyante $O'e'$ et prenons $O'e'$ égal au rayon $O'a'$ de la base multiplié par le rapport de réduction, e' est alors le point de naissance et correspond au point e_1 du cercle. Comme l'axe d'homologie est $O'a'$ et que le centre d'homologie est à l'in-

1. Le lecteur est prié de permuter les lettres e' et e_1 de la figure 108.

fini sur $e'e_1$, on a tous les éléments nécessaires pour tracer l'arc d'ellipse.

Eclairons le tout par des rayons lumineux parallèles de direction $(\alpha g', \alpha g)$, et cherchons l'ombre portée à l'intérieur de l'arche par l'arête saillante $a'c'$ et par la courbe de base $a'm'e'$. L'ombre portée par l'arête $a'c'$, qu'elle soit sur le cylindre ou sur le piedroit, est évidemment une droite parallèle aux génératrices du berceau : menons par le point (g, a') une parallèle aux rayons lumineux, sa trace sur le piedroit est au point (α, α') ; comme ce point est au-dessous de la génératrice de naissance $e'\varphi'$, c'est un point utile de l'ombre sur le piedroit, et l'horizontale de front menée par α' limite cette ombre.

A partir de ce point, c'est l'arc d'ellipse qui porte son ombre tant sur le piedroit que sur *l'intrados* de l'arche. L'ombre portée par un point quelconque (h, h') s'obtient en menant par ce point le rayon lumineux $(h\eta_1, h'\eta')$ qui perce le piedroit en (η, η') ; η' est un point de l'ombre. La tangente en ce point va passer par le point où la tangente à l'ellipse en h' rencontre la droite ee', trace du plan de front du piedroit sur le plan de base. On a de même la tangente en α' qui est $\alpha'\tau$.

Il reste à trouver l'ombre sur l'intrados : c'est un arc d'ellipse. En effet, c'est l'intersection de cet intrados avec le cylindre lumineux ; or ces deux cylindres du second degré ont une base commune $a'm'e'$, ils se coupent donc suivant une autre courbe plane.

La recherche d'un point de cette courbe se fait par la méthode ordinaire : considérons le rayon lumineux du point α, et la parallèle αe menée par le même point aux génératrices de l'arche ; ces droites déterminent un plan dont la direction est celle des plans auxiliaires et dont la trace sur le plan de la base commune est $g'e$. Menons alors dans ce plan une parallèle quelconque à $g'e$ qui rencontre l'ellipse aux points m' et n' ; les horizontales de front et les rayons lumineux menés par ces points déterminent par leur intersection mutuelle deux points μ' et ν' de l'ombre géométrique ; mais le point ν' n'est pas sur la partie utile de l'intrados ; si même celui-ci était prolongé ce serait un point virtuel (110) de l'ombre. La tangente en μ' passe par le point d'intersection des tangentes à l'ellipse en m' et n', traces respectives sur le plan de la base commune des plans tangents au cylindre lumineux et au cylindre d'intrados.

L'arc d'ellipse lieu des points μ' commence sur la génératrice de naissance $e'\varphi'$ et se termine en un certain point de la base commune.

Pour avoir le point où l'ombre rencontre la génératrice de naissance, considérons le plan auxiliaire de trace $e'f'$ qui contient cette génératrice ; le point réel d'ombre dans ce plan est à l'intersection du rayon lumineux du point f' avec la génératrice de naissance en φ'. Comme vérification, il doit aussi être obtenu par la construction qui donne les points de l'arc $\alpha'\eta'$, au moyen de la projection $f\varphi$ du rayon lumineux.

L'un et l'autre procédé donnent pour tangente en φ' la droite qui joint ce point au point d'intersection de la tangente à l'ellipse en f' avec ee'.

121. — Le dernier point utile de l'ombre est situé sur la base commune, au point de contact de la tangente parallèle à $g'e$, en p'. En ce point, les deux cylindres admettent le même plan tangent, défini par les tangentes aux deux coniques qui composent l'intersection et qui s'y croisent. Si l'on applique un théorème précédemment démontré (62), on doit, pour avoir la tangente à la courbe d'ombre en ce point, construire la conjuguée harmonique de la tangente à l'ellipse de base en p' par rapport aux génératrices des deux cylindres qui passent par ce point. Or, ces génératrices sont respectivement parallèles aux côtés du parallélogramme $m'\mu'n'\nu'$, la tangente en p' parallèle à $g'e$ est aussi parallèle à la diagonale $m'n'$ de ce parallélogramme, d'où il suit que le quatrième rayon du faisceau est la parallèle menée par p' à l'autre diagonale $\mu'\nu'$.

Cette construction peut encore s'expliquer autrement, comme

toutes les fois que les deux cônes ou cylindres, étant du second degré, ont une base plane commune. La tangente cherchée est en effet la droite d'intersection du plan de la courbe d'ombre avec le plan tangent commun. Coupons ces deux plans par le plan auxiliaire $m\,n'$; le premier est coupé suivant la droite $\mu'\nu'$, et le second suivant la droite des sommets qui est située dans le plan tangent commun et qui appartient aussi à tous les plans auxiliaires. Dans le cas traité où il s'agit de deux cylindres, cette droite est rejetée à l'infini, par suite la tangente cherchée est la parallèle menée par le point p' à $\mu'\nu'$.

122. Ombres propres et portée de deux sphères superposées en perspective cavalière. — Deux sphères ayant leurs centres dans un même plan de front sont tangentes ; elles sont éclairées au soleil et l'une d'elles projette son ombre sur l'autre : on demande les ombres propres et l'ombre portée par l'une sur l'autre.

Prenons pour plan du tableau le plan de front des deux centres O et O_1 (fig. 109) ; les traces des sphères sur ce plan sont alors deux grands cercles tangents entre eux. Donnons-nous la direction du rayon lumineux (AB, AB'), et cherchons sa projection et son rabattement sur le plan de front, dont nous aurons besoin plus loin. Pour cela, abaissons du point (B, B') la perpendiculaire (BC, B'C') sur le tableau, dont la perspective est une fuyante ; la projection du rayon lumineux est alors AC'. Elevons au point C', dans le plan de front, une perpendiculaire $C'B_1$ à cette projection, de longueur égale à $C'B'$ multiplié par l'inverse du rapport de réduction, nous obtenons en $AC'B_1$ le rabattement du triangle $AC'B'$ de l'espace autour de sa frontale AC' et en AB_1 le rabattement du rayon lumineux AB'.

Coupons les deux sphères par un plan debout parallèle au rayon lumineux ; la trace du plan sécant sur le tableau est alors une parallèle à AC' qui rencontre les cercles de front O et O_1 aux points a, b, c, d, et si nous rabattons ce plan sur le plan du tableau, les cercles de diamètres ab, cd sont les rabattements des deux cercles suivant lesquels il coupe les deux

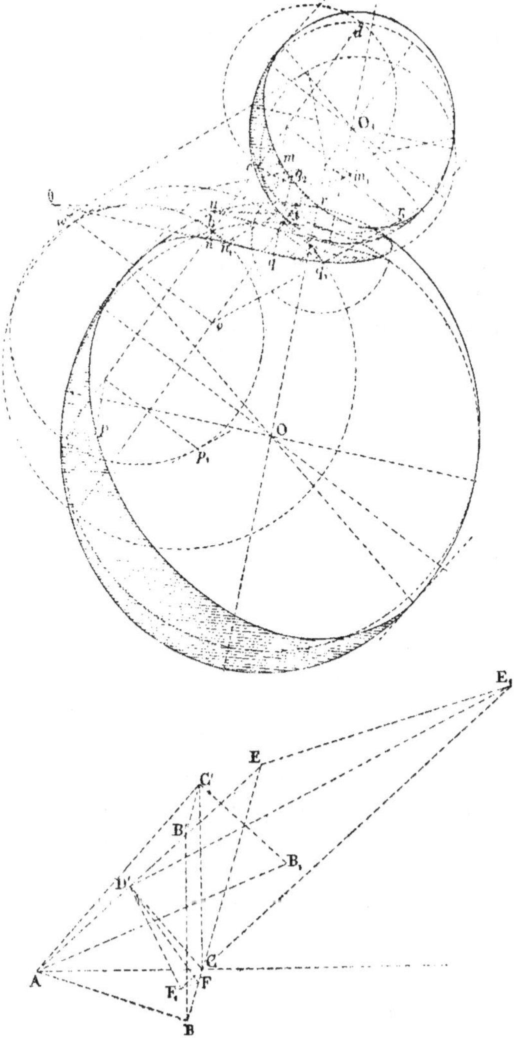

Fig. 109.

sphères. Menons à ces cercles des tangentes parallèles au rabattement AB_1 du rayon lumineux, nous obtenons des points de contact tels que m_1 qu'il suffit de relever pour avoir, sur les deux sphères, des points d'ombre propre. Pour cela, faisons subir au point m_1 l'opération qui amène B_1 en B', nous obtenons le point d'ombre propre m : on obtient de même sur l'autre sphère le point p.

On peut alors immédiatement obtenir les courbes d'ombre propre par correspondance homologique. Cette courbe est en effet, sur chaque sphère, un grand cercle qui peut se déduire du grand cercle de front pourvu que l'on connaisse un couple de points homologues, tel que m et d dans l'une des sphères, b et p dans l'autre, l'axe d'homologie et le centre d'homologie. Celui-ci est le même pour les deux sphères ; il est à l'infini dans la direction md, ou dans la direction bp qui est la même : car si, dans l'une ou l'autre sphère, on fait tourner le grand cercle d'ombre, cercle de contact du cylindre circonscrit dont les génératrices sont parallèles au rayon lumineux, autour de la trace de son plan sur le tableau, pour le faire coïncider avec le grand cercle de front, tous les points d'ombre décrivent des arcs dont les cordes sont parallèles. Quant à l'axe d'homologie, c'est dans chaque sphère la trace du plan d'ombre sur le plan du tableau qui est, par construction, le diamètre perpendiculaire à la direction ab des frontales des plans sécants.

On obtient ainsi dans chaque sphère une ellipse, qui est d'ailleurs bitangente à la perspective cavalière de la sphère. Cette perspective est (40) une ellipse dont le grand axe est parallèle aux fuyantes et bitangente au cercle de front de la sphère en ses sommets sur le petit axe. La courbe d'ombre cesse d'être visible aux points où elle touche l'ellipse perspective cavalière de la sphère, c'est pourquoi il est important de déterminer la corde des contacts.

Cette droite est l'intersection du plan de la courbe d'ombre avec le plan de la perspective cavalière ; le premier est perpendiculaire aux rayons lumineux et le second aux projetantes ;

par suite leur intersection est la perpendiculaire au plan déterminé par une projetante et un rayon lumineux, c'est-à-dire
au plan AB′ qui projette cavalièrement le rayon lumineux.
Coupons ce plan par un autre perpendiculaire à sa trace AB′
sur le tableau ; la trace du plan sécant est une perpendiculaire
à AB′ telle que CD′ et la perpendiculaire cherchée est perpendiculaire à sa trace sur le plan AB′. Rabattons cette trace ; le
plan sécant est debout, sa trace géométrale est la fuyante CB ;
elle coupe la trace géométrale du plan AB′ en un point qui se
projette cavalièrement sur AB′ comme tout point du plan, c'est-
à-dire en E ; dans la rotation du plan sécant autour de sa trace
CD′, le point E vient sur la perpendiculaire à CD′ en un point
E_1 tel que CE_1 est égal à CE multiplié par l'inverse du rapport
de réduction et $D'E_1$ est le rabattement de la trace du plan sécant sur le plan AB′. Menant au point D′ la perpendiculaire
$D'F_1$ à $D'E_1$ on a le rabattement de la perpendiculaire au plan
AB′ menée par D′ ; F_1 se relève en F par une parallèle à EE_1
et D′F est la perspective cavalière de la perpendiculaire cherchée.

Les parallèles à cette droite menées par O et O_1 limitent la
partie vue de la courbe d'ombre propre sur chaque sphère ; en
ses points de contact avec l'ellipse perspective cavalière, la tangente commune aux deux courbes est parallèle au rayon lumineux et forme le contour apparent du cylindre lumineux circonscrit à la sphère.

123. — Il reste à trouver l'ombre portée par la petite sphère
sur la grande. Le plan sécant *ab* fournit au point n_1, où l'un
des rayons lumineux rabattus tangents à la petite sphère rencontre l'autre, un point rabattu de l'ombre portée qui se relève
en *n*. Considérons le plan sécant dont la trace passe par O_1 ; il
coupe la petite sphère suivant un cercle dont le rabattement est
le cercle de front de cette sphère et qui fournit un point de
l'ombre portée rabattu en q_1 qui se relève en *q* ; cherchons la
tangente en ce point. Elle est l'intersection du plan tangent

en q à la sphère O avec le plan tangent au cylindre lumineux ; mais ce dernier est le même que le plan tangent à la sphère O_1 au point qui porte son ombre en q ; ce point rabattu en r_1 est relevé en r, et la tangente en q est dans le plan tangent à la sphère O_1 en r.

Pour déterminer le plan tangent en q à la sphère O, coupons-le par le plan de front O ; sa trace sur ce plan passe par le point t où la tangente en q_1 au rabattement du cercle qui a fourni ce point rencontre la trace sur le tableau du plan de ce cercle. Si on coupe la sphère par un autre plan debout passant par q, on obtient de même un autre rabattement q_2 de ce point, et, par la tangente au rabattement du cercle d'intersection, un autre point u de la trace du plan tangent qui est tu. Une construction analogue donne la trace vw du plan tangent en r à la sphère O_1 sur le plan de front O ; ces deux traces se coupent au point $θ$ qui appartient à la tangente cherchée.

On a ainsi la courbe d'ombre portée par points et tangentes, elle cesse d'être visible aux points où elle rencontre la perspective cavalière de l'une des sphères. Ces points ne peuvent se déterminer par la règle et le compas ; la courbe, étant à l'intersection d'un cylindre de révolution et d'une sphère, est du quatrième degré dans l'espace et en projection. Elle rencontre algébriquement la perspective cavalière de la sphère O_1 en huit points, qui peuvent être tous imaginaires : ses points de rencontre avec la perspective cavalière de la sphère O se réduisent à quatre, parce qu'en chacun d'eux il y a contact pour les deux courbes, dont l'une est contour apparent pour la sphère O sur laquelle est la courbe d'ombre : ils peuvent d'ailleurs être tous imaginaires. Observons aussi que la courbe d'ombre portée réelle ne constitue pas à elle seule toute l'intersection du cylindre lumineux avec la sphère O, car tout rayon lumineux qui fournit un point réel d'ombre portée tel que n ou q perce la sphère O en un second point dont il n'a pas été parlé parce que c'est un point virtuel d'ombre portée.

124. Ombres en perspective conique. — Les principes
sont les mêmes pour déterminer les ombres en perspective conique : il faut observer seulement que les ombres qui sont limitées dans l'espace peuvent être illimitées en perspective, et
réciproquement une ombre illimitée peut donner lieu à une
ombre limitée en perspective.

Il faut aussi remarquer que pour savoir si un point d'ombre
est réel ou virtuel on a à déterminer l'ordre de succession de
trois points en ligne droite (110) et que, dans cette détermination, il y a lieu de tenir compte de ce que cet ordre est altéré
par la perspective toutes les fois que les trois points ne sont
pas du même côté du spectateur (91).

**125. Ombre au flambeau d'une droite illimitée
sur un écran illimité**. — Cherchons, par exemple, l'ombre
d'une droite sur un plan. L'ombre géométrique est la trace sur l'é-
cran du plan déterminé par la droite et le flambeau. Soient $(ab,a'b')$
et $(bc,b'c')$ les deux droites qui définissent l'écran (fig. 110), $(de,d'e')$
la droite dont on cherche l'ombre et (L,L') le flambeau. On suppose
déterminée en (e,e') la trace de la droite sur l'écran ; si on mène par
le flambeau, à la droite donnée, une parallèle $(Lk,L'k')$ qui rencontre
l'écran au point (k,k'), l'ombre géométrique se projette sur la droite
illimitée $(ke,k'e')$.

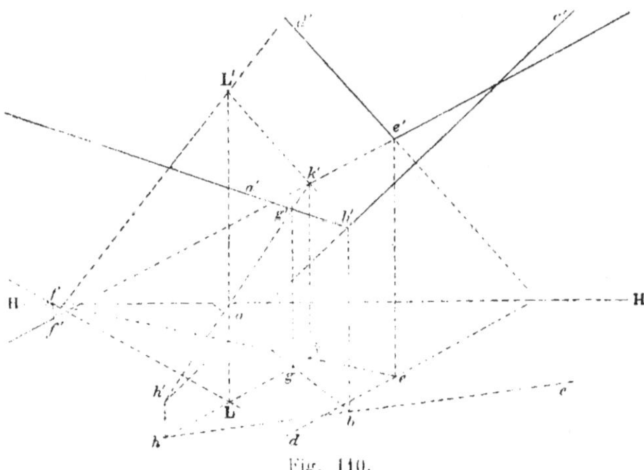

Fig. 110.

Pour distinguer l'ombre réelle de l'ombre virtuelle, observons que le segment limité de droite qui porte une ombre réelle est compris entre la trace de la droite sur l'écran et sa trace sur le plan parallèle à l'écran mené par le flambeau ; quant à l'ombre portée, elle est illimitée dans un sens à partir de la trace de la droite sur l'écran. Il suit de là qu'en perspective elle part du point e' perspective de cette trace, pour s'arrêter au point de fuite (f,f') de l'ombre géométrique. Mais il n'en résulte pas qu'elle soit limitée en perspective (48) ; elle sera limitée si le segment illimité qui constitue l'ombre dans l'espace ne traverse pas le plan de front de l'œil, elle sera illimitée dans le cas contraire ; et nous aurons suivant les cas le segment limité $e'f'$ ou toute la portion illimitée de l'ombre géométrique en dehors de ce segment. Pour décider la question, il suffit de considérer un rayon lumineux ; joignons par exemple le flambeau à un point situé sur l'ombre géométrique au delà du point e' par rapport au flambeau, et considérons les trois points : flambeau, point éclairé et point d'ombre : nous voyons d'abord par leurs projections qu'ils sont tous les trois devant le spectateur (91) et que par suite leur ordre n'est pas altéré par la perspective ; ensuite cet ordre est celui pour lequel il y a ombre réelle (110). La perspective de l'ombre portée est donc le segment illimité extérieur au segment limité $e'f'$.

Quant au segment qui porte cette ombre, c'est le segment limité de la droite donnée qui commence au point d' situé sur le rayon lumineux $L'f'$ et qui finit en e'.

126. Ombre au flambeau à l'intérieur d'un tunnel. — Cherchons l'ombre à l'intérieur d'un tunnel en plein cintre dont les génératrices sont perpendiculaires au tableau. Soient AA'BB', CC'EE' (fig. 111) les têtes du tunnel[1] qui alors sont de front ; un flambeau (LL') éclaire une partie de l'intérieur de la voûte et il s'agit de trouver la ligne séparatrice de l'ombre et de la lumière.

Le plan passant par le flambeau et l'arête CC' du piédroit détermine sur le sol horizontal une trace CC_1 et sur le piédroit opposé une verticale $C_1\gamma_1$ qui sont des lignes séparatrices, comme ombres portées par l'arête CC'. Dans le cas de la figure, le point γ_1 situé sur la génératrice de naissance E'B' est l'om-

---

1. Exemple et figure extraits du Cours Mannheim, p. 102.

bre du point γ de l'arête CC' et il reste à trouver l'ombre portée par le segment γC' de cette arête et par l'arc de cercle C'G
qui la prolonge. Ces deux ombres sont deux arcs d'ellipses
différentes, mais au point de vue de la recherche graphique,

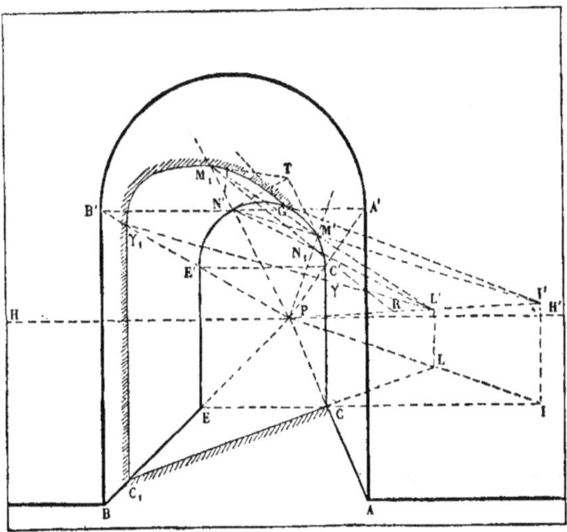

Fig. 111.

peuvent ne donner lieu qu'à une opération, qui est le tracé de
la courbe d'intersection du cône lumineux ayant pour base
γC'G avec le cylindre d'intrados de la voûte.

Le premier arc d'ellipse appartient à l'intersection de l'intrados avec le plan vertical L'CC' ; le second est une partie du
reste de l'intersection d'un cône et d'un cylindre ayant pour
base commune le cercle de tête E'GC', dont l'intersection se
complète alors par une seconde conique.

Le problème est donc analogue à celui qui a été traité à propos de l'arche de pont coupé.

Cherchons les plans auxiliaires ; pour cela, menons par le
sommet du cône une parallèle aux génératrices du cylindre,
c'est la droite (PL, PL') dont la trace sur le plan de la base

commune est au point (I, I') ; une droite quelconque I'M'N' menée par ce point est la trace d'un plan auxiliaire. Ce plan coupe l'intrados suivant les deux génératrices M'P, N'P et le cône lumineux suivant les deux droites M'L', N'L', qui déterminent les deux points M_1 et N_1 de l'ombre géométrique. De ces deux points, le premier seul est utile ; le second n'est plus sur l'intrados, et celui-ci serait-il prolongé que l'ombre serait virtuelle, comme on peut s'en rendre compte au moyen des projections géométrales des trois points L', N_1, N'. La tangente au point M_1 de la courbe d'ombre passe par le point T où se coupent les tangentes à la base commune en M' et N'.

Le point G où s'arrête la courbe d'ombre s'obtient au moyen du plan auxiliaire limite, dont la trace est la tangente menée du point I' à la courbe de base. La tangente en ce point (62) est la conjuguée harmonique de la tangente GI' par rapport aux génératrices GL' et GP du cône et du cylindre ; il suffit pour l'obtenir de joindre le point G au point R où la droite M_1N_1 rencontre la droite des sommets L'P. En effet, dans le quadrilatère complet M'M_1N'N_1 la diagonale L'P est coupée harmoniquement par les deux autres aux points R et I', par suite le faisceau des droites qui joignent le point G à ces quatre points est un faisceau harmonique.

On peut, comme dans l'ombre du pont coupé, donner une seconde explication de cette construction. La tangente cherchée est en effet la droite d'intersection du plan de la courbe d'ombre et du plan tangent commun en G au cône et au cylindre. Coupons-les par le plan auxiliaire de trace M'N' ; il coupe le plan de la courbe d'ombre suivant la droite M_1N_1 et le plan tangent commun suivant la droite des sommets L'P ; le point R commun à ces deux droites appartient donc à la tangente cherchée.

```
DEUXIÈME PARTIE
```

COURBES ET SURFACES

CHAPITRE PREMIER

GÉNÉRALITÉS SUR LES COURBES

127. — Une courbe est définie en géométrie comme le lieu des positions successives d'un point variable suivant une loi déterminée. Pour qu'un point décrive une courbe, il faut qu'il ne soit pas déterminé dans l'espace ; mais il ne doit pas être absolument indéterminé, sans quoi il remplirait l'espace. On voit, en géométrie analytique, que ses coordonnées doivent être fonctions d'*un* paramètre variable dont chaque valeur définit une ou plusieurs positions du point sur la courbe.

Si le point qui décrit la courbe ne sort pas d'un plan fixe, la courbe est *plane* ; dans le cas contraire, elle est *gauche*.

128. Tangente. — Un *infiniment petit* est une quantité *variable* qui a pour limite zéro, ou encore qui *tend* vers zéro.

On dit que deux points m et m' d'une courbe sont *infiniment voisins*[1] lorsque leur distance est infiniment petite ;

[1] On sous-entend quelquefois le mot *infiniment*. C'est une incorrection ; deux points *voisins*, une quantité *très grande* ou *très petite* sont choses qui échappent à la définition. Une quantité dite très grande peut être très petite par rapport à une autre quantité plus grande qu'elle, et le superlatif des grammairiens qui, au fond, suppose toujours des points de comparaison, est inadmissible en mathématiques. C'est à quoi supplée la théorie des infiniment petits.

c'est-à-dire lorsque, l'un d'eux étant fixe, l'autre tend vers le premier en décrivant la courbe.

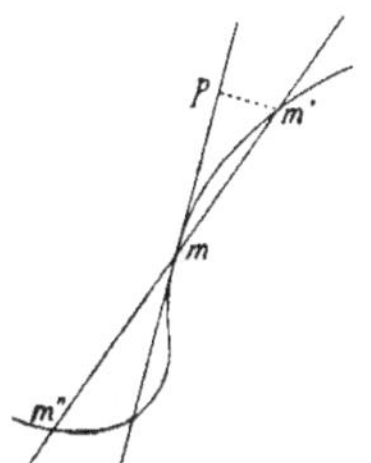

Fig. 112.

La droite qui joint les deux points tend, en général, vers une position limite déterminée, qui est dite la *tangente* au point fixe.

Supposons la courbe plane (fig. 112) ; le point qui la décrit reste d'un côté de la corde de m en m' et traverse la corde en m'. Mais la corde mm' a pour limite zéro ; il suit de là que d'un côté du point de contact, il y a un certain arc de courbe du même côté de la tangente. Supposons maintenant, ce qui est le cas général, que lorsque m' se rapproche de m, l'arc mm' tendant vers zéro, un troisième point d'intersection de la sécante mm' avec la courbe, tel que m'', au-delà duquel la courbe est du même côté de la sécante qu'entre m et m', ne vienne pas se confondre avec m en même temps que m' ; on voit que, au-delà du point m par rapport à m', il existe aussi un arc de courbe d'un même côté de la tangente, et du même côté que le premier, de sorte que, *en général, aux environs du point de contact, une courbe plane reste du même côté de sa tangente.*

Dans le cas contraire, on dit qu'il y a *inflexion*.

129. — On définit en analyse les infiniment petits de divers ordres. Le produit de deux infiniment petits est un infiniment petit d'ordre égal à la somme des ordres des deux facteurs.

Il suit de là que *la distance d'une tangente fixe à un point infiniment voisin du point de contact est un infiniment petit d'ordre supérieur à la corde.*

On a, en effet, dans le triangle $mm'p$ obtenu en abaissant du point m' la perpendiculaire $m'p$ sur la tangente en m (fig. 112 :

$$m'p = mm'. \sin m'mp.$$

Or la corde mm' tend, par définition, vers la tangente mp ; donc l'angle $m'mp$ tend vers zéro. C'est alors un infiniment petit et la distance $m'p$, qui tend vers zéro, a pour ordre la somme des ordres des deux facteurs.

D'ailleurs, on prouve que la corde et l'arc sont du même ordre [1]. Par suite *la distance d'une tangente fixe à un point infiniment voisin du point de contact est d'ordre supérieur à l'arc.*

En prenant l'arc pour infiniment petit principal, le calcul prouve qu'elle est, en général, du second ordre.

130. — Il peut arriver que, dans les environs du point de con-tact, une courbe plane ne reste pas du même côté de sa tangente.

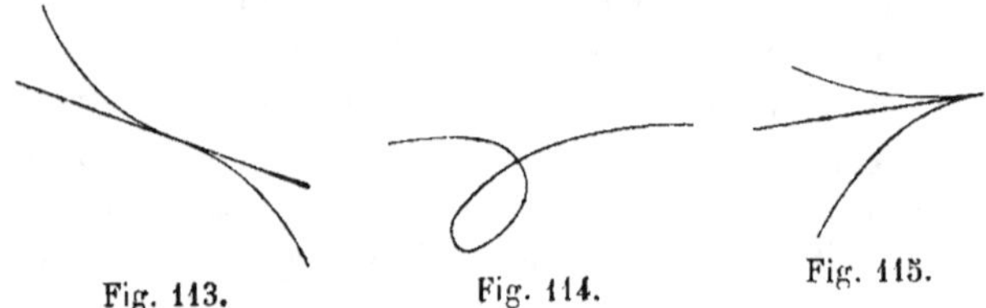

Fig. 113.   Fig. 114.   Fig. 115.

Les singularités les plus simples sont l'inflexion (fig. 113), le point double (fig. 114) et le point de rebroussement (fig. 115). On démon-

---

1. On prouve aussi en analyse que la différence entre la corde et l'arc est un infiniment petit du troisième ordre ; de telle sorte que non seulement ces deux infiniment petits sont du même ordre, mais ils sont *équivalents*. Comme nous ferons de cette propriété un fréquent usage, en voici une démonstra-tion. Soient mm' la corde, mtm' la ligne brisée circonscrite à l'arc, α et β les angles en m et m' ; projetons le point t en s sur la corde. On a :

$$mt - ms = mt (1 - \cos \alpha) = 2mt \sin^2 \frac{\alpha}{2}$$

Cette différence est du troisième ordre.

De même $m't - m's = 2m't \sin^2 \frac{\beta}{2}$.

Ajoutant membre à membre, on voit que la différence $mtm' - mm'$ est du troisième ordre. Mais l'arc est compris entre la ligne brisée et la corde ; il en résulte que chacune des différences $mtm' - $ arc mm', arc $mm' - mm'$ est au plus du troisième ordre. Cette démonstration cesse d'être exacte si les angles α et β ne sont pas du même ordre que l'arc.

tre, qu'en général, la distance d'un point de la courbe au point infiniment voisin reste du second ordre dans le cas du point double, qu'elle est d'ordre $\frac{3}{2}$ dans le cas du rebroussement, et d'ordre 3 dans le cas de l'inflexion [1].

131. — Un procédé graphique pour construire la tangente en un point m d'une courbe tracée est le suivant. Du point de contact comme centre (fig. 116), avec un rayon aussi grand que possible, on décrit un cercle. On mène les rayons $m\alpha$, $m\alpha'$, $m\alpha''$ qui interceptent dans la courbe les cordes ma, ma', ma'' que l'on porte respectivement jusqu'en A, A', A'' dans le prolongement des rayons. On en fait autant pour les points b, b' de la courbe situés de l'autre côté de m, en portant les cordes en sens inverse à l'intérieur du cer-

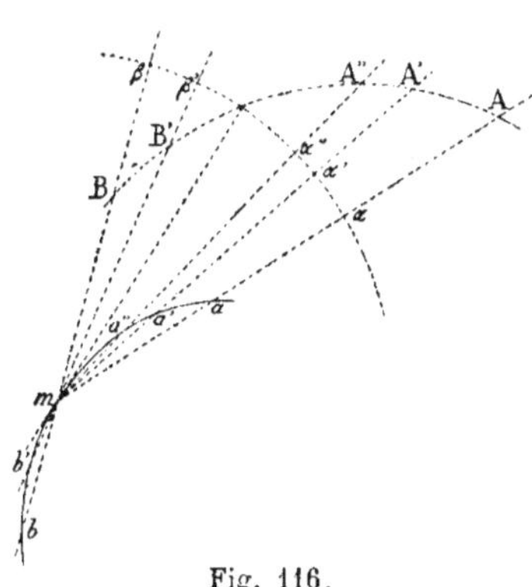

Fig. 116.

1. Ces chiffres n'ont rien d'absolu ; les singularités auxquelles ils s'appliquent sont représentées par les figures 113 à 115, mais la réciproque n'est pas vraie et l'analyse seule peut définir exactement ces singularités. On voit, par l'exemple du point de rebroussement, que la distance de la tangente à un point infiniment voisin du point de contact peut être d'ordre inférieur à 2. Si l'on considère, par exemple, la courbe $y^p = \lambda x^q$, elle admet l'axe Ox pour tangente à l'origine pourvu que l'on ait $p < q$; alors y est, par rapport à x, d'ordre $\frac{q}{p}$. Faisant $q = p + \varepsilon$, où ε est positif, y est d'ordre $1 + \frac{\varepsilon}{p}$ où ε, positif, est aussi petit qu'on voudra. Ainsi dans la courbe $y^{1000} = \lambda x^{1001}$, qui présente à l'origine le rebroussement de la figure 115, y est par rapport à x d'ordre $1 + \frac{1}{1000}$. Suivant les parités de p et de q, la courbe peut, d'ailleurs, présenter à l'origine la forme ordinaire, l'inflexion ou le rebroussement.

cle, et l'on joint les points ainsi obtenus par un trait continu.
On obtient une *courbe d'erreur* qui coupe le cercle en un point
de la tangente. Cette construction s'applique encore dans le
cas du rebroussement.

132. Plan osculateur. — Considérons une courbe quelconque, en général gauche, un point m de cette courbe (fig. 117)
et un plan quelconque coupant la courbe au point m. Du point
m' infiniment voisin, abaissons sur le plan la perpendiculaire
$m'p$; on a, dans le triangle rectangle mpm' :

$$m'p = mm'. \sin m'mp.$$

A la limite, l'angle $m'mp$ est celui que fait avec le plan la

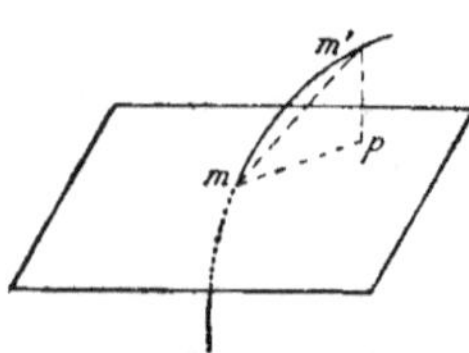
Fig. 117.

tangente à la courbe au point m, il
est en général fini ; d'ailleurs la corde
est du même ordre que l'arc. D'où il
suit que, en général, la distance du
point m' au plan est du même ordre
que l'arc mm'.

Le contraire arrivera si l'angle est
infiniment petit, c'est-à-dire si la limite de la corde mm' est
dans le plan, ou encore si le plan renferme la tangente en m.
Ainsi *la distance d'un plan passant par une tangente à une
courbe gauche au point infiniment voisin du point de contact
est d'ordre supérieur à l'arc.*

Considérons un plan (fig. 118) passant constamment par le
point m et variant suivant une loi telle que le point m', où il

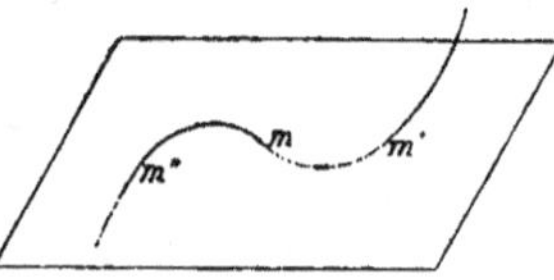
Fig. 118.

rencontre la courbe, vienne se
confondre avec le point m ; à
la limite, ce plan est tangent à
la courbe au point m. Pour une
position du plan, l'arc mm' est
tout entier du même côté du

plan ; au-delà de m' et en deçà de m il est du côté opposé. Si
l'on suppose maintenant que m' se rapproche de m, l'arc mm'

tendant vers zéro, et à la condition qu'il n'existe pas un autre point d'intersection du plan et de la courbe, m'', infiniment voisin de m, et au-delà duquel la courbe revient du premier côté du plan, qui, d'après la loi de variation du plan, se confonde avec m en même temps que m', on voit que

En général, de chaque côté du point de contact, une courbe gauche reste du même côté d'un plan passant par une tangente.

133. — Soit un plan renfermant la tangente en m (fig. 119), et soit m' un point infiniment voisin ; évaluons la distance du point m' au plan. Abaissons pour cela du point m' une perpen-

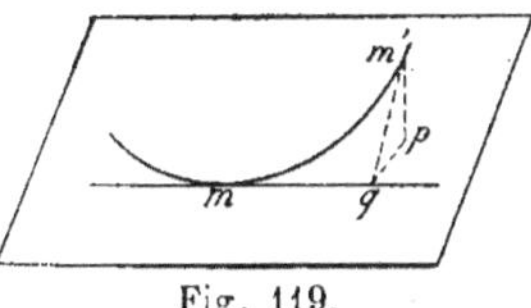

Fig. 119.

diculaire $m'p$ sur le plan, et du pied p de cette perpendiculaire, menons dans le plan une perpendiculaire pq à la tangente ; le triangle $m'pq$ est rectangle en p ; et $m'q$ est aussi perpendiculaire sur la tangente mq. On a :

$$m'p = m'q . \sin m'qp.$$

Or la direction $m'q$, perpendiculaire à la tangente, tend vers une direction limite, indépendante du plan choisi arbitrairement par cette tangente et qui n'est pas, en général, dans ce plan. L'angle $m'qp$ est donc fini et l'on voit que :

Étant donnés une tangente d'une courbe gauche et un plan passant par cette tangente, les distances d'un point infiniment voisin du point de contact à cette tangente et au plan donné sont en général du même ordre.

Pour que la distance au plan soit d'ordre supérieur, il faut que le plan passant par la tangente renferme aussi la direction limite de la perpendiculaire à la tangente menée par le point infiniment voisin ; et l'on obtient ainsi un plan déterminé qui est celui de tous les plans passant par le point m pour lequel la distance d'un point infiniment voisin est d'ordre le plus élevé possible.

C'est le *plan osculateur* au point m.

La géométrie montre ainsi que la distance d'un point infiniment voisin du point de contact à ce plan est *d'ordre supérieur à la distance du même point à la tangente.*

L'analyse prouve que cette dernière étant, en général, du second ordre, la première est, en général, *du troisième ordre* [1].

134.— Le plan osculateur est susceptible de plusieurs définitions. On voit d'abord que le plan passant par la tangente mq et la perpendiculaire $m'q$ à cette tangente, passe constamment par m'. On peut donc dire que :

Le plan osculateur est la limite du plan passant par la tangente et un point infiniment voisin.

Soit m un point de la courbe ; soient m' et m'' deux points infiniment voisins du premier et tendant vers lui indépendamment l'un de l'autre ; considérons le plan $mm'm''$.

Puisque les points m' et m'' varient indépendamment, on peut les faire tendre vers le point m l'un après l'autre.

Le point m' tendant vers m, la droite mm' tend vers la tangente en m ; le plan $mm'm''$ passe alors par la tangente et par un point infiniment voisin. Il a pour limite le plan osculateur. Ainsi :

1. Il est aisé de trouver des exceptions à cette règle. Si l'on considère, par exemple, la courbe dont les équations sont :

$$x = \lambda t^{1000}$$
$$y = \mu t^{1001}$$
$$z = \nu t^{1002}$$

qui admet pour tangente à l'origine l'axe Ox et pour plan osculateur le plan xOy, la distance d'un point infiniment voisin de l'origine à la tangente en ce point est par rapport à l'arc, ou, ce qui revient au même lorsque t tend vers zéro, par rapport à x, d'ordre égal à $1 + \dfrac{1}{1000}$, et la distance au plan osculateur est d'ordre $1 + \dfrac{2}{1000}$.

Il est essentiel d'ajouter que s'il est toujours facile de réaliser de telles exceptions pour un point d'une courbe, les règles ordinaires reprennent leurs droits pour les autres points de la courbe.

Le plan osculateur en un point est la limite du plan passant par ce point et par deux autres points infiniment voisins du premier.

Il suit de là, que, *en général il traverse la courbe*. Le cas d'exception est celui où, un quatrième point d'intersection du plan avec la courbe viendrait se confondre avec le point m, en même temps que m''.

135. — On peut encore dire que :

Le plan osculateur est la limite du plan passant par une tan-gente, et parallèle à la tangente infiniment voisine.

Pour le démontrer [1], projetons la courbe gauche sur un plan perpendiculaire à la tangente en m (fig. 120). Le point m se

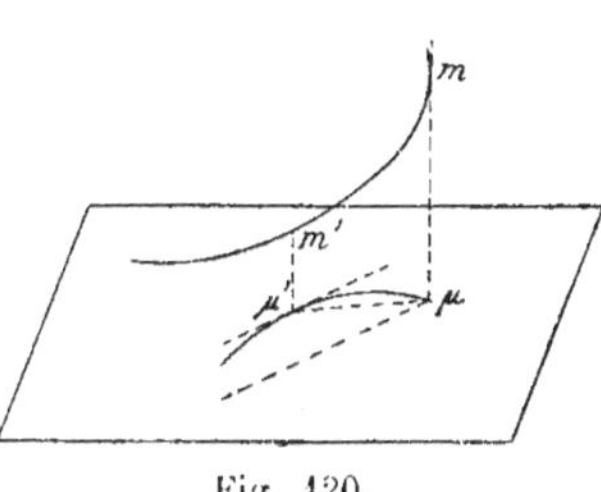

Fig. 120.

projette en μ, et le point m', in-finiment voisin de m se projette en μ'. Le plan osculateur est alors (134) la limite du plan $m\mu m'$; sa trace sur le plan de projection est la droite $\mu\mu'$. Quant au plan mené par la tan-gente $m\mu$, parallèlement à la tangente en m', il a pour trace sur le plan de projection la parallèle menée par μ à la tangente en μ' [2]. Mais lorsque m' tend vers m ; ces deux traces tendent vers la même limite qui est la tangente en μ à la projection de la courbe. Il suit de là que les deux plans ont la même position limite [3].

1. Mannheim. *Ibid.*, p. 185.

2. Ceci suppose que la projection de la tangente en m' est la tangente à la projection en μ'. On verra un peu plus loin que pour que cela ait lieu, il est nécessaire que la tangente ne passe pas par le sommet de la projection ; mais on peut toujours prendre le point m' assez voisin du point m pour que cela n'arrive pas entre m et m'.

3. Il ne faudrait pas conclure de là, comme on le fait souvent par incor-rection de langage, que le plan osculateur en un point d'une courbe est pa-rallèle à la tangente en un point infiniment voisin ; c'est un plan *dont la limite est le plan osculateur* qui est parallèle à cette tangente. Le calcu

136. Cône directeur. — On donne le nom de *cône directeur* d'une courbe gauche au cône lieu des droites menées, par un point arbitraire de l'espace, parallèlement aux tangentes de cette courbe.

A chaque point de la courbe, correspond une tangente en ce point et par suite une génératrice du cône directeur. Le plan osculateur de la courbe au point considéré *est parallèle au plan tangent au cône le long de la génératrice correspondante*. Car ce dernier, passant par deux génératrices infiniment voisines du cône directeur, est parallèle à deux tangentes infiniment voisines de la courbe gauche.

De là résulte une construction du plan osculateur lorsque la courbe est déterminée par tangentes. Par un point arbitraire de l'espace on mène des parallèles aux tangentes successives et on prend leurs traces sur un plan fixe. On joint ces traces variables à la trace fixe de la parallèle à la tangente au point où l'on veut construire le plan osculateur et l'on a des sécantes variables de la courbe trace du cône directeur sur le plan fixe. La limite de ces sécantes est la tangente à la courbe, qui peut se construire par le procédé graphique indiqué plus haut (131). Cette tangente détermine avec la génératrice correspondante du cône un plan parallèle au plan osculateur cherché.

137. — On peut considérer aussi le cône ayant pour sommet un point S d'une courbe gauche (fig. 121) et cette même courbe pour base. Une génératrice du cône est la droite qui joint le point S à un point *m* variable sur la courbe. Lorsque le point *m* tend vers le point S, la génératrice S*m* tend vers la tangente en S, qui appartient alors au cône. *Le plan tangent au cône le long de cette tangente est le plan osculateur de la courbe en* S. L'un et l'autre sont en effet la limite du plan passant par la tangente et le point infiniment voisin.

On tire de là une construction du plan osculateur, lorsque

prouve aisément qu'*en général*, l'angle de la tangente en un point infiniment voisin avec le plan osculateur est du *second ordre* par rapport à l'arc, tandis que le segment de cette tangente compris entre son point de contact et sa trace sur le plan osculateur est du *premier ordre*.

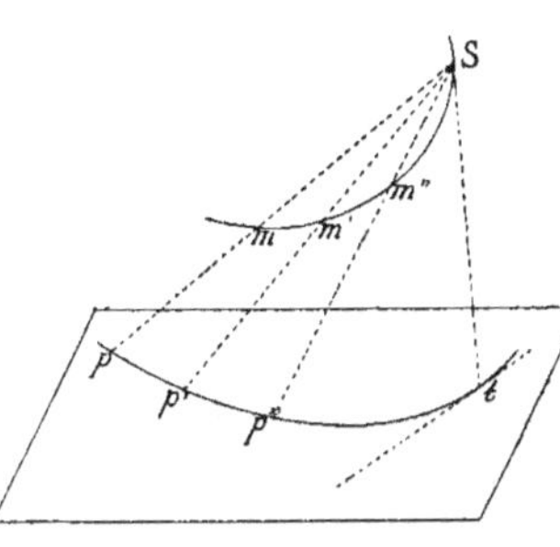

Fig. 121.

la courbe est déterminée par points. Joignons en effet le point S aux points successifs m, m', m''; on obtient une génératrice variable du cône, ayant pour traces sur un plan fixe les points successifs p, p', p'', tandis que la tangente en S a pour trace le point t; on cherche (131) la limite de la sécante tp, tp', tp'', qui est la tangente en t à la trace du cône sur le plan. Cette tangente et la génératrice St du cône déterminent le plan osculateur en S.

138. Perspective conique ou cylindrique d'une courbe gauche. — Considérons une courbe gauche (fig. 122) et d'un point de vue S, à distance finie dans la figure, mais qu'on peut supposer à l'infini sans que le raisonnement cesse d'être valable, projetons cette courbe sur un plan fixe. Soient

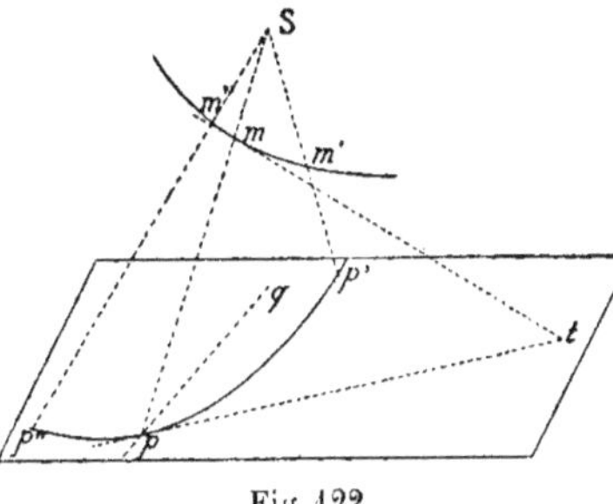

Fig. 122.

m un point de la courbe, p sa projection sur le plan; cherchons la forme de la projection aux environs de p, en supposant qu'il s'agisse d'un point ordinaire de la courbe gauche, c'est-à-dire aux environs duquel la courbe est toujours d'un même côté d'un plan quelconque passant par la tangente mt (132). Soit t la trace de la tangente sur le plan de projection; le plan Smt est le plan tangent au cône projetant le long de la génératrice Sm; il est déterminé toutes les fois que la tangente mt ne passe pas par le point S, et d'après les propriétés des surfaces coniques ou cylindriques, sa trace pt sur le plan de projection est la tangente en p à la projection de la courbe ; d'où il suit que *si la tangente en un point d'une courbe ne passe pas par le point de vue, la projection de la tangente est la tangente de la projection.*

Pour étudier la forme de la projection aux environs du point de contact, supposons maintenant que le plan Smt ne soit pas le plan osculateur en m ; dans ce cas il ne traverse pas la courbe, et les projetantes Sm', Sm'' de deux points situés sur la courbe de part et d'autre du point m sont, à partir de S et vers la courbe, du même côté du plan tangent Smt que la courbe. Par conséquent, leur traces p', p'' sur le plan de projection sont d'un même côté par rapport à la tangente tp. De plus, les deux arcs de la projection sont dans le prolongement l'un de l'autre. Car la courbe proposée, et par suite les rayons projectifs Sm', Sm'' sont de côtés différents par rapport à un plan quelconque, tel que Spq, différent du plan tangent Spt. Il ne saurait donc y avoir rebroussement du même côté de la tangente. D'où il suit que :

La projection conique ou cylindrique, sur un plan quelconque, d'un arc de courbe sans rebroussement qui ne traverse pas sa tangente en un point, est aussi un arc de courbe sans rebroussement qui reste du même côté de la tangente correspondante, lorsque le point de vue n'est pas dans le plan osculateur au point considéré.

139. — Si le point de vue est dans le plan osculateur, le plan tangent Smt (fig. 123) est le plan osculateur et traverse *en général* la courbe. On a alors sur le plan de projection deux arcs de courbe situés de part et d'autre de la tangente pt.

Il peut alors se présenter deux cas. En général, la droite Sm n'est pas la tangente en m, et l'on peut mener par cette droite un plan tel que Spq non tangent à la courbe, et traversé par celle-ci en m. Sa trace pq sur le plan de projection est alors traversée par la courbe projection, et les deux arcs de courbe, situés de part et d'autre de la tangente pt, en même temps que de part et d'autre de la droite pq, ne peuvent donner lieu qu'à une inflexion.

Supposons, au contraire, que le point de vue soit sur la tangente en m (fig. 124); soient p la perspective de m et pt la trace sur le plan de projection du plan osculateur en m. Si l'arc de courbe ne traverse pas sa tangente en m, un plan quelconque tel que Spq, passant par cette tan-

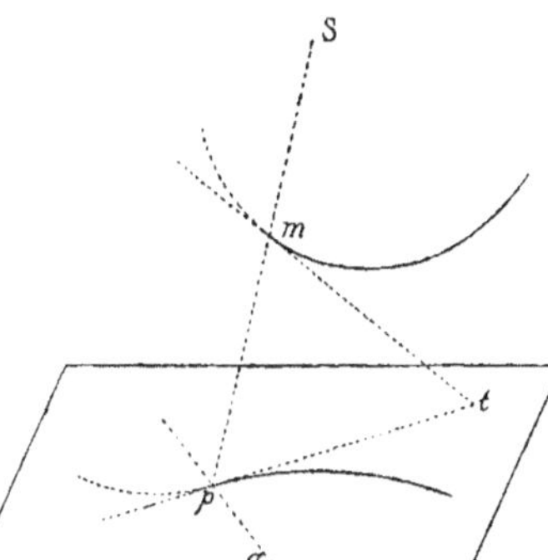

Fig. 123.

gente sans être osculateur, laisse l'arc de courbe tout entier d'un même côté, et tous les rayons projectifs tels que Sm', Sm'' ont leurs traces p', p'' du même côté de pq. Si le point m' tend vers m, le plan Smm' qui passe par la tangente en m et le point infiniment voisin m' a pour limite le plan osculateur en m; sa trace pp' sur le plan de projection a pour limite la trace pt du plan osculateur. D'où il suit que la projection de l'arc mm' est

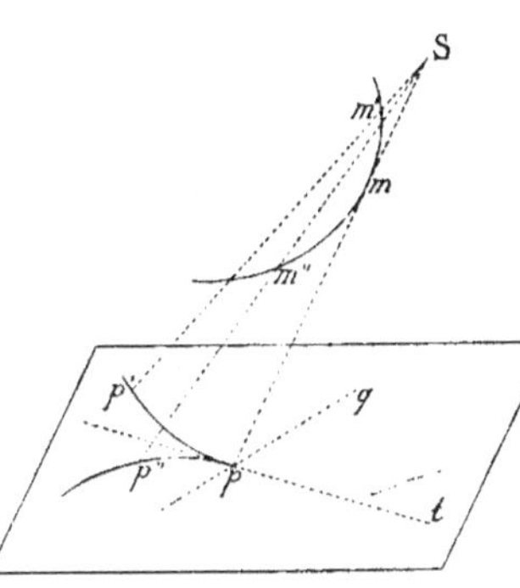

Fig. 124.

un arc pp' tangent en p à pt. On verrait de même que la projection de l'arc mm'' est un arc pp'' admettant en p la même tangente; et comme ces deux arcs sont du même côté de la droite pq, il ne peut y avoir en p qu'un rebroussement de part et d'autre de la tangente, ou de *première espèce*.

Ceci suppose que le plan osculateur en m traverse la courbe; dans le cas contraire, le rebroussement serait de seconde espèce.

On peut donc dire que :

La projection conique ou cylindrique sur un plan quelconque d'un arc de courbe sans rebroussement, qui ne traverse pas sa tangente en un point, présente une inflexion lorsque le point de vue est dans le plan osculateur sans être sur la tangente au point considéré. Si le point de vue est sur la tangente, la projection est douée d'un rebroussement.

140. — Si l'on considère la tangente en un point d'une courbe gauche et une tangente infiniment voisine, leur plus courte distance est celle du point de contact de la seconde au plan mené par la première tangente parallèlement à la seconde, c'est-à-dire à un plan qui a pour limite le plan osculateur (135). On doit s'attendre d'après cela à ce qu'elle soit d'ordre supérieur à l'arc. Nous allons prouver qu'elle est *d'ordre supérieur à la distance de la tangente fixe au point de contact de la tangente infiniment voisine*, laquelle est elle-même d'ordre supérieur à l'arc (129). Si l'on admet, comme on l'a déjà fait, que cette dernière est du second ordre, il en résultera que la plus courte distance considérée est *d'ordre supérieur au second*.

Prenons pour plan vertical de projection (fig. 125) le plan osculateur en (m, m') et pour plan horizontal le plan perpendiculaire à la tangente en ce point qui sera, par conséquent, la verticale mm'. La projection verticale de cette courbe est alors tangente en m' à mm', et (139) la projection horizontale a un rebroussement en m. Figurons les projections $(mp, m'p')$ de l'arc infiniment petit qui sépare les points de contact de la tangente mm' et d'une tangente infiniment voisine $(pt, p't')$. La plus courte distance de ces tangentes est, en vraie grandeur, la perpendiculaire ms abaissée du point m sur la tangente pt, et dans le triangle rectangle mps, on a :

$$ms = mp . \sin mps.$$

Or mp est, en vraie grandeur, la distance du point (p, p') de la courbe à la tangente mm', d'ailleurs l'angle mps est infiniment petit ; il en résulte la propriété énoncée.

L'analyse prouve que *la plus courte distance des deux tangentes est, en général, du troisième ordre* [1], ce qui revient à dire que l'angle mps est du premier ordre, malgré le rebroussement.

---

1. Cette propriété importante a été démontrée par Bouquet (*Journal de Liouville*, t. XI), et O. Bonnet a donné la valeur principale de cette distance

141. — On peut trouver dans la figure la confirmation d'un fait énoncé précédemment, comme résultat analytique (130), et qui en servira de démonstration puisqu'on ne s'est pas encore appuyé dessus. Cette propriété est la suivante :

La distance d'une tangente de rebroussement à un point infininent voisin est, en général, d'ordre $\frac{3}{2}$ *par rapport à l'arc·*

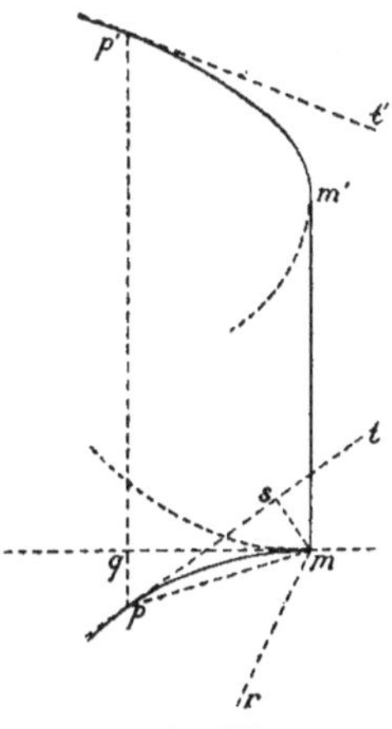

Fig. 125.

Supposons la courbe plane ; prenons son plan pour plan horizontal et pour plan vertical le plan perpendiculaire mené par la tangente de rebroussement. Soient m le point de rebroussement (fig. 125) et p un point infiniment voisin pris sur l'un des arcs qui forment le rebroussement ; il s'agit d'évaluer la distance pq.

Considérons le cylindre vertical qui projette la courbe, et traçons sur ce cylindre une courbe tangente en m' à la génératrice de rebroussement et située, de part et d'autre de m', sur des nappes différentes du cylindre. Cette courbe n'a pas d'inflexion en m', car un plan quelconque tel que $m'mr$, passant par la tangente mm', la laisse tout entière du même côté ; il suit de là que le plan vertical de projection, qui passe par la tangente en m' et qui traverse la courbe en ce point, est le plan osculateur en ce point; et alors la distance pq du plan osculateur à un point voisin (p, p') est du troisième ordre par rapport à l'arc $m'p'$. D'autre part, la distance mp de la tangente mm' au point infiniment voisin (p, p') est du second ordre par rapport au même arc. Si l'on admet que, dans le cas du rebrous-

---

(*Nouvelles Annales de Mathématiques*, première série, t. XII). Bouquet a également prouvé que lorsqu'une droite variable dépend d'un paramètre, il ne peut arriver que trois cas. En général, la plus courte distance de deux droites infiniment voisines est du premier ordre par rapport à l'accroissement du paramètre, et la droite décrit une surface gauche (168). Cette distance ne peut être du second ordre ; si elle est du troisième, la droite est génératrice singulière (conique) de la surface gauche, ou, si la chose arrive tout le temps de la variation, reste tangente à une courbe gauche ; c'est le cas qui nous occupe. Enfin si elle est d'ordre supérieur, elle est rigoureusement nulle, et la droite décrit un plan.

sement, l'arc mp a comme toujours même valeur principale que sa corde, on voit qu'il est aussi du second ordre par rapport à l'arc $m'p'$. Finalement, la distance pq est d'ordre $\frac{3}{2}$ par rapport à l'arc mp.

A peine est-il utile d'insister sur les raisons pour lesquelles ce résultat n'est pas général (130, note). Suivant le rebroussement donné, on peut ne pas trouver sur le cylindre de courbe telle que la distance de la tangente mm' à un point infiniment voisin soit du second ordre, et il peut aussi arriver que la distance pq ne soit pas du troisième ordre par rapport à l'arc $m'p'$.

142. Recherche des points d'inflexion provenant de la perspective. — Le point de vue peut être à distance finie, ou à l'infini. Supposons-le en S, à distance finie (fig. 126). Quel que soit le tableau de la perspective, il faut trouver les points de la courbe pour lesquels le plan osculateur passe par S. Considérons le cône directeur de sommet S et le cône perspectif de même sommet, et soit m un point répondant à la question. Puisque le plan osculateur en m passe par S, c'est le plan Smt, ou encore le plan tangent au cône perspectif le long de

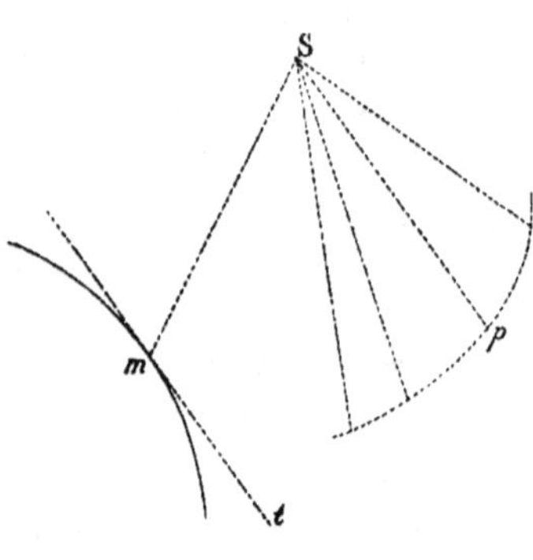

Fig. 126.

Sm. D'autre part, si Sp est la génératrice du cône directeur parallèle à mt, le plan osculateur en m est parallèle au plan tangent au cône directeur le long de Sp ; d'ailleurs ces deux plans passent par le point S ; donc ils coïncident. Le plan osculateur en m est donc un plan tangent commun aux deux cônes ; de plus, la tangente en m à la courbe est parallèle à la génératrice de contact du plan tangent commun avec le cône directeur [1].

1. Réciproquement, si un plan est à la fois tangent aux deux cônes,

Il suit de là que *les points d'inflexion produits par la perspective conique d'une courbe gauche sont les points de la courbe pour lesquels le plan tangent au cône perspectif est aussi tangent au cône directeur ayant pour sommet le point de vue, pourvu que la tangente à la courbe et la génératrice de contact avec le cône directeur soient parallèles.*

143. — Si la projection est cylindrique, soit mS la direction des projetantes ; par un point arbitraire O de l'espace pris pour sommet, menons le cône directeur (fig. 127). Si le point m répond à la question, le plan osculateur en m est le plan Smt ; et si Op est la génératrice du cône directeur parallèle à la tangente mt, le plan tangent à ce cône le long de Op est parallèle au plan Smt et par suite aux projetantes.

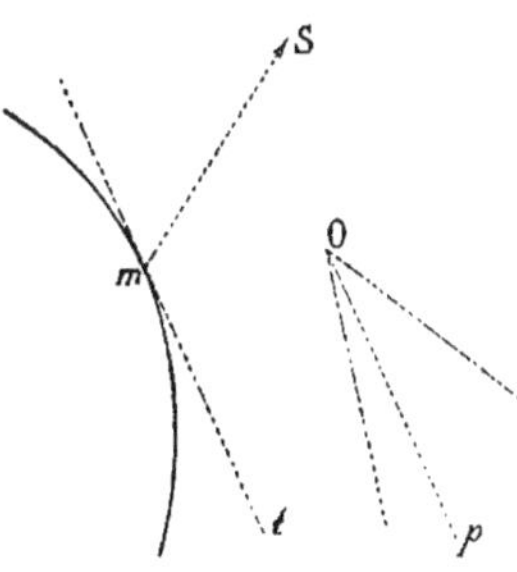

Fig. 127.

Réciproquement, si un plan tangent du cône directeur est parallèle aux projetantes, le plan osculateur à la courbe au point pour lequel la tangente est parallèle à la génératrice de contact est aussi parallèle aux projetantes. Car le plan osculateur

soient Sm la génératrice de contact avec le cône perspectif et mt la tangente à la courbe au point m. Une génératrice du cône directeur est parallèle à mt ; comme elle passe par S, elle est dans le plan tangent commun. Il peut alors se présenter deux cas : ou bien c'est la génératrice de contact Sp du plan tangent commun, ou c'est une des autres génératrices d'intersection du plan tangent commun avec le cône directeur. Dans le premier cas, le plan tangent commun est le plan osculateur en m ; car ce dernier passe par la tangente mt et est parallèle au plan tangent au cône directeur le long de Sp. C'est un plan répondant à la question, comme l'indique l'énoncé du texte.

Dans le second cas, soit m' le point de la courbe pour lequel la tangente $m't'$ est parallèle à la génératrice de contact ; le plan tangent commun est parallèle au plan osculateur en m' ; c'est d'ailleurs le plan perspectif de la tangente mt. *Un pareil plan correspond donc à un point de la courbe pour lequel le plan perspectif de la tangente est parallèle à un certain plan osculateur.* Si le cône directeur est algébrique, ce cas ne pourra se présenter qu'à la condition qu'il soit d'un degré supérieur au second.

en ce point est parallèle au plan tangent au cône directeur.

D'ailleurs, le plan Smt est tangent au cylindre perspectif.

Il suffit donc, pour trouver les points cherchés, *de mener au cône directeur des plans tangents parallèles aux projetantes et de chercher, pour chacun d'eux, parmi les plans tangents du cylindre perspectif qui lui sont parallèles, celui pour lequel la tangente à la courbe et la génératrice de contact avec le cône directeur sont parallèles*[1].

144. Recherche des points de rebroussement. — Les points de rebroussement correspondent aux points de la courbe pour lesquels les tangentes passent par le point de vue.

On ne peut pas, en général, mener par un point de l'espace des tangentes à une courbe gauche. Le lieu de ces tangentes est une surface, dont il sera question plus loin; et si le point n'est pas pris sur cette surface, aucune tangente de la courbe ne répond à la question.

S'il existe des tangentes de la courbe passant par le point de vue, ces tangentes sont évidemment des génératrices communes au cône perspectif et au cône directeur ayant ce point pour sommet.

La réciproque n'est pas vraie ; ces deux cônes ont toujours, analytiquement parlant, des génératrices communes. L'une d'elles répond à la question si elle est tangente à la courbe, ce qui n'arrivera pas, en général, parce que la tangente de la courbe, correspondante à cette génératrice du cône directeur, ne passera pas par le point de vue.

145. — Si la projection est cylindrique, il faut trouver les tangentes de la courbe parallèles aux projetantes. S'il y en a, il arrive que la parallèle aux projetantes menée par le sommet, arbitrairement choisi, d'un cône directeur est génératrice simple ou multiple de ce cône.

---

1. Si un plan tangent du cône directeur est parallèle aux projetantes, il y a autant de plans tangents du cylindre perspectif parallèles à ce plan que de génératrices d'intersection de ce plan avec le cône directeur.

Dans ce cas, le plan tangent (les plans tangents, si elle est multiple) au cône le long de cette génératrice est parallèle au plan osculateur de la courbe au point correspondant ; mais on a vu (139) que ce plan est tangent au cylindre projetant puisque sa trace sur un plan quelconque est la tangente de rebroussement ; il suit de là qu'il suffira de mener à ce cylindre des plans tangents parallèles au plan tangent du cône.

Le problème sera possible parce que ce plan est parallèle aux génératrices du cylindre ; mais il restera à choisir, parmi ces plans, celui pour lequel la génératrice de contact, parallèle aux projetantes, est tangente à la courbe.

146. Recherche des points doubles. — La perspective d'une courbe gauche, même dénuée de singularités, donne

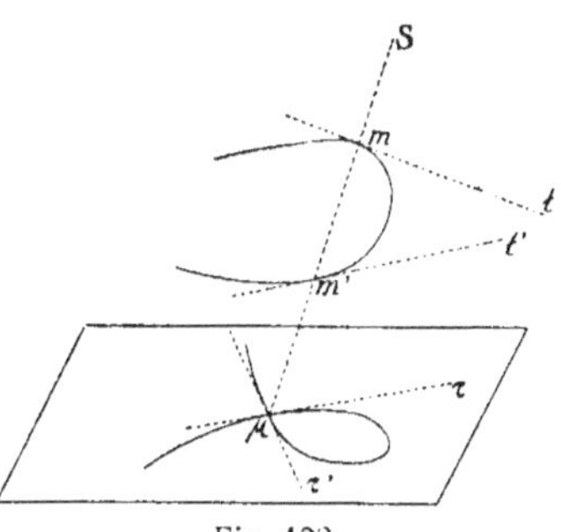

Fig. 128.

lieu à un point double toutes les fois qu'un rayon perspectif, tel que Smm' (fig. 128) s'appuie deux fois sur la courbe. Il est évident qu'alors les rayons perspectifs infiniment voisins de Sm donnent lieu sur le tableau à une branche de courbe admettant, en général, pour tangente la projection $\mu\tau$ de la tangente mt, tandis que les rayons perspectifs infiniment voisins de Sm' donnent lieu à une branche de courbe tangente à la projection $\mu\tau'$ de $m't'$. Les deux tangentes mt, $m't'$ n'étant pas, en général, dans un même plan passant par S. on a, par conséquent, deux branches de courbe se coupant au point μ, trace sur le tableau du rayon Smm', et admettant deux tangentes distinctes.

Pour trouver les points doubles provenant de la perspective, il faut donc déterminer les cordes de la courbe proposée passant par le point de vue.

A cet effet, on imagine une surface passant par la courbe et toutes les cordes déterminées dans cette surface par des droites menées par le point de vue. On cherche le lieu d'un point déterminé sur chaque corde, par exemple le lieu du milieu ou le lieu du conjugué harmonique par rapport au point de vue, ou tout autre lieu, ayant ainsi sur chaque droite autant de points que cette droite détermine de cordes dans la surface ; le point correspondant à la corde *mm'* appartient au lieu.

On fait la même opération pour une seconde et pour une troisième surface passant par la courbe, et les points correspondant aux cordes cherchées sont communs aux trois lieux.

Réciproquement, soit μ un point commun aux trois lieux ; joignons μS. Cette droite détermine, dans les trois surfaces, trois cordes ayant, par exemple, le même point milieu. Si donc elle rencontre la courbe gauche proposée en un point *m*, comme ce point est commun aux trois surfaces, il faut que le symétrique *m'* de *m* par rapport à μ, soit aussi sur les trois surfaces. Il reste à vérifier s'il est sur la courbe proposée, en dehors de laquelle il peut se trouver des points communs à ces surfaces. Répétant cette opération sur toutes les droites telles que μS, on trouvera nécessairement toutes les cordes de la courbe proposée passant par le point de vue [1].

147. Cercle et rayon de courbure. — Soit une courbe plane ou gauche (fig. 129), soient *mt* la tangente en *m* et *m'* un point infiniment voisin du point *m*. Figurons dans le plan *mtm'*, qui est le plan de la courbe si elle est plane, et qui a pour limite le plan osculateur si elle est gauche, le cercle

1. Il peut être plus commode, comme cela arrive pour la projection de l'intersection de deux cônes ou cylindres du second degré, de se contenter de deux surfaces. Les sécantes doubles cherchées sont alors les génératrices communes au cône perspectif de la courbe proposée et au cône perspectif de la courbe d'intersection des lieux relatifs à chaque surface. La détermination de ces génératrices est ordinairement graphique. En ce qui concerne le cas rappelé où le problème est du second degré, voir Lefèvre (*Nouvelles Annales de Mathématiques*, 1884, p. 1) et Picquet (*Ibid.*, 1885, p. 163 et 281).

passant par m' et tangent en m à mt. Abaissons, dans ce plan, du point m' la perpendiculaire $m'p$ sur la tangente mt. On a, dans le triangle rectangle, $mm'q$:

$$\overline{m'r}^2 = \overline{mp}^2 = mr.qr = m'p(2\mathrm{R} - m'p)$$

d'où :

$$\mathrm{R} = \frac{m'p}{2} + \frac{\overline{mp}^2}{2.m'p}.$$

Le premier terme du second membre est, en général (129), un infiniment petit du second ordre par rapport à l'arc mm',

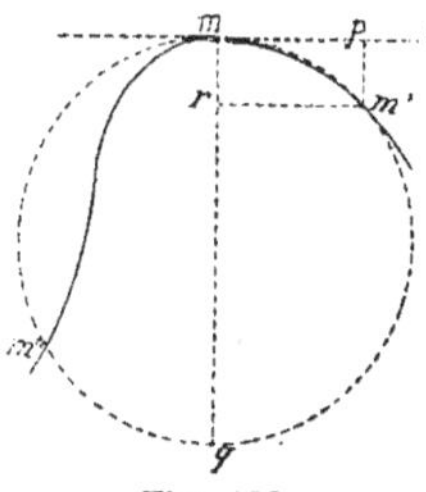

Fig. 129.

en tout cas d'ordre supérieur à l'arc. Dans le second terme, mp, qui égale le produit de la corde mm' par le cosinus de l'angle infiniment petit $m'mp$, est un infiniment petit de même ordre que l'arc. Ce second terme tend donc, en général, vers une limite finie; en tout cas, le premier terme disparaît devant lui lorsqu'on passe à la limite. Si en effet l'ordre de ce terme est $1 + \alpha$, où α est positif, celui du second est $1 - \alpha$. On a donc :

$$\lim \mathrm{R} = \lim \frac{\overline{mp}^2}{2.m'p} = \rho$$

en désignant par ρ une longueur, en général finie, mais nulle si $m'p$ est d'ordre inférieur à 2 ($\alpha < 1$), et qui augmente indéfiniment lorsque mm' tend vers zéro, si $m'p$ est d'ordre supérieur à 2 ($\alpha > 1$), comme cela arrive (130) s'il y a inflexion en m.

Le cercle limite, tangent à la courbe en m et situé dans le plan osculateur, s'appelle *cercle de courbure* ; et son rayon ρ, qui vient de recevoir une première définition, est le *rayon de courbure* au point considéré.

Si l'expression $\frac{\overline{mp}^2}{2.m'p}$, pour certains points particuliers de la courbe, tend vers zéro ou augmente indéfiniment, on dit qu'en ces points le rayon de courbure est nul ou infini.

La courbe se rapproche d'autant plus de sa tangente que le rayon de courbure est plus grand ; aussi a-t-on donné le nom de *courbure* à l'inverse du rayon de courbure.

On voit sur la figure que le cercle dont la limite est le cercle de courbure, étant d'un certain côté de la courbe de m en m', est du même côté en deçà de m, mais passe de l'autre côté au-delà de m'. Or, l'arc mm' tend vers zéro ; il en résulte que, sauf le cas où un autre point d'intersection m'' viendrait se confondre avec m en même temps que m', *le cercle de courbure touche la courbe en la traversant.*

148. — Considérons sur la courbe deux points m' et m'', infiniment voisins de m et tendant vers m indépendamment l'un de l'autre. On peut les faire tendre vers leur position limite l'un après l'autre. Lorsque l'un d'eux, m'', est venu coïncider avec m, le cercle circonscrit au triangle $mm'm''$, m' tendant à son tour vers m, est celui qui répond à la définition précédente. On peut donc dire que

Le cercle de courbure en un point est la limite du cercle passant par ce point et deux autres points de la courbe qui tendent indépendamment l'un de l'autre, vers le point de contact.

149. — Soit mm' (fig. 130) un arc infiniment petit d'une courbe gauche ou plane ; l'angle infiniment petit ε, formé par les tangentes aux points m et m', a reçu le nom d'*angle de contingence*.

On définit, en analyse, le cercle de courbure comme étant celui de tous les cercles tangents à la courbe au point m dont le rayon, porté sur la normale dans la région concave, est la limite du rapport de l'arc mm' à l'angle ε,

$$\rho = \lim \frac{ds}{\varepsilon}.$$

Ce cercle est celui qui, dans les environs du point de contact, se rapproche le plus de la courbe et l'on prouve que si l'on prend à partir du point m, sur le cercle, et dans le même sens que mm', un arc infiniment petit du premier ordre mm'', la distance $m'm''$ du point de la courbe au point du cercle est un infiniment petit du troisième ordre ; c'est pourquoi le cercle de courbure s'appelle aussi *cercle osculateur*.

Cette dernière propriété ramène immédiatement à la première définition qui a été donnée (147). Il est clair, en effet, que, si pour une même valeur de mp, les distances $m'p$ et $m''p$ d'un point de la courbe ou d'un point du cercle à la tangente en m, qui sont du second ordre l'une et l'autre, diffèrent d'un infiniment petit du troisième ordre, les deux rapports

$$\frac{\overline{mp}^2}{2 \cdot m'p} \qquad \frac{\overline{mp}^2}{2 \cdot m''p}$$

dont les numérateurs sont les mêmes et dont les dénominateurs ont la même valeur principale, ont la même limite : le rayon du cercle osculateur est donc le rayon de courbure, défini comme plus haut.

Comme conséquence, figurons les normales en m et m' à la courbe supposée plane ; soit i leur point d'intersection. On a, dans le quadrilatère inscriptible $msm'i$, dont le cercle circonscrit a pour diamètre si :

$$si = \frac{mm'}{\sin \varepsilon}$$

d'où

$$\lim si = \lim mi = \lim \frac{mm'}{\sin \varepsilon} = \lim \frac{\text{arc } mm'}{\varepsilon} = \rho.$$

Par suite, *la limite du point d'intersection d'une normale fixe d'une courbe plane avec une normale infiniment voisine est le centre de courbure ; ou encore le lieu des centres de courbure d'une courbe plane est l'enveloppe des normales.*

Cette courbe a reçu le nom de *développée* de la proposée, et celle-ci, qui est une trajectoire orthogonale des tangentes de la développée, en est une *développante*.

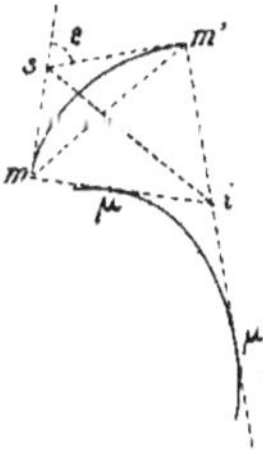

Fig. 130.

On démontre en analyse que si les normales en m et m' touchent la développée en μ et μ', l'arc infiniment petit de développée $\mu\mu'$ est égal à la différence $m'\mu' - m\mu$ des rayons de courbure en m et m', de telle sorte que la développante peut être décrite par un point m' de la tangente $m'\mu'$ de la développée qui s'enroule sur cette courbe de façon que le segment enroulé soit égal à l'arc sur lequel il s'applique.

150. Rayon de courbure de la projection orthogonale d'une courbe sur un plan. — Si a, b, c sont les trois côtés d'un triangle $mm'm''$ inscrit dans la courbe, si l'on désigne par S la surface du triangle et par R le rayon du cercle circonscrit, on a :

$$R = \frac{abc}{4S},$$

d'où, en supposant mm' et mm'' deux infiniment petits indépendants (148) :

$$\rho = \frac{1}{4} \lim \frac{abc}{S}.$$

Cette limite est, en général, finie, car le numérateur est du troisième ordre, et la surface est égale au produit de la base $m'm''$ (que l'on peut toujours supposer parallèle à la tangente en m, parce que les points m' et m'' varient arbitrairement) par la hauteur, qui est du second ordre.

Soient maintenant a', b', c' les côtés du triangle, projection du triangle $mm'm''$ sur un plan donné. On a, pour le rayon de courbure de la projection :

$$\rho' = \frac{1}{4} \lim \frac{a'b'c'}{S'}$$

d'où :

$$\frac{\rho'}{\rho} = \lim \frac{a'}{a} \cdot \frac{b'}{b} \cdot \frac{c'}{c} \cdot \frac{S}{S'}$$

et si λ, μ, ν sont les angles des côtés respectifs du triangle avec leurs projections, α celui des deux plans :

$$\frac{\rho'}{\rho} = \lim \frac{\cos \lambda . \cos \mu . \cos \nu}{\cos \alpha}.$$

Mais les trois premiers angles ont pour limite commune l'angle ω que fait la tangente à la courbe au point considéré avec sa projection; l'angle α a pour limite l'angle θ que fait le plan osculateur en ce point avec le plan de projection. Par suite :

$$\frac{\rho'}{\rho} = \frac{\cos^3\omega}{\cos \theta}$$

d'où :

$$\rho' = \rho \frac{\cos^3\omega}{\cos \theta}.$$

En particulier, *le rayon de courbure d'une courbe en un point est le même que celui de sa projection sur le plan osculateur en ce point.*

151. Axe de courbure. Normale principale. Binormale. Plan rectifiant. — Supposons alors que la courbe soit gauche. et imaginons les plans normaux en m et m'. projetons la figure sur le plan mené par m parallèlement à la tangente en m' ; les traces des plans normaux sont les normales mi, $m'i$ à la projection (fig. 130), et l'intersection de ces plans est la perpendiculaire en i au plan de projection. A la limite, *l'intersection des plans normaux est la perpendiculaire au plan osculateur menée par le centre de courbure,* car le plan de projection a pour limite le plan osculateur, et le point i a pour limite le centre de courbure de la projection qui est le même que le centre de courbure de la proposée. Cette droite est *l'axe de courbure* ou *l'axe du plan osculateur.*

La position limite de la droite mi, trace du plan normal sur le plan osculateur en m, est la *normale principale.*

Toutes les droites du plan normal, menées par m, sont des normales à la courbe, puisqu'elles sont perpendiculaires à la tangente. Celle d'entre elles qui est perpendiculaire à la normale principale, par suite parallèle à l'axe de courbure, s'appelle la *binormale.*

Le plan de la binormale et de la tangente, troisième face du trièdre trirectangle dont les deux autres sont le plan osculateur et le plan normal, est le *plan rectifiant* ; on verra plus loin l'origine de cette dénomination.

CHAPITRE II

HÉLICE

152. — L'*hélice* est la courbe tracée sur un cylindre quelconque dont les ordonnées comptées sur les génératrices, à
partir d'une section droite arbitraire, croissent proportion-
nellement aux abscisses curvilignes
comptées sur cette section droite.

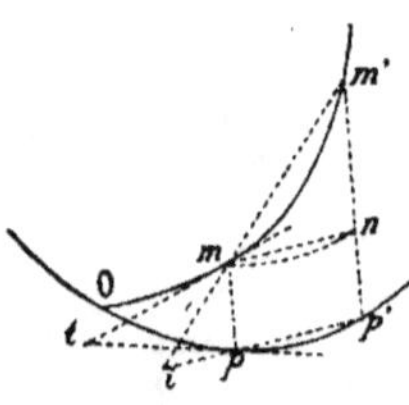

Soient Opp' (fig. 131) la section droite
du cylindre et Omm' l'hélice ; m et m'
deux points quelconques de celle-ci, p
et p' leurs projections sur la section
droite. On a, par définition :

Fig. 131.

$$m'p' - mp = k \, (\text{arc } Op' - \text{arc } Op).$$

Traçons l'arc de section droite qui passe par m et qui coupe
en n la génératrice $m'p'$; on a :

$$m'p' - mp = m'n$$
$$\text{arc } Op' - \text{arc } Op = \text{arc } pp' = \text{arc } mn$$

d'où

$$m'n = k \, \text{arc } mn.$$

On peut donc dire que, sur l'hélice, le rapport de l'ordonnée
y comptée sur les génératrices du cylindre à l'arc s de section
droite compté à partir du point où cette section droite rencontre l'hélice, est constant,

$$y = ks.$$

153. — Supposons le point m' infiniment voisin du point
m ; les sécantes mm', pp' sont dans un même plan qui est celui

des génératrices mp, $m'p'$; soit i leur point d'intersection. Joignons mn et évaluons l'angle $m'mn$; On a :

$$\operatorname{tg} m = \frac{m'n}{mn} = k \, \frac{\operatorname{arc} mn}{\operatorname{corde} mn}.$$

d'où

$$\lim \operatorname{tg} m = k.$$

Mais la limite du premier membre est la tangente de l'angle que fait la tangente à l'hélice avec le plan de la section droite. Il suit de là que *cet angle est constant*, et par conséquent aussi *l'angle que fait la tangente à l'hélice avec les génératrices du cylindre*.

Soit t la trace de la tangente sur le plan de la section droite ; on a, par définition :

$$mp = k \operatorname{arc} Op.$$

Mais on a aussi, dans le triangle mpt :

$$mp = kpt.$$

On en conclut :

$$pt = \operatorname{arc} Op,$$

c'est-à-dire que *la sous-tangente sur un plan de section droite est égale à l'abscisse curviligne comptée à partir du point où l'hélice rencontre cette section droite*.

151. Plan osculateur. — Imaginons le cône directeur ayant pour sommet un point de l'espace ; une génératrice quelconque de ce cône fait un angle constant avec la parallèle aux génératrices du cylindre menée par le sommet du cône ; *le cône directeur est donc un cône de révolution dont l'axe est parallèle aux génératrices du cylindre*.

Considérons le plan osculateur en m et la génératrice du cône directeur qui est parallèle à la tangente mt. Le plan tangent au cône directeur le long de cette génératrice est perpendiculaire au plan méridien du cône, c'est-à-dire au plan mené par la génératrice de contact et l'axe du cône. Comme l'axe est parallèle aux génératrices du cylindre, le plan mené par m parallèlement au plan méridien est le plan mpt, c'est-à-dire le plan tangent au cylindre. Alors le plan osculateur au point m est perpendiculaire au plan tangent au cylindre en ce point, ou mieux il renferme la normale au cylindre en ce point. Ainsi :

Le plan osculateur à l'hélice est normal au cylindre.

Nous allons montrer que le plan osculateur traverse la courbe ; pour cela, prenons pour plan horizontal un plan de section droite nmp (fig. 132), et pour plan vertical un plan parallèle au plan tangent au cylindre le long de la génératrice passant par le point m. Le plan tangent en (m, m') étant de front, le plan osculateur est debout ; soient (n, n') un point de l'hélice infiniment voisin du point (m, m') et (q, q') le point de la tangente en (m, m') qui est dans le plan profil du point (n, n'). Si l'on décrit sur la tangente le segment $(qm, q'm')$, on s'élève de la hauteur $i'm'$; si l'on décrit l'arc d'hélice $(nm, n'm')$, on s'élève de k arc nm. Or on a :

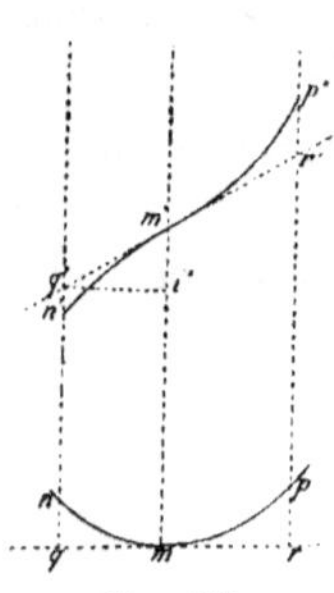

Fig. 132.

$$k \text{ arc } nm > k \text{ corde } nm > k\,qm > m'i'.$$

Donc on s'est plus élevé sur l'hélice que sur la tangente, et comme on arrive au même point (m, m'), il faut que le point n' soit au-dessous de q'. On verrait de même que le point p' est au-dessus de r', et il en résulte que la projection de l'hélice aux environs du point (m, m') est située de part et d'autre de sa tangente, d'où il suit que le plan osculateur, qui est debout, traverse la courbe [1].

155. Rayon de courbure. — Soient ρ le rayon de cour-

<hr>

[1]. Inversement, si l'on admet ce résultat qui a été démontré d'une façon générale (134), on en conclut qu'au point m' la projection verticale de l'hélice présente une inflexion, parce que (139) le point de vue (à l'infini) est situé dans le plan osculateur qui est debout, sans être sur la tangente en m'.

bure en m et R celui de la section droite au même point. On a (150), en désignant par α l'angle du plan osculateur avec le plan de la section droite, et en observant (154) que cet angle est aussi l'angle constant des tangentes à l'hélice avec leur projection sur ce plan, ou encore le complément de leur angle avec les génératrices du cylindre :

$$R = \rho \cos^2\alpha,$$

d'où

$$\rho = \frac{R}{\cos^2\alpha}.$$

Pour le construire, soit ab (fig. 133) le rayon R de la section droite ; faisons au point a l'angle α, et élevons en b la perpendiculaire bc. Elevons de même au point c sur ac la perpendiculaire cd. On a :

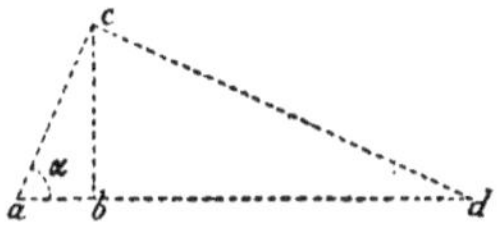

Fig. 133.

$$ad = \frac{ac}{\cos\alpha} = \frac{ab}{\cos^2\alpha} = \rho.$$

156. Hélice circulaire. — *L'hélice circulaire* est celle qui est tracée sur un cylindre de révolution.

L'observateur, ayant le cylindre devant lui et regardant l'hélice, peut voir la partie antérieure de la courbe monter à sa droite ou à sa gauche ; l'hélice est *dextrorsum* dans le premier cas, *sinistrorsum* dans le second.

Si l'on renverse le cylindre, le sens de l'hélice ne change pas.

Cherchons la projection de l'hélice sur un plan perpendiculaire à l'axe du cylindre. Prenons pour plan horizontal le plan de section droite passant par le point de la courbe servant d'origine, et pour plan vertical le plan parallèle au plan tangent au cylindre en ce point (fig. 134) ; la droite $y'y$ pour axe des y, et la verticale $a'x$ pour axe des x ; soit m' un point du lieu.

On a, en désignant par R le rayon du cylindre :

$$m'p' = x = k.\,\mathrm{arc}\ am = k\mathrm{R}.\,\mathrm{arc}\sin\frac{y}{R}$$

d'où

$$y = \text{R} \sin \frac{x}{k\text{R}} \cdot$$

C'est une sinussoïde qui présente une inflexion à l'origine, ce qui est conforme à un résultat précédent (154).

Une même génératrice du cylindre coupe l'hélice en une infinité de points. L'arc de la courbe compris entre deux points consécutifs sur une génératrice est une *spire*, et la portion de génératrice qui joint ces deux points est le *pas* de l'hélice ; on le désigne par H. C'est la quantité dont le point qui décrit la courbe s'élève lorsque sa projection décrit une fois la section droite en tournant de l'angle 2π. On considère souvent la quantité $\frac{\text{H}}{2\pi}$, ou *pas réduit*, qui est la quantité dont le point s'élève, lorsque sa projection tourne de l'unité d'angle, ou encore le rapport de la translation verticale à l'angle horizontal de rotation.

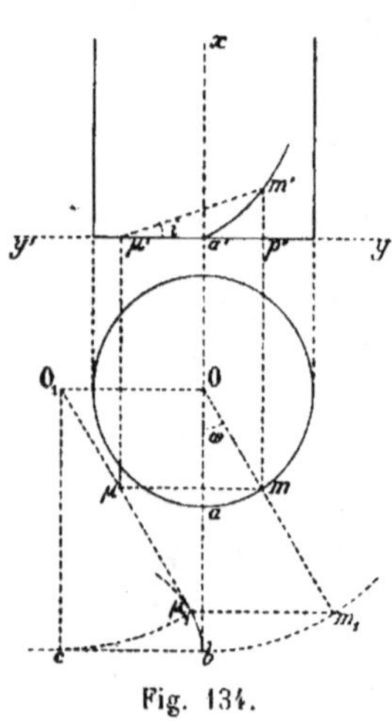

Fig. 134.

157. Ombre portée par l'hélice circulaire sur un plan perpendiculaire à l'axe du cylindre. — Faisons partir l'hélice d'un point d'inflexion (a, a') (fig. 134) et donnons-nous l'inclinaison i des rayons lumineux que nous supposerons de front ; soit $i < \alpha$, α étant l'inclinaison des tangentes à l'hélice. L'ombre portée par le point (a, a') sur le plan horizontal est a ; cherchons l'ombre portée par un point quelconque (m, m') ; en menant par ce point une parallèle aux rayons lumineux, on trouve le point (μ, μ'). Soit z la cote de m' ; on a dans le triangle $m'p'\mu'$:

$$\text{tg } i = \frac{z}{\mu'p'} = \frac{z}{m\mu} \cdot$$

Mais, par définition, si ω est l'angle aOm

$$z = R\omega \, \text{tg} \, \alpha$$

d'où

$$\mu m = R\omega \, \frac{\text{tg} \, \alpha}{\text{tg} \, i}.$$

Posons

$$r = R \, \frac{\text{tg} \, \alpha}{\text{tg} \, i}$$

alors

$$m\mu = r\omega.$$

On a, par hypothèse, $i < \alpha$, donc $r > R$; prenons sur Oa un point b tel que $Ob = r$, décrivons le cercle de rayon r et soit m_1 la trace sur ce cercle du rayon Om; menons par m_1 la parallèle $m_1\mu_1$ égale à $m\mu$; le lieu du point μ_1 est une *cycloïde*.

Cette courbe est engendrée par un point d'un cercle qui roule *sans glisser* sur une droite. Or, si l'on transporte le dernier cercle, parallèlement à lui-même, de la quantité $m_1\mu_1$ de façon à le faire passer par μ_1, on a :

$$\text{arc } c\mu_1 = \text{arc } bm_1 = r\omega = m\mu = m_1\mu_1 = cb$$

et l'on voit que μ_1 n'est autre que le point b entraîné avec le cercle de rayon Ob, qui a roulé sans glisser sur la tangente en b d'un angle égal à ω. Dans ce mouvement, le rayon Ob a tourné de l'angle ω et le centre O est venu en O_1, sur la parallèle à Om_1 menée par μ_1, c'est-à-dire sur $\mu_1\mu$; le point a entraîné est donc venu en μ, à cause de

$$\mu\mu_1 = mm_1 = ab$$

d'où il suit que le point μ décrit le lieu des positions successives du point a entraîné dans le roulement du cercle Ob. Le point a, étant à l'intérieur du cercle, décrit une *cycloïde raccourcie*.

Si i était plus grand que α, a serait à l'extérieur du cercle et le lieu serait une *cycloïde allongée,* tandis que pour $i = \alpha$, c'est précisément la cycloïde ordinaire.

Si l'on construit dans chaque cas la courbe par points, on trouve les formes suivantes (fig. 135), étudiées en analyse, et l'on reconnaît que la cycloïde ordinaire a des rebroussements,

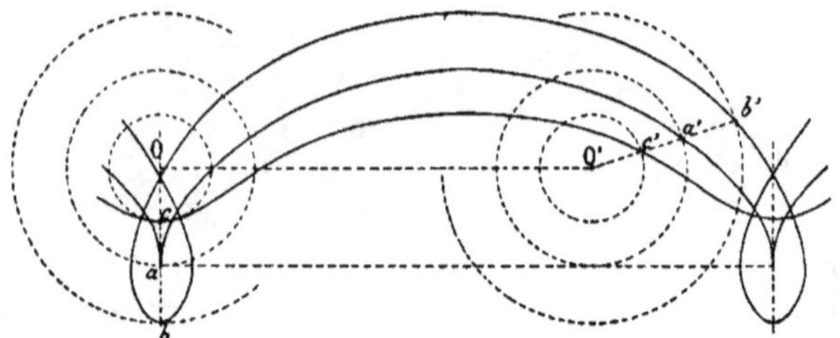

Fig. 135.

la cycloïde raccourcie des points d'inflexion et la cycloïde
allongée des points doubles. On est donc conduit à se demander quelles sont les singularités présentées par la courbe
d'ombre, suivant les grandeurs relatives des angles i et α.

Pour qu'il y ait des points d'inflexion, le point de vue étant
ici à l'infini, il faut (143) qu'on puisse mener au cône directeur
des plans tangents parallèles aux projetantes. Or le cône directeur est de révolution, et ses génératrices font l'angle α
avec le plan horizontal. Donc le problème sera possible pour
$i < \alpha$, c'est-à-dire dans le cas de la cycloïde raccourcie. Il y a
alors deux solutions, et par suite deux points d'inflexion dans
l'ombre portée par chaque spire, puisqu'une spire suffit à en-
gendrer le cône directeur. Ces deux points sont les ombres
des deux points de la spire pour lesquels la tangente à l'hélice
est parallèle à l'une des génératrices de contact.

Pour qu'il y ait des rebroussements, il faut (145) qu'une génératrice du cône directeur soit parallèle aux projetantes, ce
qui exige $i = \alpha$. C'est le cas de la cycloïde ordinaire. Il y a
alors sur chaque spire un point de rebroussement, ombre du
point de la spire pour lequel la tangente est parallèle aux projetantes. Dans le cas de la figure, les projetantes étant de front,
les points de rebroussement proviennent des points de l'hélice
situés sur l'une ou l'autre des génératrices de front du cylindre, suivant le sens dans lequel les projetantes de front font
l'angle α avec le plan horizontal.

13

Pour que l'ombre ait des points doubles, il faut qu'il y ait des projetantes qui rencontrent deux fois la courbe (146). Or les projetantes sont de front. Soit mn (fig. 136) la projection

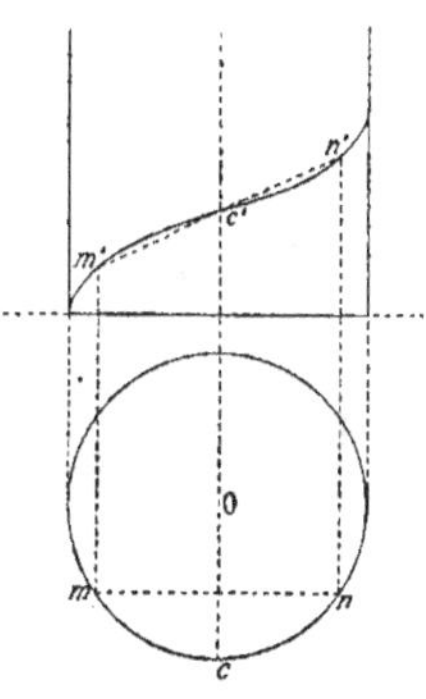

Fig. 136.

horizontale de l'une d'elles et supposons l'hélice *dextrorsum* : le point qui décrit sa projection verticale monte de m' en n' en passant par c' où cette projection présente une inflexion (154). Mais les arcs mc, cn sont égaux ; donc on s'élève autant pour aller de m' en c' que de c' en n', donc les points m', c', n' sont en ligne droite, c'est-à-dire que la projection verticale de toute corde de front passe par c', ou un autre point d'inflexion. Il suffit donc pour avoir le point double ainsi correspondant au point d'inflexion c' de la projection verticale, de mener par c' une parallèle aux projetantes, qui rencontre cette projection en deux points dont l'ombre unique est le point double cherché. Ces points ne seront évidemment réels que si l'angle de la projetante avec la génératrice verticale c' est plus petit que l'angle de la tangente à l'hélice en c' avec cette même génératrice, c'est-à-dire si $i > \alpha$, ce qui est le cas de la cycloïde allongée.

CHAPITRE III

GÉNÉRALITÉS SUR LES SURFACES RÉGLÉES

158. — Toute surface engendrée par le déplacement d'une droite est dite *réglée*.

Pour qu'une droite engendre une surface, il faut que ses équations ne dépendent que d'un paramètre. L'équation de la surface résulte de l'élimination du paramètre entre celles de a droite.

159. Plan tangent. — Les cônes et cylindres sont des surfaces réglées pour lesquelles le plan tangent est le même tout le long d'une génératrice. Supposant que la surface réglée n'est ni un cône, ni un cylindre, nous allons définir le plan tangent en un point.

Soit G une génératrice fixe de la surface (fig. 137) ; soit a un point fixe sur cette génératrice. Considérons une génératrice G', infiniment voisine, par suite variable. Traçons sur la surface, par le point a, une courbe quelconque, non tangente à G, et rencontrant G' en a' ; aa' est une sécante de la courbe, et lorsque G' tend vers G, a' tend vers a et la sécante tend vers la tangente en a à la courbe. Le plan Gat est alors complètement déterminé.

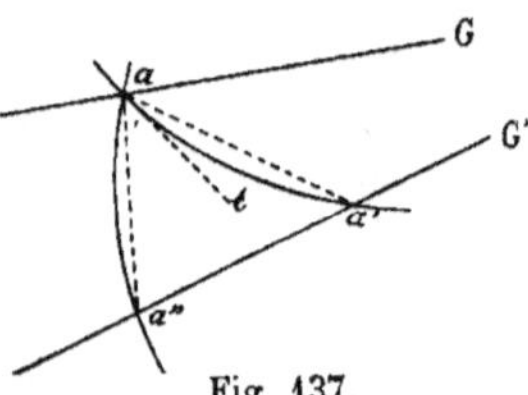

Fig. 137.

Considérons une seconde courbe quelconque, tracée sur la surface et passant par a; nous allons prouver que la tangente en a à cette courbe est dans le plan Gat. Si la courbe est tangente à G, le théorème est évident. Si elle ne l'est pas, soit a'' le point où elle rencontre G'. La corde aa'' est dans le plan $aa'a''$, donc sa limite est dans le plan limite du plan $aa'a''$, s'il en a une. Or ce plan contient la sécante aa' qui a pour limite at et $a'a''$ qui a pour limite G par hypothèse, donc il a une limite qui est le plan Gat. Donc la limite de aa'', tangente en a à la courbe aa'', est dans le plan Gat. Ainsi

En tout point d'une génératrice d'une surface réglée, il existe un plan passant par la génératrice, qui est le lieu des tangentes en ce point à toutes les courbes tracées par ce point sur la surface.

C'est le plan tangent à la surface en ce point.

160. Théorème. — *Si, en trois points d'une génératrice d'une surface réglée, les plans tangents sont distincts l'un de l'autre, les plans tangents sont distincts tout le long de la génératrice.*

Nous démontrerons d'abord le lemme suivant :

Le rapport anharmonique des plans tangents en quatre points d'une génératrice d'une surface réglée est égal à celui des points de contact.

Considérons, sur la surface, la génératrice fixe G et la génératrice infiniment voisine G'. Soient (fig. 138) a, b, c, d, qua-

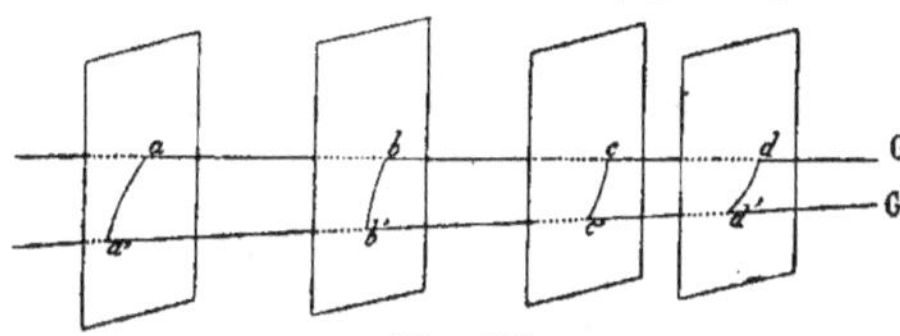

Fig. 138.

tre points de G ; traçons sur la surface, respectivement par chacun d'eux, les sections faites par quatre plans passant par une même droite quelconque, ou parallèles entre eux, par exemple par les plans normaux à G en ces points. La génératrice G' rencontre ces quatre plans en a', b', c', d', et les plans Gaa', Gbb', Gcc', Gdd', ont respectivement pour limites les plans tangents en a, b, c, d. Comme ils passent par une même droite qui est G, leur rapport anharmonique est le même que celui des points a', b', c', d'.

Mais les quatre plans sécants passent aussi par une même droite, et alors le rapport anharmonique $a'b'c'd'$ est égal au rapport anharmonique $abcd$. Par conséquent, pour toute position de G', les quatre plans par G ont le rapport anharmonique $abcd$. Ceci est encore vrai à la limite, d'où résulte le lemme énoncé.

Proposons-nous maintenant le problème suivant :

Etant donnés les plans tangents, supposés distincts, en trois points a, b, c *de la génératrice, construire le plan tangent en un quatrième point* d, *arbitrairement choisi sur cette droite.*

Menons, pour cela, dans l'espace une droite quelconque qui ne soit située dans aucun des trois plans donnés, et qui les rencontre en a', b', c'. Il existe sur la droite (56) un point d' déterminé, tel que le rapport anharmonique $a'b'c'd'$ soit égal au rapport anharmonique $abcd$. Ce point est défini par la relation :

$$\frac{d'a'}{d'b'} : \frac{c'a'}{c'b'} = \frac{da}{db} : \frac{ca}{cb}.$$

Il est distinct des trois points a', b', c' si d est distinct des trois points a, b, c, et unique. Le plan tangent cherché passe par d', est unique, et distinct des trois plans donnés; ce qui démontre le théorème.

Comme cas particulier, cherchons le plan tangent au point à l'infini sur la génératrice, qu'on appelle le *plan asymptotique*. On a alors $\frac{da}{db} = 1$; il est encore unique et défini par la relation :

$$\frac{d'a'}{d'b'} : \frac{c'a'}{c'b'} = \frac{ca}{cb}.$$

161. — On peut résoudre le problème inverse, qui consiste à trouver le point de contact d'un quatrième plan quelconque passant par G, et distinct des trois premiers.

Il suffit de trouver sur la génératrice le point d, tel que le rapport anharmonique $abcd$ soit égal au rapport anharmonique des quatre plans donnés.

Parmi tous les plans passant par G, on considère souvent le plan perpendiculaire au plan asymptotique ou *plan central;* son point de contact est le *point central.*

162. Distribution des plans tangents le long de la génératrice. — Prenons deux plans de projection rectangulaires (fig. 139) ; supposons la génératrice OA verticale dans

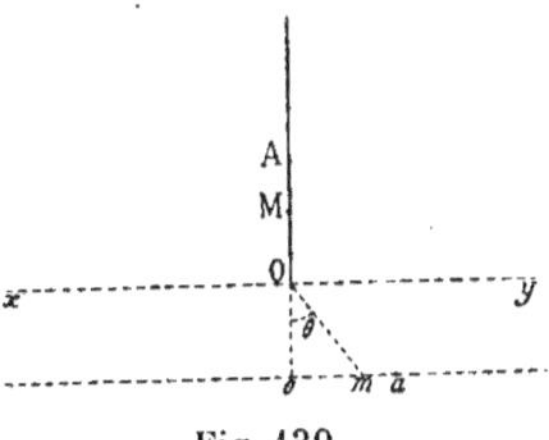

Fig. 139.

le plan vertical de projection qui sera le plan asymptotique, d'où il suit que le plan central est le plan de profil Oo. Prenons pour plan horizontal celui qui passe par le point central O. Soit oa une parallèle quelconque à xy sur laquelle on relève les traces des différents plans tangents passant par la génératrice ; soit a la trace du plan tangent en A.

On connaît en outre la trace o du plan tangent en O qui est le plan central et la trace (à l'infini) du plan asymptotique qui est le plan vertical de projection. On peut donc trouver la trace d'un plan tangent quelconque, soit le plan tangent en M. C'est un point m tel que :

$$\frac{mo}{ma} : \frac{io}{ia} = \frac{MO}{MA} : \frac{IO}{IA}$$

en désignant par I et i les points à l'infini sur OA et sur oa. On a alors :

$$\frac{IO}{IA} = \frac{io}{ia} = 1$$

d'où :

$$\frac{mo}{ma} = \frac{MO}{MA}$$

en grandeur et en signe. Il suit de là que lorsque le point M décrit la génératrice en prenant une fois chaque position possible, et dans un sens déterminé relativement aux points O et A, le point m décrit oa, en passant une fois par chaque position donnée sur cette droite, et dans le même sens relativement aux points o et a.

Lorsque le point M, s'élevant de O jusqu'à l'infini, le plan tangent, qui était d'abord le plan central, devient le plan asymptotique, le point m décrit oa à partir de o dans un sens jusqu'à l'infini, pour décrire le reste de la droite, de l'infini en o, lorsque le plan, continuant à tourner, revient à sa position première.

Figurons la trace horizontale Om du plan tangent en M, et soit θ l'angle oOm du plan tangent en M avec le plan central. On a :

$$\operatorname{tg} \theta = \frac{mo}{oO} = \frac{ma}{MA.oO} . MO$$

Mais $\dfrac{ma}{MA} = \dfrac{mo}{MO}$ entraîne :

$$\frac{ma}{MA} = \frac{oa}{OA}$$

On a donc :

$$\operatorname{tg} \theta = \frac{oa}{OA.Oo} . OM$$

Le premier facteur est indépendant de la position du point M sur la génératrice et l'on voit que

La tangente de l'angle que fait le plan tangent avec le plan central est proportionnelle à la distance du point de contact au point central.

L'inverse du facteur constant a reçu le nom de *paramètre de distribution* des plans tangents aux divers points de la génératrice. C'est une longueur définie, si on la désigne par k, par la relation :

$$k = \frac{OA.Oo}{oa}$$

et alors [1] :

$$\operatorname{tg} \theta = \frac{OM}{k} .$$

1. Prenons maintenant sur une perpendiculaire quelconque élevée à la

163. Plan asymptotique, plan central, point central, considérés comme limites. — La notion du plan asymptotique est résultée (160) de la connaissance des plans tangents distincts en trois points distincts. Il est aisé de voir qu'on peut aussi le considérer comme la limite du plan mené par G parallèlement à la génératrice infiniment voisine.

Si l'on coupe G et G' par un plan normal à G (fig. 138), on a vu que le plan tangent en a est la limite du plan Gaa'. Supposons que le plan normal s'éloigne indéfiniment ; il coupe G' en un point qui s'éloigne indéfiniment, en sorte que la limite du plan Gaa' est le plan mené par G parallèlement à G'.

Pour trouver cette limite, menons par un point S de l'espace des parallèles aux diverses génératrices de la surface ; nous obtiendrons un cône qu'on appelle le *cône directeur* de la surface. Le plan tangent, le long de la génératrice g de ce cône qui est parallèle à G, est la limite du plan passant par cette génératrice et par la génératrice infiniment voisine g' du cône, laquelle est parallèle à G' ; il suit de là que le plan mené par G parallèlement à G' a une position limite qui est parallèle au plan tangent au cône directeur le long de la parallèle à G. Ainsi,

Le plan asymptotique est le plan mené par la génératrice parallèlement au plan tangent au cône directeur le long de la génératrice correspondante de ce cône.

164. — Le plan central est, par définition, le plan mené par

génératrice au point O, sur xy par exemple, un point R tel que $OR = k$, on a :

$$\operatorname{tg} ORM = \frac{OM}{OR} = \operatorname{tg} \theta$$

ce qui prouve que du point R, l'on voit deux points quelconques de la génératrice sous un angle égal à l'angle des plans tangents en ces points.

Ce point R, dont la considération est utile dans un grand nombre de questions, a reçu de M. Mannheim le nom de *point représentatif*. Le faisceau des rayons qui le joignent aux divers points de la génératrice est superposable à celui que l'on obtient en coupant le faisceau des plans tangents par un plan perpendiculaire à la génératrice.

G perpendiculairement au plan asymptotique ; nous allons aussi le définir comme position limite d'un plan variable. Menons par le sommet S du cône directeur une perpendiculaire Sh au plan Sgg' à la fois parallèle à G et à G'; cette perpendiculaire est alors parallèle à la plus courte distance $\omega\omega'$ (fig. 140) de G et de G', et le plan Sgh est constamment perpendiculaire au plan Sgg'. Lorsque G tend vers G', le plan Sgg' tend vers sa position limite qui est parallèle au plan asymptotique, et le plan Sgh tend alors vers une direction limite qui est celle du plan central, et comme la plus courte distance $\omega\omega'$ n'a pas cessé d'être parallèle à Sh, on voit que

Le plan central est la limite du plan mené par la génératrice et sa plus courte distance avec la génératrice infiniment voisine.

165.— Dans cette variation infiniment petite, la plus courte distance $\omega\omega'$, dont la longueur est infiniment petite, tend, on vient de le voir, vers une direction limite. Nous allons prouver que son pied ω sur la génératrice G a lui-même une position limite, et que cette limite est le point central.

En un point quelconque m de G, menons un plan perpendiculaire à G et soient m' son point d'intersection avec G', μ son point d'intersection avec G'' parallèle à G menée par ω' (fig. 140).

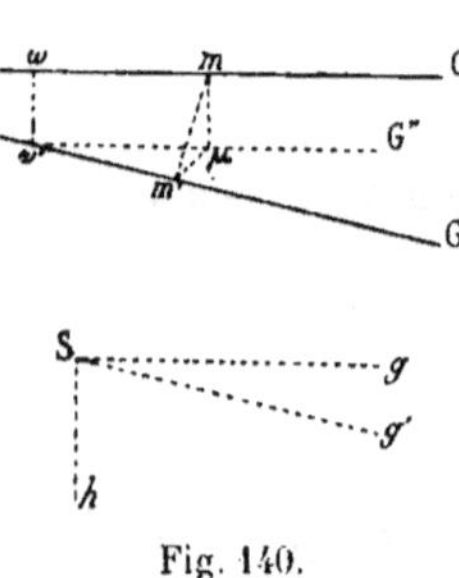

Fig. 140.

Le plan GG'' renferme la plus courte distance $\omega\omega'$ en même temps que la perpendiculaire $m\mu$ à G, qui sont alors parallèles entre elles comme étant dans le même plan perpendiculaires à G, et égales en longueur. Par suite $m\mu$ est perpendiculaire au plan G'G'' et l'angle $m\mu m'$ est un angle droit, ainsi que l'angle $\omega'\mu m'$: car le plan sécant, perpendiculaire à G est aussi perpendiculaire à G''. L'angle $m'm\mu$ est d'ailleurs le rectiligne du dièdre formé par les plans GG'' et

$m'm$G ; désignons cet angle par m, l'angle infiniment petit de G et G' par ε, et par p la plus courte distance des deux génératrices. On a :

$$\operatorname{tg} m = \frac{m'\mu}{m\mu}$$

et :

$$\frac{m'\mu}{\omega'\mu} = \frac{m'\mu}{\omega m} = \operatorname{tg} \varepsilon$$

d'où :

$$\operatorname{tg} m = \frac{\omega m}{m\mu} \operatorname{tg} \varepsilon = \frac{\omega m}{p} . \operatorname{tg} \varepsilon$$

où il faut observer, d'après la figure, que $\operatorname{tg} m$ change de signe en même temps que ωm.

En un autre point n de **G**, on aurait de même :

$$\operatorname{tg} n = \frac{\omega n}{p} . \operatorname{tg} \varepsilon$$

d'où, en grandeur et en signe :

$$\frac{\operatorname{tg} m}{\operatorname{tg} n} = \frac{\omega m}{\omega n} .$$

Prenons les limites des deux membres. L'angle m a une limite, car c'est le rectiligne du dièdre de deux plans dont l'un GG'' a pour limite le plan central et l'autre $m'm$G a pour limite le plan tangent en m (159). Cette limite est l'angle désigné plus haut par θ ; alors :

$$\frac{\operatorname{tg} \theta}{\operatorname{tg} \theta'} = \lim \frac{\omega m}{\omega n} .$$

On a d'ailleurs (162), en appelant O le point central :

$$\operatorname{tg} \theta = \frac{Om}{k}$$

d'où :

$$\frac{\operatorname{tg} \theta}{\operatorname{tg} \theta'} = \frac{Om}{On} = \lim \frac{\omega m}{\omega n} .$$

Comme ces égalités ont lieu en grandeur et en signe, et qu'il n'y a qu'un point qui partage un segment dans un rapport donné en grandeur et en signe, on conclut de là que le point ω a une limite, qui est le point central. Il est donc démontré que :

Le point central est, sur une génératrice d'une surface réglée, la position limite du pied de la plus courte distance de cette génératrice et de la génératrice infiniment voisine.

On a encore :

$$\operatorname{tg} \theta = \frac{Om}{k} = \lim \operatorname{tg} m = \lim \frac{\omega m}{\left(\dfrac{p}{\operatorname{tg} \varepsilon}\right)} = \lim \frac{\dfrac{Om}{p}}{\operatorname{tg} \varepsilon}$$

il suit de là :

$$k = \lim \frac{p}{\operatorname{tg} \varepsilon} = \lim. \frac{p}{\varepsilon}\cdot$$

Le paramètre de distribution est donc *la limite du rapport de la plus courte distance de deux génératrices infiniment voisines à leur angle.*

166. Génératrices singulières.

— Tout ce qui précède suppose qu'en trois points distincts, les plans tangents sont distincts. Supposons qu'en deux points différents, le plan tangent soit le même ; on démontre alors le théorème suivant :

Si le plan tangent est le même en deux points de la génératrice, il est le même en tous les points, sauf en un seul où il est indéterminé.

Soient m et m' les points où le plan tangent est le même, a son point d'intersection avec une sécante quelconque ; soient n et p deux autres points quelconques de la génératrice, b et c les points d'intersection des plans tangents en ces points avec la même sécante. Egalant les rapports anharmoniques, on a, en grandeur et en signe :

$$\frac{nm}{nm'} : \frac{pm}{pm'} = \frac{ba}{ba} : \frac{ca}{ca}\cdot$$

Si l'on suppose d'abord les deux points b et c distincts l'un et l'autre de a, le second membre a une valeur parfaitement déterminée qui est l'unité.

L'égalité précédente donne alors, en grandeur et en signe,

$$\frac{nm}{nm'} = \frac{pm}{pm'}\cdot$$

ce qui est impossible puisque n et p sont distincts, et ce qui prouve que l'hypothèse est absurde. Il faut donc qu'en l'un des points n et p le plan tangent soit le même qu'en m et m' ; et comme ce point est quelconque, le plan tangent est le même tout le long de la génératrice. Toutefois, si c'est b qui est confondu avec a, l'égalité précédente donne pour ca une valeur indéterminée et l'on voit qu'au point c le plan tangent peut être le même qu'aux autres points de la génératrice, comme aussi il peut être différent.

Réciproquement, si le plan tangent est le même tout le long de la génératrice, il existe nécessairement un point pour lequel il diffère. Ce point est le point central ou le point à l'infini, car en ces points les plans tangents sont perpendiculaires

Il n'y a d'ailleurs pas d'autre point jouissant de la même propriété, car il y aurait alors trois plans tangents distincts.

Il en résulte que si le plan tangent diffère en deux points d'une génératrice, il peut varier tout le long de la génératrice, comme aussi rester le même qu'en l'un des points.

Lorsque le plan tangent reste le même pour tous les points de la génératrice, on dit que la génératrice est *singulière*.

167. — Il suit de ce qui précède qu'il y a deux espèces de génératrices singulières : celles pour lesquelles le point à plan tangent indéterminé est le point central, et celles pour lesquelles il est à l'infini.

Reprenons la formule :

$$\operatorname{tg} \theta = \frac{Om}{k}.$$

Il est clair que pour que $\operatorname{tg} \theta$ soit constante, il faut que k soit nul ou infini ; or pour les génératrices singulières de la première espèce, le plan tangent est partout le même qu'au point à l'infini, il est donc constamment perpendiculaire au plan central et $\operatorname{tg} \theta$ est constamment infinie. Alors k est nul, et par analogie avec ce qui se passe dans les cônes, on dit que la génératrice singulière est *conique*.

La plus courte distance de la génératrice et de la génératrice infiniment voisine est infiniment petite par rapport à leur angle et le point central reste déterminé.

Au contraire, pour les génératrices singulières de la seconde espèce, le plan tangent est partout le plan central ; tg θ est constamment nulle et k est infini.

L'angle de la génératrice singulière avec la génératrice infiniment voisine est infiniment petit par rapport à leur plus courte distance, et l'on dit que la génératrice est *cylindrique*. Dans ce cas, les deux génératrices infiniment voisines sent parallèles, le pied de leur plus courte distance est indéterminé ; et, bien que le plan central qui est le plan tangent tout le long de la génératrice soit parfaitement déterminé, le point central, qui est son point de contact, est absolument indéterminé.

Ainsi, dans les génératrices singulières coniques, le point central est déterminé mais non le plan tangent en ce point ; tandis que dans les génératrices singulières cylindriques, le plan central est déterminé, mais non son point de contact.

CHAPITRE IV

GÉNÉRALITÉS SUR LES SURFACES DÉVELOPPABLES

168. Surfaces développables. — Les surfaces réglées sur lesquelles des génératrices isolées seulement sont singulières, s'appellent surfaces *gauches*. Les surfaces dont toutes les génératrices sont singulières s'appellent surfaces *développables*. Les plus simples sont les cônes et les cylindres.

Dans les cônes, le plan tangent est le même tout le long d'une génératrice, sauf pour le sommet. Toutes les génératrices sont singulières.

Le plan asymptotique est le plan tangent; le plan central, considéré comme point de contact du point central, est indéterminé; en particulier c'est le plan normal le long de la génératrice. Le point central est le sommet du cône ; le paramètre de distribution est nul.

Dans les cylindres, le plan tangent est le même tout le long d'une génératrice, sauf à l'infini où il est indéterminé; toutes les génératrices sont singulières. Le plan central, qui renferme la plus courte distance de deux génératrices voisines, est le plan tangent et le point central, pied de cette plus courte distance, est indéterminé.

Le paramètre de distribution est infini.

169. — Pour étudier les autres surfaces développables, considérons une courbe gauche (fig. 141), et la surface réglée lieu des tangentes à cette courbe. Nous allons prouver que toute génératrice mG de cette surface est une génératrice singulière.

Construisons d'abord le plan asymptotique. Il est parallèle au plan tangent au cône directeur de la surface (163), qui est aussi le cône directeur de la courbe gauche. Il est alors parallèle au plan osculateur de cette courbe en m (136), et comme il passe par le point m, c'est le plan osculateur lui-même.

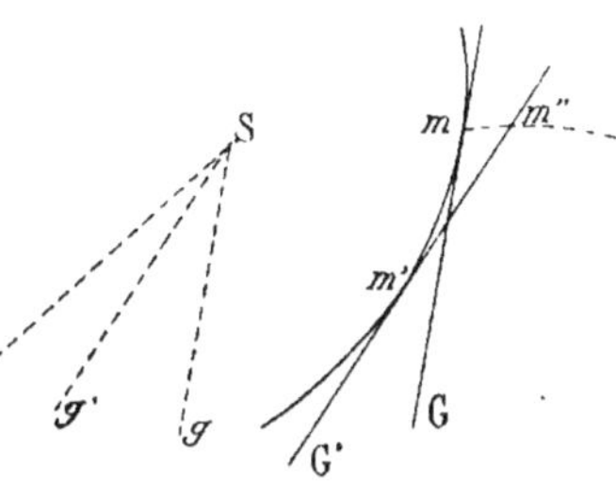

Fig. 141.

Cherchons le plan tangent en m; traçons pour cela par le point m une courbe quelconque sur la surface, qui rencontre en m'' la génératrice infiniment voisine G'. de point de contact m'; le plan tangent est la limite du plan Gmm''. Le plan $mm'm''$ passe par G' et par le point m infiniment voisin de m'; il diffère donc infiniment peu du plan osculateur en m' et fait avec lui un angle infiniment petit.

Mais ce dernier fait lui-même un angle infiniment petit avec le plan osculateur en m; le plan $mm'm''$ fait donc un angle infiniment petit avec le plan osculateur en m, qui est alors sa limite. La limite de mm'' est donc dans le plan osculateur en m, et le plan tangent cherché Gmm'' a aussi pour limite le plan osculateur en m.

Il suit de là que le plan tangent à la surface est le même en deux points de la génératrice quelconque G, et que, toutes les génératrices étant singulières, la surface est développable.

170. Paramètre de distribution, point central, plan central. — La plus courte distance des deux génératrices G et G' est du troisième ordre par rapport à l'arc (140); l'angle de contingence (149) est, en général, du même ordre que l'arc. Donc le paramètre de distribution est nul; ce qui prouve autrement que la génératrice est singulière.

On démontre [1] que le point central est le point de contact m.

1. Imaginons le plan mené par G parallèlement a G', et projetons sur ce

Le lieu des points centraux qui, dans le cas des surfaces gauches, porte le nom de *ligne de striction*, est donc la courbe gauche elle-même. Dans les surfaces développables, on l'appelle *arête de rebroussement;* cette dénomination sera justifiée plus loin (189).

Quant au plan central, considéré comme point de contact du point central, il est indéterminé. En particulier, c'est le plan perpendiculaire au plan asymptotique, plan tangent tout le long de la génératrice.

171. Application des surfaces développables sur un plan. — On dit qu'une surface peut s'appliquer sur un plan *lorsqu'on peut faire correspondre chaque point de la surface à un point bien déterminé du plan, de telle façon qu'un arc quelconque de courbe tracé sur la surface et l'arc correspondant de la courbe correspondante du plan aient des longueurs égales.*

Nous démontrerons que les cônes, les cylindres, et la surface lieu des tangentes à une courbe gauche sont applicables sur un plan.

On démontre en analyse qu'il n'y en a pas d'autres.

La définition précédente entraîne la conservation des angles.

plan le point m' en μ. Lorsque G' tend vers G, ce plan tourne autour de G, et le lieu du point μ est une courbe tangente à G au point m, car la longueur $m'\mu$, étant la plus courte distance de deux tangentes infiniment voisines, est du troisième ordre, et par suite les sécantes mm' et $m\mu$ ont la même limite. Soit alors $\mu\omega$ la projection de G'; le point ω où elle rencontre G est le pied, sur le plan, de la perpendiculaire commune aux deux génératrices. Dans le triangle $m\omega\mu$, $m\mu$ est infiniment petit puisque μ tend vers m; l'angle en m est infiniment petit puisque la sécante $m\mu$ tend vers la tangente $m\omega$; l'angle extérieur en ω est aussi infiniment petit parce que c'est l'angle de G et de G'; soit ε cet angle, on a :

$$\frac{m\omega}{\sin \mu} = \frac{m\mu}{\sin \varepsilon}$$

d'où :

$$m\omega = m\mu \frac{\sin \mu}{\sin \varepsilon} = m\mu \frac{\sin (\varepsilon - m)}{\sin \varepsilon}.$$

Le rapport des sinus est toujours inférieur à l'unité, et l'on voit que $m\omega$ étant infiniment petit, la limite du point ω est le point m.

14

Soient, en effet (fig. 142), deux courbes ab, ac tracées sur la surface à partir de a, et $\alpha\beta$, $\alpha\gamma$ les arcs des courbes correspondantes sur le plan. Prenons les arcs infiniment petits ab et ac égaux entre eux ; par suite, les arcs $\alpha\beta$, $\alpha\gamma$ sont aussi égaux entre eux. Dans le triangle rectiligne abc, les cordes ont même valeur principale que les arcs (129) et l'on a, par conséquent, à des infiniment petits près d'ordre supérieur :

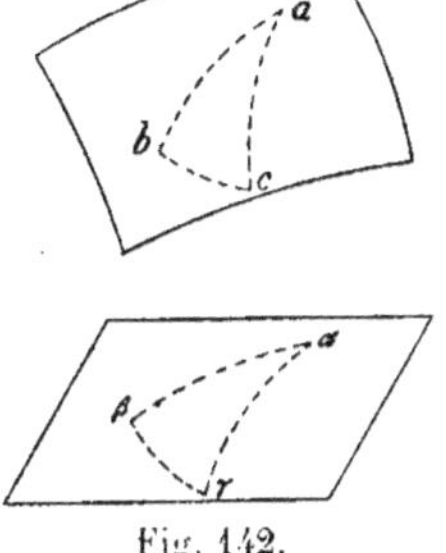
Fig. 142.

$$\text{Corde } bc = 2.\ \text{Corde } ab.\ \sin\tfrac{1}{2}\, bac.$$

On a de même, dans le plan, avec la même approximation :

$$\text{Corde } \beta\gamma = 2.\ \text{Corde } \alpha\beta.\ \sin\tfrac{1}{2}\, \beta\alpha\gamma .$$

D'où, rigoureusement :

$$\lim. \frac{\sin\tfrac{1}{2}\,\beta\alpha\gamma}{\sin\tfrac{1}{2}\,bac} = \lim. \frac{\text{Corde }\beta\gamma}{\text{Corde } bc}.\ \lim. \frac{\text{Corde } ab}{\text{Corde } \alpha\beta} = 1$$

c'est-à-dire que les tangentes à deux courbes quelconques tracées à partir du point a sur la surface font le même angle que les tangentes aux deux courbes correspondantes tracées à partir du point α sur le plan.

172. Développement du cylindre. — Soient abc une section droite du cylindre (fig. 143), et mm' un arc de courbe tracée sur le cylindre et rencontrant aux points m et m' les génératrices des points b et c. Le point μ du plan, correspondant au point m du cylindre, s'obtient, par définition, comme il suit : sur une droite indéfinie, on porte des longueurs rigoureusement égales aux arcs de section droite, par exemple $\beta\gamma = bc$. En ces points on mène des perpendiculaires $\beta\gamma$, $\gamma\mu'$ qui correspondent, par définition, aux génératrices bm,

cm'. Le point μ du plan correspondra au point m du cylindre si l'on a $\beta\mu = bm$. Prenons de même $\gamma\mu' = cm'$; μ' est le point correspondant à m'; pour que ce mode de correspon-

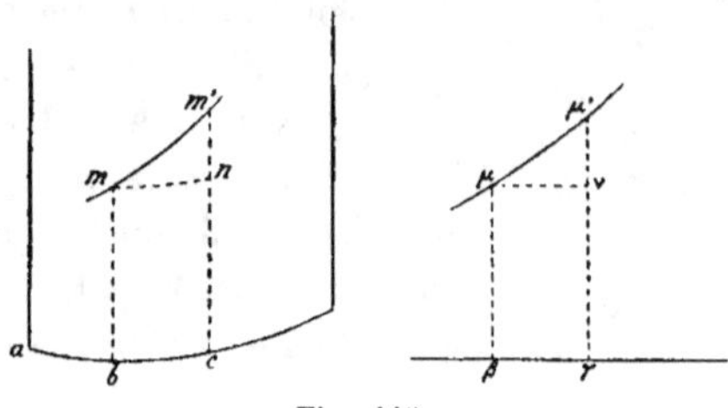

Fig. 143.

dance réponde à la question, il faut prouver que les arcs infiniment petits mm', $\mu\mu'$, dont tous les points se correspondent ainsi, sont égaux entre eux.

Traçons l'arc de section droite mn et le segment $\mu\nu$ correspondant qui lui est rigoureusement égal, à cause de :

$$\mu\nu = \beta\gamma = \text{arc } bc = \text{arc } mn.$$

Dans les triangles rectilignes mnm', $\mu\nu\mu'$, les côtés $m'n$, $\mu'\nu$ sont rigoureusement égaux, tandis que la corde mn et le segment $\mu\nu$ ont même valeur principale. D'ailleurs l'un et l'autre sont rigoureusement rectangles ; on a donc :

$$\lim \left[\frac{\text{arc } mm'}{\text{arc } \mu\mu'}\right]^2 = \lim \left[\frac{\text{Corde } mm'}{\text{Corde } \mu\mu'}\right]^2 = \lim \frac{(\text{Corde } mn)^2 + m'n^2}{\mu\nu^2 + \mu'\nu^2} =$$
$$\lim \frac{(\text{arc } mn)^2 + m'n^2}{\mu\nu^2 + \mu'\nu^2} = 1$$

Il suit de là que deux arcs infiniment petits correspondants, mm', $\mu\mu'$ ont la même valeur principale. On prouve d'ailleurs en analyse que, dans le calcul d'une limite de somme d'infiniment petits, on peut substituer l'un à l'autre deux infiniment petits ayant la même valeur principale. Donc, deux arcs finis correspondants tracés sur le cylindre et sur le plan sont *rigoureusement égaux*.

Il n'y a pas d'autre mode possible de développement pour les surfaces cylindriques. En effet, sur la surface du cylindre, une génératrice quelconque est le plus court chemin entre deux de ses points ; à cause de l'égalité des arcs correspondants, elle doit alors se développer suivant une droite. D'ailleurs deux arcs de section droite compris entre deux génératrices sont égaux, par suite les développements de deux génératrices doivent intercepter des longueurs égales sur deux perpendiculaires à l'une d'elles ; alors les développements des génératrices sont des droites parallèles entre elles. Quant aux sections droites, qui coupent à angle droit toutes les génératrices, elles se développent suivant des droites parallèles entre elles et perpendiculaires aux précédentes [1].

173. Développement du cône. — En raisonnant de la même manière, on prouve que le seul moyen de développer un cône consiste à le couper par une sphère ayant pour centre le sommet ; ce qui donne une *section droite abc*, à laquelle on fait correspondre dans le plan un cercle de même rayon $\alpha\beta\gamma$ (fig. 144). Sur ce cercle on porte des arcs $\alpha\beta$, $\alpha\gamma$ égaux à *ab*, *ac*, on a les points β, γ correspondants à *b*, *c*. Le point μ correspondant au point *m* de la génératrice S*b* s'obtient alors en portant $\sigma\mu = Sm$.

La comparaison des triangles *mnm′*, $\mu\gamma\mu′$, où *mn* est un arc de section droite et $\mu\gamma$ un arc de cercle décrit du centre σ, donne lieu à la même suite de rapports égaux que plus

---

1. On en déduit deux conséquences relatives à l'hélice. Premièrement, en vertu de la conservation des angles (171), le développement de l'hélice est une courbe qui coupe sous le même angle le développement des génératrices. C'est donc une *ligne droite*, puisque les génératrices se développent suivant des droites parallèles.

La seconde est que *toute courbe tracée sur un cylindre et qui coupe les génératrices sous un angle constant est une hélice*, car elle se développe suivant une ligne droite, pour laquelle le rapport de l'accroissement de l'ordonnée comptée parallèlement aux génératrices à l'accroissement de l'abscisse comptée sur le développement d'une section droite est constant. Il arrivera donc que, sur le cylindre, le rapport de l'accroissement de la même ordonnée à l'abscisse curviligne comptée sur une section droite est aussi constant, ce qui est la définition de l'hélice (152).

haut, avec cette différence que les triangles rectilignes mnm', $\mu\nu\mu'$ ne sont rectangles qu'à la limite ; le troisième rapport renferme alors à son numérateur le terme :

$$- 2.\ \text{Corde } mn.\ m'n.\ \cos mnm'$$

qui est d'ordre supérieur, et à son dénominateur un terme analogue.

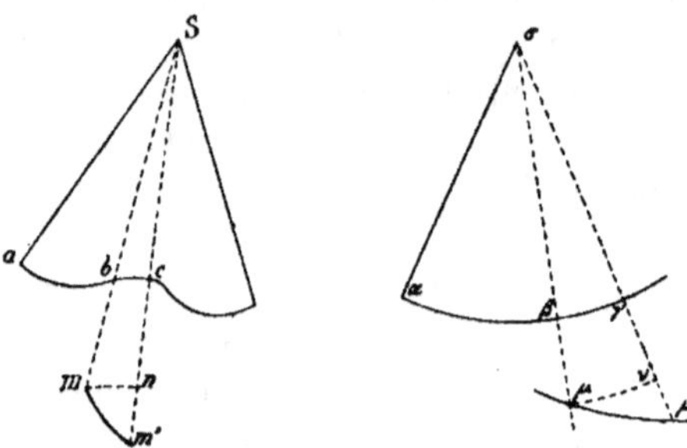

Fig. 144.

De plus, le dénominateur du rapport suivant doit s'écrire $(\text{arc } \mu\nu)^2 + \mu'\nu'^2$, parce que la droite $\mu\nu$ du cylindre est devenue un arc de cercle. Comme on a le droit, dans la recherche de cette limite, de remplacer chaque terme du rapport par sa valeur principale, le résultat est le même.

174. Développement du lieu des tangentes à une courbe gauche. — Par hypothèse, la courbe gauche est complètement connue ; donc, lorsqu'à partir d'un point de la courbe, pris pour origine, on a parcouru un arc déterminé s, le rayon de courbure ρ est déterminé. Il y a donc une relation :

$$\rho = f(s)$$

entre ces deux éléments. Cherchons une courbe plane dont l'arc et le rayon de courbure soient liés par la même relation. L'analyse prouve que le problème est possible. On a, en effet, en désignant par α l'angle de la tangente à la courbe inconnue avec l'axe Ox, en coordonnées rectangulaires :

$$dx = ds . \cos \alpha$$
$$dy = ds . \sin \alpha.$$

Mais, par définition :

$$\rho = \lim \frac{ds}{\Delta \alpha} = \frac{ds}{d\alpha}$$

d'où, si l'on s'impose la relation $\rho = f(s)$:

$$\frac{ds}{d\alpha} = f(s)$$
$$d\alpha = \frac{ds}{f(s)}$$
$$\int_{\alpha_0}^{\alpha} d\alpha = \int_0^s \frac{ds}{f(s)} .$$

En intégrant :

$$\alpha - \alpha_0 = F(s) - F(o)$$
$$\alpha = \varphi(s)$$
$$dx = ds . \cos \varphi(s) = \chi(s) . ds$$
$$dy = ds . \sin \varphi(s) = \psi(s) . ds$$

Intégrant de nouveau :

$$x - x_0 = X(s)$$
$$y - y_0 = \Psi(s).$$

Le problème est possible, et d'une seule manière si l'on veut que la courbe occupe dans le plan une position déterminée ; car la première intégration fixe son orientation dans le plan, et la seconde la fait passer par un point donné. Nous le supposerons résolu, et nous tracerons dans le plan ladite courbe, développement de l'arête de rebroussement de la surface développable.

Si le point α de cette courbe (fig. 145) correspond au point a de l'arête de rebroussement, la loi d'égalité des arcs correspondants donne le point π correspondant au point p de l'arête par :

$$\text{arc } \pi\alpha = \text{arc } pa.$$

175. — Ayant ainsi défini le développement de l'arête de rebroussement, nous allons définir celui de ses *trajectoires orthogonales*.

Soient a (fig. 145) un point fixe pris sur cette courbe, pm une génératrice quelconque de la surface de point de contact p, et m un point de cette génératrice défini par :

$$mp = \text{arc } ap.$$

Le lieu des points m ainsi obtenus sur chaque génératrice est une *développante* de la courbe gauche, ou encore une trajectoire *orthogonale* des génératrices de la surface.

C'est une développante, parce que si l'on enroule le segment mp de la génératrice sur la courbe gauche, ou si on le déroule de façon que dans chacune de ses positions, telle que $m'p'$ la longueur du segment de génératrice enroulé ou déroulé soit exactement égale à l'arc correspondant pp' de la courbe gauche, on a :

$$\text{arc } ap' = mp + \text{arc } pp' = m'p'$$

d'où il suit que le point m décrit sur la surface la courbe qui vient d'être définie.

C'est une trajectoire orthogonale des génératrices de la surface parce qu'elle les coupe toutes à angle droit. Pour le démontrer, supposons pp' infiniment petit, et projetons la figure sur le plan mené par mp parallèlement à $m'p'$; sur ce plan nous aurons une figure analogue dans laquelle le point t, où se coupent les deux génératrices mp, $m'p'$ sera le pied de la plus courte distance des deux droites, distance au plan d'un point quelconque de $m'p'$, laquelle est du troisième ordre par rapport à pp'.

On a, dans ce plan, rigoureusement :

$$mp + \text{arc } pp' - m'p' = 0,$$

mais l'arc pp' et la ligne brisée $pt + tp'$, diffèrent d'un infiniment petit du troisième ordre (129) ; on a donc avec la même approximation :

$$mp + pt + tp' - m'p' = 0$$

ou :

$$mt = m't.$$

Il suit de là que les angles en m et m' sont égaux à la même approximation, et la même chose a lieu dans l'espace parce que le point m' de l'espace est à une distance infiniment petite du troisième ordre de sa projection. A la limite, ces deux angles sont les angles adjacents formés par la génératrice mp avec la tangente en m à la courbe décrite par m. Mais la limite de leur rapport est l'unité, puisqu'ils diffèrent de quantités infiniment petites, d'où il suit que cette limite est rigoureusement un angle droit.

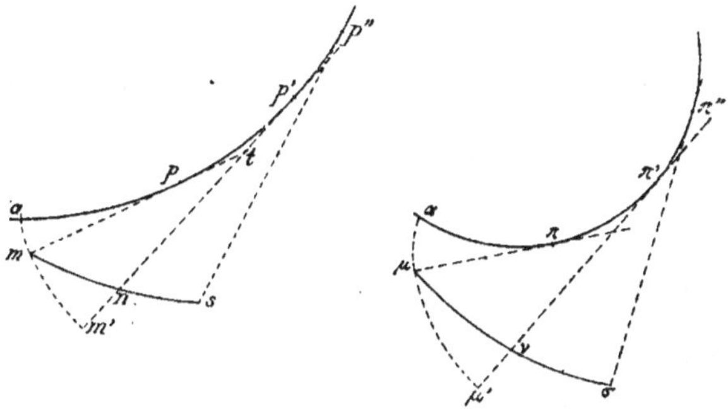

Fig. 145.

Construisons dans le plan sur lequel on veut développer la surface la même trajectoire orthogonale de la courbe définie plus haut comme développement de l'arête de rebroussement de la surface, et soient α, π, π', μ, μ' les points correspondants (fig. 145) à ceux de la figure précédente. Nous allons prouver que les arcs infiniment petits mm', $\mu\mu'$ correspondants de deux trajectoires orthogonales correspondantes sont rigoureusement égaux. On a, en effet, dans le triangle plan mtm' défini plus haut, en désignant par ε l'angle de contingence mtm' :

$$mm' = 2 \cdot mt \sin \frac{\varepsilon}{2}$$

par conséquent, si nous appelons l la longueur mp de la génératrice déroulée, on aura avec une erreur infiniment petite du troisième ordre sur le premier membre, et en général du second sur le second, en somme au second ordre près :

$$\text{arc } mm' = 2l \sin \frac{\varepsilon}{2}.$$

Dans le plan du développement, l'angle de contingence a la même valeur principale puisque les arcs pp', $\pi\pi'$ sont égaux et que les deux courbes ont le même rayon de courbure, la longueur déroulée est la même. On a donc, avec une erreur du second ordre :

$$\text{arc } mm' = \text{arc } \mu\mu'.$$

Si maintenant, pour évaluer un arc fini de trajectoire orthogonale on intègre les deux membres, on sait que, dans la recherche de ces limites de somme, on n'altère en rien les résultats en remplaçant chaque infiniment petit par sa valeur principale. Il suit de là qu'un *arc quelconque de la trajectoire orthogonale développée est rigoureusement égal à l'arc correspondant de la trajectoire orthogonale correspondante.*

176. — Considérons maintenant sur la surface un arc de courbe quelconque mn ; figurons dans le développement le point ν correspondant au point n, en prenant :

$$\pi'\nu = p'n$$

les arcs mn et $\mu\nu$ ont la même valeur principale. On a, en effet, dans les triangles rectilignes mnm', $\mu\nu\mu'$:

$$\lim \left[\frac{\text{arc } mn}{\text{arc } \mu\nu} \right]^2 = \lim \left[\frac{\text{corde } mn}{\text{corde } \mu\nu} \right]^2 =$$

$$\lim \frac{(\text{corde } mm')^2 - 2.\, m'n.\, \cos mm'n.\, \text{Corde } mm' + m'n^2}{(\text{corde } \mu\mu')^2 - 2.\, \mu'\nu.\, \cos \mu\mu'\nu.\, \text{Corde } \mu\mu' + \mu'\nu^2} =$$

$$\lim \frac{(\text{arc } mm')^2 - 2.\, m'n.\, \cos mm'n.\, \text{arc } mm' + m'n^2}{(\text{arc } \mu\mu')^2 - 2.\, \mu'\nu.\, \cos \mu\mu'\nu.\, \text{arc } \mu\mu' + \mu'\nu^2}$$

et cette limite est l'unité parce que les arcs mm', $\mu\mu'$ sont égaux ainsi que les segments $m'n$, $\mu'\nu$, et que, les cosinus tendant vers zéro, les doubles produits sont des infiniment petits d'ordre supérieur.

Il suit de là que les arcs mn, $\mu\nu$ ont la même valeur principale et que, par conséquent, en intégrant comme plus haut, deux arcs quelconques sont rigoureusement égaux.

177. — Il n'y a pas d'autre manière d'appliquer la surface sur un plan. En effet, sur la courbe, développement de la courbe gauche, les arcs se conservent. On a donc nécessairement :

$$\text{arc } pa = \text{arc } \pi\alpha.$$

De plus, chaque droite de la surface, étant le plus court chemin entre deux points, doit se développer suivant une droite ; et, comme les angles se conservent, le développement d'une génératrice sera une droite tangente au développement de l'arête de rebroussement, avec, pour deux génératrices infiniment voisines :

$$\text{arc } pp' = \text{arc } \pi\pi'.$$

Comme les angles se conservent, les trajectoires orthogonales se transforment suivant des trajectoires orthogonales dont les arcs correspondants sont égaux et l'on a :

$$\text{arc } mm' = \text{arc } \mu\mu'.$$

Il suit de là, à cause de :

$$\text{Corde } mm' = 2l \sin \frac{\varepsilon}{2}$$

que les angles de contingence des deux courbes ont la même valeur principale, et à cause de :

$$\rho = \lim \frac{pp'}{\varepsilon}$$

que l'arête de rebroussement et la courbe qui en est le développement ont, en des points correspondants, le même rayon de courbure.

178. — Supposons que l'on opère le développement de la surface sur un plan tangent ; nous allons prouver que *si l'on projette sur ce plan une courbe tracée sur la surface, la courbe qui en est la projection et celle qui en est le développement ont le même rayon de courbure (sont osculatrices) au point où elles rencontrent la génératrice de contact.*

Prenons pour plan vertical de projection (fig. 146) le plan tangent sur lequel on applique la surface et pour plan horizontal un

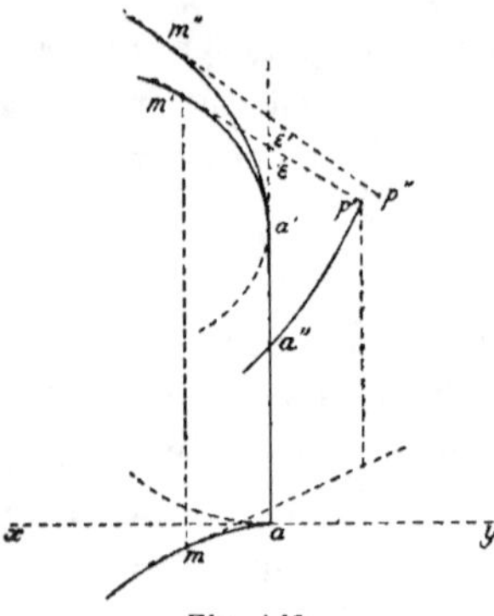

Fig. 146.

plan perpendiculaire à la génératrice ; cette génératrice est alors une droite telle que aa', située dans le plan vertical de projection et perpendiculaire à xy. Soient a' le point où elle touche l'arète de rebroussement et a'' le point où la courbe C tracée sur la surface rencontre la génératrice ; figurons la projection verticale $a'm'$ de l'arète de rebroussement tangente en a' à la génératrice aa' ; et prenons sur la courbe C un point projeté en p', à distance infiniment petite de a'' ; soit m' la projection du point où la génératrice de la surface qui passe par ce point touche l'arète de rebroussement ; la tangente à la projection $a'm'$ au point m' est la droite $p'm'$ et l'arc $a'm'$ est infiniment petit.

Pour appliquer la surface sur le plan vertical de projection, développons d'abord l'arète de rebroussement ; nous aurons une courbe $a'm''$ tangente en a' à la génératrice aa', en vertu de la conservation des angles et ayant même rayon de courbure (174), par suite osculatrice. D'ailleurs le plan vertical, plan tangent de la développable, est le plan osculateur au point a' de l'arète de rebroussement ; cette courbe et sa projection $a'm'$ ont donc le même rayon de courbure en a' (150) ; donc enfin les courbes $a'm'$, $a'm''$ sont osculatrices en a.

Portons ensuite à partir de a' un arc $a'm''$ égal à l'arc $(am. a'm')$ de l'espace, nous aurons le point m'' correspondant à (m,m') ; $a'm'$ et $a'm''$ sont l'un et l'autre infiniment petits et comme les deux courbes sont osculatrices, la distance $m'm''$ est du troisième ordre (149).

Observons maintenant que la différence entre le rayon de courbure ρ' de la projection $a'm'$ de l'arète de rebroussement en m', et le rayon de courbure ρ de cette arète au point (m,m'), qui est aussi celui de son développement au point m'', est un infiniment petit du second ordre par rapport à l'arc $(am, a'm')$. On a, en effet (150), en désignant par ω l'angle de la tangente au point (m,m') avec le plan vertical qui est le plan osculateur en (a, a'), lequel angle est conséquemment (135) du second ordre, et par θ l'angle du plan osculateur en (m,m') avec le plan osculateur en (a, a'), qui est du premier ordre [1] :

$$\rho' = \rho \, \frac{\cos^3 \omega}{\cos \theta}$$

d'où :

$$\rho' - \rho = \frac{\rho}{\cos \theta} \, (\cos^3 \omega - \cos \theta) = \frac{\rho}{\cos \theta} \, [\cos \omega \, (1 - \sin^2 \omega) - \cos \theta],$$

ou bien :

$$\rho' - \rho = \frac{\rho}{\cos \theta} \left[2 \sin \frac{\theta + \omega}{2} \sin \frac{\theta - \omega}{2} - \cos \omega \, \sin^2 \omega \right].$$

Comme ω est d'ordre supérieur à θ, la valeur principale de cette différence est la même que celle de

$$\frac{2\rho}{\cos \theta} \sin^2 \frac{\theta}{2}$$

c'est-à-dire que cette différence est du second ordre par rapport à l'arc.

Il suit de là que la différence $\rho' - \rho$ ne change pas de signe lorsque les points m' et m'', décrivant respectivement chaque courbe, franchissent le point a'. Les courbes ne se traversent pas, et la distance $m'm''$, au lieu d'être du troisième ordre comme dans le cas général de deux courbes osculatrices, est du quatrième.

Comme conséquence, la différence $\varepsilon' - \varepsilon$ des angles de contingence, qui est l'angle des tangentes $m'p'$, $m''p''$, est du troisième ordre. On peut en effet la remplacer, au troisième ordre près, par la différence des tangentes de ces angles : or celle-ci est la dérivée de la différence des ordonnées comptées perpendiculairement à aa' (4° ordre) par rapport une abscisse infiniment petite comptée sur aa' à partir de a' (1er ordre).

Cela posé, pour avoir le point p'', développement du point (p, p') de l'espace, portons sur le développement de la génératrice $(mp, m'p')$

---

1. Cet angle est un élément important de la courbe en un point ; son rapport à l'arc est en général fini, et s'appelle la *seconde courbure*, ou la *torsion* en ce point. L'inverse de la torsion, qui est une longueur, est le **rayon de torsion** ou de *seconde courbure*. De là le nom de **courbes à double courbure** souvent employé pour les courbes gauches.

qui est la tangente au point m'' au développement de l'arête de
rebroussement, à partir du point m'' et dans le sens convenable,
une longueur $m''p''$ égale au segment $(mp, m'p')$ de l'espace. La différence entre ce segment et sa projection $m'p'$ est un infiniment petit
du quatrième ordre, car elle est égale au double produit du segment
de l'espace par $\sin^2 \frac{\omega}{2}$, et on a vu que l'angle ω est du second ordre.

On a donc enfin la figure suivante (fig. 147); deux points m' et
m'' à une distance infiniment petite du quatrième ordre, par chacun
d'eux des droites $m'p'$, $m''p''$ faisant un angle $\varepsilon'-\varepsilon$ infiniment petit
du troisième ordre; à partir de ces points, sur chacune des droites
des segments finis $m'p'$, $m''p''$ dont la différence est du quatrième ordre; il s'agit d'évaluer la distance $p'p''$.

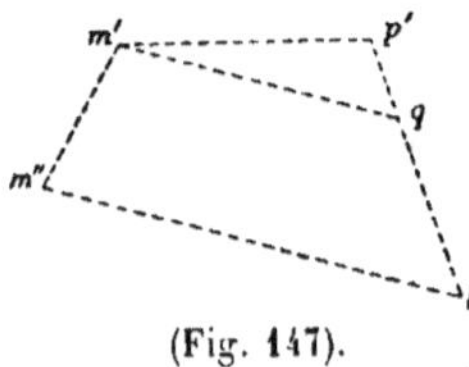

(Fig. 147).

Pour cela, menons par m' une parallèle à $m''p''$ qui coupe $p'p''$ au point q.
Le segment qp'' intercepté entre les
deux parallèles est du quatrième ordre ; mais, dans le triangle $m'p'q$ où
les côtés $m'p'$ et $m'q$ sont finis tandis
que l'angle m' est du troisième ordre,
le côté opposé $p'q$ est aussi du troisième ordre.

Donc enfin la distance $p'p''$ est du troisième ordre, et les courbes
$a''p'$, $a''p''$ sont osculatrices en a''.

**179. Relation entre le rayon de courbure d'une
courbe tracée sur une développable et celui de sa
transformée par développement au même point.** —
Il suffit, d'après ce qui précède, de chercher le rayon de courbure de la projection de la courbe sur le plan tangent de la
développable au point considéré. L'angle ω, que fait la tangente à la courbe en ce point avec le plan de projection, est
alors égal à zéro ; et la formule qui donne (150) le rayon de
la projection devient :

$$\rho' = \frac{\rho}{\cos \theta}$$

en désignant par θ l'angle que fait le plan osculateur de la
courbe avec le plan tangent de la surface au même point, ou
encore :

$$\frac{1}{\rho'} = \frac{1}{\rho} \cos \theta;$$

ce qui peut s'énoncer de deux manières. La première relation exprime que *le rayon de courbure sur la surface est la projection sur le plan osculateur du rayon de courbure du développement* supposé effectué sur le plan tangent, et la seconde que *la courbure* (147) du développement est la projection de la courbure de la courbe donnée [1].

180. Géodésiques. — On appelle *ligne géodésique* sur une surface une ligne telle qu'un arc quelconque, limité, de cette ligne est, sur la surface, le plus court chemin entre ses deux extrémités.

Il suit de là et du fait de la conservation des arcs qu'une ligne géodésique, tracée sur une développable, aura pour développement une ligne droite ; c'est-à-dire que, pour un point quelconque du développement :

$$\frac{1}{\rho'} = 0$$

par suite $\dfrac{\cos \theta}{\rho} = 0$.

Si $\dfrac{1}{\rho}$ est nul en tous les points de la courbe, c'est une ligne droite.

Par suite, en écartant les génératrices de la surface, qui sont des géodésiques particulières, il reste $\cos \theta = 0$, c'est-à-dire qu'*en un point quelconque d'une ligne géodésique, le plan osculateur est normal à la surface* [2].

---

1. Cette propriété importante est due à Catalan (*C. R. de l'Acad. des sciences*, t. XVII, 1843, p. 738). L'auteur l'a démontrée anslytiquement par un procédé qui ne pouvait avoir sa place ici. On voit qu'elle se déduit immédiatement du théorème qui ramène le développement à la projection sur le plan tangent. Ce théorème, dont la démonstration est simple, quoique longue, m'a paru nécessaire à établir pour pouvoir déduire rigoureusement la formule de Catalan du mode de développement, très rigoureux lui-même, adopté par M. Brisse.

2 Réciproquement, *si le plan osculateur en tout point d'une courbe tracée sur une développable est normal à la surface, cette courbe est une ligne géodésique,* car on a constamment $\dfrac{1}{\rho'} = 0$. On prouve en analyse que cette propriété du plan osculateur, d'être constamment normal à la surface est

C'est le résultat déjà trouvé (154) pour l'hélice qui est la ligne géodésique du cylindre.

181. Points d'inflexion dans le développement d'une courbe tracée sur la surface.

— Si le rayon de courbure, au lieu d'être infini en tous les points du développement l'est seulement en quelques-uns, on a pour ceux-là soit $\frac{1}{\rho} = 0$, auquel cas ils proviennent d'un point d'inflexion de la proposée ; soit $\cos\theta = 0$, auquel cas le plan osculateur est perpendiculaire au plan tangent. Ainsi, *les points d'inflexion du développement proviennent des points d'inflexion de la courbe sur la surface et des points de cette courbe pour lesquels le plan osculateur est perpendiculaire au plan tangent.*

Pour le développement de l'arête de rebroussement, on a constamment $\cos\theta = 1$, puisque le plan tangent est toujours le plan osculateur, et l'on trouve alors, comme vérification, $\rho = R$.

182. Section plane d'une développable.

— On la construit par points en cherchant les points d'intersection de chaque génératrice de la développable avec le plan sécant.

La tangente en l'un d'eux est l'intersection du plan tangent à la surface en ce point avec le plan sécant.

Les points à l'infini sont fournis par les génératrices de la surface parallèles au plan sécant ; pour les obtenir, il suffit de couper le cône directeur par un plan mené par le sommet de ce cône parallèment au plan sécant.

L'asymptote correspondante au point à l'infini fourni par

sur toute surface, développable ou non, le *criterium* des lignes géodésiques. Il suit de là que, *si une ligne est géodésique sur une surface, elle l'est aussi sur toute surface circonscrite à la première le long de cette ligne* ; inversement, *toutes les surfaces admettant pour géodésique une courbe donnée, sont circonscrites tout le long de cette ligne*, car la normale à l'une d'elles en un point de la courbe est dans le plan normal à la courbe, parce que la courbe est sur la surface ; elle est aussi dans le plan osculateur, c'est donc la normale principale (151).

l'une des génératrices d'intersection, est la droite d'intersection du plan sécant avec le plan tangent à la surface le long de la génératrice qui lui est parallèle.

Les points où le plan sécant rencontre l'arête de rebroussement sont des points de rebroussement de la section.

Pour le démontrer, prenons (fig. 148) des plans de projection particuliers[1]. Soit a le point où le plan sécant coupe

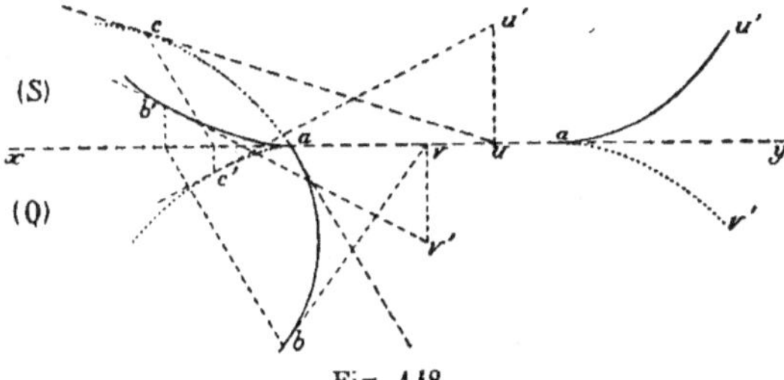

Fig. 148.

l'arête de rebroussement ; prenons comme plan horizontal le plan osculateur (O) de la courbe en ce point, et comme plan vertical le plan sécant (S) lui-même ; la ligne de terre xy est leur intersection, et les plans de projection ne sont pas en général rectangulaires.

Projetons la courbe sur le plan (O) à l'aide de projetantes parallèles à (S) et perpendiculaires à xy. Ces droites ne sont pas parallèles au plan osculateur et il n'y a, par conséquent, pas de singularités du fait de la projection. Comme la courbe est, en général, traversée par son plan osculateur, un arc de la courbe, ab par exemple, est vu ; l'autre, ac, est caché.

La tangente en a est dans le plan (O) ; projetons la courbe sur le plan (S) à l'aide de parallèles à cette tangente ; la projection présentera alors (139) un point de rebroussement pour lequel la tangente est la trace du plan osculateur sur le plan de projection, c'est-à-dire xy. Comme la partie de la courbe

1. Cette démonstration a été donnée par M. Tresca, aujourd'hui ingénieur en chef des ponts et chaussées, lorsqu'il était élève à l'École polytechnique. Voir Mannheim, *Cours de géométrie descriptive*, p. 224.

qui est en avant du plan vertical de projection a été supposée au-dessus du plan osculateur, le point de cette courbe qui a pour projection horizontale b, se projette verticalement en b' et c'est la portion du rebroussement qui est au-dessus de xy qui est vue sur le plan vertical de projection.

Pour avoir un point de la section, il faut maintenant chercher la trace verticale d'une génératrice de la surface, c'est-à-dire de la tangente à la courbe en un des points de l'arête de rebroussement. Si le point décrit la branche (ab, ab'), la tangente aura sa trace verticale v' au-dessous de xy et à droite de a ; si on reporte sur la droite de la figure l'arc décrit, on aura un arc tel que av' ; si le point décrit la branche (ac, ac'), la tangente aura sa trace verticale u' au-dessus de xy et toujours à droite de a ; on aura un arc tel que au'.

D'ailleurs, pour avoir la tangente au point v' de la section, il faut chercher la trace sur le plan (S) du plan tangent en v' à la surface, c'est-à-dire du plan osculateur à la courbe au point (b, b') ; lorsque b se rapproche de a, le plan osculateur tend vers le plan de projection (O) et cette tangente a pour limite xy.

D'où il suit que *la section présente, en son point d'intersection avec l'arête de rebroussement, un rebroussement admettant pour tangente la trace du plan osculateur sur le plan sécant.*

C'est pour cela que la courbe gauche, qui est aussi la ligne de striction (170), a reçu le nom *d'arête de rebroussement.*

Le raisonnement précédent suppose que la tangente en a n'est pas dans le plan sécant : dans le cas particulier où le plan sécant passe par une génératrice de la surface, il n'y a plus de rebroussement propre et la section admet pour tangente la génératrice.

183. Développement approximatif d'une surface développable. — Soit à développer la portion de surface comprise entre deux courbes $aa'a''$, $bb'b''$ fig. 149). Traçons sur la surface des génératrices ab, $a'b'$, aussi rapprochées que

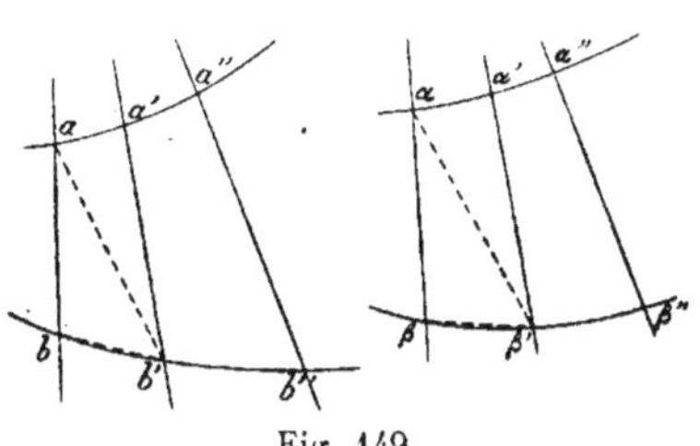

Fig. 149.

possible, et portons sur une droite la longueur ab en $\alpha\beta$. Mesurons l'angle de la corde bb' avec la génératrice ab; le développement de cette corde est approximativement le segment rectiligne $\beta\beta'$ égal à bb' et faisant le même angle avec $\alpha\beta$; le point b' s'applique à peu près en β'.

Joignons ab' et $\alpha\beta'$; les triangles abb', $\alpha\beta\beta'$ ont un angle égal compris entre côtés égaux, d'où $ab' = \alpha\beta'$; $\alpha\beta'$ est à peu près le développement de la géodésique ab'. On fait de même pour les triangles $aa'b'$, $\alpha\alpha'\beta'$; et ainsi de suite. On obtient par là le développement d'une surface polyédrale qui se rapproche d'autant plus de la développable proposée que les génératrices construites sont en plus grand nombre.

184. Développable considérée comme enveloppe d'un plan mobile. — Le plan tangent d'une surface développable est le même tout le long d'une génératrice (168). Il suit de là que son indétermination est du même ordre que celle de la génératrice (158); et, qu'à l'encontre de ce qui se passe dans les surfaces non développables, réglées ou non, le plan tangent variable de la surface *ne dépend que d'un paramètre*.

Réciproquement, nous allons prouver que *si un plan variable ne dépend que d'un paramètre, il est, dans chacune de ses positions, tangent, le long d'une droite, à une surface développable.*

Donnons au paramètre un accroissement infiniment petit, nous aurons une position infiniment voisine du plan variable. La droite d'intersection du plan avec ce plan infiniment voisin tend vers une limite qui, pour la position considérée du plan, s'appelle la *caractéristique* du plan.

Considérons le lieu des caractéristiques correspondant respectivement à chaque position du plan. Par un point fixe S de l'espace (fig. 150), menons des plans parallèles aux positions du plan variable, et prenons leurs traces sur un plan auxiliaire.

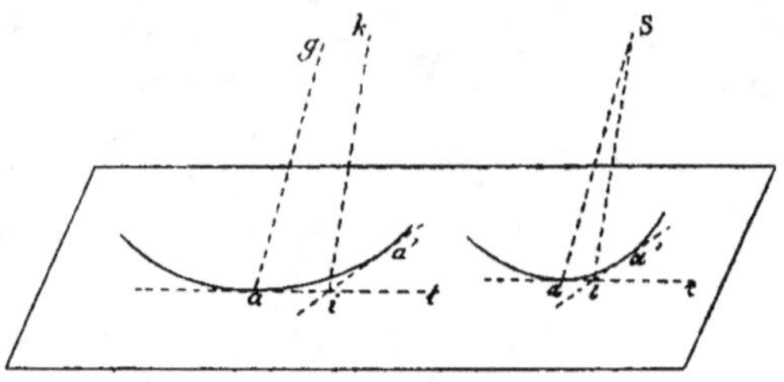

Fig. 150

On obtient ainsi une série de droites dépendant, comme le plan variable, d'un seul paramètre, et admettant, par suite, une enveloppe ; tous les plans parallèles menés par S sont tangents au cône dont le sommet est S et dont la base est l'enveloppe.

Le plan variable lui-même a pour trace sur le même plan une droite variable, dépendant d'un paramètre, et admettant aussi une enveloppe. Figurons cette enveloppe et sa tangente en a, trace du plan variable dans une de ses positions ; le plan parallèle mené par S a pour trace sur le même plan une tangente $\alpha\tau$ de la base du cône, parallèle à at. De même, le plan infiniment voisin donne lieu à la tangente $a'i$, infiniment voisine de at ; et, dans le cône, à la tangente $\alpha'\iota$ infiniment voisine de $\alpha\tau$. Les deux plans tangents au cône se coupent suivant $S\iota$ qui a pour limite $S\alpha$, d'où il suit que l'intersection ik des plans tangents à la surface a une limite qui est la parallèle ga à $S\alpha$ menée par a ; et c'est la surface réglée, lieu des caractéristiques telles que ag, qu'il faut étudier.

Cette surface contient la courbe aa', lieu des traces de ses génératrices sur le plan ; son plan tangent en a renferme donc la génératrice ag et la tangente at ; c'est le plan mobile. D'ailleurs son cône directeur est le cône S, lieu des parallèles menées par S aux diverses caractéristiques du plan mobile ; le plan tangent à l'infini sur ag est donc (163) parallèle au plan tangent à ce cône le long de $S\alpha$; c'est aussi le plan mobile. Donc, le plan tangent est le même tout le long de la génératrice, sauf en un point (166). Par conséquent, la surface est une développable, pour laquelle le plan tangent, tout le long d'une génératrice, est précisément le plan mobile.

Cette développable est le lieu des tangentes à une courbe gauche.

Pour le prouver, projetons sur le plan toutes les droites telles que ag. Ces droites dépendent d'un paramètre et enveloppent une courbe. Prenons cette courbe comme base d'un cylindre droit ; soit m le point de contact de la projection ag' de ag avec son enveloppe. Outre la tangente au point m de l'enveloppe qui est ag', on peut par le point m mener à cette enveloppe un certain nombre d'autres tangentes, et la projetante de m rencontre la développable en autant de points, situés respectivement sur les génératrices de la surface dont la projection passe par m.

Considérons celui de ces points qui est sur la génératrice ag, dont la projection ag' est tangente en m à l'enveloppe ; il appartient à la courbe d'intersection du cylindre et de la développable, et la tangente à cette courbe en ce point est la droite d'intersection des plans tangents à la surface et au cylindre.

Le plan tangent au cylindre est le plan qui projette la génératrice ag, le plan tangent à la surface contient aussi la génératrice ; donc, à moins que les deux plans ne se confondent, la tangente cherchée est cette même génératrice, et la développable est le lieu des tangentes à une courbe gauche, intersection partielle du cylindre et de la surface [1].

---

1. On a défini (168) surfaces développables celles pour lesquelles le plan tangent est le même tout le long d'une génératrice ; alors ce plan ne dépend que d'un paramètre, et enveloppe, comme on vient de le prouver, une surface qui est le lieu des tangentes à une courbe gauche. Il suit de là que toute développable est le lieu des tangentes à une courbe gauche, et par conséquent (174) est applicable sur un plan.

Il y a certains plans tangents de la développable qui sont perpendiculaires au plan de projection, et pour les génératrices correspondantes les deux plans qui, par leur intersection, déterminent la tangente sont confondus. Il suffit alors de changer de plan de projection ; le nouveau cylindre projetant renfermera nécessairement la courbe qui vient d'être définie comme enveloppe des positions successives des génératrices de la développable ; aux points particuliers dont il s'agit le plan tangent de la développable n'est plus perpendiculaire au plan de projection et l'on voit alors que la tangente à la courbe gauche est encore la génératrice de la développable.

185. Développable enveloppe des plans normaux. — Parmi les développables enveloppes d'un plan mobile, il y a lieu de considérer la surface enveloppe du plan normal d'une courbe gauche, qui dépend, comme les coordonnées d'un point de la courbe, d'un paramètre. On a prouvé (151) que la caractéristique de ce plan est l'axe de courbure de la courbe.

Nous allons faire usage de la théorie de l'application des surfaces développables sur un plan, en vue de la recherche des développées d'une courbe gauche ; et nous prouverons qu'il y en a une infinité qui sont des lignes géodésiques de la surface enveloppe des plans normaux.

Imaginons une développable (D), un plan tangent (P) le long de la génératrice (G), et traçons dans ce plan des courbes qui rencontrent la génératrice ainsi que les courbes correspondantes sur la surface. Puisque les arcs se conservent dans le développement, ainsi que les angles, il en est de même des surfaces des éléments correspondants, et nous pouvons appliquer le plan sur la surface en faisant coïncider successivement les tangentes à la courbe, développement de l'arête de rebroussement, avec les génératrices successives de la surface. Dans ce mouvement d'application, une courbe quelconque tracée dans le plan s'enroule exactement, avec conservation des arcs, sur la courbe correspondante de la surface et dans chacune des positions du plan, deux courbes correspondantes sont tangentes au point où elles rencontrent la génératrice de contact, à cause de la conservation des angles.

En particulier, une droite (d) quelconque du plan mobile est constamment tangente à la courbe dont elle est le développement ;

d'ailleurs cette courbe est une géodésique de la développable, donc *toute droite du plan mobile décrit une développable dont l'arête de rebroussement est une géodésique de la développable proposée.*

186. — Le plan tangent le long de la génératrice (d) de cette développable, plan osculateur de la géodésique de (D), est normal (180) à (D) au point où il est osculateur; d'ailleurs il renferme la trajectoire d'un point m quelconque pris sur (d). Il suit de là que la trajectoire d'un point quelconque de (d) est dans le plan passant par (d) et la normale à (D) au point où (d) rencontre la caractéristique de (P); ce plan est perpendiculaire à (P) : faisant passer par m, dans le plan (P) une autre droite, on verra que la trajectoire de m est dans un autre plan perpendiculaire à (P), et par suite elle-même perpendiculaire à (P); il en résulte que *tout point du plan mobile décrit une trajectoire orthogonale des positions du plan,* et que *cette trajectoire admet pour développées* (149) *les géodésiques de* (D) *qui correspondent à toutes les droites du plan* (P) *passant par ce point.*

Inversement, une courbe gauche donnée est la trajectoire orthogonale de ses plans normaux. Si donc on applique, comme précédemment, son plan normal sur la surface enveloppe de ces plans, elle est la trajectoire du point m où l'un d'entre eux lui est normal et *elle admet pour développées les géodésiques de la surface, suivant lesquelles s'appliquent toutes les droites du plan normal menées par le point où le plan est normal.*

Un point quelconque p du plan normal décrit une courbe admettant les mêmes plans normaux, parallèle à la première, et ayant avec elle une développée commune qui est la géodésique suivant laquelle s'applique la droite mp.

187. — Le centre de courbure correspondant au point m de la courbe gauche s'obtient (151) en abaissant de ce point une perpendiculaire sur l'axe de courbure, caractéristique du plan normal en m. Pour que le lieu de ce point soit une développée de la courbe, il faut que cette droite, entraînée par le plan, reste toujours perpendiculaire à la caractéristique (G), ce qui revient à dire que les différentes génératrices de la développable enveloppe des plans normaux correspondent à des droites parallèles du plan mobile; or ceci ne saurait avoir lieu si la courbe n'est pas plane, puisque ces génératrices correspondent aux tangentes de la courbe qui est le développement de l'arête de rebroussement. Ainsi

Le lieu des centres de courbure d'une courbe gauche n'est pas, en gé-

néral, une développée. Ce lieu est l'application, sur la surface enveloppe des plans normaux, de la podaire du point du plan normal qui décrit la courbe par rapport au développement sur ce plan de l'arête de rebroussement de la surface.

Si la courbe est plane, tous les plans normaux sont perpendiculaires à son plan et par suite toutes les caractéristiques. Dans ce cas, elles sont parallèles et décrivent un cylindre dont la section droite est la développée de la courbe dans son plan. Le pied de la perpendiculaire abaissée sur la caractéristique est le centre de courbure et c'est le seul cas où le lieu de ce point soit une développée.

188. — Le plan normal le long d'une génératrice (d) d'une développable (Δ) est le même que le plan normal en un point quelconque de (d) à la trajectoire orthogonale des génératrices de (Δ) qui passe par ce point. Il suit de là que la surface enveloppe des plans normaux de (Δ) est la même que celle des plans normaux d'une de ses trajectoires orthogonales. Par suite *l'arête de rebroussement d'une développable est une géodésique de la surface enveloppe de ses plans normaux.*

Inversement, si une courbe donnée est géodésique sur une développable, elle correspond à une droite du plan qui enveloppe cette développable; dans le mouvement d'application du plan, cette droite engendre une autre développable admettant la courbe donnée pour arête de rebroussement. Donc *il y a une développable et une seule dont une courbe gauche donnée est ligne géodésique ; c'est la surface enveloppe des plans normaux de la développable dont la courbe donnée est l'arête de rebroussement.* On lui donne le nom de *surface rectifiante* de la courbe, parce que dans le développement de cette surface sur un plan, la courbe proposée se développe suivant une droite.

Il suit de là et de ce qui a été dit (180) que *toutes les surfaces sur lesquelles une courbe donnée est géodésique sont les surfaces circonscrites le long de cette courbe à l'enveloppe des plans normaux de la développable dont cette courbe est l'arête de rebroussement.*

189. — Considérons la surface rectifiante d'une courbe donnée. Un plan tangent de cette développable en un point de la courbe contient la tangente à la courbe ; de plus il est perpendiculaire au plan osculateur de la courbe en ce point (180) ; c'est donc le plan rectifiant (151).

Mais on a vu, que dans le mouvement d'application du plan sur la développable, tous les points de la tangente décrivent des trajectoires, développantes de la courbe, qui sont normales au plan. Donc le *plan rectifiant d'une courbe est normal à ses développantes ; il enveloppe la surface rectifiante.* Sa caractéristique, suivant laquelle il est tangent à cette surface, est la *droite rectifiante.*

Ainsi les faces du trièdre trirectangle dont les arêtes sont la tangente en un point d'une courbe gauche, la normale principale et la binormale (151), faces qui sont le plan osculateur, le plan normal et le plan rectifiant au point considéré, enveloppent respectivement trois développables pour lesquelles la courbe est respectivement arête de rebroussement, trajectoire orthogonale des plans tangents et ligne géodésique. Leurs caractéristiques respectives sont la tangente, l'axe de courbure (151) et la droite rectifiante.

La droite rectifiante passe par le point considéré sur la courbe. En effet, le plan rectifiant, dont elle est la caractéristique, passe, dans chacune de ses positions, par les tangentes successives de la courbe, génératrices de la développable dont elle est l'arête de rebroussement. La propriété résulte alors du théorème suivant [1].

Lorsqu'un plan passe par les génératrices successives d'une surface réglée, la caractéristique relative à une position du plan mobile passe par le point où il touche la surface réglée.

Car la droite d'intersection du plan avec sa position voisine rencontre deux génératrices successives de la surface. Elle est donc, à la limite, tangente à la surface, et passe en conséquence par le point où le plan est tangent.

Ici, le point de contact est le point de la courbe, car le plan rectifiant n'est pas le plan osculateur.

---

1. Mannheim. *Cours de Géométrie descriptive*, p. 277.

CHAPITRE V

GÉNÉRATION DES SURFACES DÉVELOPPABLES

190. — On a vu que le plan tangent d'une surface développable dépend d'un paramètre ; il est donc assujetti à deux conditions.

Ces deux conditions peuvent être d'être tangent à deux courbes directrices, à une courbe et à une surface, dite *noyau*, ou à deux surfaces.

L'une des courbes directrices peut être rejetée à l'infini ; ce qui revient à dire que le plan mobile, dans chacune de ses positions, est parallèle à un plan tangent variable d'un cône donné, qui sera dit *cône directeur*. Au point de vue des conditions auxquelles est assujetti le plan mobile, il y a donc lieu de considérer cinq cas :

1° Deux directrices ;
2° Une directrice et un cône directeur ;
3° Une directrice et un noyau ;
4° Un cône directeur et un noyau ;
5° Deux noyaux.

191. Premier cas. Deux directrices. — Prenons un point a sur la première directrice (fig. 151) ; en ce point, menons la tangente à cette courbe, et considérons le cône ayant ce point pour sommet et la seconde directrice pour base. Par la tangente at, menons un plan tangent à ce cône, et soit ab la génératrice de contact. A chaque point de l'une des directrices correspond un nombre déterminé de droites telles que ab ; ces droites engendrent donc une surface réglée.

Elle est développable ; en effet elle renferme chacune des

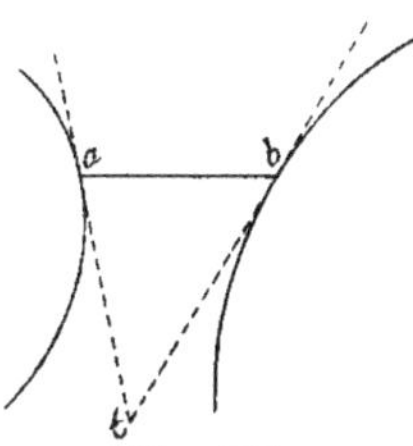

Fig. 151.

directrices puisque chaque droite ab s'appuie sur elles ; le plan tangent en a est alors le plan tab. Mais la tangente en b à la deuxième directrice rencontre la tangente at, puisqu'elle est dans le plan tangent au cône de sommet a ayant cette courbe pour base ; le plan tangent en b à la surface réglée lieu de la droite ab, qui renferme cette tangente et la droite ab, coïncide donc avec le plan tangent en a ; il est alors le même tout le long de ab. De plus, cette développable est bien celle qui répond à la question, car le plan mobile, tab, dont elle est l'enveloppe, est, dans chacune de ses positions, tangent aux deux directrices données.

Il faut observer que chaque directrice est une ligne multiple de la surface, dont l'ordre de multiplicité est égal au nombre des plans tangents qu'on peut mener par un point à un cône ayant son sommet sur cette courbe et l'autre pour base. Tel est, en effet, le nombre des droites telles que ab, passant par le point a.

192. Arcs réels et arcs virtuels. — On conçoit que, par la droite at, on ne puisse pas toujours mener au cône des plans tangents réels. Dans ce cas, on dit que le point a est *virtuel* ; les arcs de chaque directrice qui contiennent des points virtuels sont les *arcs virtuels*, les autres sont les *arcs réels*.

Quand la droite at passe de l'extérieur du cône à l'intérieur, le point a passe d'un arc réel à un arc virtuel ; c'est un point *limite* ; la séparation se fait alors sur le cône et, par conséquent, dans ce cas, la tangente at rencontre l'autre directrice.

Soit a' un point infiniment voisin de a supposé *point limite* (fig. 152) ; la tangente en a' est alors infiniment voisine du cône, et le point t' où elle rencontre la tangente en b' est infiniment voisin de b'. Menons par t' des tangentes à la base, nous aurons un second point de contact b'' et les deux génératrices $a'b'$, $a'b''$ infiniment voisines. A la limite, elles se réduisent à une seule ab, et au-delà elles deviennent virtuelles.

Cherchons le point central sur ab : $a'b'$ et $a'b''$, infiniment voisines, sont aussi infiniment voisines de ab ; donc le pied sur ab de la plus courte distance de l'une ou de l'autre à ab est infiniment voisin du pied sur l'une d'elles de sa plus courte distance à l'autre. Or elles se rencontrent en a' ; le point cherché est donc infiniment voisin de a', c'est donc le point a limite de a'. Et comme l'arête de rebroussement est le lieu des points centraux, on voit que

Les points limites, sur chaque directrice de la surface, appartiennent à l'arête de rebroussement.

On prouve en outre qu'*en chacun de ces points, l'arête de rebroussement présente un rebroussement.*

En effet, la distance du point a' à la droite ab, qui est tangente en a à la directrice est un infiniment petit du second or-

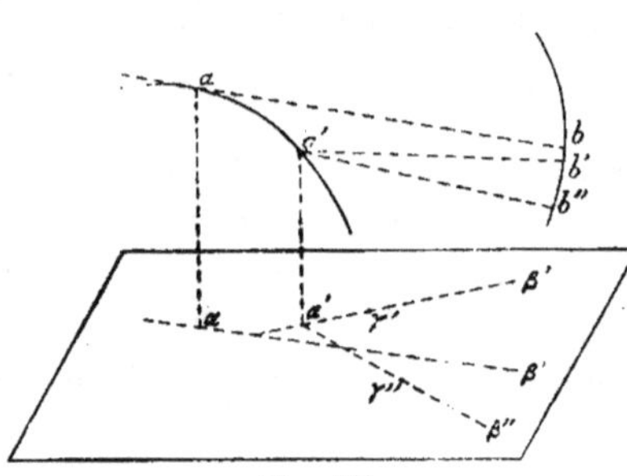

Fig. 152.

dre. Si donc on place a' rigoureusement sur ab et qu'on mène par ce point des parallèles aux droites $a'b'$, $a'b''$, on leur fait subir un déplacement du second ordre.

Projetons le tout sur un plan parallèle à ab par exemple ; on aura $\alpha\beta$, $\alpha'\beta'$, $\alpha'\beta''$. D'ailleurs la projection sur ce plan de l'arête de rebroussement est tangente aux projections des génératrices ; elle est tangente à $\alpha\beta$ en α, et aux deux autres droites en des points infiniment voisins de α' qu'on peut considérer comme le point d'intersection de chacune d'elles avec $\alpha\beta$.

Comme α' est le point d'intersection de deux tangentes infiniment voisines, $\alpha'\alpha$ et $\alpha'\beta'$, les points de contact α et γ' sont de part et d'autre de α'; de même pour les tangentes $\alpha'\alpha$ et $\alpha'\beta''$. On a donc deux branches de courbe $\alpha\gamma'$ et $\alpha\gamma''$, situées toutes les deux d'un même côté du point α. C'est la définition du rebroussement.

La projection de l'arête de rebroussement sur un plan quelconque présentant un rebroussement, la courbe elle-même présente un rebroussement en a.

193. — Le plan tangent d'une surface développable ne dépend que d'un paramètre. C'est pourquoi le problème qui consiste à mener des plans tangents à la surface par un point donné est déterminé ; alors que, dans les autres surfaces, les plans répondant à la question enveloppent un cône ayant le point pour sommet.

Pour le résoudre dans le cas où la surface est définie par deux directrices, on remarque (190) que les plans cherchés doivent être à la fois tangents aux deux courbes et sont, par conséquent, les plans tangents communs aux deux cônes ayant pour sommet le point donné et les deux directrices pour bases respectives.

La génératrice suivant laquelle l'un d'eux touche la développable, *caractéristique* du plan mobile (184), est la droite qui joint les points où il touche chaque directrice.

194. Deuxième cas. Une directrice et un cône directeur. — Soit at la tangente en un point a de la courbe directrice (fig. 153) ; par le sommet S du cône directeur, on mène une parallèle Su à cette tangente, et par cette droite, on fait passer des plans tangents au

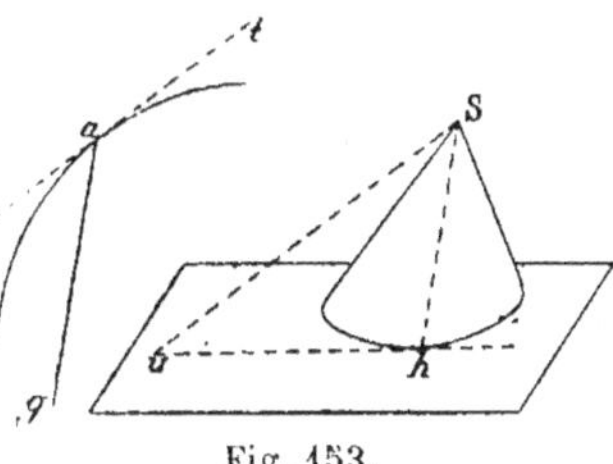

Fig. 153.

cône; on a des génératrices de contact telles que Sh auxquelles on mène des parallèles par le point a; soit ag l'une d'elles. Elle engendre une surface réglée qui est développable et qui répond à la question.

Elle est développable; en effet, elle renferme la directrice qui est le lieu du point a, et le plan tangent en a est le plan tag. De plus, chaque génératrice, telle que ag, est parallèle à une génératrice du cône directeur. Ce cône, qui a été dénommé *directeur* (190), relativement au plan mobile qui doit être constamment parallèle à l'un de ses plans tangents, est donc aussi le cône directeur de la surface gauche, tel qu'il a été défini (163), et par suite le plan tangent à l'infini sur ag, qui est parallèle au plan tangent au cône directeur (163) est aussi le plan tag.

Elle répond à la question; car le plan mobile tag, dont elle est l'enveloppe, est dans chacune de ses positions tangent à la directrice donnée et parallèle à l'un des plans tangents du cône directeur [1].

La directrice donnée est une ligne multiple de la surface,

---

[1]. C'est relativement à la directrice à distance finie la répétition du raisonnement qui a été fait (187) relativement à celle des deux directrices qui est décrite par le sommet du cône variable. On peut aussi appliquer ce raisonnement à la directrice à l'infini sur le cône directeur.

On dira alors: soient Sh une génératrice du cône directeur (définissant un point sur la directrice à l'infini) et (P) le plan tangent au cône le long de cette génératrice (définissant la tangente au point à l'infini sur la directrice). Considérons le cylindre ayant pour base la directrice et dont les génératrices sont parallèles à Sh (cône ayant pour sommet le point à l'infini sur Sh), et menons à ce cylindre des plans tangents parallèles à (P) (par la tangente au point sur la directrice à l'infini). Le problème est possible parce que (P) est parallèle aux génératrices du cylindre. La génératrice de contact décrit une surface développable, parce que le plan tangent est le même en deux de ses points, et cette surface est l'enveloppe des plans répondant à la question.

La courbe à l'infini sur le cône directeur est une ligne multiple de la développable, d'ordre égal au nombre des plans tangents menés par un point à un cylindre dont la base est la directrice.

Il y a sur le cône directeur des secteurs réels et des secteurs virtuels, qui sont respectivement les lieux des génératrices Sh, pour lesquelles les plans tangents correspondants du cylindre sont réels ou imaginaires.

et son ordre de multiplicité est égal au nombre des plans tangents qu'on peut mener par un point au cône directeur.

Il y a sur cette courbe des arcs réels et des arcs virtuels, qui sont respectivement les lieux des points a pour lesquels la génératrice ag est réelle ou imaginaire.

Si l'on veut mener à la développable ainsi définie des plans tangents par un point donné (193), on transportera le cône directeur parallèlement à lui-même de façon à lui donner pour sommet le point donné, et l'on construira les plans tangents communs à ce cône et au cône de même sommet ayant pour base la directrice.

La génératrice de contact de l'un de ces plans avec la développable, caractéristique du plan mobile (184), est la parallèle menée par le point où il touche la directrice à la génératrice suivant laquelle il touche le cône parallèle au cône directeur.

195. Troisième cas. Une directrice et un noyau. — Le raisonnement est le même ; il suffit de remplacer le cône variable ayant pour sommet un point de la directrice et l'autre pour base par le cône de même sommet circonscrit au noyau. La droite qui engendre la surface est la génératrice de contact avec ce cône du plan tangent qui lui est mené par la tangente à la courbe directrice au point de cette courbe choisi pour sommet du cône, et la surface est développable parce qu'elle admet le même plan tangent au point de la génératrice qui est sur la directrice donnée et au point où cette génératrice touche le noyau.

La directrice est une ligne multiple dont l'ordre de multiplicité est égal au nombre des plans tangents qu'on peut mener par un point à un cône circonscrit au noyau, ou qu'on peut mener par une droite au noyau.

Il y a sur cette courbe des arcs réels et des arcs virtuels, correspondants aux points pour lesquels les plans tangents menés au cône circonscrit au noyau par la tangente à la courbe sont réels ou imaginaires.

Enfin, les plans tangents à la développable par un point sont les plans tangents communs aux deux cônes dont ce point est le sommet, l'un ayant pour base la directrice donnée, l'autre circonscrit au noyau. La génératrice de contact de l'un d'eux avec la développable est la droite qui joint les points où il touche la directrice et le noyau.

196. Quatrième cas. Un cône directeur et un noyau. — Soit S un point de l'espace (fig. 154) ; transportons le cône directeur parallèlement à lui-même, de façon que son sommet soit le point S, et considérons le cône de même sommet, circonscrit au noyau ; soit a le point de contact avec le noyau d'un plan tangent commun aux deux cônes. Menons par a la droite ag parallèle à la génératrice de contact Sb du même plan avec l'autre cône ; cette droite décrit une surface réglée qui répond à la question.

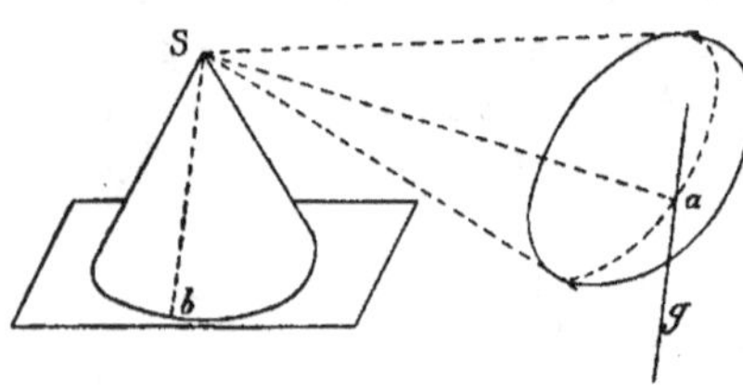

Fig. 154

En effet, le lieu du point a sur le noyau est une courbe dont la tangente en a est dans le plan tangent en ce point au noyau, qui est le plan tangent commun aSb. Cette courbe appartient à la surface lieu de la droite ag ; le plan tangent à cette surface en a renferme donc la tangente at à cette courbe, il renferme aussi la droite ag qui engendre la surface ; comme ces deux droites sont dans le plan tangent commun aux deux cônes, ce plan est le plan tangent en a à la surface réglée.

D'ailleurs, le cône directeur donné pour définir la variation du plan tangent est le cône directeur de la surface réglée considérée, puisque sa génératrice Sb est parallèle à la génératrice ag de la surface réglée. Alors le plan tangent à l'infini sur ag, parallèle au plan tangent au cône directeur le long de

Sb, est aussi le plan tangent commun aux deux cônes. La surface réglée est donc développable, et les plans tangents communs aux deux cônes sont les plans tangents menés à cette surface par le point S, arbitrairement choisi dans l'espace[1].

197. Cinquième cas. Deux noyaux. — Par un point de l'espace on circonscrit un cône à chacun des noyaux, les plans tangents communs à ces deux cônes sont les plans répondant à la question et passant par le point donné. Lorsque le plan mobile subit sa variation, la droite qui joint ses points de contact avec chaque noyau dépend, comme lui, d'un paramètre et décrit une surface réglée. Cette surface est développable, parce que le plan tangent est le même aux points où la génératrice touche chaque noyau, et elle répond à la question parce que le plan mobile dont elle est l'enveloppe est, dans chacune de ses positions, tangent à la fois aux deux noyaux.

1. Cette solution n'est pas l'analogue de celle qui a été donnée pour les trois premiers cas, puisqu'elle consiste à déterminer les plans tangents de la développable, qui passent par un point donné. Au premier abord, le plan variable qui l'enveloppe ne paraît pas fonction d'un seul paramètre, puisqu'il dépend des trois coordonnées du point S. Mais il faut observer que si le point S varie dans l'un des plans fournis par la solution, ce plan ne cesse jamais d'être l'un de ceux qui répondent à la question.

Si l'on veut rester dans le mode de génération indiqué dans les trois premiers cas, il suffit d'appliquer à la courbe à l'infini sur le cône directeur ce qui a été dit pour la directrice, dans le cas d'une directrice et d'un noyau. Le raisonnement est identique à celui de la note précédente, à la condition de remplacer le cylindre ayant pour base la directrice à distance finie par un cylindre circonscrit au noyau. On voit aussi (fig. 154) que le plan tangent de la développable le long de ag est tangent en a au cylindre circonscrit au noyau et dont les génératrices sont parallèles à ag, et le plan qui enveloppe la développable apparaît alors comme fonction d'un seul paramètre, celui duquel dépend la génératrice Sb du cône directeur. Suivant le choix de cette génératrice, les plans tangents au cylindre, parallèles au plan tangent au cône, sont ou non réels, et il y a alors sur le cône des secteurs réels et des secteurs virtuels. La courbe à l'infini sur le cône directeur a pour ordre de multiplicité le nombre des plans tangents qu'on peut mener par un point à un cylindre circonscrit au noyau, qui est aussi le nombre des plans tangents au noyau par une droite.

SURFACES D'ÉGALE PENTE

198. — On appelle *surface d'égale pente* une surface dont tous les plans tangents font le même angle avec un plan donné.

Il résulte de cette définition que si, par un point de l'espace, on mène des plans parallèles aux divers plans tangents de la surface, ils font aussi un même angle avec le plan donné, et qu'ils enveloppent conséquemment un cône de révolution dont l'axe est perpendiculaire à ce plan [1].

Réciproquement, si les plans menés par un point de l'espace, parallèlement aux plans tangents d'une surface enveloppent un cône de révolution, la surface est d'égale pente, parce que tous ses plans tangents font le même angle avec un plan perpendiculaire à l'axe [2].

Le rapport de la projection sur le plan d'égale pente d'une portion limitée de surface d'égale pente à cette portion limitée de surface est constant et égal au cosinus de l'angle de pente. Soit $d\Sigma$ l'élément infiniment petit abc d'une portion finie Σ de la surface d'égale pente. Projetons le triangle abc sur le plan d'égale pente, et soit dS la surface projetée. On a :

$$dS = \text{triangle } abc \times \cos \alpha.$$

en désignant par α l'angle du plan abc avec le plan d'égale pente. Mais il est aisé de prouver que la surface du triangle abc et l'élément infiniment petit $d\Sigma$, définis par le développement (174), ont la même valeur principale ; $\cos \alpha$ tend vers le cosinus de l'angle constant λ des plans tangents avec le plan d'égale pente, d'où :

$$\lim. \frac{dS}{\text{triangle } abc} = \frac{dS}{d\Sigma} = \cos \lambda.$$

$$dS = d\Sigma \cos \lambda.$$

---

1. Il suit de là que la surface est développable, car les plans parallèles aux plans tangents d'une surface non développable, menés par un point de l'espace, remplissent tout l'espace.

2. Et conséquemment développable.

Intégrant :

$$S = \int dS = \int d\Sigma \, \cos \lambda = \cos \lambda \int d\Sigma = \Sigma \cos \lambda \; ^1.$$

Réciproquement, *si le rapport de la projection sur un plan fixe de l'aire d'une portion limitée de surface à cette aire est constant, la surface est d'égale pente et le plan fixe est le plan d'égale pente.*

On a, en effet, si la portion limitée de surface est infiniment petite :

$$\frac{d\Sigma}{dS} = k$$

k étant une constante. Mais on a, en désignant par $\Delta\Sigma$, l'aire plane du triangle abc :

$$\frac{dS}{d\Sigma} = \lim. \ \frac{dS}{\Delta\Sigma} = \lim. \cos \alpha$$

d'où :

$$\lim. \cos \alpha = k$$

ce qui signifie que le plan tangent à la surface fait avec le plan fixe un angle constant.

199. Théorème. — *L'arête de rebroussement d'une surface d'égale pente est une hélice tracée sur un cylindre droit dont la base est la développée de la trace de la surface sur le plan d'égale pente.*

Soit (C) la trace de la surface sur le plan (P) d'égale pente (fig. 155) ; considérons un plan tangent à la surface, sa trace

---

1. Imaginons maintenant le cylindre projetant et coupons-le par un plan tangent quelconque de la surface d'égale pente ; ce plan découpe dans le cylindre une surface dont la projection sur le plan d'égale pente est égale à $\Sigma \cos \lambda$, et comme il fait l'angle λ avec le plan de projection, cette surface est précisément égale à Σ. Il suit de là que si l'on projette les points d'une surface d'égale pente sur un plan tangent quelconque à l'aide de projetantes perpendiculaires au plan d'égale pente, on a un mode de *représentation* de la surface sur le plan dans lequel les surfaces se conservent. Par exemple, *étant donné un cône de révolution limité à une courbe quelconque, si l'on coupe par un des plans tangents du cône le cylindre ayant cette courbe pour base et dont les génératrices sont parallèles à l'axe de révolution, on découpe dans le cylindre une surface égale à celle du développement du cône.*

est la tangente en un certain point m de la trace de la surface.
Mais la génératrice suivant laquelle le plan touche la surface

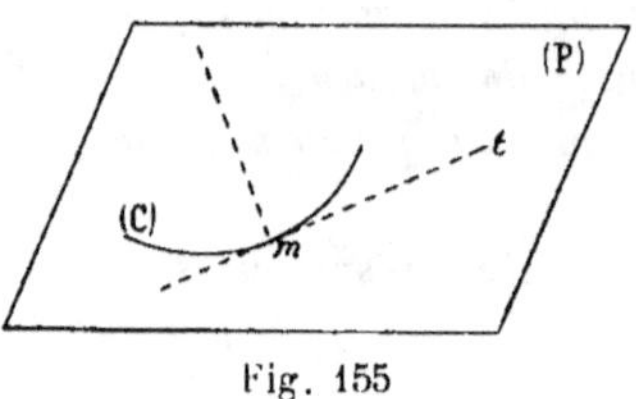

Fig. 155

est parallèle à la génératrice correspondante du cône directeur, c'est donc une ligne de plus grande pente du plan par rapport au plan (P), ligne dont la projection sur le plan est la perpendiculaire en m à la tangente mt, c'est-à-dire la normale en m à la courbe (C). D'ailleurs cette droite enveloppe la projection de l'arête de rebroussement, puisqu'elle est la projection de la génératrice qui est constamment tangente à cette arête. Il en résulte que cette projection est l'enveloppe des normales de la courbe (C). Cette courbe est donc tracée sur un cylindre droit dont la base sur (P) est la développée de (C); c'est une hélice (153) parce que ses tangentes, qui sont les génératrices de la surface et comme telles parallèles aux génératrices du cône directeur, font avec le plan (P) un angle constant [1].

1. Si l'on observe que la tangente mt est à la fois perpendiculaire à la génératrice et à sa projection sur le plan (P), on peut encore dire que *la trace de la surface sur un plan d'égale pente est une trajectoire orthogonale des tangentes (développante) de l'arête de rebroussement, et qu'elle est, dans ce plan, la développante de la projection sur ce plan de l'arête de rebroussement.*

Réciproquement, *si une trajectoire orthogonale des génératrices d'une développable est une courbe plane, la développable est d'égale pente par rapport au plan de la courbe.* En effet, le plan normal à la courbe (C) en un point m est perpendiculaire au plan de la courbe et enveloppe le cylindre dont les génératrices sont perpendiculaires à ce plan et qui a pour base la développée de la courbe; d'ailleurs, il renferme la génératrice mg de la développable qui passe par m, puisqu'elle est normale à la courbe: cette génératrice est donc tangente au cylindre en un certain point g. Le plan tangent de la développable en ce point, qui est le même qu'au point m, renferme la tangente mt à la courbe (C), il est donc normal au cylindre; il renferme aussi la tangente à la courbe lieu des points g, cette tangente est alors la génératrice mg de la développable qui est à la fois dans le plan tangent au cylindre et dans le plan tangent de la développable. Par suite, la courbe lieu des points g est l'arête de rebroussement de la développable, le plan tangent de la développable est le plan osculateur de cette courbe; comme il est normal au cy-

200. Surface d'égale pente circonscrite à une ellipse. — Toute surface d'égale pente est développable et admet pour cône directeur un cône de révolution. Ce cône étant donné par son angle d'inclinaison sur le plan d'égale pente, il suffira alors (190), pour achever de déterminer la surface, de se donner une directrice ou un noyau.

Prenons comme exemple le cas où la directrice est une ellipse donnée dans le plan d'égale pente, que nous supposerons horizontal (fig. 156). Figurons le cône directeur de sommet (S, S'), d'axe vertical et dont la base est le cercle (S) ; et soit (Sa, S'a') la génératrice de contact avec ce cône d'un plan tangent arbitraire S'at.

Menons à l'ellipse une tangente parallèle bu ; la génératrice correspondante de la surface (199) a pour projection horizontale la normale en b à l'ellipse, parallèle à Sa. La projection horizontale de l'arête de rebroussement est l'enveloppe de ces normales, c'est-à-dire la développée de l'ellipse ; traçons cette courbe.

On sait que ses rebroussements sur le grand axe, E et I, sont situés entre le centre et le foyer ; on prouve, en effet, que l'on a :

$$\text{OE} = \frac{c^2}{a}$$

et comme

$$\frac{c^2}{a} = c \cdot \frac{c}{a}$$

OE est plus petit que la distance focale c.

Le point où l'arête de rebroussement touche la génératrice se projette en m, au point où bm touche la développée. La projection verticale de la génératrice s'obtient d'ailleurs en relevant b en b' et menant par b' une parallèle à S'a'. Relevant m en m' sur cette parallèle, on a la projection verticale d'un point de l'arête de rebroussement, pour lequel la tangente est $m'b'$.

lindre, l'arête de rebroussement est une hélice (180, note) ; et son plan osculateur, plan tangent de la développable, fait avec le plan de la courbe (C), section droite du cylindre, un angle constant.

Si la trace b de la génératrice décrit l'arc d'ellipse **AB**, la projection horizontale m décrit l'arc **EH** de la développée, et la projection verticale un arc **E'H'**, passant par le point m', dont les extrémités **E'** et **H'** se déterminent comme le point m'; toutefois, pour le point **H'**, il faut opérer dans un plan profil. La tangente en **E'** est parallèle à la génératrice de front du cône directeur, et la tangente en **H'** est verticale. L'arc **E'H'** est d'ailleurs la projection verticale des deux arcs de l'arête de rebroussement qui se projettent horizontalement suivant les arcs **EH**, **EJ** de la développée, et l'arc symétrique **I'H'** correspond aux deux autres arcs de la développée.

201. — La surface a des lignes doubles. L'une d'elles est l'ellipse de base; à la génératrice $(bm, b'm')$ correspond en effet une autre génératrice, symétrique par rapport au plan horizontal, et qui fait partie de la surface, parce qu'elle fait aussi avec ce plan l'angle donné.

Cherchons la trace de la surface sur le plan de front **AC** : la génératrice $(mb, b'm')$ a sur ce plan sa trace en (p, p'). Mais le point c de l'ellipse, symétrique de b par rapport à **AC**, donne lieu à une normale cp, projection horizontale d'une génératrice de la surface qui rencontre le plan de front **AC** au même point p. La trace de la surface sur ce plan de front est donc aussi une ligne double.

On a, en désignant par λ l'angle d'inclinaison donné :

$$p'q' = pb.\ \text{tg}\ \lambda.$$

Mais on a vu (43) que le lieu des extrémités des normales telles que pb, redressées en tournant autour du point p, est une ellipse dont les sommets sont les foyers **F** et **G**. Les ordonnées du lieu des points p', telles que $p'q'$, sont donc égales à celles d'une ellipse multipliées par une constante ; d'où il suit que la trace verticale elle-même est une ellipse dont les sommets sont **F'** et **G'**, projetés horizontalement aux foyers **F** et **G**.

On a ainsi déterminé deux lignes doubles de la surface, et ces deux courbes sont du second degré. L'ordre de multiplicité de chacune d'elles est précisément le nombre des plans tangents qu'on peut mener par un point à un cône ayant son sommet sur cette courbe et l'autre pour base. Il suit de là (191) que la surface peut être considérée comme l'enveloppe *complète* des plans tangents à la fois aux deux courbes ; ce qui n'aurait pas lieu si on prenait deux courbes quelconques tracées sur la surface, parce que l'enveloppe complète devrait admettre ces deux courbes comme lignes multiples.

Les deux ellipses doubles ont dès lors des arcs réels et des arcs virtuels que nous allons déterminer. Il faut voir pour cela (192) si l'on peut mener à l'une d'elles des tangentes rencontrant l'autre.

Il est évident que l'ellipse de base a tous ses arcs réels ; ses points limites (imaginaires) sont ses points de contact avec les tangentes menées des points où l'autre rencontre le plan de base, qui sont les foyers. De même, les points limites de l'autre sont sur les tangentes menées des points A', C' ; ce sont ses points de contact avec les génératrices de front. Et comme ces points appartiennent à l'arête de rebroussement (192), ce sont les points E', I' où ces génératrices touchent l'arête de rebroussement ; ils sont aussi (192) des points de rebroussement de cette arête. Ces points limitent les arcs utiles de l'ellipse, dont l'un est l'arc EI' et l'autre est son symétrique : le sommet O' de cette ellipse, situé sur l'arc utile, se détermine d'ailleurs aisément.

Il y a de même une courbe double dans le plan de profil BD ; le même raisonnement prouve que c'est une conique obtenue en redressant les normales telles que bd et les multipliant par une constante.

Comme elle a pour sommets les foyers imaginaires, situés sur BD, c'est une hyperbole dont l'axe non transverse est projeté sur BD, l'axe transverse étant la verticale O ; l'un des sommets est O'' sur la génératrice de front, l'autre est son symétrique par rapport au plan horizontal.

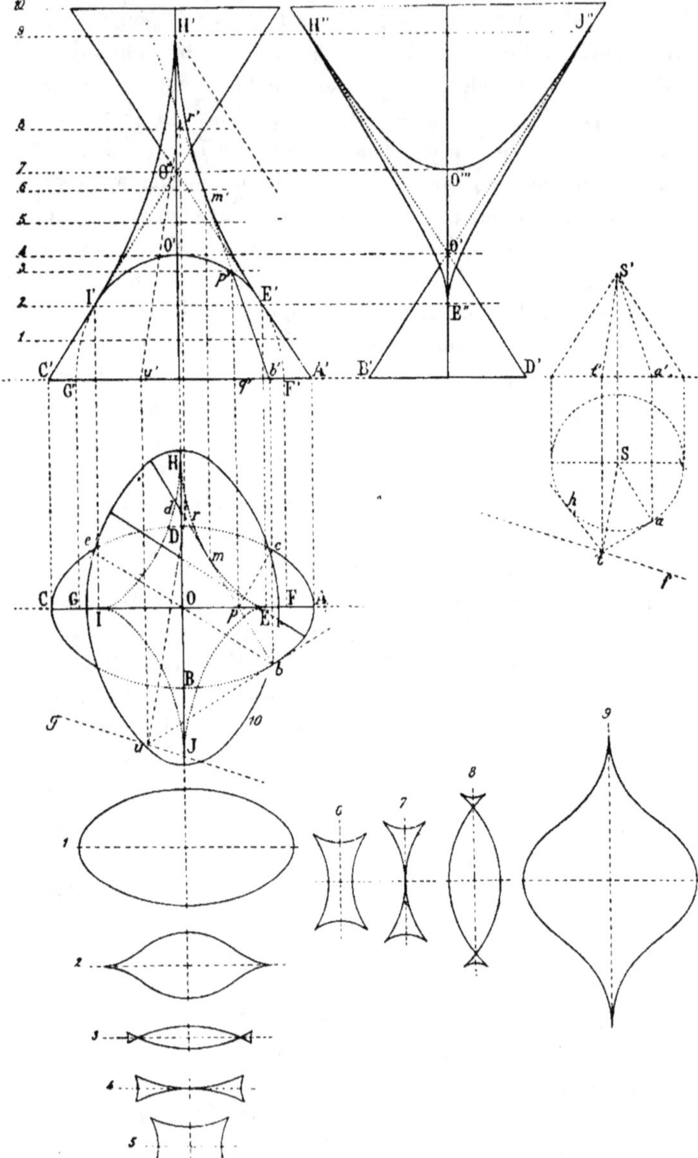

Fig. 156.

Ses points limites sont sur les génératrices de profil ayant pour traces les sommets B et D de l'ellipse de base. L'arc utile s'obtient en rabattant le plan de la courbe en II″O‴J″ : le sommet (O″, O‴) qui appartient à cet arc est, en effet, un point utile fourni par les génératrices de front. Il y a aussi l'arc symétrique par rapport au plan de base [1].

202. — Etudions les sections planes de cette surface. Supposons d'abord qu'il s'agisse d'un plan horizontal. Comme conséquence du théorème général (199), la section considérée est une développante de la développée de l'ellipse ; et, comme toutes les courbes qui admettent la même développée sont des courbes parallèles, c'est une courbe parallèle à l'ellipse [2].

Ces courbes affectent des formes diverses, bien connues en géométrie (fig. 156), et il est aisé de distinguer celle de ces formes qui correspond à un plan horizontal donné, suivant la position de celui-ci par rapport aux lignes doubles et à l'arête de rebroussement.

Si le plan sécant est au-dessous de E′I′, la courbe aura la forme (1) qui rappelle celle de l'ellipse. Le plan E′I′ donnera une courbe telle que (2) à deux rebroussements provenant des points E′ et I′. Si le plan est entre E′I′ et l'horizontale O′, la

---

1. La courbe à l'infini sur le cône directeur est aussi une conique double de la surface, puisqu'il y a deux génératrices de celle-ci qui sont parallèles à la génératrice $(Sa, S'a')$ du cône directeur, savoir $(pb, p'b')$ et celle dont le pied sur l'ellipse de base est le point e symétrique de b par rapport au centre de l'ellipse, mais qui serait au-dessous du plan horizontal tandis que la première est au-dessus.

La surface possède donc quatre coniques doubles ; c'est un cas particulier de la développable circonscrite à deux coniques, douée comme elle de quatre coniques doubles, en général à distance finie et du huitième degré.

2. Comme conséquence du même théorème, l'arête de rebroussement est une hélice tracée sur le cylindre droit ayant pour base la développée de l'ellipse, et on peut se demander comment cette courbe, qui est algébrique puisque la surface est algébrique, peut être une hélice dont la définition (152) n'a rien d'algébrique. Mais il faut observer que d'une part, l'arc de développée qui mesure l'ordonnée de la courbe s'évalue exactement (149), d'autre part que dans le développement du cylindre sur un plan, les quatre portions du cylindre se superposent et les quatre arcs de l'arête de rebroussement se développent suivant un même segment fini de droite.

section aura la forme (3) qui présente deux points doubles provenant de la ligne double E'O'l' et quatre rebroussements fournis par l'arête de rebroussement.

Le plan horizontal O', tangent à la ligne double, coupe suivant une courbe qui a la forme (4) dans laquelle les deux points doubles sont confondus. Si le plan s'élève, la courbe s'évase et ne présente plus de points doubles, parce qu'il ne coupe plus la ligne double ; elle a toujours quatre rebroussements et affecte l'une des formes (5) et (6). Enfin lorsqu'il vient à rencontrer l'hyperbole double, les formes précédentes se reproduisent en sens inverse, telles que (7), (8), (9), (10), mais orientées comme l'indique la figure.

Dans l'épure (fig. 156) la surface a été supposée limitée par le plan horizontal de projection et par le plan horizontal (10) et la ponctuation a été faite en la supposant évidée intérieurement.

203. — Supposons maintenant le plan sécant quelconque, et définissons-le (fig. 156) par sa trace horizontale ug et par la trace horizontale tf d'un plan parallèle mené par le sommet (S, S') du cône directeur. Menons au cône directeur un plan tangent quelconque S'at; il coupe le précédent suivant la droite (St, S't'). Le plan tangent de la surface qui lui est parallèle coupe le plan sécant suivant la droite (ur, $u'r'$) parallèle à (St, S't'), et cette droite rencontre la génératrice au point (r, r') qui appartient à l'intersection. La tangente en ce point est la droite (ur, $u'r'$), qui est à la fois dans le plan tangent et dans le plan sécant.

On peut se proposer de trouver les points de la section pour lesquels la tangente est, en projection verticale, parallèle à une direction donnée. Soit S't' cette direction; puisque la tangente est dans le plan sécant, on en conclut la direction St de la projection horizontale. Menons alors du point t des tangentes ta, th à la base du cône, on a les deux génératrices du cône correspondant aux points cherchés [1].

1. La développable étant du huitième degré, c'est là le degré de toute

201. Intersection de deux surfaces d'égale pente.

— Si le plan d'égale pente est le même pour les deux surfaces, soient α et β les deux pentes, m la projection horizontale d'un point de l'intersection et ma, mb les normales aux deux bases, projections horizontales des deux génératrices qui se coupent en ce point : z étant la cote du point, on a :

$$z = ma.\,\text{tg}\,\alpha = mb.\,\text{tg}\,\beta$$

d'où :

$$\frac{ma}{mb} = \frac{\text{tg}\,\beta}{\text{tg}\,\alpha}.$$

Ce résultat s'énonce ainsi : *l'intersection de deux surfaces d'égale pente, à même plan d'égale pente, se projette sur ce plan suivant la courbe lieu des points dont le rapport des distances aux deux bases est constant.*

section plane. Cette courbe est douée de huit points doubles, réels ou imaginaires, savoir : six en ses points d'intersection avec les trois coniques doubles, et deux à l'infini sur la conique double à l'infini.

Ces points à l'infini sont sur les deux génératrices, réelles ou imaginaires, du cône directeur qui sont parallèles au plan sécant.

Elle possède aussi douze rebroussements; tel est, en effet, le degré de l'arête de rebroussement, *complète*, c'est-à-dire composée de deux portions symétriques par rapport au plan horizontal et dont l'une seulement a été représentée sur l'épure.

Enfin il est aisé de prouver qu'elle est de la quatrième *classe*, c'est-à-dire qu'on peut lui mener par un point quatre tangentes. En effet, les tangentes de cette courbe qui passent par un point donné sont les traces sur le plan sécant des plans tangents à la développable passant par le point ; et les points de contact de ces tangentes sont les traces sur le même plan des génératrices de contact de ces plans tangents. Or les plans tangents menés par un point à la développable sont les plans tangents communs à deux cônes ayant ce point pour sommet, savoir : le cône parallèle au cône directeur et le cône ayant pour base l'ellipse de base : ces plans sont au nombre de quatre. A chaque point de l'espace, correspond un cône directeur ayant ce point pour sommet, d'où un cercle, base du cône dans le plan de l'ellipse ; et inversement. Les tangentes communes à l'ellipse et au cercle définissent les quatre plans tangents passant par le point.

Les valeurs numériques qui viennent d'être indiquées pour les singularités de la section plane vérifient d'ailleurs la formule de Plucker :

$$c = m\,(m - 1) - 2d - 3r$$

où c, m, d, r désignent respectivement la classe, le degré, le nombre des points doubles et celui des points de rebroussement.

CHAPITRE VI

GÉNÉRATION DES SURFACES GAUCHES

205. — La génératrice variable d'une surface gauche dépend d'un paramètre. Comme une droite dépend de quatre paramètres, il en résulte qu'elle doit être assujettie à trois conditions pour décrire une surface gauche. L'une de ces conditions peut être soit de rencontrer une courbe directrice donnée, à distance finie ou à l'infini, auquel cas cela revient à donner le cône directeur de la surface, soit d'être tangente à une surface, dite noyau. Les différentes combinaisons de ces conditions donnent alors lieu aux sept cas suivants :

1° Trois directrices ;

2° Deux directrices et un cône directeur ;

3° Deux directrices et un noyau ;

4° Une directrice, un cône directeur et un noyau ;

5° Une directrice et deux noyaux ;

6° Deux noyaux et un cône directeur ;

7° Trois noyaux.

206. Construction d'une génératrice. — *Premier cas.* — On prend un point a sur l'une des directrices, et l'on considère les deux cônes ayant pour sommet ce point et les deux directrices pour bases respectives. Ces deux cônes se coupent suivant un certain nombre de génératrices qui sont les génératrices de la surface qui passent par le point a [1].

1. Il y en a un nombre égal au produit des degrés des deux cônes, s'ils sont algébriques ; ce produit est égal, si les courbes sont algébriques, au produit des degrés des deux courbes. Chacune des directrices est conséquem-

Proposons-nous de déterminer le plan tangent en un point d de la génératrice (fig. 157). Le plan tangent en chacun des

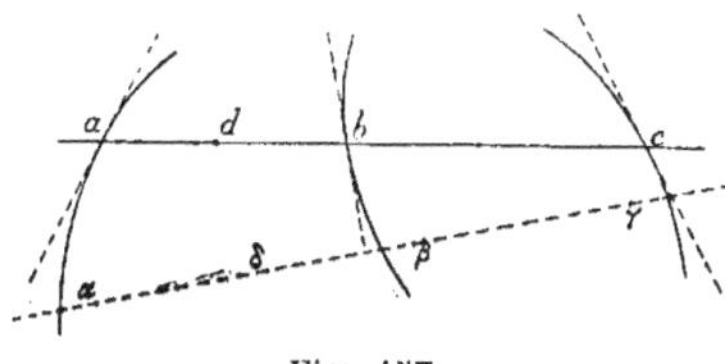

points a, b, c est défini par la génératrice et la tangente à la courbe directrice correspondante. Traçons une sécante quelconque qui rencontre ces trois plans res-

Fig. 157.

pectivement en α, β, γ et construisons le point δ, tel que :

$$\text{rapport anh. } (\alpha\beta\gamma\delta) = \text{rapport anh. } (abcd)$$

La droite $d\delta$ détermine (160) avec la génératrice le plan tangent au point d.

Deuxième cas. — On transporte le cône directeur de façon à lui donner pour sommet un point a de l'une des directrices ; les génératrices de la surface qui passent par le point sont les génératrices communes à ce cône et au cône de même sommet dont la base est l'autre directrice [1].

On connaît les plans tangents en trois points de la génératrice, dont l'un à l'infini ; on en conclut le plan tangent en un quatrième point quelconque.

Troisième cas. — Les génératrices de la surface qui passent par un point a de l'une des directrices sont les génératrices communes aux deux cônes ayant ce point pour sommet et l'un, pour base l'autre directrice, l'autre circonscrit au noyau.

On connaît les plans tangents en trois points de la génératrice, dont l'un est le point de contact avec le noyau ; c'est le plan tangent au noyau, car il contient la génératrice et la tangente à la courbe de contact de la surface avec le noyau. Le

---

ment une ligne multiple de la surface, dont l'ordre de multiplicité est égal au produit des degrés des deux autres.

1. On peut encore dire que les génératrices de la surface parallèles à une génératrice arbitrairement choisie sur le cône directeur sont les génératrices communes aux deux cylindres, dont les génératrices sont parallèles à cette droite et dont les bases sont les deux autres directrices.

plan tangent en un quatrième point quelconque s'en déduit.

Quatrième cas. — Les génératrices de la surface qui passent par un point de la directrice sont les génératrices communes aux deux cônes ayant ce point pour sommet, l'un parallèle au cône directeur, l'autre circonscrit au noyau [1].

On connaît les plans tangents en trois points, dont l'un à l'infini.

Cinquième cas. — On circonscrit par un point de la directrice des cônes aux deux noyaux ; on connaît toujours les plans tangents en trois points.

Sixième cas. — Les génératrices de la surface parallèles à une génératrice du cône directeur sont à l'intersection des deux cylindres dont les génératrices sont parallèles à cette droite et circonscrits respectivement aux deux noyaux. On connaît les plans tangents en trois points, dont l'un à l'infini.

Dans tous les cas précédents, chaque directrice, à distance finie ou à l'infini, est une ligne multiple de la surface dont il est aisé de déterminer l'ordre de multiplicité.

Septième cas. — Il n'y a pas de règle générale pour construire les génératrices de la surface dans le dernier cas. Ce sont les tangentes communes aux trois noyaux.

Sur chacune d'elles on connaît les plans tangents à la surface en chacun des points où elle touche les noyaux.

207. Contour apparent. — Pour trouver la courbe de contour apparent d'une surface gauche, on considère successivement les plans passant par le point de vue et par chaque génératrice, et l'on détermine, pour chacun d'eux, le point où il est tangent.

On détermine la tangente en ce point en observant qu'elle est la projection de la tangente au point correspondant de la courbe de contour apparent sur la surface. Mais cette tan-

---

1. Ou bien : les génératrices parallèles à une droite du cône directeur sont à l'intersection des deux cylindres dont les génératrices lui sont parallèles, l'un ayant pour base la directrice, l'autre circonscrit au noyau.

gente est dans le plan tangent à la surface en ce point, qui passe par le point de vue, et elle a pour projection la trace même du plan tangent sur le plan de projection. On conclut de là que *la courbe de contour apparent d'une surface gauche sur un plan est l'enveloppe des projections sur ce plan des génératrices de la surface.*

Les génératrices singulières donnent lieu, dans cette détermination, à des observations spéciales. On a établi (166) que, pour une telle génératrice, le plan tangent est le même en tous les points, sauf en un seul où il est indéterminé. Il suit de là que le plan passant par le point de vue peut être regardé comme tangent en ce point, et qu'*une courbe de contour apparent passe toujours par le point d'une génératrice singulière où le plan tangent est indéterminé.* Ce point peut d'ailleurs être à l'infini, auquel cas la génératrice est une asymptote de la courbe de contour apparent.

Si le plan tangent, qui est le même tout le long de la génératrice, passe par le point de vue, la génératrice singulière tout entière fait partie du contour apparent.

208. Sections planes. — Une section plane se détermine par points, en prenant successivement les traces des génératrices sur le plan sécant.

La tangente en un point est l'intersection du plan tangent en ce point avec le plan sécant.

Les points à l'infini sont donnés par les génératrices de la surface qui sont parallèles au plan sécant ; on les trouve en menant par le sommet du cône directeur un plan parallèle au plan sécant.

L'asymptote correspondante à l'une d'elles est l'intersection du plan sécant avec le plan mené par la génératrice de la surface parallèlement au plan tangent au cône directeur le long de la génératrice considérée sur ce cône (163).

HYPERBOLOÏDE

209. Propriétés générales. — La plus simple des surfaces gauches est celle dont les trois directrices sont trois droites non situées deux à deux dans un même plan.

Soient (A), (B), (C) les trois directrices (fig. 158). Une génératrice passant par le point a_1 de (A) est (206) l'intersection des plans (a, B), (a, C); il n'y en a qu'une, et les trois directrices sont des lignes simples de la surface ; soit (G_1) cette génératrice. On construira de même autant de génératrices de la surface qu'on voudra, (G_2), (G_3)... Soit d_1 un point quelconque pris sur l'une d'elles, considérons le plan tangent à la surface en ce point.

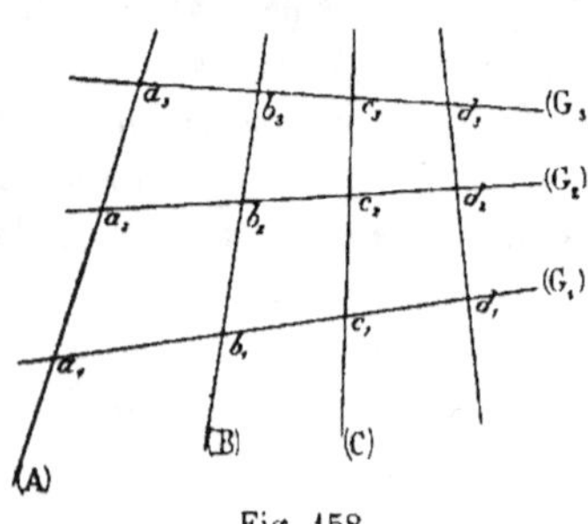

Fig. 158

Les plans tangents en a_1, b_1, c_1 contiennent respectivement (159), outre la génératrice (G_1), les directrices (A), (B), (C). Conséquemment, ils coupent la génératrice (G_2) aux points a_2, b_2, c_2. Il suit de là que le plan tangent en d_1 coupe cette même génératrice en un point d_2 tel (160) que :

$$\text{Rapp. anh. } (a_1 b_1 c_1 d_1) = \text{rapp. anh. } (a_2 b_2 c_2 d_2).$$

On aura de même, sur toute génératrice (G_p), le point d'intersection d_p de cette droite avec le plan tangent en d_1. Nous allons prouver que tous ces points $d_1, d_2,...$ sont en ligne droite.

Projetons pour cela toute la figure (fig. 159 sur un plan perpendiculaire à (A): tous les points a_1, a_2... se projettent en un seul point a, et toutes les génératrices G_1, (G_2)... se projettent suivant des droites (ag_1), (ag_2)…. concourantes en a.

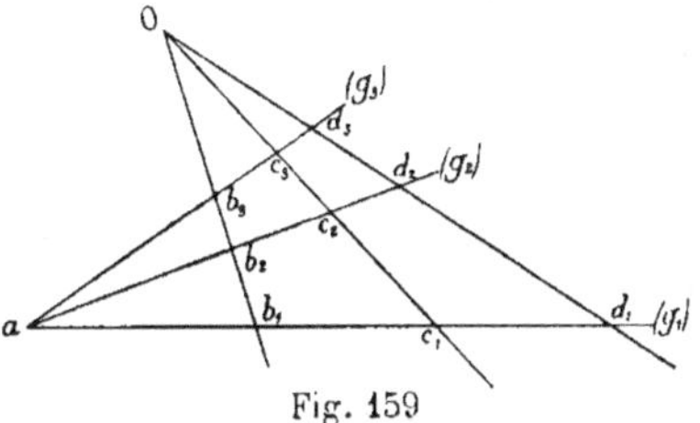

Les directrices (B) et (C) se projettent suivant les droites $b_1 b_2 b_3$, $c_1 c_2 c_3$, et les points d_p, chacun sur la droite $a b_p c_p$ en un point d_p tel que :

Fig. 159

$$\text{Rapp. anh. } (a b_p c_p d_p) = \text{rapp. anh. } (a b_1 c_1 d_1) = \text{const.}$$

En vertu de la projectivité du rapport anharmonique, le lieu de ces points est la droite qui joint le point d_1 au point O, à distance finie ou non, où se coupent les droites $b_1 b_2 b_3$, $c_1 c_2 c_3$. Comme on aurait pu tout aussi bien projeter sur un plan perpendiculaire à (B) ou à (C), il suit de là que le lieu des points d de l'espace est une ligne droite, et cette droite est nécessairement sur la surface, puisqu'elle y a chacun de ses points. Ainsi,

Par tout point pris sur une génératrice (par tout point de la surface), il passe sur la surface une seconde droite, qui n'est pas génératrice, et qui les rencontre toutes.

Ces droites sont essentiellement distinctes des génératrices (G_1), (G_2)… et constituent un *second* système de génératrices rectilignes, comprenant les trois directrices données (A), (B), (C).

Le plan tangent au point d_1 ne coupe une des génératrices (G_2), (G_3)… qu'en un seul point. Il n'a donc pas d'autres points communs avec la surface que ceux des génératrices (G_1) et $d_1 d_2 d_3$. Donc

Le plan tangent en un point de la surface la coupe suivant deux génératrices, qui appartiennent à des systèmes différents et se rencontrent au point de contact.

THÉORÈME. — *Quatre génératrices fixes d'un système sont rencontrées par une génératrice variable de l'autre en quatre points dont le rapport anharmonique est constant.*

Soient (G_1), (G_2), (G_3), (G_4) les génératrices fixes (fig. 160), et a_1, a_2, a_3, a_4, leurs points d'intersection avec la génératrice variable (H_1) dans une de ses positions arbitrairement choisie. Les plans tangents en ces points sont respectivement (H_1G_1), (H_1G_2), (H_1G_3) et (H_1G_4).

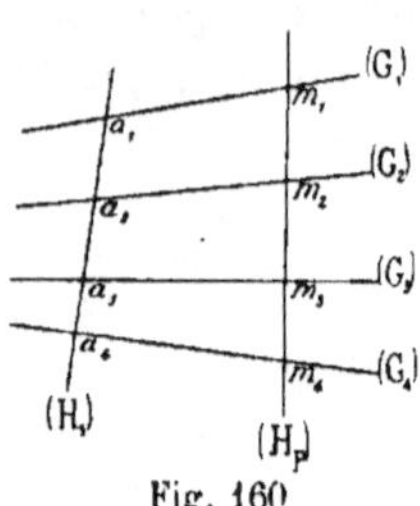

Fig. 160

Soit (H_p) la génératrice variable dans une autre de ses positions, quelconque. Les points m_1, m_2, m_3, m_4, où elle rencontre les quatre génératrices fixes, sont aussi ses points d'intersection avec les plans tangents en a_1, a_2, a_3, a_4. Ces plans passent par une même droite (H_1); conséquemment (58) le rapport anharmonique m_1, m_2, m_3, m_4 est égal à celui des quatre plans, qui est aussi celui des points de contact, a_1, a_2, a_3, a_4 (160).

Deux génératrices de même système ne se rencontrent jamais; si l'on considère, en effet, comme directrices trois génératrices de l'autre, on pourrait, si le contraire arrivait, mener par le point de rencontre deux génératrices de la surface, et on a vu plus haut que par un point d'une directrice, il n'en passe qu'une. On a d'ailleurs prouvé qu'*une génératrice de chaque système rencontre toutes les génératrices de l'autre.*

210. Cône directeur. — Revenons à la figure 159, et supposons que l'on n'ait pas :

$$\frac{ab_1}{ac_1} = \frac{ab_2}{ac_2} = \frac{ab_3}{ac_3}$$

c'est-à-dire que les droites $b_1b_2b_3$, $c_1c_2c_3$ ne soient pas parallèles, et soit O leur point d'intersection. Il résulte de ce qui précède que toutes les génératrices du système (A), (B), (C) se projettent sur le plan de la figure suivant des droites concourantes en O. Conséquemment, toutes ces génératrices rencontrent dans l'espace la perpendiculaire au plan de projection menée par O, laquelle est alors une génératrice du système (G), parallèle à (A) dont le pied est a.

Ainsi, *à toute génératrice d'un système correspond une génératrice parallèle dans l'autre.*

C'est l'extension au cas où le point est à l'infini, de la propriété, prouvée plus haut, d'après laquelle il passe par tout point de la surface une génératrice de chaque système.

Il n'y a pas d'ailleurs d'autre génératrice, d'aucun système, qui soit perpendiculaire au plan de projection ; car elle serait du même système que l'une des deux autres, et les génératrices de l'autre système, devant les rencontrer toutes les deux, se projetteraient suivant la même droite, ce qui est impossible.

D'où il résulte enfin que le cône directeur est le même pour les deux systèmes de génératrices, et qu'il n'y a dans chaque système qu'une génératrice parallèle à une génératrice donnée de ce cône.

Il est aisé de prouver qu'*il est du second degré.* Supposons pour cela qu'il s'agisse du cône directeur relatif au système (G), et plaçons le sommet S en un point de (A); sa projection est a. Un plan quelconque passant par (A) le coupe suivant (A). Soit (g_1) sa trace sur le plan de projection ; les génératrices du cône directeur situées dans ce plan sont d'abord (A) qui est parallèle à la génératrice du système (G) projetée en O, et ensuite les parallèles menées par S aux génératrices de même système situées dans le plan projetant (g_1), puisque toutes les autres, se projetant suivant (g_2), (g_3)..., ne peuvent être parallèles à ce plan. Mais ce plan est tangent à la surface, puisqu'il la coupe suivant (A), et il ne peut la couper, en outre, que suivant une autre génératrice (G_1).

Donc, dans tout plan passant par (A), il y a deux génératrices du cône directeur, qui est alors du second degré.

211. La surface est du second degré.— Soient (A), (B), (C) les trois directrices rectilignes, et (L) une droite quelconque dont on veut déterminer les points d'intersection avec la surface (fig. 161).

Considérons la surface réglée de directrices (A), (B), (L), et quatre génératrices de cette surface rencontrant (A) en a_1, a_2, a_3, a_4 et (L) en α_1, α_2, α_3, α_4. On a :

$$\text{Rapp. anh. } (a_1 a_2 a_3 a_4) = \text{rapp. anh. } (\alpha_1 \alpha_2 \alpha_3 \alpha_4),$$

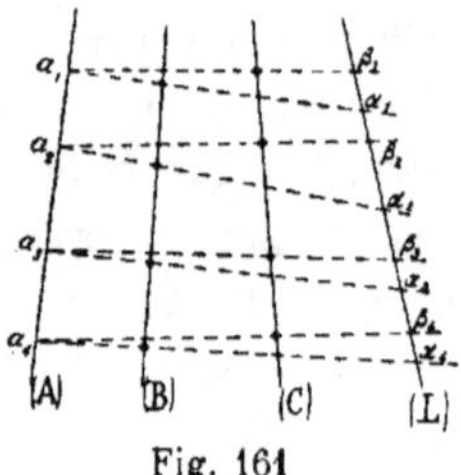

Fig. 161

ce qui veut dire que les divisions (a) et (α) sont homographiques.

Considérons de même la surface réglée de directrices (A), (C), (L). Si β_1, β_2.... sont les points d'intersection de (L) avec les génératrices de la surface menée par a_1, a_2..., les divisions (a) et (β) sont aussi homographiques.

Alors, de deux choses l'une : ou bien les divisions (α) et (β) sont identiques, auquel cas (L) est une génératrice de la surface (A), (B), (C) ; ou elles sont différentes, auquel cas étant homographiques et sur la même droite, elles ont deux points doubles, réels ou imaginaires, α_i et α_j.

Les droites $a_i \alpha_i$ et $a_j \alpha_j$ rencontrent les quatre droites (A), (B), (C), (L), *et il n'y en a pas d'autres* : ce qui revient à dire que les points d'intersection de la droite et de la surface sont α_i et α_j. La surface est alors du second degré.

212. Etude descriptive de la surface. — Nous supposerons (fig. 162) qu'une des trois directrices données $(a, a'z')$ soit verticale ; soient $(bc, b'c')$ et $(bd, b''d')$ les deux autres : elles appartiennent à l'un des deux systèmes de génératrices que nous appellerons le système (1). Une génératrice quelconque de l'autre système, système (2), rencontre la directrice $(a, a'z')$, sa projection horizontale passe donc par le point a ; d'où il suit que *toutes les génératrices du système* (2) *forment en projection horizontale un système rayonnant autour du point a.*

On a vu (210) qu'à toute génératrice d'un système correspond une génératrice de l'autre qui lui est parallèle ; il suit de là qu'une génératrice du système (2) est verticale. Comme elle rencontre toutes les génératrices du système (1), ce ne peut être que la verticale $b'b''$ projetée horizontalement en b'' ; de sorte que *toutes les génératrices du système* (1) *forment en projection horizontale un système rayonnant autour du point b.*

Une génératrice quelconque du système (2) a pour projection horizontale une droite telle que ae, qui rencontre les projections des deux directrices non verticales aux points f et g, relevés sur ces directrices en f' et g'; $f'g'$ est alors la projection verticale de la génératrice cherchée.

Plan tangent. — Soit (m, m') un point pris arbitrairement sur cette droite; cherchons le plan tangent en ce point. Il est défini par $(fg, f'g')$ et par la seconde génératrice suivant laquelle il coupe la surface; celle-ci est du système (1), conséquemment sa projection horizontale est mb. Pour avoir sa projection verticale, il est nécessaire de construire une nouvelle génératrice du système (2); choisissons, par exemple, celle qui lui est parallèle et dont la projection horizontale est la parallèle menée à mb par le point a.

Elle rencontre les deux directrices non verticales aux points h et i, qui se relèvent en h' et i'. Menant par le point m' une parallèle à $h'i'$, cette parallèle, projetée horizontalement en mb, achève de déterminer le plan tangent cherché.

Inversement, on trouve le point de contact d'un plan donné passant par une génératrice en cherchant le point où elle est rencontrée par la seconde génératrice suivant laquelle le plan coupe la surface.

Considérons, par exemple, la génératrice verticale $(b'b'')$ du système (2) et cherchons le point où le plan profil qui la contient est tangent. Ce plan coupe la surface suivant une génératrice du système (1) projetée horizontalement en bk, qui rencontre en j et k les deux génératrices af, ah du système (2); ces points se relèvent en j' et k'. Faisant tourner les points (j, j'), (k, k') autour de la verticale b, on obtient aisément leurs nouvelles positions en (j_1, j_1'), (k_1, k_1'), et la droite j_1, j_1' détermine en l' le point cherché.

213. Section plane. Contour apparent. Cône directeur. — La surface étant du second degré, toute section plane est une conique; on la construit comme il a été indiqué (208). Cette conique peut être une ellipse, une parabole ou une hyperbole, suivant que le plan parallèle au plan sécant mené par le sommet du cône directeur le rencontre suivant deux génératrices, lui est tangent ou extérieur (208).

Sur l'épure, on a choisi les trois directrices de façon que la section par le plan horizontal xy soit un cercle. Les sections par des plans parallèles étant homothétiques dans les surfaces du second degré, toutes les sections horizontales sont des cercles. Leurs projections horizontales passent toutes par les points a et b ; ce sont donc des cercles ayant même axe radical. On a limité la surface aux plans horizontaux xy, x_1y_1, qui donnent des cercles de même rayon O_1O_1. La droite des centres $(OO_1, O'O'_1)$ est le diamètre conjugué des sections horizontales et le centre de la surface est le point (ω, ω'), milieu du segment $(OO_1, O'O'_1)$. Comme vérification, il est en projection verticale à égale distance des deux génératrices verticales, à cause de $\omega a = \omega b$, comme aussi des génératrices parallèles $k'h'$ et $m'n'$.

Le contour apparent sur le plan vertical est l'enveloppe des projections verticales des génératrices des deux systèmes (207). Le point de contact de l'une d'elles s'obtient, comme plus haut, en cherchant la projection verticale du point où le plan qui la projette est tangent. C'est une hyperbole dont le centre est le point ω ; ses asymptotes sont les parallèles menées par ce point aux droites suivant lesquelles le cône directeur est coupé par un plan parallèle à celui qui contient la courbe de contour apparent sur la surface.

Prenons le point (O_1, O'_1) pour sommet du cône directeur ; il contient la verticale $O_1O'_1$, et comme il a le même diamètre conjugué que la surface pour les sections horizontales, ce diamètre est $(OO_1, O'O'_1)$, et le point O est le centre de la trace du cône sur le plan horizontal xy ; cette trace est un cercle, comme pour la surface ; il passe par O_1 et est ainsi déterminé.

Le plan de contour apparent sur la surface contient la droite On qui partage en deux parties égales les cordes horizontales debout du plan xy ; il passe par le centre de la surface, il est donc connu. Il coupe le cône suivant les génératrices (O_1n, O'_1n'), (O_1p, O'_1p'). Menant par le point ω' des parallèles à leurs projections verticales, on a les asymptotes $\omega'\alpha'$, $\omega'\beta'$ de l'hyperbole contour apparent de la surface sur le plan vertical de projection.

En ce qui concerne le contour apparent horizontal, on se trouve dans un cas particulier. Toutes les fois que le point de vue est sur la surface, ou, si la projection cylindrique se fait par des projetantes parallèles à une génératrice, le contour apparent relatif à ce point de vue, sur un plan quelconque, se réduit à deux points (variété de conique), qui sont les traces sur le plan de projection des deux génératrices de la surface qui passent par le point de vue (ou qui sont parallèles aux projetantes); car tous les plans tangents passant par le point de vue renferment l'une ou l'autre de ces génératrices. Sur l'épure, le contour apparent horizontal se réduit aux points a et b.

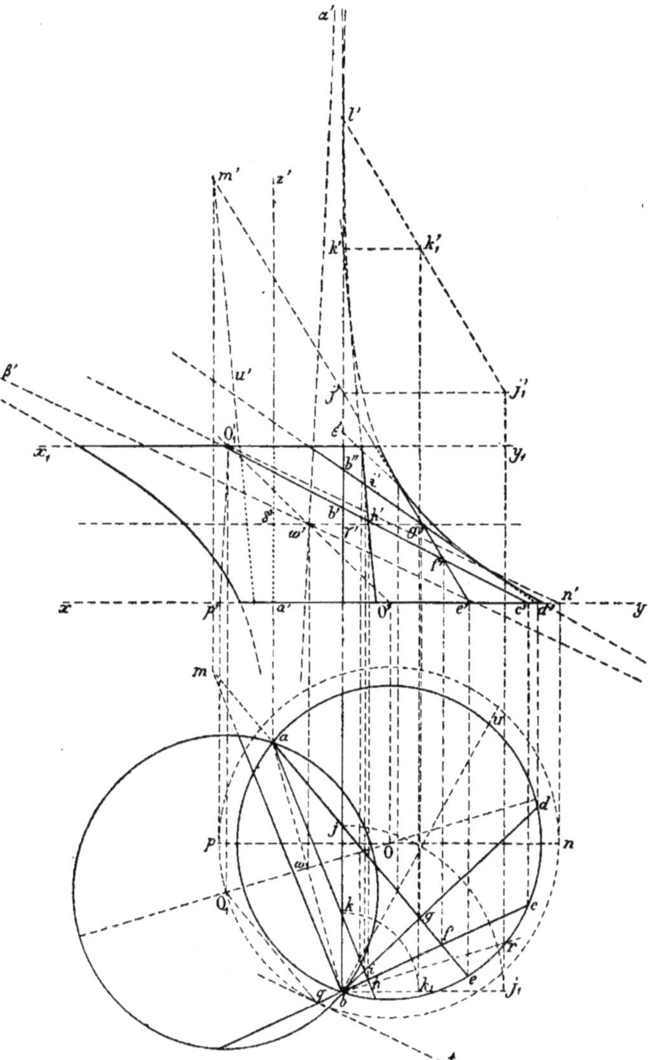

Fig. 162.

214. Plan central, point central. Lignes de striction. Paramètre de distribution. — Le plan asymptotique relatif à une génératrice quelconque $(fg, f'g')$ est parallèle au plan tangent au cône directeur le long de la génératrice parallèle projetée horizontalement suivant O_1q ; ce plan a pour trace horizontale la tangente qt.

Menant par la génératrice un plan perpendiculaire à celui-là, on aura le plan central ; son point de contact sera le point central.

Si l'on fait la construction pour la génératrice verticale b, on observe que le plan tangent correspondant du cône directeur a pour trace horizontale la tangente en O_1 au cercle de base du cône. Or cette tangente est perpendiculaire à OO_1 et par conséquent parallèle à ab. Le plan asymptotique est donc le plan vertical abb', et alors le plan central est le plan perpendiculaire, dont la trace est br, r étant diamétralement opposé à a. On trouve, comme plus haut, en γ', le point de contact de ce plan, point central pour la génératrice verticale. Il est aisé de prouver directement qu'il est sur l'horizontale menée par le centre ω' de la surface.

En effet, le pied de la plus courte distance de la génératrice verticale b et d'une génératrice du même système projetée suivant ag, se projette horizontalement sur le cercle de diamètre ab, qui a pour centre ω, et qui est, sans ambiguïté, la projection du cercle de la surface situé dans le plan horizontal ω' : car dans le système de projection adopté, il n'y a qu'un point de la surface qui ait une projection horizontale donnée.

Alors le lieu du pied de la plus courte distance de la verticale b et d'une autre génératrice variable du même système est le cercle ω' ; et la limite de ce point lorsque la génératrice variable vient coïncider avec la génératrice verticale, point central sur cette dernière, est le point γ'. On a de même le point central δ' sur l'autre génératrice verticale.

Le lieu des points centraux sur chaque système de génératrices est la ligne de striction [1].

---

[1]. M. Bobek a prouvé (*Bulletin de la Société mathématique de France*, t. XI, p. 125), qu'il y a pour chaque système de génératrices de l'hyperboloïde une ligne de striction qui est une courbe gauche du quatrième degré. On démontre, dans la théorie générale des courbes gauches algébriques, qu'il y a deux espèces de courbes gauches du quatrième degré ; une courbe de la première espèce est l'intersection complète de deux surfaces du second degré, tandis qu'une courbe de la seconde espèce est l'intersection partielle

Il reste à trouver le paramètre de distribution ; la formule

$$\operatorname{tg} \theta = \frac{Om}{k}$$

démontrée plus haut (162), permet de le construire : il suffit de faire $\theta = 45°$, alors $\operatorname{tg}\theta = 1$ et $k = Om$. Le problème revient alors à la recherche du point de contact du plan vertical bu, bissecteur du dièdre abr. On détermine comme plus haut son point de contact ε' et le paramètre de distribution est égal à $\varepsilon'\gamma'$.

Dans l'étude des surfaces du second degré, on rencontre deux sortes d'hyperboloïdes, l'hyperboloïde à une nappe et l'hyperboloïde à deux nappes. Mais le premier a seul des génératrices réelles, et lorsqu'il s'agit de surfaces réglées, il n'y a pas à faire de distinction.

PARABOLOÏDE HYPERBOLIQUE

215. — Supposons maintenant que l'on ait (fig. 159) :

$$\frac{ab_1}{ac_1} = \frac{ab_2}{ac_2} = \frac{ab_3}{ac_3}.$$

Alors les droites $b_1b_2b_3$, $c_1c_2c_3$, ainsi que les projections de toutes les génératrices du système (II) sont parallèles à un même plan perpendiculaire au plan de projection (fig. 163), et la surface, pour ce système de génératrices, est à plan directeur

Mais on a aussi ·

$$\frac{b_1b_2}{b_2b_3} = \frac{c_1c_2}{c_2c_3}.$$

Imaginons maintenant un plan parallèle à (G_1) et à (G_2) et

d'une surface du second et d'une surface du troisième degré, qui ont en outre en commun deux droites qui ne se rencontrent pas.

Chaque ligne de striction de l'hyperboloïde appartient à cette catégorie ; elle coupe les génératrices du système dont elle est la ligne de striction en un point qui est le point central, et les génératrices de l'autre système en trois points. Il suit de là que la projection horizontale de la ligne de striction relative au système (2) est une courbe du quatrième degré passant par le point b et ayant un point triple en a pour lequel les tangentes sont les projections des trois génératrices du même système pour lesquelles le point central est sur la verticale a.

menons par chacune de ces droites un plan parallèle à ce

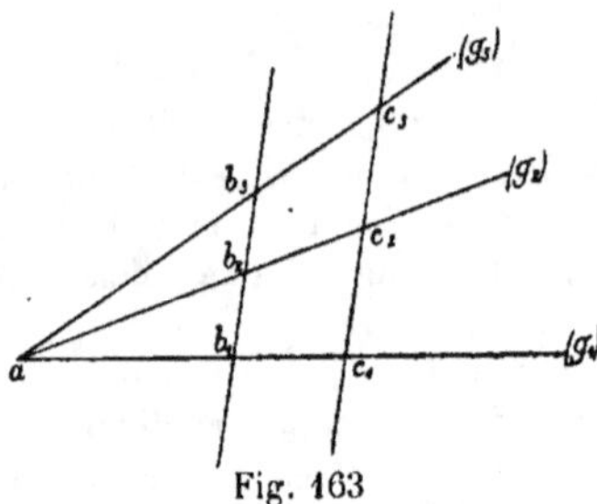

Fig. 163

plan. La relation précédente exprime que les points b_3 et c_3 sont dans un même plan parallèle aux précédents. Les trois génératrices (G_1), (G_2), (G_3) et toutes celles du même système sont donc aussi parallèles à un même plan, et la surface est à plan directeur pour l'autre système de génératrices.

C'est le *paraboloïde hyperbolique* ; son cône directeur se réduit à deux plans.

Il peut être défini comme le lieu d'une droite qui en rencontre deux autres en restant parallèle à un plan fixe. On voit par là que si l'on se donne arbitrairement une direction parallèle à l'un des plans directeurs, il y a, sur la surface, une génératrice et une seule du système correspondant, parallèle à cette direction ; c'est la droite parallèle à la direction donnée et rencontrant les directrices données.

Toutes les génératrices d'un système étant parallèles à l'un des plans directeurs, rencontrent (à l'infini) la droite à l'infini de ce plan. Il suit de là que cette droite doit être considérée comme une génératrice de la surface, du système de *l'autre* plan directeur.

Sur l'hyperboloïde, la courbe à l'infini était une conique, la conique à l'infini du cône directeur.

Sur le paraboloïde, elle se réduit à deux droites, ce qu'on peut encore exprimer en disant que le paraboloïde est *tangent au plan à l'infini*.

On rencontre aussi dans l'étude des surfaces du second degré le paraboloïde elliptique, qui est aussi tangent au plan à l'infini ; mais il n'est pas réglé et sa courbe à l'infini se réduit à un point (deux droites imaginaires conjuguées).

216. Etude descriptive de la surface. — Soient $(ab, a'b', cd, c'd')$ les projections des deux directrices (fig. 164) et prenons le plan horizontal pour plan directeur. Une génératrice quelconque de la surface a pour projection verticale une horizontale telle que $e'f'$, d'où l'on déduit la projection horizontale ef.

Le plan tangent en un point (m, m') de cette génératrice coupe le paraboloïde suivant une génératrice du système non horizontal.

Pour la déterminer, il faut mener par le point (m, m') une droite qui rencontre deux génératrices horizontales. L'une de ces droites est immédiatement connue, c'est la droite debout g' qui est horizontale et qui rencontre les directrices données respectivement en (g, g') et (h, g'). Il suffit d'en construire une autre, telle que $(kl, k'l')$; la génératrice cherchée a alors ses projections en $(mi, m'i')$; avec la génératrice horizontale du point (m, m'), elle définit le plan tangent en ce point.

Inversement, si l'on se donne arbitrairement un plan passant par la génératrice, on obtient la seconde génératrice suivant laquelle il coupe la surface, en joignant les traces sur ce plan de deux autres génératrices du système horizontal. La droite ainsi obtenue détermine avec la première génératrice située dans le plan le point de contact de ce plan.

217. — Cherchons, par exemple, le point de contact du plan qui projette sur le plan horizontal la génératrice ef, $e'f'$). Ce plan rencontre en (j, g') la génératrice debout g', il rencontre la génératrice $(kl, k'l')$ au point (n, n'); la projection verticale de la seconde droite de ce plan sur la surface est donc $g'n'$ qui donne le point de contact cherché en (o, o').

Le plan tangent à l'infini sur la génératrice est (163) le plan parallèle au plan directeur, c'est-à-dire le plan horizontal $e'f'$. Il suit de là que le plan central, qui lui est perpendiculaire, est le plan qui projette horizontalement la génératrice. Son point de contact a été déterminé en (o, o'); c'est le point central.

La ligne de striction du système horizontal est le lieu de
ce point pour les diverses génératrices du système; c'est donc
le lieu des points de contact des plans tangents verticaux, ou
encore la courbe de contact du cylindre vertical circonscrit.
C'est une *parabole* dont la projection horizontale est le con-

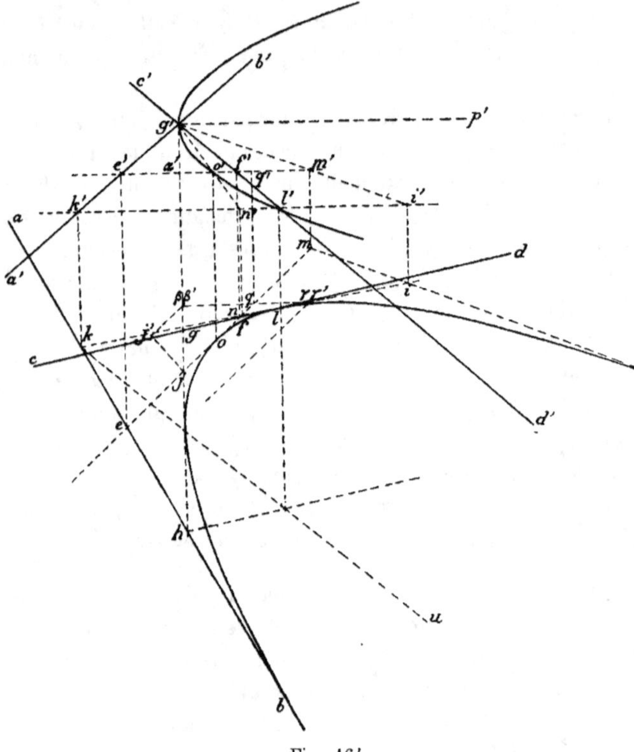

Fig. 164

tour apparent horizontal de la surface, et par conséquent l'enveloppe des projections horizontales des génératrices. Sur
l'épure, il a été donné ou déterminé six tangentes de cette
parabole et le point de contact de l'une d'elles.

Quant à la projection verticale, c'est aussi une parabole :

elle passe par le point o'; elle passe aussi par le point g', projection verticale du point central sur la génératrice debout, et la tangente en ce point est (g, g'). Cette droite est en effet le contour apparent du cylindre vertical circonscrit à la surface, comme étant la trace du plan tangent de profil à ce cylindre. De plus, il est aisé de prouver que la direction des diamètres de cette projection verticale est celle des horizontales [1]. Il suit de là que le point g', pour lequel la tangente est perpendiculaire à la direction des diamètres, est le sommet et que l'horizontale $g'p'$ est l'axe de cette parabole.

On voit donc que *les lignes de striction du paraboloïde hyperbolique sont deux paraboles, respectivement courbes de contact des cylindres circonscrits perpendiculairement à chaque plan directeur.*

On voit aussi que *sur tout plan perpendiculaire au plan directeur relatif à l'un des systèmes de génératrices, le contour apparent du paraboloïde se réduit à un point, et les projections des génératrices de l'autre système forment un système rayonnant* [2].

1. Si par un point pris dans un plan tangent d'une quadrique, on circonscrit un cône à cette surface, il est évident que la courbe de contact passe par le point de contact du plan tangent. Si la surface est tangente au plan à l'infini, et si le cône circonscrit est un cylindre, le théorème est le suivant : *la direction des diamètres de la parabole suivant laquelle un cylindre touche un paraboloïde, est celle de l'intersection des plans directeurs.* Sur l'épure, cette direction est celle des horizontales du plan parallèle aux deux droites $(ab, a'b')$ $(cd, c'd')$. Il suit de là que les diamètres de la projection verticale de la ligne de striction sont horizontaux, et que ceux de la projection horizontale, qui est aussi le contour apparent horizontal du paraboloïde, sont parallèles aux horizontales de l'autre plan directeur, dont la direction est déterminée en ku.

2. Ce n'est qu'un cas particulier de la remarque faite (213) à propos du contour apparent de l'hyperboloïde sur un plan perpendiculaire à une génératrice, puisque dans le paraboloïde ce plan devient un plan perpendiculaire au plan directeur correspondant. Les deux points qui, dans le cas de l'hyperboloïde, forment alors le contour apparent, se réduisent à un seul, lorsqu'il s'agit d'un paraboloïde : on a vu, en effet (215), qu'il n'y a sur le paraboloïde qu'une génératrice parallèle à une direction donnée parallèle à l'un des plans directeurs ; tandis que sur l'hyberboloïde, il y en a deux, une dans chaque système, qui sont parallèles à une génératrice du cône directeur ; et ce sont les pieds de ces génératrices sur le plan de projection qui forment

Pour construire le paramètre de distribution relatif à la génératrice $(ef, e'f')$, il suffit, comme dans l'hyperboloïde, de chercher le point de contact du plan mené par cette droite et faisant avec le plan asymptotique, qui est ici horizontal, l'angle de 45° [1].

218. — On peut encore se proposer de déterminer une section plane du paraboloïde. Un point quelconque de la section est l'intersection du plan sécant avec une génératrice; la tangente en ce point est la trace sur ce plan du plan tangent au paraboloïde au point considéré, lequel s'obtient comme plus haut.

En général, la section est une hyperbole; les asymptotes sont parallèles aux traces des plans directeurs sur le plan sécant. Les points à l'infini sur le paraboloïde sont en effet les points à l'infini dans l'un ou dans l'autre des plans directeurs. On aura donc immédiatement les directions asymptotiques de la section. Pour placer l'une des asymptotes, il faut trouver le plan asymptote correspondant et sa trace sur le plan sécant. Or, on a vu que, sur chaque génératrice, le plan tangent à l'infini est le plan parallèle au plan directeur correspondant à cette génératrice et passant par cette droite.

Il suit de là que, réciproquement, le plan asymptote correspondant à une direction parallèle à l'un des plans directeurs est le plan tangent à l'infini relatif à *la* génératrice de la surface qui est paral-

contour apparent dans le cas qui nous occupe. On peut encore dire que le second point de contour apparent a été rejeté à l'infini ; il suffit d'observer, pour cela, que sur le plan vertical de projection, les génératrices du système non rayonnant sont parallèles entre elles.

1. Cette recherche est immédiate si l'on prend pour plan horizontal le plan $e'f'$ et le plan ef pour plan vertical de projection ; la génératrice sur laquelle on opère est alors la ligne de terre, et le plan à 45° est l'un des plans bissecteurs, le deuxième par exemple, puisque le signe du paramètre de distribution est indifférent.

Elevons alors au point j la perpendiculaire jj' égale à la cote $g'\alpha'$ du point g', on a la nouvelle projection verticale de g : et, comme la génératrice g est horizontale, $j'\beta'$ est sa nouvelle projection verticale, dont l'intersection avec sa projection horizontale jg donne en $\beta\beta'$ sa trace sur le deuxième bissecteur. On a de même en $\gamma\gamma'$ la trace sur le deuxième bissecteur de la génératrice horizontale kl ; et, par suite, les projections de la seconde génératrice de la surface située dans le deuxième bissecteur sont confondues en $(\beta\gamma, \beta'\gamma')$, droite unique dont la trace sur ef donne le point de contact q. La génératrice ef étant horizontale, le segment oq est projeté en vraie grandeur ; c'est le paramètre de distribution relatif à cette génératrice.

lèle à cette direction. On construira donc la génératrice de la surface parallèle à l'asymptote sur laquelle on opère ; pour cela, il
suffit de mener parallèlement à cette droite une droite qui rencontre les directrices données. Le plan mené par cette droite parallèlement au plan directeur correspondant est le plan cherché.

La section peut être une parabole ; il faut, pour cela, que les
deux points à l'infini coïncident. Ceci arrivera si le plan sécant est
parallèle à l'intersection des plans directeurs ; alors cette direction
est aussi, dans le plan sécant. celle des diamètres de la parabole.
Il suit de là que toutes les paraboles tracées sur la surface ont leurs
diamètres parallèles entre eux, et ce parallélisme se maintient sur
tout plan de projection orthogonale. Si l'on revient à l'épure
(fig. 164), on voit, par exemple, que tout plan sécant dont les horizontales seraient parallèles à ku, donnerait une section parabolique
dont les diamètres seraient parallèles à cette direction. La parabole, ligne de striction des génératrices horizontales, répond, comme
toutes les autres, à cette condition.

219. — On peut se proposer de trouver les plans tangents parallèles à un plan donné. A *priori*, il n'y en a qu'un, parce que par
la droite à l'infini du plan passe déjà le plan à l'infini qui est tangent à la surface. Pour le déterminer, on remarque que la génératrice du système horizontal située dans ce plan est parallèle aux
horizontales du plan. On peut donc la construire comme plus haut ;
le plan tangent cherché est alors le plan parallèle au plan donné,
mené par cette génératrice.

Le plan qui projette horizontalement la génératrice perpendiculaire à ku est *le* plan tangent perpendiculaire aux diamètres du paraboloïde. Son point de contact est le *sommet* et le diamètre qui passe
par le point de contact est *l'axe* du paraboloïde.

On aura le plan de la courbe de contact d'un cylindre circonscrit
en cherchant les points de contact de deux plans parallèles aux
génératrices du cylindre ; le plan cherché passera par ces deux
points et sera parallèle aux diamètres.

La recherche du sommet d'une section plane parabolique, soit
dans l'espace, soit en projection, est un cas particulier de la recherche du point de la section pour lequel la tangente est parallèle à
une direction donnée du plan sécant. Ce point est sur le diamètre,
intersection commune du plan de la section et du plan de la courbe
de contact du cylindre circonscrit dont les génératrices sont parallèles à la direction donnée.

Pour avoir le point où un diamètre donné coupe la surface, il suffit de mener le plan horizontal qui contient ce diamètre et de chercher le point où le diamètre rencontre la génératrice horizontale contenue dans ce plan.

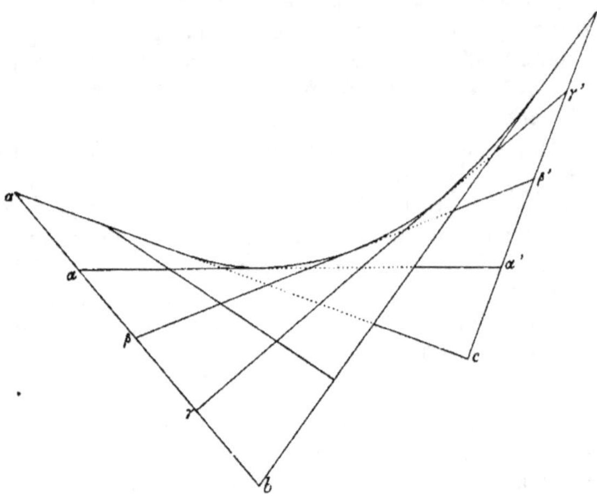

Fig. 165

On a vu (215) que les génératrices d'un système du paraboloïde hyperbolique interceptent sur deux génératrices fixes de l'autre des segments proportionnels. On peut appliquer cette propriété à la représentation sur un plan de la portion de la surface limitée par un quadrilatère gauche formé par deux couples de génératrices ab, cd d'un système et ac, bd de l'autre (fig. 165). Il suffit de porter sur ab des segments quelconques $a\alpha$, $\alpha\beta$,... et en sens inverse, afin d'avoir sur la figure une portion du contour apparent, les mêmes segments $c\alpha$, $\alpha'\beta'$... sur cd.

CHAPITRE VII

RACCORDEMENT DES SURFACES GAUCHES

220. Objet de la théorie du raccordement. — La propriété d'égalité entre le rapport anharmonique de quatre plans passant par une génératrice d'une surface gauche et celui de leurs points de contact est fondamentale dans la théorie de ces surfaces, en ce sens qu'elle établit, pour les divers points de la génératrice, une loi de variation du plan tangent indépendante de la définition propre de la surface. Il suit de là que, pour opérer la détermination de ce plan en un point donné de la génératrice, on peut substituer à la surface proposée une surface plus simple ; tel est l'objet de la théorie du *raccordement* des surfaces gauches.

On a vu (160) comment on peut déterminer le plan tangent en un point d'une génératrice lorsqu'on connaît les plans tangents, supposés distincts, en trois de ces points. Cette opération n'exige aucune donnée sur la surface particulière engendrée par la variation de la génératrice. On en conclut que

Toutes les surfaces gauches, admettant une même génératrice, qui sont tangentes entre elles en trois points de cette génératrice, sont aussi tangentes en tout autre point de la génératrice.

On dit qu'elles se *raccordent* tout le long de la génératrice.

221. Hyperboloïdes de raccordement. — Les surfaces que l'on substitue le plus habituellement à la proposée sont les surfaces réglées du second degré : hyperboloïdes, comprenant, comme cas particulier, les paraboloïdes.

Une telle surface doit passer par la génératrice et admettre

18

en trois points de cette droite trois plans tangents déterminés. Chacun de ces plans, renfermant *a priori* la génératrice elle-même, ne dépend plus que d'un paramètre et son choix impose une condition. La génératrice elle-même équivaut à trois conditions. Un hyperboloïde de raccordement est donc assujetti à six conditions et dépend conséquemment de *trois* paramètres.

On peut encore dire qu'il est assujetti à renfermer deux génératrices infiniment voisines ; on voit par là que les six conditions sont *linéaires* et qu'alors les trois paramètres figurent linéairement dans l'équation générale. Il en résulte que *par trois points arbitrairement choisis, on peut faire passer un hyperboloïde de raccordement et un seul.*

Pour le déterminer, soient G la génératrice de la surface, a, b, c, les trois points (fig. 166) ; soient α, β, γ les points de contact (161) des plans (Ga), (Gb) et (Gc) ; joignons $a\alpha$, $b\beta$, $c\gamma$. L'hyperboloïde défini par ces trois droites est l'hyperboloïde cherché : il admet, en effet, la génératrice G dont il renferme trois points. De plus, en chacun des points α, β, γ il est tangent à la surface ; car le plan tangent en α, par exemple, renferme les deux génératrices de systèmes différents G et $a\alpha$; c'est précisément le plan tangent de la surface gauche.

On peut encore achever de déterminer l'hyperboloïde par une droite arbitraire ; les trois génératrices qui le définissent sont alors les droites qui joignent respectivement trois points de G aux points où les plans tangents en ces points rencontrent la droite donnée.

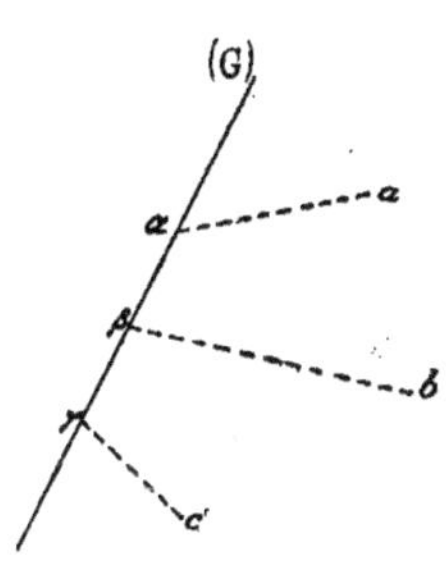

Fig. 166.

On ne peut pas se donner arbitrairement le centre d'un hyperboloïde de raccordement [1]. Le centre d'un hyperboloïde

1. Parmi les quadriques d'un système linéaire à trois arbitraires, il y en

est, en effet, dans le plan tangent à l'infini sur toute génératrice de la surface ; s'il se raccorde avec une surface gauche le long d'une génératrice, *le centre est* alors *dans le plan tangent à la surface, au point à l'infini sur la génératrice* [1].

222. Paraboloïdes de raccordement. —Parmi les surfaces gauches du second degré de raccordement tout le long d'une génératrice, il y a une infinité de paraboloïdes, qui forment un système à *deux* arbitraires.

Il est aisé de voir qu'il est encore linéaire : il suffit pour cela de chercher le nombre de ces paraboloïdes qui passent par deux points. Soient, pour cela, a et b les deux points donnés, α et β les points de contact des plans (Ga), (Gb) ; les droites $a\alpha$, $b\beta$ sont, comme plus haut, deux génératrices de la surface.

D'ailleurs, pour tout paraboloïde de raccordement, un plan directeur est parallèle (217) au plan tangent au point à l'infini sur G. On connaît donc deux génératrices et le plan directeur des génératrices de l'autre système ; le paraboloïde est alors déterminé d'une façon *unique* [2]. Il se raccorde avec la surface, parce qu'il a même plan tangent qu'elle aux points a et b et au point à l'infini sur G.

On peut encore déterminer un paraboloïde de raccordement par une droite, pourvu que cette droite soit parallèle au plan tangent à l'infini sur G à la surface gauche. On en connaît alors trois génératrices (dont deux infiniment voisines) parallèles à un même plan.

Si cette droite est rejetée à l'infini, cela revient à donner la

a, en général, *une* qui admet pour centre un point donné ; mais le système des hyperboloïdes de raccordement à une surface gauche le long d'une génératrice n'est pas le système linéaire à trois arbitraires le plus général.

Plus généralement, si un hyperboloïde passe par deux droites qui ne se rencontrent pas, son centre est dans le plan mené par le milieu de leur perpendiculaire commune parallèlement à ces deux droites.

1. Mannheim, *Cours de Géométrie descriptive*, p. 257.

2. Cela prouve que, pour le système particulier des hyperboloïdes de raccordement, la condition d'être paraboloïde qui, en général est du troisième degré, se réduit au premier.

direction du second plan directeur ; auquel cas une génératrice quelconque du paraboloïde est la droite d'intersection du plan tangent à la surface gauche en un point arbitraire de G avec le plan mené par ce point parallèlement à la direction donnée pour le second plan directeur.

Parmi tous les paraboloïdes de raccordement, il y en a une infinité (à un paramètre) dont les plans directeurs sont perpendiculaires. Il suffit, pour en déterminer un, de se donner le second plan directeur perpendiculaire au plan tangent au point à l'infini sur G. Il y en a *un* qui passe par un point donné ; ce point définit, en effet, comme plus haut une génératrice $a\alpha$, et le second plan directeur du paraboloïde est alors le plan parallèle à la fois à la droite $a\alpha$ et à la perpendiculaire au plan tangent au point à l'infini sur G.

223. Paraboloïde des normales.

— Parmi tous ces paraboloïdes de raccordement qui sont *équilatères*, il y en a un particulièrement intéressant ; c'est celui dont le second plan directeur est perpendiculaire à G. Une génératrice quelconque de ce paraboloïde est, dans chaque plan tangent à la surface gauche, mené par G, la perpendiculaire à G menée par le point de contact.

Faisons tourner ce paraboloïde d'un angle droit autour de G ; chacune de ces génératrices devient la perpendiculaire menée par le point de contact au plan tangent correspondant, c'est-à-dire la normale à la surface gauche en ce point. Il suit de là que

La normalie[1] à une surface gauche, dont la directrice est une génératrice de la surface, est un paraboloïde.

On lui donne le nom de *paraboloïde des normales.*

L'un des plans directeurs de ce paraboloïde est évidemment le plan perpendiculaire à G ; l'autre a tourné d'un angle

---

1. On appelle *normalie* la surface gauche, lieu des normales à une surface aux divers points d'une courbe tracée sur cette surface ; la courbe est la *directrice* de la normalie. Cette heureuse expression est due à M. Mannheim.

droit dans le mouvement de rotation autour de G. Avant le mouvement, c'était le plan tangent à l'infini sur G ; en tournant d'un angle droit, il est devenu le plan central relatif à G. Quant au paramètre de distribution relatif à G, il n'a pas changé dans le mouvement de rotation ; avant le mouvement, le paraboloïde, étant de raccordement, avait même paramètre que la surface gauche, et il reste le même après la rotation. Ainsi

Les plans directeurs du paraboloïde des normales sont le plan perpendiculaire à la génératrice et le plan central.

Le paramètre de distribution relatif à la génératrice de raccordement est le même que pour la surface gauche.

Il suit de là que les diamètres du paraboloïde sont parallèles aux perpendiculaires à G tracées dans le plan central. D'ailleurs, le plan tangent au paraboloïde au point central qui, avant la rotation, était à cause du raccordement le plan central, est devenu, après la rotation, le plan mené par G perpendiculairement au plan central. Les diamètres du paraboloïde qui sont parallèles au plan central et perpendiculaires à l'intersection des deux plans sont alors perpendiculaires au plan tangent au paraboloïde au point central. C'est-à-dire que *le point central de la surface gauche est le sommet du paraboloïde des normales, et la perpendiculaire à la génératrice menée par ce point dans le plan central en est l'axe* [1].

1. Les génératrices du paraboloïde des normales qui appartiennent au système non normal ont aussi des propriétés qui se déduisent du raccordement. Supposons en effet qu'un des hyperboloïdes de raccordement soit de révolution ; la normale à cet hyperboloïde en un point quelconque de G rencontre l'axe de révolution : comme les normales à l'hyperboloïde sont les mêmes que celles de la surface gauche, il suit de là que l'axe de révolution est une génératrice du paraboloïde des normales du système non normal, ce qui peut s'énoncer ainsi :

Le paraboloïde des normales est le lieu des axes de révolution des hyperboloïdes de raccordement qui sont de révolution. Ces axes sont les génératrices du système non normal de ce paraboloïde (Mannheim, *ibid.*, p. 257).

On peut ajouter que *le lieu des centres de ces hyperboloïdes est la normale à la surface gauche au point central* qui est, dans le plan tangent à l'infini, lieu général des centres, la génératrice du paraboloïde de système opposé aux axes de révolution.

Si la surface est développable, le plan tangent est le même tout le long de la génératrice ; la normale à la surface décrit donc un plan, qui est *le plan normal relatif à la génératrice*. De plus, il y a un point de la génératrice pour lequel le plan tangent est indéterminé ; en ce point, il y a une infinité de normales qui décrivent *le plan normal à la génératrice au point où elle touche l'arête de rebroussement*. Le paraboloïde des normales se réduit donc à deux plans perpendiculaires.

APPLICATIONS

224. Biais passé gauche. — On donne ce nom en architecture à la surface gauche dont les trois directrices sont deux cercles de rayons égaux situés dans des plans parallèles, et une droite perpendiculaire aux plans des cercles.

Les plans des cercles sont verticaux, la droite des centres est horizontale, et la directrice rectiligne passe par le milieu de la droite des centres.

Prenons un plan vertical de projection parallèle aux plans des cercles ; la directrice rectiligne est alors une droite debout. Soient (O, O'), (ω, ω') (fig. 167), les centres des cercles, et i, i' la directrice debout.

Pour avoir une génératrice de la surface, faisons passer par cette directrice un plan debout quelconque $i'a'b'$, qui rencontre les deux cercles aux quatre points (a, a'), (b, b'), (c, c'), (d, d'), d'où quatre génératrices $(ab, a'b')$, $(ad, a'd')$, $(cb, c'b')$ et $(cd, c'd')$.

Le point i' étant le milieu de $O'\omega'$, les cordes interceptées $a'c'$, $b'd'$ sont égales et se projettent suivant des segments égaux ac, bd. Il suit de là que la figure $abcd$ est un parallélogramme, dont deux des quatre génératrices sont, en projection horizontale, deux côtés opposés, tandis que les deux autres en sont les diagonales. Le centre i de ce parallélogramme, projection horizontale du milieu i' du segment $b'c'$, appartient à la directrice debout; d'où il résulte que les deux génératrices obtenues en combinant les extrémités les plus rapprochées ou les plus éloignées des cordes $a'c'$, $b'd'$ décrivent un cône de sommet (i, i') renfermant les deux cercles. Ce sont les deux autres qui engendrent le biais passé.

On en déduit le cône directeur de la surface. Prenons le point (i, i') pour sommet du cône; la parallèle à ab menée par i passe par le point α milieu de ac, qui se relève en α', milieu de $a'c'$. Mais l'angle $O'\alpha'i'$ est un angle droit; le lieu de α' est donc le cercle de diamètre $O'i'$. D'où il suit que *le cône directeur est un cône du second degré* dont les sections planes de front sont des cercles [1].

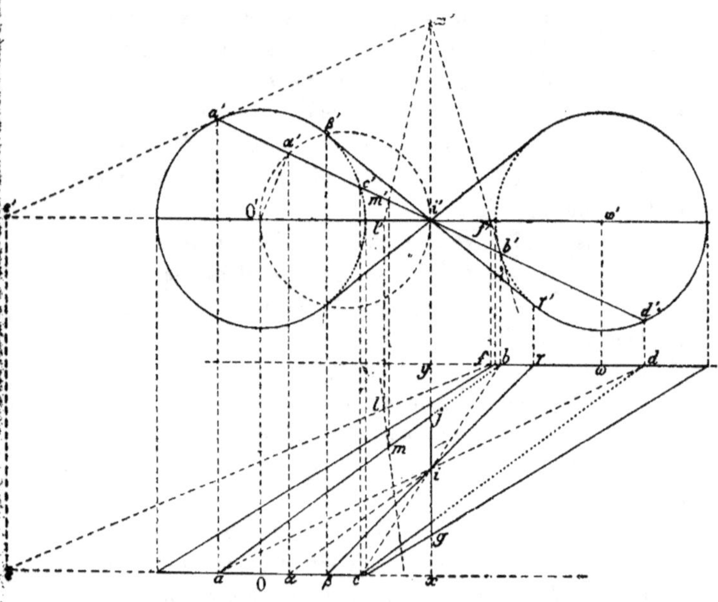

Fig. 167

1. On voit en même temps qu'il y a sur la surface deux génératrices ab, cd, parallèles à une génératrice du cône directeur, ce qui signifie que *la conique à l'infini sur le cône directeur est une courbe double de la surface*. On prouve aisément que la directrice debout est aussi une droite double de la surface et que celle-ci est du quatrième degré.

225. Plan tangent. — Soit (m, m') un point arbitraire de la génératrice $(ab, a'b')$; nous allons déterminer le plan tangent en ce point. Dans ce but, nous substituerons à la surface un hyperboloïde de raccordement admettant pour génératrices de système opposé à $(ab, a'b')$ les tangentes aux deux cercles en a' et b' et la directrice debout ii'. Cet hyperboloïde est de raccordement parce qu'il admet le même plan tangent que la surface aux trois points (a, a'), (b, b'), (i, i').

Considérons les tangentes aux deux cercles en a' et b'; soit x' leur point d'intersection. Le point i' est centre d'homothétie des deux cercles; alors les tangentes en b' et c' sont parallèles, par suite les angles $x'a'b'$, $x'b'a'$ sont égaux, d'où l'égalité des côtés opposés $x'a'$ et $x'b'$. Il en résulte que le point x', d'où l'on peut mener aux cercles des tangentes égales, est sur leur axe radical qui est la droite ii'.

Comme conséquence, la droite debout x', qui rencontre respectivement en x et y les génératrices $(a'x', ax)$, $(b'x', by)$ de l'hyperboloïde, et qui rencontre aussi (à l'infini), la droite debout ii', est une génératrice de cet hyperboloïde, de même système que $(ab, a'b')$.

Une autre génératrice du même système s'obtient en coupant par le plan horizontal $O'\omega'$ qui a déjà sur l'hyperboloïde la droite debout ii'; il le coupe suivant une autre droite qui joint les traces sur ce plan des tangentes aux deux cercles. Cette troisième génératrice de même système que $(ab, a'b')$ a pour projection horizontale ef.

Dès lors, la seconde génératrice de l'hyperboloïde de raccordement qui passe par (m, m') est la droite menée par ce point et qui rencontre la droite debout x' et la génératrice $(ef, e'f')$. Sa projection verticale est $m'x'$, qui rencontre $e'f'$ en l', d'où la projection horizontale ml. Le plan tangent est alors déterminé par deux de ses droites.

Inversement, si l'on donne un plan passant par la génératrice, son point de contact est déterminé par la seconde droite suivant laquelle il coupe l'hyperboloïde de raccordement.

Cette droite est celle qui joint les traces sur le plan des deux autres génératrices de même système que $(ab, a'b')$, précédemment déterminées.

226. Génératrices singulières. — Cherchons les génératrices singulières. Pour une telle droite, le plan tangent est le même en deux des points (a, a'), (b, b'), (j, i'). Supposons d'abord qu'il en soit ainsi aux deux points sur les cercles ; alors les tangentes aux cercles, intersections du plan tangent unique avec des plans de front, sont parallèles ; et comme les tangentes en b' et c' sont parallèles, il en est de même des tangentes en a' et c', ce qui exige que la projection verticale $a'c'$ soit la droite des centres $O'\omega'$. Dans ce cas, le plan tangent en i' qui contient la droite debout ii' est différent, et la génératrice est analogue à celle des surfaces coniques (167) ; le point (j, i') est le point central.

Si le plan tangent est le même en (a, a') et (j, i'), comme au second de ces points il est debout, il doit l'être aussi en (a, a') ; par suite la projection verticale de la tangente au cercle coïncide avec la trace verticale du plan tangent. Les génératrices cherchées ont alors pour projections verticales les tangentes menées aux cercles par le point i, qui sont leurs tangentes communes intérieures.

Pour ces génératrices, le plan tangent est le même aux trois points ; c'est le plan debout de la génératrice. Le point pour lequel il diffère est à l'infini : en effet, soit $(\beta\gamma, \beta'\gamma')$ la génératrice singulière considérée : la projection horizontale $\beta\gamma$ rencontre, par symétrie, la droite debout ii' au point i également distant des plans de front des deux cercles ; par suite, la génératrice passe par le sommet du cône directeur, et, comme elle rencontre la base en (β, β'), elle est située sur ce cône. Le plan tangent à l'infini a donc pour trace sur le plan de front Ox la tangente en β' à la base du cône directeur, et il diffère du plan debout $i'\beta'$. D'où il suit que la génératrice est *cylindrique* (167).

227. Conoïde circonscrit à une sphère. — On appelle
conoïdes les surfaces gauches à plan directeur et à directrice
rectiligne ; si la directrice est perpendiculaire au plan directeur, le conoïde est *droit*. Pour achever de le définir, il faut
une autre directrice ou un noyau ; nous supposerons un noyau
sphérique, et le conoïde oblique.

Soient (O, O') la sphère noyau et (ae, $a'e'$) la directrice rectiligne (fig. 168) ; on construira une génératrice quelconque
en coupant par un plan horizontal $a'b'$, qui détermine sur la
directrice un point (a, a') et sur la sphère un cercle de diamètre (pq, $p'q'$). Menant à ce cercle des tangentes par le point a,
on obtient deux génératrices (ab, $a'b'$) (ag, $a'g'$) du conoïde,
ce qui prouve que la directrice rectiligne est une ligne double
de la surface [1].

228. Plan tangent. — Soit (m, m') un point de l'une
d'elles ; pour déterminer le plan tangent en ce point, observons que le plan tangent est connu en trois points de la génératrice. Au point (a, a'), il contient la directrice rectiligne ; au
point (b, b'), c'est le plan tangent à la sphère ; enfin, au point
à l'infini sur la génératrice, c'est le plan parallèle au plan directeur.

Nous prendrons pour surface de raccordement un paraboloïde admettant le même plan directeur, et pour directrices
celle du conoïde pour le point (a, a') et la droite de front du
plan tangent à la sphère pour le point (b, b'). Cette droite de
front se projette verticalement suivant la perpendiculaire $b'c'$
au rayon O'b' et horizontalement suivant bc Les génératrices
non horizontales de ce paraboloïde forment (217) sur le plan
vertical un système rayonnant du point c', et la projection verticale de celle de ces génératrices située dans le plan tangent
en (m, m') est $m'c'$. Pour avoir la projection horizontale, il
faut déterminer une autre génératrice horizontale du para-

[1]. La surface est du quatrième degré et admet également pour ligne double la droite à l'infini dans le plan directeur.

boloïde. Il est commode de prendre celle qui est dans le plan
horizontal du point e' de la directrice qui se projette au point
e où se rencontrent les projections horizontales des deux di-

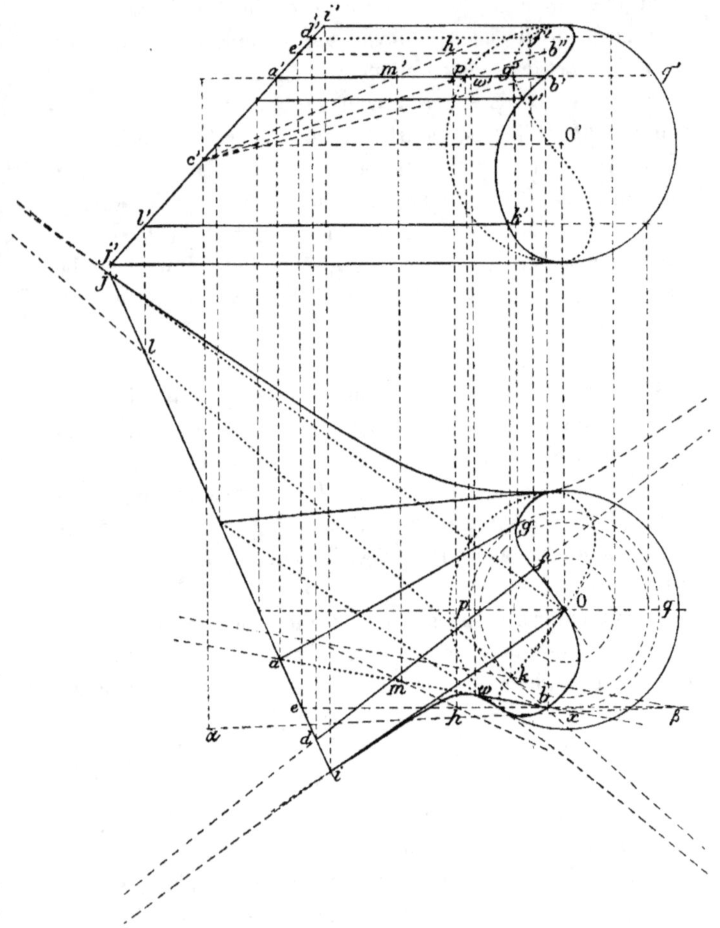

Fig. 168.

rectrices du paraboloïde. Il arrive alors que la projection horizontale de la génératrice cherchée est précisément la droite

de front bc. On en conclut le point (h, h') de la seconde génératrice du paraboloïde qui passe par le point (m, m'), et par suite la projection horizontale mh de cette génératrice.

229. Plan et point central, paramètre de distribution. — Le plan tangent à l'infini est horizontal, le plan central est donc celui qui projette horizontalement la génératrice. Son point de contact est le point central.

Pour le déterminer, cherchons la génératrice du paraboloïde contenue dans le plan vertical ab. Ce plan coupe la génératrice horizontale qui vient d'être obtenue, en un point projeté horizontalement en b, qui se relève en b'', et la projection verticale de la seconde génératrice cherchée est alors $c'b''$, d'où le point central (ω, ω').

On aura le paramètre de distribution par la méthode indiquée (217).

Prenons pour plan horizontal celui de la génératrice, et pour plan vertical de projection le plan vertical ab ; il faut chercher le point de contact du deuxième bissecteur. Les nouvelles projections verticales de la génératrice debout c' du paraboloïde et de la génératrice $c'b''$ se déterminent par leurs cotes relatives ; en joignant leurs traces sur le deuxième bissecteur, on a la projection horizontale $\alpha\beta$ de la seconde génératrice du paraboloïde dans ce plan, dont le point de contact projeté en x donne alors en vraie grandeur le paramètre de distribution ωx.

230. Génératrices singulières. — Si les plans tangents en (a, a') et (b, b') coïncident, c'est que la directrice rectiligne est située dans le plan tangent à la sphère au point (b, b'). On obtiendra donc les génératrices singulières correspondantes en menant par cette droite des plans tangents à la sphère, lesquels sont réels ou non suivant que la directrice est extérieure à la sphère ou la rencontre. Le plan tangent à l'infini est différent, puisqu'il est horizontal et ces génératrices sont cylindriques. En appliquant les méthodes usuelles, on trouve ainsi les génératrices $(df, d'f')$ et $(lk, l'k')$.

La directrice rectiligne ne peut pas être horizontale, et le plan tangent en (a, a') ne peut, pour aucune génératrice de la surface, coïncider avec le plan asymptotique.

Enfin, si le plan tangent à la sphère est horizontal, il coïncide avec le plan tangent à l'infini : c'est ce qui arrive lorsque la génératrice est dans l'un des plans tangents horizontaux de la sphère. Ces génératrices sont coniques, parce que le plan tangent en (a, a'), qui contient la directrice rectiligne, n'est pas horizontal. Elles se projettent horizontalement en Oj et Oi.

231. Courbe de contact. — On obtient la courbe de contact en joignant les points tels que (b, b'), (g, g') par un trait continu. La projection verticale est tangente au contour apparent vertical de la sphère aux points situés sur les génératrices singulières i' et j' ; elle passe par les points b', g', f', k', et possède un point double γ' situé dans le plan horizontal pour lequel les deux génératrices de la surface ont leurs points de contact avec la sphère sur une droite debout, c'est-à-dire dans le plan horizontal de la trace de la directrice rectiligne sur le plan de front passant par le centre de la sphère.

La projection horizontale est tangente au contour apparent horizontal de la sphère aux points situés sur les génératrices dans le plan horizontal du centre de la sphère ; elle passe par les points b, g, f, k et possède un point double en O, provenant des génératrices singulières Oi, Oj. Le théorème des tangentes conjuguées qui sera démontré plus loin (278), permet de prouver que les tangentes en ce point sont les perpendiculaires à ces génératrices. Les projections horizontales df, lk des autres génératrices singulières sont aussi normales aux points f et k à la courbe de contact [1].

1. Le nombre des tangentes menées par un point à la courbe de contour apparent horizontal est égal au nombre des génératrices de la surface dont les projections horizontales passent par ce point, c'est-à-dire au nombre des points d'intersection de la verticale du point considéré avec la surface, ou encore au degré de la surface gauche. La courbe est donc de la quatrième classe (227, note) ; les quatre tangentes menées d'un point ne sont pas nécessairement réelles ; et, en étudiant sur l'épure la variation de la tangente,

Il est facile de prouver que cette courbe, dans l'espace, est une courbe gauche du quatrième degré de la première espèce (214, note).

Elle est en effet l'intersection complète de la sphère et de la surface réglée lieu, dans chaque plan horizontal, de la corde de contact des deux génératrices du conoïde. Or cette surface réglée est un paraboloïde, parce qu'elle admet le plan horizontal pour plan directeur, qu'en outre elle n'a qu'une génératrice dans chaque plan horizontal et qu'enfin la droite à l'infini de ce plan est une droite simple de la surface. Cette dernière remarque résulte de ce que, parallèlement à une direction horizontale donnée, il y a *une seule* génératrice de la surface, qui est située dans le plan horizontal du point où le plan perpendiculaire à cette direction, mené par le centre de la sphère, rencontre la directrice rectiligne du conoïde.

La courbe de contact est donc de la première espèce parce qu'elle est l'intersection complète de deux quadriques. Il suit de là, qu'en projection sur un plan quelconque, elle doit présenter deux points doubles, réels ou imaginaires. Or l'épure en révèle un sur chaque plan de projection ; le second est donc nécessairement réel ; mais il est *isolé*, puisqu'il n'y passe aucune branche réelle de courbe.

Sur le plan vertical, le point double isolé est à l'infini sur les horizontales, parce que la droite à l'infini du plan horizontal est une directrice double du conoïde.

Pour déterminer le point double isolé en projection horizontale, remarquons que si une même verticale rencontre deux fois la courbe de contact, les génératrices correspondantes du conoïde sont nécessairement les horizontales des plans tangents aux points où elle perce la sphère, horizontales parallèles entre elles, et perpendiculaires au plan mené par la verticale et par le centre de la sphère, si l'on exclut toutefois le point double O, pour lequel ces deux plans tangents sont horizontaux. Ces génératrices doivent rencontrer d'ailleurs la directrice rectiligne du conoïde ; mais lorsqu'une droite rencontre deux horizontales situées dans le même plan vertical, elles ont toutes les trois la même projection horizontale : d'où il résulte que les deux génératrices du conoïde sont celles qui se projettent sur la projection horizontale de la directrice rectiligne et que le point

on voit que, dans l'exemple choisi, il n'y en a jamais plus de deux qui soient réelles, et la courbe affecte une forme qui rappelle celle de l'hyperbole.

On prouve de la même manière que *le contour apparent d'une surface gauche sur un plan quelconque*, et, en particulier si la surface est à plan directeur, *que la projection orthogonale de la ligne de striction sur le plan directeur est une courbe dont la classe égale le degré de la surface gauche.*

double isolé, pied de la verticale qui rencontre à la fois ces deux génératrices, est le pied de la perpendiculaire abaissée du point O sur cette projection horizontale. Le point double cesserait d'être isolé et serait à l'intersection de deux branches réelles de courbe si la directrice rectiligne du conoïde rencontrait la sphère.

232. Contour apparent. — Sur le plan vertical, il n'y en a pas, puisque toutes les génératrices sont horizontales.

Sur le plan horizontal, le contour apparent est l'enveloppe des projections horizontales des génératrices. Au point de contact ω, sur chaque génératrice telle que ab, le plan tangent est vertical ; ce point est donc le point central, et le contour apparent n'est autre que *la projection horizontale de la ligne de striction*, comme cela arrive toutes les fois que l'on projette sur le plan directeur. Le contour apparent est tangent à celui de la sphère aux mêmes points que la courbe de contact ; il est tangent aux génératrices singulières Oi, Oj, aux joints i et j pour lesquels le plan tangent, étant indéterminé, peut être vertical. Pour la même raison, il est tangent à l'infini aux génératrices singulières df, lk, qui sont conséquemment des asymptotes de la courbe [1].

233. Conoïde circonscrit à une surface topographique. — On appelle *surface topographique* une surface non définie géométriquement, mais dont on connaît des sections horizontales isolées ; telle est la surface du relief terrestre. C'est dire que les problèmes qu'on peut se proposer à leur sujet ne peuvent être résolus qu'approximativement.

En topographie, on a quelquefois à résoudre le problème suivant :

Mener par une droite un plan tangent à une surface topographique.

On le résout à l'aide d'un conoïde circonscrit à la surface, admettant le plan horizontal pour plan directeur et la droite donnée pour directrice rectiligne.

Considérons (fig. 169) les courbes de niveau à cote ronde 1, 2, 3, 4, 5, 6, qui représentent la surface topographique, et

—————

1. Cette locution, au sujet de laquelle il a été fait des réserves (128, note), est ici admissible, parce qu'il s'agit d'une question d'application pratique.

soit (D) la projection sur le plan de comparaison de la droite
donnée ; graduons-la. Les génératrices du conoïde sont les
tangentes menées par chaque point de la graduation respectivement à la courbe de niveau correspondante. Soit x le
point de contact du plan tangent cherché ; traçons la courbe
de niveau du point x ; le plan de cette courbe coupe le conoïde suivant une horizontale xy tangente à cette courbe au
point x.

Cette horizontale est une génératrice singulière du conoïde ;
en effet, le plan tangent en x est le plan tangent au noyau,

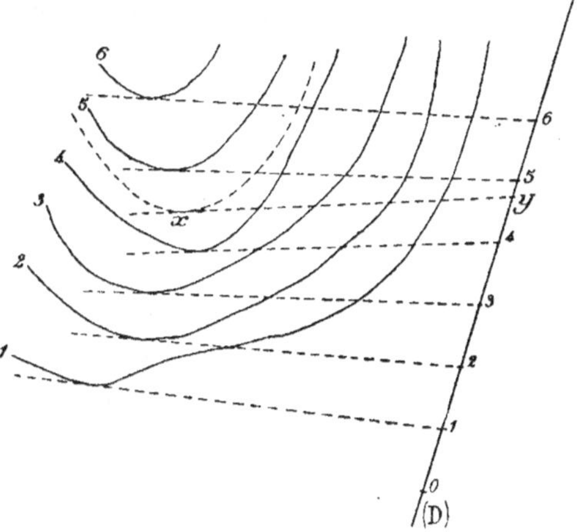

Fig. 169

c'est le même que le plan tangent en y ; en l'un et l'autre
point, c'est le plan Dxy.

Cette génératrice est cylindrique, car le plan asymptote,
qui est horizontal, diffère du plan Dxy. C'est cette considération qui permet de la déterminer ; imaginons, pour cela, le
contour apparent horizontal du conoïde ; c'est l'enveloppe des
projections horizontales des génératrices et le point de contact de l'une d'elles est la projection du point où le plan qui
la projette horizontalement touche la surface. Pour la génératrice singulière, le plan projetant est différent du plan tan-

gent unique Dxy ; le point de contact de ce plan est donc nécessairement à l'infini, puisque partout ailleurs le plan tangent est Dxy.

Il suit de là *que la génératrice cherchée est une asymptote du contour apparent horizontal du conoïde.*

Pour la déterminer graphiquement, on cherchera le point de rencontre de chaque génératrice du conoïde avec la *voisine*[1] ; on aura une suite de points *voisins* du contour apparent horizontal, et qui s'éloigneront de plus en plus à mesure que l'on s'approchera de la génératrice singulière. Lorsque cette génératrice sera dépassée, le point d'intersection passera de l'autre côté de la génératrice par rapport à une droite quelconque, (D) par exemple. La courbe de niveau x est alors située entre les deux courbes de niveau correspondantes.

234. — La solution qui vient d'être exposée ne s'applique plus si la droite donnée est horizontale.

Dans ce cas, on considère les tangentes aux lignes de niveau, parallèles à la droite donnée (fig. 170) ; elles décrivent un cylindre horizontal circonscrit à la surface topographique et le plan tangent cherché est tangent à ce cylindre. Si l'on coupe ce cylindre par un plan vertical quelconque ab, le plan tangent est déterminé par la tangente menée par le point a à la courbe d'intersection. Pour la trouver, imaginons une droite quelconque passant par a et non située dans le plan sécant, et menons par cette droite un plan tangent à cette courbe ; la trace de ce plan sur le plan de la courbe est la tangente demandée. Le problème est ramené au précédent, dans lequel la surface topographique est remplacée par une section verticale d'un cylindre horizontal circonscrit.

Choisissons une droite telle que ac, ayant même projection que la droite donnée, et graduons-la arbitrairement à partir du point a qui a la cote de (D) : joignons les points de même

---

1. Cette locution, au sujet de laquelle il a été fait des réserves (141, note), est ici admissible parce qu'il s'agit d'une question d'application pratique.

cote sur cette droite et sur la section verticale ab du cylindre horizontal. En cherchant, comme dans le problème précédent,

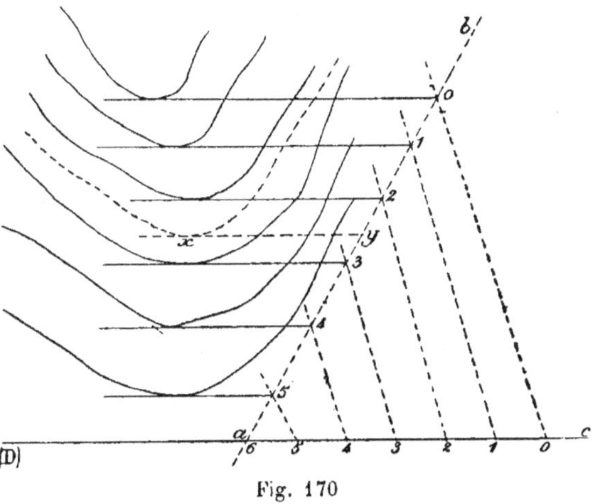

Fig. 170

l'intervalle pour lequel le point d'intersection de deux horizontales consécutives change de côté, nous aurons celui qui comprend le point de contact y de la tangente à la section menée par a. Si l'on trace par ce point une parallèle aux génératrices du cylindre, elle est tangente à la ligne du niveau située dans le plan horizontal de cette parallèle en un point x, situé aussi sur la ligne de contact du cylindre avec la surface topographique ; ce point est le point de contact du **plan tangent** cherché [1].

---

1. Le programme de ce Cours comporte encore l'étude du *Conoïde de la voûte d'arêtes en tour ronde*. Mais cette étude est faite complètement dans le Cours de *Coupe des pierres* (voir Rouché et Brisse, p. 151-157), et nous avons jugé inutile de la reproduire.

CHAPITRE VIII

SURFACES HÉLICOÏDALES

235. Définition générale des surfaces hélicoïdales.
— Si tous les points d'une figure tournent dans le même sens d'un
même angle fini autour d'un même axe de rotation, leurs distances
mutuelles ne varient pas, la figure ne se déforme pas et l'on dit
qu'elle a tourné de l'angle considéré autour de l'axe de rotation.

Il en est de même si tous les points de la figure décrivent des
segments parallèles à l'axe, égaux en longueur et de même sens.
On dit alors que la figure a subi une translation parallèle à l'axe.

Si les deux mouvements ont lieu successivement, chaque point
de la figure est resté à la même distance de l'axe ; il est donc resté
sur un cylindre de révolution autour de cet axe. Sur ce cylindre, il
y a *une* hélice qui passe par les positions initiale et finale du point
considéré, et le pas réduit h de cette hélice est le rapport de la
translation à la rotation (156).

On peut alors décomposer le double mouvement fini en une infinité d'autres, tous infiniment petits, successivement de rotation
et de translation et tels que le rapport d'une translation à la rotation consécutive soit toujours égal à h ; dans ce cas, chaque point
de la figure décrira à la limite l'hélice qui vient d'être définie pour
ce point.

Lorsqu'une figure de forme invariable est animée d'un pareil
mouvement, dans lequel tous ses points décrivent autour du même
axe des hélices de même pas et de même sens [1], on dit que le mouvement de la figure est *hélicoïdal*.

---

1. Toutes les hélices ont le même sens, puisque la rotation a le même sens
pour tous les points de la figure, ainsi que la translation. Il en résulte que,
pour une surface hélicoïdale comme pour une hélice, il y a deux sens possibles : elle est *dextrorsum* ou *sinistrorsum* suivant que les hélices décrites par
les points de la figure sont elles-mêmes *dextrorsum* ou *sinistrorsum*.

Un hélicoïde, comme une hélice (156), est par nature de l'une ou de l'autre
espèce ; il change d'espèce si on le transforme par voie de symétrie par

La surface engendrée par une courbe de la figure, ou la surface enveloppe d'une surface qui lui est liée invariablement, est dite une *surface hélicoïdale*, ou *hélicoïde*.

HÉLICOÏDE RÉGLÉ

236. — *L'hélicoïde réglé* est engendré par une droite qui est animée d'un mouvement hélicoïdal.

Considérons la projection de la droite variable sur un plan perpendiculaire à l'axe du mouvement ; cette projection est indépendante de la translation dans le sens de l'axe ; elle est donc la même que si la rotation existait seule, auquel cas elle est constamment tangente à un cercle ayant pour centre le pied de l'axe. Il suit de là que, dans l'espace, la droite mobile est constamment tangente à un cylindre de révolution autour de l'axe du mouvement.

Menons par un point de l'espace des parallèles aux positions successives de la droite mobile ; nous aurons le cône directeur de la surface. Or, dans la translation, la droite reste parallèle à elle-même ; le cône directeur est donc aussi indépendant de la translation. Il est le même que si elle était nulle, auquel cas il est de révolution autour d'un axe parallèle à l'axe du mouvement.

Prenons maintenant un point quelconque de la droite ; il décrit une hélice tracée sur un cylindre concentrique à l'axe du mouvement.

On peut donc dire que l'hélicoïde réglé est la surface en-

rapport à un plan. On peut, si l'on veut, les distinguer par le signe du pas réduit : ayant adopté sur l'axe de translation un sens positif, ainsi qu'un sens positif pour l'évaluation des angles de rotation, il est clair que le pas réduit h prend des signes différents suivant que l'une des hélices décrites est *dextrorsum* ou *sinistrorsum*. Avec un sens adopté sur l'axe des z et le sens de rotation de droite à gauche dans le plan des xy relativement à un observateur debout dans le sens adopté sur l'axe des z, pris respectivement comme sens positifs de translation et de rotation, les hélices *dextrorsum* ont le pas positif et les hélices *sinistrorsum* ont le pas négatif.

gendrée par le mouvement d'une droite mobile qui reste constamment tangente à un cylindre de révolution, dont un point décrit une hélice tracée sur un cylindre concentrique et qui est parallèle aux génératrices successives d'un cône de révolution autour du même axe. Nous sommes dans le cas d'une directrice, d'un cône directeur et d'un noyau (206).

Supposons l'axe du mouvement vertical ; soient $Oc = r$ le rayon du noyau et Oa le rayon du cylindre sur lequel est tracée l'hélice directrice (fig. 171).

Prenons un point arbitraire (a, a') sur cette courbe ; de ce point comme sommet, circonscrivons un cône au noyau, il se compose de deux plans verticaux. Le cône directeur ayant ce point pour sommet est coupé par les deux plans suivant les génératrices de la surface qui passent par le point (a, a') (206) [1].

1. Il semble résulter de là que l'hélice directrice est une ligne quadruple de la surface ; il n'en est rien en général. On a en effet choisi pour hélice directrice celle qui est décrite par un point quelconque de la droite mobile, et il n'y a pas de raison pour qu'elle soit multiple plutôt que celle qui est décrite par tout autre point de la droite. En général, les quatre droites ainsi déterminées donnent lieu à quatre hélicoïdes réglés distincts. Il en est de même en général lorsqu'on veut déterminer une surface gauche par une ou plusieurs courbes directrices prises au hasard sur la surface. Des solutions étrangères interviennent, de telle sorte qu'une de ces directrices, multiple pour la surface solution complète, est seulement simple pour la proposée.

Dans le cas de l'épure, les deux droites $(ac, a'c')$, $(ac, a'c'')$ situées dans le plan vertical ab décrivent deux hélicoïdes distincts : chaque génératrice du premier est inclinée dans le même sens que la tangente au point où elle rencontre l'hélice sur le noyau, tandis que les génératrices de l'autre sont inclinées en sens inverse. Quant aux deux autres génératrices, situées dans le plan vertical ad, faisons-les tourner jusqu'à ce que le point a vienne en b ; le point a' vient en b' et on a les deux génératrices de front $b'e'$, $b'e''$ qui décrivent aussi pour la même raison deux hélicoïdes distincts. Mais ils sont superposables aux deux premiers ; ces génératrices sont en effet respectivement parallèles aux deux premières, et si l'on élève $b'e'$, par exemple, dans le plan vertical ab de la hauteur verticale $e'e'$, les génératrices $e'b'$, $a'c'$ viennent en coïncidence, et ce glissement vertical fait superposer les deux hélicoïdes correspondants.

Il n'y aurait d'ailleurs besoin d'aucune translation pour opérer cette superposition si le segment $e'e'$ était un multiple entier du pas de l'hélice directrice, qui serait alors une hélice double de la surface (240).

Les deux autres hélicoïdes, dont les génératrices sont respectivement

Pour la commodité de l'épure, choisissons le point (a, a') de façon que l'un des plans verticaux circonscrits de ce point au noyau soit le plan de front ab ; nous aurons alors les plans ab, ad : transportons le sommet du cône directeur en un point fixe (S, S') ; les plans tangents du noyau étant verticaux, les plans parallèles $S\alpha$, $S\beta$ passent par l'axe du cône. On obtient alors en $(S\alpha, S'\alpha')$ l'une des génératrices de front parallèles à celles qui passent par (a, a') et par suite en $(ac, a'c')$ la génératrice correspondante de l'hélicoïde.

237. Plan et point central. Ligne de striction. —

Au point (c, c') le plan tangent à la surface gauche est le plan tangent au noyau ; il est donc vertical. Au point à l'infini sur la génératrice, le plan tangent est parallèle au plan tangent au cône directeur, c'est-à-dire perpendiculaire au plan méridien de front. Or ce dernier est parallèle au plan tangent au noyau ; le plan tangent en (c, c') et le plan asymptote sont donc perpendiculaires. Par suite le premier est le plan central, le point (c, c') est le point central et la ligne de striction est l'hélice décrite par ce point sur le noyau.

238. Plan tangent. Paraboloïde des normales. —

Pour déterminer une surface de raccordement, il faudrait connaître le plan tangent au point (a, a') qui est un point quelconque de la génératrice, ce qui ramène à la recherche directe du plan tangent en un point donné de cette droite.

Soit alors (m, m') le point où l'on cherche le plan tangent. Ce plan est défini par la génératrice (ac, ac') et par la tangente à l'hélice du point (m, m') qui se projette horizontale-

$(ac, a'c'')$ et $(bc, b'c'')$ peuvent aussi être superposés par un glissement vertical, et coïncident *a priori* si ce glissement est un multiple entier du pas commun des hélices.

Dans les deux premiers hélicoïdes, la génératrice est inclinée dans le même sens que la tangente au point où elle rencontre l'hélice décrite par son point de contact avec le noyau ; le contraire a lieu dans les deux autres.

Ces deux couples de surfaces ne constituent en réalité que deux solutions du système défini par les données r, h, α.

ment suivant la perpendiculaire au rayon Om ; cherchons la trace horizontale t de cette tangente. On a (152), en désignant par H le pas de l'hélice décrite par le point (m, m'), qui est le pas commun de toutes les hélices décrites par les différents points de la droite, et par h le pas réduit :

$$\frac{\mu m'}{mt} = \frac{H}{2\pi . Om} = \frac{h}{Om} .$$

Si la trace horizontale de la génératrice est le point (h, h'), la trace horizontale du plan tangent est alors ht, et la normale au point (m, m') à l'hélicoïde a pour projection horizontale la perpendiculaire abaissée du point m sur ht, et pour projection verticale la perpendiculaire élevée au point m' sur $h'm'$, frontale du plan tangent; soit (f, f') le point où cette normale rencontre le plan de profil Oc.

Les triangles Omf, mht, qui ont leurs côtés perpendiculaires, donnent :

$$\frac{Of}{Om} = \frac{mh}{mt} = \frac{\mu h'}{mt} = \frac{\mu h' . h}{\mu m' . Om} = \frac{h . \cotg\alpha}{Om}$$

en désignant par α l'angle des génératrices avec le plan horizontal.

On en déduit :

$$Of = h . \cotg \alpha$$

et le point f est le même pour tous les points de la génératrice. On a donc ce théorème important :

Les projections horizontales des normales à l'hélicoïde réglé aux différents points d'une même génératrice sont des droites concourantes.

Ou encore :

Les normales aux différents points d'une même génératrice de l'hélicoïde réglé rencontrent une même droite parallèle à l'axe.

Ou encore :

Le paraboloïde des normales relatif à une génératrice de

l'hélicoïde réglé admet une génératrice du système non normal parallèle à l'axe [1].

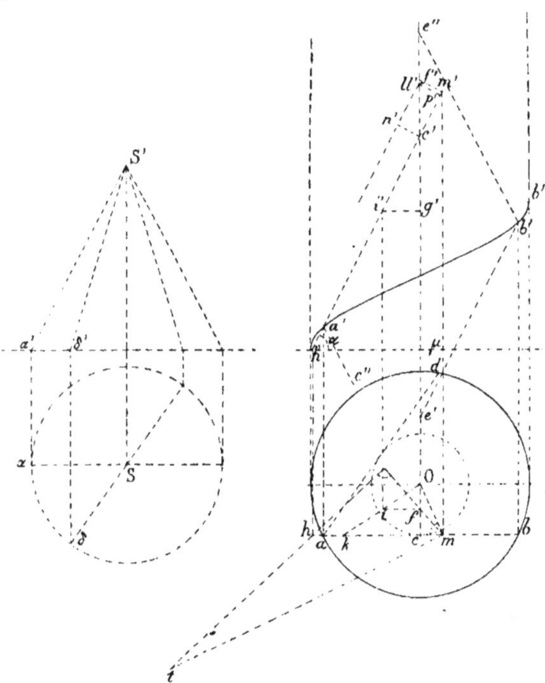

Fig. 171.

Par suite, ce paraboloïde est complètement déterminé; il

1. La raison d'être du théorème est la suivante : on a vu (217) que les génératrices d'un système du paraboloïde hyperbolique donnent lieu à un système rayonnant lorsqu'on les projette sur un plan perpendiculaire au plan directeur relatif à l'autre système. Or, le plan directeur du paraboloïde des normales relatif au système non normal est (223) le plan central relatif à la génératrice de la surface gauche. Il en résulte que *si l'on projette sur un plan perpendiculaire au plan central relatif à une génératrice d'une surface gauche les normales à cette surface gauche aux divers points de la génératrice, les projections de ces normales forment un système rayonnant.*

Dans le cas de l'hélicoïde, le plan central est (237) le plan de front *ab* ; les normales donnent donc lieu à un système rayonnant par leurs projections sur tout plan debout, et en particulier par leurs projections horizontales.

admet pour plans directeurs le plan perpendiculaire à la génératrice et le plan central relatif à cette génératrice (223)
qui est le plan de front ab, et deux génératrices du système
non normal sont la génératrice de l'hélicoïde et la verticale
du point f.

Il reste à construire la longueur $h \cotg \alpha$: pour cela, prenons $c'g' = \dfrac{H}{4}$; à partir du point c, développons de c en k le
quart de la circonférence du rayon Oc, et joignons Ok. Elevons sur l'axe la perpendiculaire $g'i'$ qui donne le point i sur
Ok ; la perpendiculaire abaissée du point i sur l'axe détermine
le point f. On a en effet dans les triangles Oif, Okc,

$$Of = Oc \cdot \frac{if}{kc} = Oc \cdot \frac{i'g'}{\frac{\pi}{2} \cdot Oc} = \frac{c'g' \cdot \cotg \alpha}{\frac{\pi}{2}} = \frac{H}{2\pi} \cotg \alpha = h \cotg \alpha.$$

On peut porter cette longueur, à partir de O, sur la perpendiculaire à la projection horizontale de la génératrice dans un
sens ou dans l'autre, et il est clair que les deux points f ainsi
obtenus correspondent respectivement aux deux hélicoïdes
répondant aux données r, h, α (236, note).

On voit sur l'épure que si la génératrice est inclinée dans le même
sens que la tangente à l'hélice décrite sur le noyau par le point de
contact (c, c'), le segment Of doit être porté à partir du point O vers
la projection horizontale de la génératrice, d'où il suit qu'en cas
contraire il doit être porté dans l'autre sens.

Il est aisé de s'en rendre compte. Pour cela, supposons que, le
pas réduit h et le rayon r du noyau restant les mêmes, l'inclinaison
α de la génératrice tournant autour du point (c, c') vienne à varier ;
la longueur Of varie en même temps et le point f décrit la perpendiculaire Oc à la projection horizontale de la génératrice, qui reste
la même.

Si la génératrice est d'abord horizontale, le point f est rejeté à
l'infini ; si elle se relève jusqu'à être verticale, le point f vient en O.
Ce point décrit donc l'un des deux segments infinis, commençant
en O, de la perpendiculaire à la projection horizontale de la génératrice, chaque fois que la génératrice, tournant autour du point
(c, c'), décrit deux angles droits opposés par le sommet, parmi les
quatre angles droits dont ce point est le sommet.

Pour établir la correspondance, il suffit d'observer que, dans les deux angles opposés où se trouve l'hélice décrite sur le noyau, il y a une position de la génératrice pour laquelle elle est tangente à cette hélice et pour laquelle, en conséquence, l'hélicoïde devient développable. Le plan tangent est alors le même tout le long de la génératrice, et le plan normal est le plan de front ab; d'où il suit que, pour cette inclinaison de la génératrice, le point f coïncide avec le point c, et que *le segment qui va du point O vers la projection horizontale de la génératrice correspond aux hélicoïdes pour lesquels celle-ci est inclinée dans le même sens que la tangente à l'hélice décrite sur le noyau par le point de contact avec ce noyau.*

La valeur absolue de Of est le rayon du cylindre sur lequel les hélices de pas réduit h ont la même inclinaison que la génératrice, et le point f détermine sur ce cylindre une génératrice le long de laquelle le plan tangent est parallèle à celle de l'hélicoïde. On peut donc, dans ce plan, comparer l'inclinaison de celle-ci avec celle des tangentes aux hélices de pas réduit h, décrites sur le cylindre dans le même sens que l'hélice directrice, aux points où ces hélices rencontrent la verticale du point f; et ces inclinaisons sont égales et de même sens.

Le point f une fois fixé, la perpendiculaire abaissée du point h sur la normale mf est la trace horizontale du plan tangent cherché.

Inversement, si l'on veut trouver le point de contact d'un plan donné passant par la génératrice, soit ht sa trace horizontale, on abaissera du point f une perpendiculaire sur cette trace. Le point m où cette perpendiculaire rencontre ab est la projection horizontale du point cherché, qui se relève en m' sur la génératrice.

Une remarque qui sera utile plus loin (287) est la suivante : si l'on considère le plan tangent en $(m.m')$ comme entraîné dans le mouvement hélicoïdal de la figure dont fait partie la génératrice $(ac, a'c')$, ce plan a une caractéristique (184). Mais le cône directeur de sa surface enveloppe (190) est un cône de révolution ; cette caractéristique est donc *une ligne de plus grande pente*, et elle passe (189) par le point où le plan est tangent à l'hélicoïde décrit par la génératrice $(ac, a'c')$. Il suit de là que si l'on considère la droite mf comme la projection d'une droite du plan tangent, cette droite est la caractéristique du plan. On a donc ce théorème :

Lorsqu'un plan est entraîné dans un mouvement hélicoïdal, sa caractéristique rencontre la droite parallèle à l'axe du mouvement, qui appartient au paraboloïde des normales relatif à l'hélicoïde réglé décrit par une droite quelconque du plan.

239. Paramètre de distribution. — Il suffit de chercher le point de contact d'un plan mené par la génératrice et incliné à 45° sur le plan central.

Ce plan n'étant pas donné par sa trace horizontale, nous chercherons le point où le plan perpendiculaire, renfermant la génératrice, rencontre la verticale ff' ; ce point appartient à la normale à l'hélicoïde au point de contact cherché. Celui-ci est donc le pied de la perpendiculaire abaissée du point sur la génératrice, frontale du plan donné.

Prenons pour plan vertical le plan de front ab et pour plan horizontal le plan debout $a'c'$; le plan incliné à 45° sur le plan central est alors l'un des plans bissecteurs : supposons que ce soit celui du premier dièdre ; le plan perpendiculaire mené par la génératrice sera le deuxième bissecteur. La verticale ff' conserve la même projection verticale, et sa projection horizontale s'obtient en portant sur une perpendiculaire à $a'c'$ le segment $c'n' = cf$ et menant par le point n' une parallèle à $a'c'$; sa trace sur le deuxième bissecteur est alors en (l, l') et le pied de la perpendiculaire abaissée de ce point sur la génératrice donne le paramètre de distribution cherché $c'p'$, égal d'ailleurs à $n'l'$.

On a alors :

$$k = c'p' = l'p'\,\mathrm{tg}\,\alpha = fc\,\mathrm{tg}\,\alpha.$$

Il y a deux cas à distinguer : si le point f est du même côté que le point c par rapport au point O, ce qui est (238) le cas des hélicoïdes pour lesquelles la génératrice est inclinée dans le même sens que la tangente à l'hélice décrite sur le noyau, on a en valeur absolue :

$$fc = Of - Oc = h\,\mathrm{cotg}\,\alpha - r$$

d'où :

$$k = fc \,\mathrm{tg}\, \alpha = h - r \,\mathrm{tg}\, \alpha.$$

Si le point f est de l'autre côté, c'est-à-dire si la génératrice et la tangente à l'hélice sur le noyau, ont des inclinaisons contraires :

$$fc = Of + Oc = h \cot g\, \alpha + r$$

d'où :

$$k = h + r \,\mathrm{tg}\, \alpha.$$

Faisons varier comme précédemment (238) l'angle α de zéro π, en faisant tourner la génératrice autour du point c'. Dans l'angle droit qui comprend la tangente à l'hélice décrite sur le noyau, il faut prendre la première formule ; et, α variant de zéro à $\frac{\pi}{2}$, le paramètre k part de la valeur h, diminue jusqu'à zéro pour :

$$\mathrm{tg}\, \alpha = \frac{h}{r}$$

c'est-à-dire lorsque Of étant égal à r, l'hélicoïde est développable ; il change ensuite de signe, va toujours en augmentant en valeur absolue et augmente indéfiniment à mesure que la génératrice tend vers la position verticale.

L'angle α variant ensuite de $\frac{\pi}{2}$ à π, il faut prendre la seconde formule ; le paramètre h reprend le même signe que primitivement et diminue constamment de l'infini jusqu'à h.

Il y a donc, comme c'est la règle (162), dans tout le champ de cette variation, une valeur et une seule de l'angle α qui fait acquérir au paramètre k une valeur déterminée en grandeur et en signe.

Pour $\alpha = o$, on a un hélicoïde particulier qui est à plan directeur perpendiculaire à l'axe[1]. Nous avons ensuite rencontré l'hélicoïde développable ; ensuite, pour $\alpha = \frac{\pi}{2}$, on a le noyau.

---

1. Cette surface est employée en architecture sous le nom de *surface d'intrados de l'escalier à noyau plein*.

On peut encore faire des hypothèses sur h et sur r. Si r est nul, on a la *surface de vis*; elle est *à filet triangulaire*, si l'angle α est différent de zéro, *à filet carré* dans le cas contraire. Le paramètre de distribution des surfaces de vis est égal au pas réduit.

Si h est nul, l'hélicoïde dégénère en hyperboloïde de révolution, pour lequel le paramètre de distribution, relatif à toute génératrice, est égal à $r\,\mathrm{tg}\,\alpha$.

Enfin si h et r sont nuls en même temps, la surface est un cône de révolution, et le paramètre de distribution est nul.

240. Section par un plan perpendiculaire à l'axe. — Coupons la surface par un plan horizontal; soit c (fig. 172) la projection horizontale du point où le plan sécant rencontre l'hélice décrite sur le noyau dont la base est, comme précédemment, le cercle O du rayon Oc égal à r. La projection horizontale de la génératrice qui passe par le point c est la tangente en ce point au cercle O, et lorsque le point de contact avec le noyau aura décrit sur l'hélice un arc ca', se projetant suivant ca et correspondant à l'angle au centre ω, la génératrice viendra se projeter suivant la tangente ab. Soit m la trace sur le plan sécant de la génératrice dans cette nouvelle position, la courbe cherchée est le lieu des points m. On a, dans le triangle $a'am$:

$$am = aa'.\ \mathrm{cotg}\,\alpha.$$

Mais, par définition du pas réduit (156) :

$$aa' = h.\omega = h\,\frac{s}{r}$$

en désignant par s l'arc ca; d'où :

$$am = s.\ \frac{h\,\mathrm{cotg}\,\alpha}{r} = s.\ \frac{Of}{r}.$$

Portons à partir du point a sur la tangente en ce point et dans le même sens que ac une longueur ab égale à l'arc s; lorsque la tangente varie, le point b décrit l'arc cb de *développante de cercle* (149) et l'on a, d'après ce qui précède :

$$\frac{am}{ab} = \frac{Of}{r}$$

ou bien :

$$\frac{am}{bm} = \frac{Of}{r - Of}.$$

On voit par là que le lieu des points m s'obtient en partageant le segment de la tangente compris entre le point de contact et la développante dans un rapport constant, qui est connu.

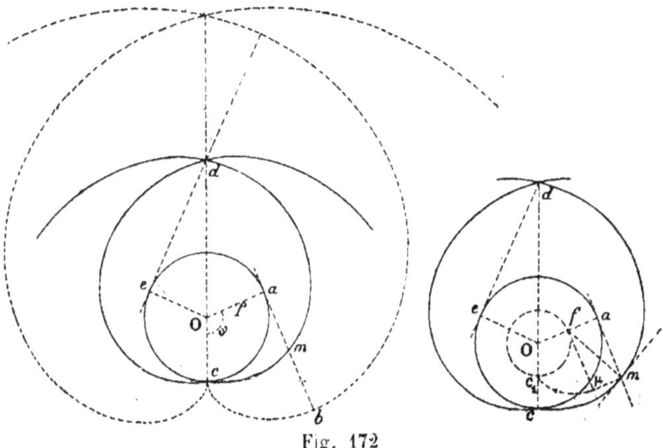

Fig. 172

Représentons le cercle de rayon Of en même temps que le cercle de base du noyau et figurons la développante du premier de ces cercles, à partir du point c_1 situé sur le rayon Oc ; soit μ le point où cette développante rencontre la tangente au cercle au point f.

On a :

$$\mu f = \text{arc } c_1 f = \frac{Of}{r} \text{ arc } ca = am.$$

Si donc on mène par le point μ une perpendiculaire à ab, cette perpendiculaire tombe au point m ; cette remarque permet de construire la courbe par points, sans avoir à partager le segment ab dans un rapport donné.

La tangente au point m à la courbe cherchée est la trace du plan tangent à l'hélicoïde sur le plan horizontal de la section, c'est-à-dire (238) la perpendiculaire[1] à mf.

---

1. D'après un théorème dû à M. le colonel Mannheim (Cours de Géométrie descriptive, p. 174), *si l'on partage un segment de grandeur variable dans*

On obtient ainsi une courbe telle que celle qui est représentée en trait plein sur la figure 172.

La tangente au point c est, d'après la règle précédente, le rayon Oc. La courbe a donc en ce point un rebroussement; mais il est à peine visible.

Le point m qui décrit la courbe se trouve entre les points a et b, parce que l'on a supposé $Of < r$. Dans le cas contraire, et l'inclinaison de la génératrice conservant le même sens, le point m passe de l'autre côté de b et chaque spire de la courbe est à l'extérieur de la spire correspondante de la développante. Enfin, si l'inclinaison de la génératrice vient à changer de sens, le point m est de l'autre côté de a.

La figure 173 représente le cas intéressant où cette valeur absolue est égale à r; le point m est de l'autre côté du point a et l'on a $ma = ab$. La courbe est alors la trace sur un plan horizontal de l'hélicoïde dont la génératrice est inclinée comme la tangente à l'hélice sur le noyau, mais en sens inverse.

Par symétrie, tous les points d'intersection de la courbe avec le rayon Oc (fig. 172) sont des points doubles; soit d l'un d'eux, on

un rapport donné, la normale au lieu du point ainsi obtenu lorsque le segment décrit le plan et les normales aux trajectoires des extrémités du segment partagent dans le même rapport la normale à la courbe enveloppe de la droite qui porte le segment, au point où elle est touchée par cette droite.

Si l'une des trajectoires et l'enveloppe sont osculatrices en un point, il est aisé de voir que, pour la position correspondante de la droite mobile, le point d'intersection limite de la normale à l'enveloppe et de la normale à la trajectoire est le centre de courbure commun. Si la trajectoire est toujours confondue avec l'enveloppe, cela aura lieu pour toutes les positions de la droite mobile. Il est facile, d'après cela, de vérifier que la normale au lieu des points m (fig. 172), doit passer par le point f; si l'on désigne en effet par f' le point où elle rencontre le rayon Oa, qui est la normale à l'enveloppe de la droite mobile ab, à cause de

$$\frac{am}{bm} = \frac{Of}{r - Of}$$

on doit avoir :

$$\frac{Of'}{af'} = \frac{Of}{r - Of} = \frac{Of}{af}$$

d'où :

$$Of = Of'.$$

On peut encore raisonner de la manière suivante : l'angle droit $am\mu$, dont le sommet m décrit la courbe, est circonscrit par le côté am au cercle de base du noyau et par le côté μm à la développante μc_1. Il en résulte, d'après un théorème connu, que la normale au lieu du point m passe par le point de concours f des normales af et μf au cercle et à la développante.

trouve facilement une équation de laquelle dépend l'angle ω correspondant à ces points de la courbe. Menons en effet la tangente

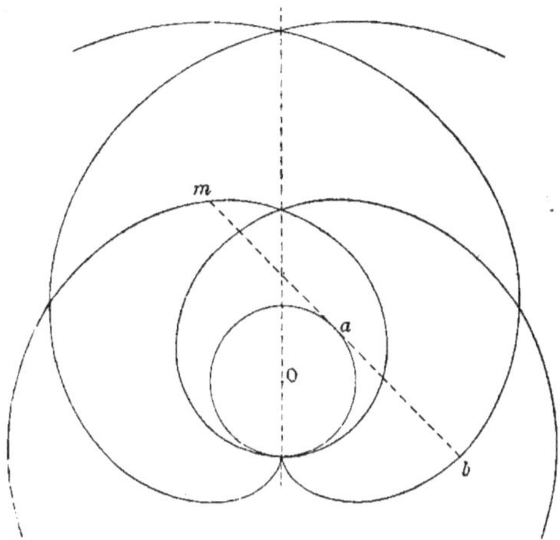

Fig. 173

de et le rayon Oe ; on a, dans le triangle Ode, où l'angle en O représente, à un multiple près de π, l'angle cherché :

$$\operatorname{tg} \omega = \frac{de}{r} = \omega\,\frac{h \cot \alpha}{r}.$$

Ces points sont les traces sur le plan sécant des hélices doubles qui sont sur la surface et que nous allons maintenant rechercher.

241. Hélices doubles. — Pour que le point (a, a') décrive une hélice double (fig. 171), il faut que les deux points d'intersection de la génératrice avec le cylindre sur lequel est l'hélice décrite par ce point appartiennent à la même hélice. La génératrice étant située dans le plan de front ab, ces deux points d'intersection sont alors les points (a, a') et (b, b'), et l'on peut écrire que le pas réduit h est égal au rapport de la translation subie par le point qui s'élève de a' en b' à la rotation correspondante.

La translation est égale à $ab\,\operatorname{tg}\alpha$, parce que la génératrice $a'b$ a l'inclinaison α, tandis que la rotation est le double de l'angle inconnu ω, compté à partir du rayon Oc. On a donc :

$$h = \frac{ab.\,\mathrm{tg}\,\alpha}{2\omega} = \frac{r\,\mathrm{tg}\,\omega\,\mathrm{tg}\,\alpha}{\omega}.$$

Quant au rayon R du cylindre qui contient l'hélice double, le triangle Oac donne :

$$R = \frac{r}{\cos\omega}.$$

L'équation qui détermine ω est la même que celle qui a été établie plus haut; elle fait connaître le demi-angle sous lequel on voit du point O la projection horizontale de la portion de génératrice qui s'appuie sur l'hélice double, et la valeur correspondante de R est donnée par la seconde équation.

L'équation

$$\mathrm{tg}\,x = mx$$

se discute aisément en algèbre, et le résultat de cette discussion est consigné sur la figure 174, obtenue en construisant la courbe

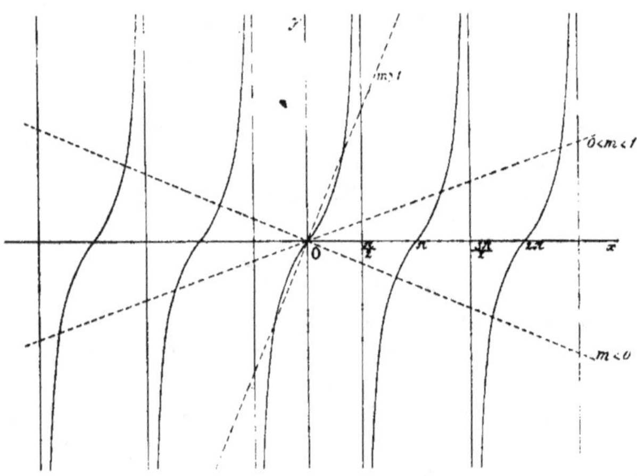

Fig. 174

$$y = \mathrm{tg}\,x$$

et la droite

$$y = mx.$$

1° $m > 0$. Il y a une racine entre zéro et $\frac{\pi}{2}$, si $m>1$; il y en a toujours une entre π et $3\frac{\pi}{2}$; aux tours suivants de circonférence, il y

20

en a une dans le premier et une dans le troisième quadrant ; chacune d'elles tend vers l'extrémité du quadrant lorsque le nombre des tours augmente indéfiniment. Son cosinus diminue en valeur absolue et le rayon R va en augmentant. Toutes ces racines sont positives ; il y a aussi les racines négatives de mêmes valeurs absolues, mais à deux racines égales et de signes contraires correspond la même valeur de R et par suite la même hélice double.

2° $m < 0$. Il y a une racine à chaque tour positif dans les quadrants pairs, et elle tend vers l'extrémité du quadrant. Il y a les racines négatives de mêmes valeurs absolues, qui donnent les mêmes hélices doubles que les racines positives.

Dans la question traitée, la valeur de m est :

$$\frac{h}{r}\,\cotg\alpha \equiv \frac{Of}{Oc}.$$

Si, comme plus haut (238), on fait varier l'angle α, on a vu que le point f passe une fois et une seule par une position donnée sur la droite indéfinie Oc ; par suite, le rapport précédent prend une fois et une seule toute valeur donnée arbitrairement en grandeur et en signe.

Cherchons, suivant les valeurs de m, l'hélice double de moindre rayon. Si α part de zéro et varie, dans le sens de la figure, jusqu'à l'inclinaison de l'hélice sur le noyau, Of d'abord infini, diminue jusqu'à Oc, m reste positif et tend vers l'unité par valeurs supérieures ; la plus petite racine est comprise entre zéro et $\frac{\pi}{2}$, l'angle 2ω est compris entre zéro et π, c'est-à-dire que la génératrice de l'hélicoïde s'appuie deux fois *sur la même spire* de l'hélice double de moindre rayon.

Si α augmente jusqu'à $\frac{\pi}{2}$, m diminue de l'unité jusqu'à zéro, et l'hélice double de moindre rayon correspond à un angle compris entre π et $3\frac{\pi}{2}$, dont le double est compris entre 2π et 3π ; la génératrice de la surface s'appuie cette fois *sur deux spires successives* de cette hélice double. C'est le cas de la figure.

Si α continue à augmenter depuis $\frac{\pi}{2}$ jusqu'à π, m devient négatif ; la plus petite racine est comprise entre $\frac{\pi}{2}$ et π, et son double entre π et 2π ; la génératrice s'appuie deux fois *sur la même spire* de l'hélice double de moindre rayon : mais ce cas se distingue du premier en ce que le noyau sépare l'arc d'hélice de sa corde, tandis que, dans le premier cas, l'arc et la corde sont du même côté par rapport au noyau.

242. Contour apparent. — Les points du contour apparent sur le plan vertical sont ceux pour lesquels le plan tangent est debout. D'après ce qui a été dit plus haut (238), la projection horizontale m d'un point de cette courbe de contour apparent s'obtient de la manière suivante.

Figurons le cercle de rayon r, base du noyau, et le cercle concentrique de rayon Of (fig. 175); supposons comme précédemment

$$Of = h \cot g\, \alpha < r.$$

Une génératrice quelconque a pour projection horizontale la tangente ct du noyau ; le plan tangent debout qui la renferme a pour trace horizontale une droite debout, par suite la droite de front mf menée par le point f correspondant à cette génératrice passe par

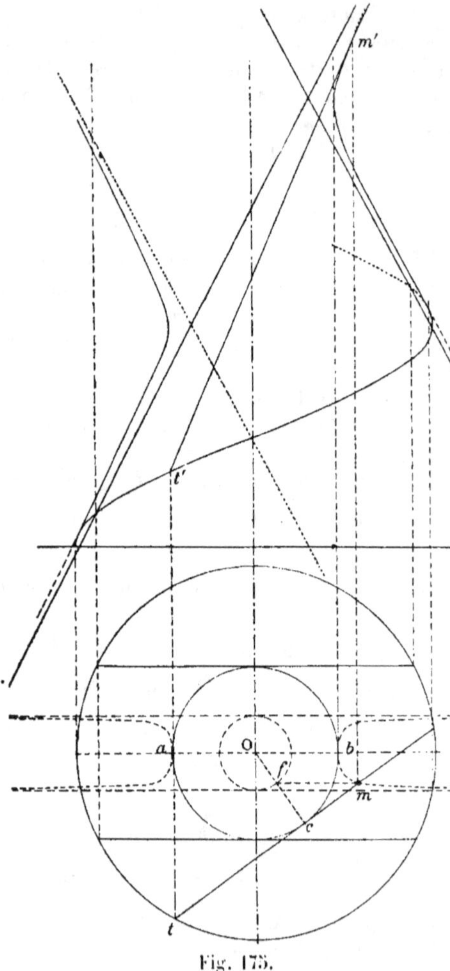

Fig. 175.

le point de contact cherché. Si l'on construit le lieu de ces points pour les diverses positions de la génératrice, on obtient une courbe qui a la forme représentée sur la figure, tangente aux points a et b au cercle base du noyau et asymptote aux tangentes de front du cercle de rayon Of.

En projection verticale, c'est l'enveloppe des projections verticales des génératrices ; de plus, elle est asymptote aux projections verticales des génératrices de front, tangente à la projection verticale de l'hélice directrice en des points projetés horizontalement sur le cercle projection de cette hélice, et tangente au noyau aux points où les génératrices qui sont dans un plan debout touchent ce noyau. Elle se compose d'ailleurs, dans l'espace comme en projection verticale, d'une infinité de branches, qui ont toutes la même projection horizontale. Cette projection horizontale est algébrique, comme l'implique la construction qui en définit un point : on trouve aisément son équation qui est du quatrième degré [1].

Si, l'inclinaison variant, Of grandit et devient égal à r, l'hélicoïde devient développable ; dans ce cas particulier, le contour apparent se réduit à l'arête de rebroussement qui est l'hélice directrice, et aux génératrices de front pour lesquelles le plan tangent est debout en tout point.

Si Of grandit encore et dépasse la valeur r, la projection horizon-

---

1. Prenons Ob pour axe polaire : soient φ l'angle polaire bOm et ω, comme plus haut, l'angle bOc. On a :

$$\overline{Om}^2 \equiv \rho^2 = \overline{Oc}^2 + \overline{cm}^2 = r^2 + (r - Of)^2 \, \mathrm{tg}^2\omega$$

et, dans le triangle Ofm

$$\frac{\rho}{\sin \omega} = \frac{Of}{\sin \varphi}$$

d'où

$$\sin \omega = \frac{\rho \sin \varphi}{Of} \qquad \mathrm{tg}^2\omega = \frac{\rho^2 \sin^2\varphi}{\overline{Of}^2 - \rho^2 \sin^2\varphi}$$

On a alors pour l'équation de la courbe

$$(\rho^2 - r^2)(h^2 \cot\mathrm{g}^2\alpha - \rho^2 \sin^2\varphi) = (r - h \cot\mathrm{g}\alpha)^2 \, \rho^2\sin^2\varphi$$

ou, en coordonnées rectilignes

$$(x^2 + y^2)y^2 - h^2 \cot\mathrm{g}^2\alpha \, x^2 - 2r \, h \cot\mathrm{g}\alpha \, y^2 + r^2 h^2 \cot\mathrm{g}^2\alpha = 0.$$

Il est aisé de vérifier, sur l'axe des y, les points doubles indiqués dans le texte ; et comme il y a en outre le point double à l'infini sur l'axe des x, la courbe, étant du quatrième degré, est *unicursale*.

On remarque aussi, comme points simples, les points cycliques qui s'obtiennent géométriquement en supposant que la tangente variable mc soit l'une des asymptotes imaginaires du cercle de base du noyau.

tale du contour apparent change de forme et prend celle qui est
représentée sur la figure 176. Deux points doubles apparaissent

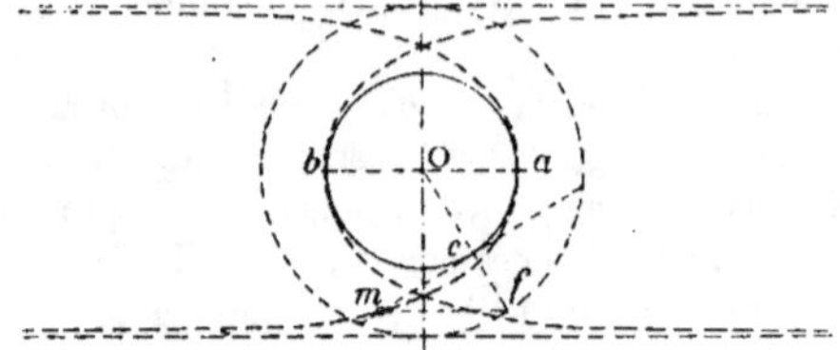

Fig. 176.

sur la droite debout menée par le centre O, à une distance de ce
point égale à la moyenne proportionnelle entre le rayon r du noyau
et le rayon Of.

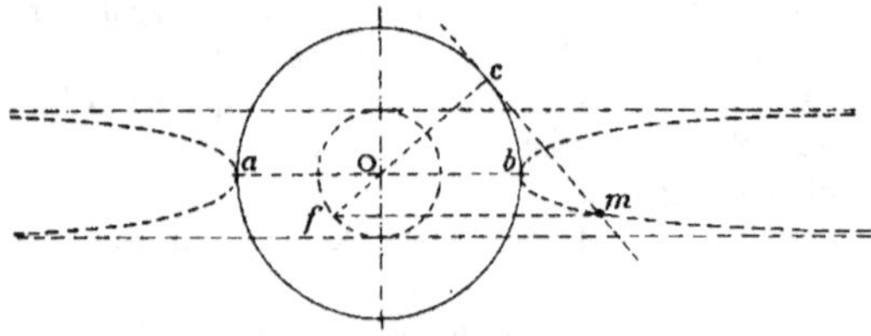

Fig. 177.

Tout ce qui précède est relatif au cas où les génératrices sont
inclinées comme les tangentes aux hélices sur le noyau: dans le cas
contraire, Of doit être porté en sens inverse (238), et le point m est
déterminé comme l'indique la figure 177. Le segment Of peut être

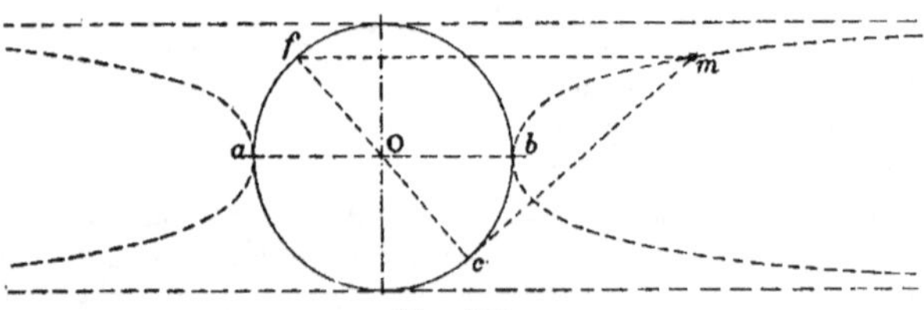

Fig. 178.

plus petit que r, il peut l'égaler ou le dépasser : on a alors suivant
les cas, pour la projection horizontale du contour apparent, les

trois formes indiquées (fig. 177, 178, 179) analogues à celles de la figure 175.

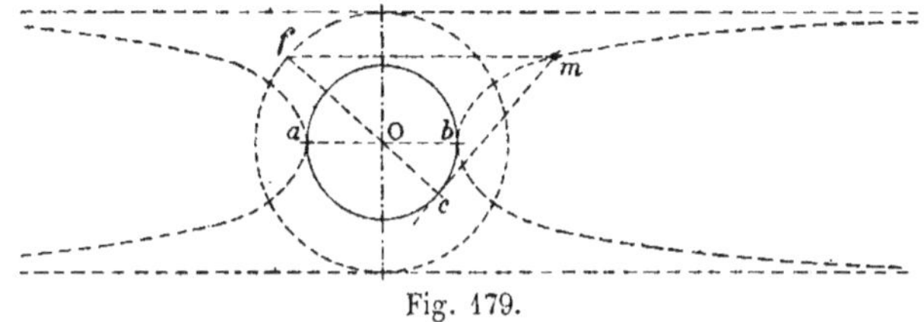

Fig. 179.

243. Dessin de l'hélicoïde réglé. — On peut maintenant représenter l'hélicoïde réglé par sa projection verticale. Les

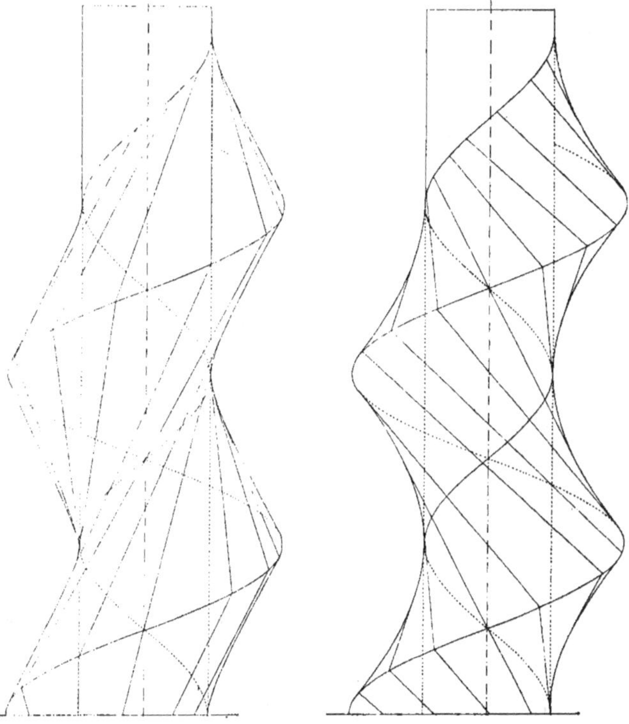

Fig. 180.   Fig. 181.

figures 180 et 181 représentent deux hélicoïdes réglés, limités à leur noyau et à l'hélice double de rayon moindre.

Dans le premier, les génératrices sont inclinées comme les tangentes à l'hélice sur le noyau, le paramètre m (241) est compris entre zéro et un, et la génératrice s'appuie sur deux spires successives de l'hélice double de rayon moindre, entre l'hélice et le noyau.

Dans le second, les génératrices sont inclinées en sens inverse ; le paramètre m est négatif, la génératrice s'appuie deux fois sur la même spire de l'hélice double de rayon moindre, mais le noyau s'interpose entre la corde et l'arc.

Ils sont l'un et l'autre *dextrorsum*.

HÉLICOÏDE DÉVELOPPABLE

241. — Considérons spécialement le cas où l'inclinaison de la génératrice est, en grandeur et en signe, celle des tangentes à l'hélice ; elle décrit conséquemment (169) un *hélicoïde développable*.

Dans ce cas, le plan tangent est le même tout le long de la génératrice ; c'est (169) le plan osculateur de l'hélice sur le noyau, c'est-à-dire (154) le plan mené par la génératrice et la normale au cylindre en son point de contact avec l'hélice.

L'arête de rebroussement est (170) l'hélice sur le noyau ; le point f coïncide avec le point c (fig. 171) et l'on a, en grandeur et en signe (239)

$$r = h \operatorname{cotg} \alpha$$

en désignant par α l'inclinaison de la génératrice, comptée dans le même sens que la tangente à l'hélice sur le noyau : le paramètre de distribution est nul.

Le point m (fig. 172) se confond avec le point b, à cause de

$$Of = r$$

et toute section par un plan perpendiculaire à l'axe est (240) une développante de cercle.

L'équation aux hélices doubles se réduit à

$$\operatorname{tg} x = x$$

à cause de $m = 1$; et, abstraction faite de la racine $x = o$, qui correspond à l'arête de rebroussement, l'hélice double de moindre rayon correspond à la racine comprise entre π et $3\frac{\pi}{2}$. Cette racine peut se calculer par les méthodes indiquées en algèbre et l'on trouve :

$$257^{\circ}\ 27'\ 12'' < x < 257^{\circ}\ 27'\ 13''.$$

Elle est ainsi connue à une seconde près ; son cosinus est (241) le rapport du rayon du noyau à celui du cylindre qui contient l'hélice double ; il est négatif et égal en valeur absolue à 0,21723.

La figure 182 représente la portion d'un hélicoïde développable à axe vertical comprise entre deux plans horizontaux parallèles [1]. Pour effectuer cette représentation, on peut observer que la surface est d'égale pente (198), car tous ses plans tangents, qui sont les plans osculateurs de l'hélice sur le noyau, font le même angle avec le plan horizontal.

On vérifie par là, d'après un théorème démontré (199) que les sections horizontales de l'hélicoïde sont des développantes de la section droite du cylindre droit qui projette l'hélice arête de rebroussement sur les plans de ces sections, et l'on peut procéder comme il a été déjà fait (200) pour une autre surface d'égale pente.

Soit dans le plan horizontal (fig. 182) un cercle O de rayon r, base du cylindre sur lequel est tracée l'hélice directrice de pas réduit h ; soit a la trace de cette hélice sur le plan horizontal inférieur : à partir de a, portons sur ce cercle des arcs égaux $a\beta$, $\beta\gamma$, $\gamma\delta$,... et figurons les tangentes en ces points. Si ces arcs sont suffisamment petits, on peut, en les portant sur chaque tangente à partir du point de contact dans le sens de l'origine des arcs, obtenir, sans erreur sensible, sur chaque tangente le développement de l'arc qui sépare le point de contact de l'origine a. On construit ainsi autant de points que l'on voudra de la développante de cercle *abcdefghlmnpqrstu*, trace de la surface sur le plan horizontal inférieur.

Si l'on suppose maintenant que la cote du plan horizontal supérieur soit égale au pas de l'hélice, a est aussi la projection horizontale de la trace de l'hélice sur ce plan, au est la projection de la portion de génératrice comprise entre les deux plans horizontaux, et un point quelconque de la développante, qui est la projection horizontale de la trace de la surface sur le plan horizontal supérieur, s'obtient en portant sur la génératrice $d\delta$, par exemple, à partir du point d, une longueur dd_1 égale à au ; car les deux plans horizontaux interceptent sur toute génératrice un segment de même longueur, dont la projection est aussi constante en longueur par suite de l'inclinaison égale des génératrices sur le plan horizontal. On a ainsi la développante ad_1a_1.

Quant aux projections verticales des génératrices, on les obtient

---

1. Les figures 182 et 183 sont extraites du *Traité de Géométrie descriptive de Leroy.*

en relevant leurs traces sur les deux plans sécants, qui sont connus puisque leur distance verticale est égale au pas de l'hélice ; elles dessinent par leur enveloppe la projection verticale de l'hélice arête de rebroussement. Cette courbe fait partie (207) du contour apparent de la surface sur le plan vertical ; celui-ci se complète par les projections verticales $a'a'_1$ et $u'a''$ des génératrices extrêmes, pour lesquelles le plan tangent, qui est le plan osculateur à l'hélice en (a,a') ou en (a,a''), est debout. La projection verticale $l'\lambda'$ de la génératrice $(l\lambda, l'\lambda')$ dont le point de contact (λ, λ') est à demi-hauteur

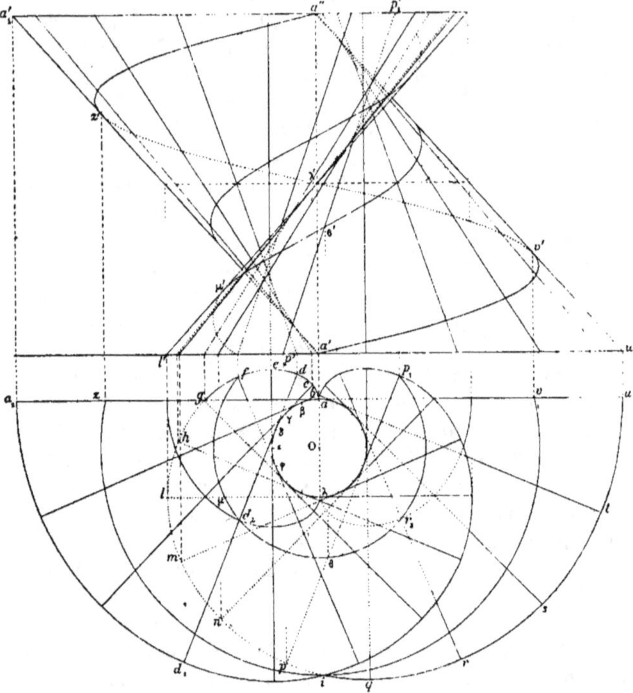

Fig. 182.

de spire, fait également partie du contour apparent pour la même raison.

On trouve facilement la section de la surface par un plan quelconque au moyen des traces des génératrices sur ce plan ; en particulier, le plan horizontal du point (λ, λ') donne lieu à une développante de cercle dont un point quelconque d_2 s'obtient en prenant le milieu du segment dd_1.

Pour achever la représentation graphique de la surface, on peut chercher sa section par un cylindre concentrique au noyau.

Considérons, par exemple, celui dont le cercle de base passe par le point d_2 qui vient d'être déterminé ; par symétrie, il passe aussi par les points f, r_2 et p_1. Cherchons ses points d'intersection avec une génératrice, et choisissons celle-ci dans la position $(pp_1, p'p'_1)$ où ces points sont l'un et l'autre dans la partie utile du cylindre, projetés horizontalement en p_1 et θ, verticalement en p'_1 et θ'. Il est clair que, dans le mouvement hélicoïdal de la génératrice, ces deux points, considérés comme entraînés par elle, décrivent chacun une hélice de même pas que l'hélice directrice (235), et comme ces hélices se projettent l'une et l'autre sur la base du cylindre considéré, il en résulte que l'intersection du cylindre et de la surface est constituée par ces deux hélices. L'inclinaison β des tangentes à ces hélices sur le plan horizontal est donnée par la relation

$$\operatorname{tg} \beta = \frac{h}{R}$$

où R désigne le rayon du cylindre sécant et h le pas réduit commun à toutes les hélices. On voit que si R augmente à partir du rayon r du noyau, l'angle β diminue depuis l'angle de la pente de la surface jusqu'à zéro.

En particulier, coupons la surface par le cylindre dont la base passe par le point i où se rencontrent les projections horizontales des deux développantes. Alors les projections verticales des deux hélices d'intersection passent respectivement par les points a' et a'' où le point i se relève dans les plans des deux bases, et comme la distance $a'a''$ est précisément le pas commun H, on voit qu'elles n'en font qu'une ; c'est l'hélice double de plus petit rayon, dont la projection verticale est représentée en $a'v'z'a''$. Par chacun des points de cette hélice, il passe deux génératrices de la surface dont l'une est figurée sur l'épure, tandis que l'autre n'a pas son point de contact avec l'arête de rebroussement entre les deux plans horizontaux qui limitent la surface.

Si l'on désigne par v'' le point de la génératrice de front $(az, a'z')$ projeté horizontalement en v, on voit que le segment de cette génératrice compris entre deux spires successives de l'hélice double est $(vz, v''z')$; sa projection horizontale vz, vue du point O, soustend le double de l'angle x défini plus haut, égal, à moins d'une seconde et à un multiple près de π, à $257°$, $27'$, $12''$; et le rapport $\dfrac{Oa}{Oi}$, qui est la valeur absolue de son cosinus, est égal à $0{,}21723$.

245. Développement de la surface. — Pour opérer ce développement, cherchons d'abord celui de l'arête de rebroussement. En chaque point de l'hélice directrice, le rayon de courbure est constant (155) et égal à

$$\frac{r}{\cos^2\alpha}.$$

Il suit de là (174) que le développement de l'arête de rebroussement est une courbe dont le rayon de courbure est constant : l'analyse prouve que le cercle est la seule courbe qui jouisse de cette propriété.

Nous aurons donc un cercle dont le rayon ρ est connu, et comme

$$r = h\,\cotg\alpha$$

on a :

$$\cos\alpha = \frac{r}{\sqrt{h^2+r^2}}$$

$$\rho = \frac{r}{\cos^2\alpha} = \frac{h^2+r^2}{r}.$$

Traçons ce cercle (fig. 183), et portons à partir de a un arc aa' égal au développement d'une spire de l'hélice arête de rebroussement; l'angle au centre qui soustend cet arc se calcule aisément.

On a en effet, en désignant par l la longueur de la spire

$$l = \frac{2\pi r}{\cos\alpha} = 2\pi\,\sqrt{h^2+r^2}$$

et, en appelant ω l'angle cherché

$$\rho\omega = \frac{h^2+r^2}{r}\,\omega = 2\pi\,\sqrt{h^2+r^2}$$

d'où

$$\omega = \frac{2\pi r}{\sqrt{h^2+r^2}}$$

et enfin, en désignant par λ le rapport de cet angle à quatre angles droits

$$\frac{\omega}{2\pi} = \lambda = \frac{r}{\sqrt{h^2+r^2}} = \cos\alpha.$$

Si $\alpha = o$, on a $\rho = r$, ce qui est évident, et la spire recouvre tout le cercle; à mesure que α augmente, ρ augmente et l'angle qui sous-tend l'arc recouvert par la spire diminue : il vaudrait deux droits et la spire couvrirait une demi-circonférence pour $\alpha = \dfrac{\pi}{3}$.

Dans l'épure, α est un peu inférieur à $\dfrac{\pi}{3}$ et la spire recouvre l'arc $a\beta\gamma\dots a'$ compris entre π et $\dfrac{3\pi}{2}$. Si l'on divise, comme dans la figure 182, cet arc en seize parties égales, les tangentes aux points de division sont (175) le développement des génératrices.

D'ailleurs, les sections par des plans perpendiculaires à l'axe sont, comme dans toutes les surfaces d'égale pente, des trajectoires orthogonales des génératrices. Il suit de là, en vertu de la conservation des angles, que la développante du cercle dans le plan horizontal inférieur a pour développement une trajectoire orthogonale des tangentes qu'on vient de tracer. Elle a pour origine le point a, et c'est aussi une développante de cercle $abcd\dots u$.

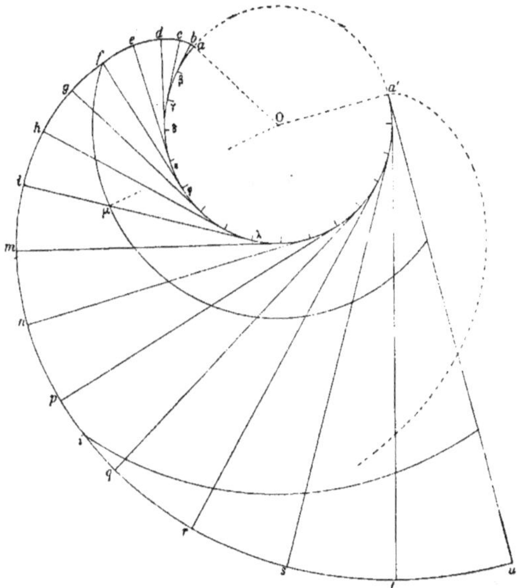

Fig. 183.

On a ainsi le développement de la nappe inférieure de l'hélicoïde limité par l'arc de cercle aa', l'arc de développante $ab... u$ et le segment $a'u$ de la génératrice extrême.

On aurait de même le développement de la nappe supérieure, mais la développante commencerait en a' et la génératrice limite serait la tangente au cercle en a.

Cherchons le développement des hélices obtenues (244) en coupant par le cylindre de rayon R. Une seule de ses hélices est sur la nappe inférieure ; la portion de génératrice comprise entre le noyau et ce cylindre est constante et égale (fig. 182) à

$$\frac{\lambda\mu}{\cos\alpha} = \frac{\sqrt{R^2 - r^2}}{\cos\alpha} = \frac{1}{r}\sqrt{h^2 + r^2}\sqrt{R^2 - r^2}.$$

Elle se développe en vraie grandeur ; il suffira donc de la porter sur chaque génératrice développée, à partir du point de contact et dans le même sens, d'où il suit que le développement de l'hélice est un cercle concentrique au premier. Ce résultat découle aussi de ce que, sur l'hélicoïde le rayon de courbure de l'hélice est constant, ainsi que l'angle que fait en chaque point de l'hélice son plan osculateur avec le plan tangent à la surface ; par suite le rayon de courbure de la courbe qui en est le développement est aussi constant (179).

Pour calculer le rayon R_1 du cercle, on a (fig. 183) dans le triangle $O\lambda\mu$

$$R_1^2 = \rho^2 + \overline{\lambda\mu}^2 = \frac{(h^2 + r^2)^2}{r^2} + \frac{1}{r^2}(h^2 + r^2)(R^2 - r^2)$$

$$R_1^2 = \frac{1}{r^2}(h^2 + r^2)(h^2 + R^2) = \frac{h^2 + R^2}{\cos^2\alpha}$$

d'où

$$R_1 = \frac{1}{\cos\alpha}\sqrt{h^2 + R^2}.$$

L'hélice double, comme les autres, se développe suivant un cercle concentrique aux précédents ; il passe par le point i, situé sur l'arc pq de la développante, qui correspond au point i de l'hélicoïde.

SURFACE DE VIS A FILET TRIANGULAIRE

246. — On a défini cette surface (239) comme étant l'hélicoïde réglé pour lequel, r étant nul, le cylindre noyau se réduit à son axe. Cette surface peut donc être considérée comme engendrée par une droite qui rencontre une hélice, l'axe du cylindre sur lequel est tracée cette hélice, et qui est parallèle à l'une des génératrices d'un cône de révolution autour de cet axe.

Figurons l'axe du mouvement supposé vertical, et le cercle O base du cylindre sur lequel est tracée l'hélice directrice (fig. 184). Prenons un point (a, a') sur cette courbe, situé par exemple dans le plan de front de l'axe ; et cherchons, comme pour l'hélicoïde réglé (236), les génératrices de la surface qui passent par ce point. En raisonnant de la même manière, nous trouvons les deux génératrices $(S\alpha, S'\alpha')$ et $(S\beta, S'\beta')$ du cône directeur, parallèles au plan mené par le point (a, a') et l'axe du mouvement, et par suite deux génératrices $(aO, a'c')$, $(aO, a'c'')$ répondant à la question.

Ces deux droites engendrent deux surfaces de vis distinctes, à moins que l'hélice choisie sur la surface pour courbe directrice (235) ne soit une hélice double ; auquel cas la génératrice $a'c''$, par exemple, n'est autre que la position de la génératrice $a'c'$ qui correspond au second point où la première de ces droites rencontre le cylindre sur lequel est tracée l'hélice, point qui, dans ce cas particulier, se trouve sur la même hélice que le premier.

Soit $(lO, l'q')$ la position de la génératrice $(aO, a'c')$ lorsque le point (a, a') décrivant l'hélice directrice est revenu dans le plan de front de l'axe ; les droits $a'c''$, $l'q'$ sont parallèles, et l'on voit que les deux surfaces de vis peuvent être amenées en coïncidence par une translation parallèle à l'axe et égale à $c''q'$. Elles coïncideraient *a priori* et l'hélice directrice serait double si $c''q'$ était un multiple du pas de cette hélice.

Etudions la surface de vis engendrée par la génératrice $(aO, a'c')$; pour construire une seconde position de cette droite, on peut ne plus user du cône directeur. Cherchons, par exemple, la génératrice qui passe par le point (b, b') de l'hélice directrice. Lorsque le point (a, a') décrivant l'hélice s'élève jusqu'en (b, b'), le point c' où la droite cherchée rencontre l'axe s'élève dans la même quantité dans le mouvement hélicoïdal de celle-ci. Prenons donc $c'd'$ égal à la différence des cotes des points b' et a' ; nous aurons en $(b0, b'd')$ les projections de la génératrice cherchée.

De part et d'autre du point où cette génératrice rencontre l'axe, il y a deux segments infinis. Chacun de ces segments engendre une nappe de la surface de vis ; les deux nappes se raccordent tout le long de l'axe.

247. Plan tangent. Ligne de striction. — Soit (m, m') un point de la génératrice; le plan tangent en ce point peut se construire, comme pour l'hélicoïde réglé, au moyen de la longueur

$$Of = h \cot g \, \alpha$$

portée, à partir du point O, sur la perpendiculaire élevée en ce point à la projection horizontale de la génératrice, dans un sens convenable.

Pour déterminer ce sens, on ne peut plus comme dans l'hélicoïde réglé ordinaire, distinguer celui qui va vers la projection horizontale de la génératrice, puisque celle-ci passe par le point O. Mais, usant d'une remarque qui a été faite à cette occasion (238), on peut observer que si l'on coupe par le plan vertical de trace Of toutes les hélices décrites par les divers points de la figure mobile dont fait partie la génératrice, les plans qui projettent horizontalement les tangentes à ces courbes au point où elles sont rencontrées par ce plan vertical sont tous parallèles au plan qui projette horizontalement la génératrice ; et que ces tangentes, qui sont dans des plans parallèles, sont toutes inclinées dans le même sens d'un même côté de ce plan, tandis que de l'autre côté elles sont inclinées en sens inverse. Comme il a été prouvé que la verticale du point f rencontre les hélices tracées sur le cylindre de rayon Of en des points pour lesquels la tangente est parallèle à la génératrice, on en conclut la règle suivante :

Dans la surface de vis, la longueur Of doit être portée sur la perpendiculaire à la projection horizontale de la génératrice dans un sens tel que la verticale dont le pied est le point g, *où le rayon Of coupe le cercle projection horizontale de l'hélice directrice, rencontre cette hélice en des points pour lesquels la tangente est inclinée dans le même sens que la génératrice.*

Portons donc la longueur Of, construite comme plus haut

(238), sur la perpendiculaire élevée au point O à la projection horizontale bO faisant avec celle-ci un angle droit dans le sens de la flèche (fig. 184), joignons fm, nous aurons (238) la projection horizontale de la normale au point (m, m'); et si nous abaissons sur cette droite une perpendiculaire du point e trace horizontale de la génératrice, nous aurons en ei la trace horizontale du plan tangent cherché.

Inversement, pour trouver le point de contact du plan mené par la génératrice et dont la trace horizontale est ei, il suffit d'abaisser du point f une perpendiculaire sur cette trace, de chercher le point m, où cette perpendiculaire rencontre la projection horizon-

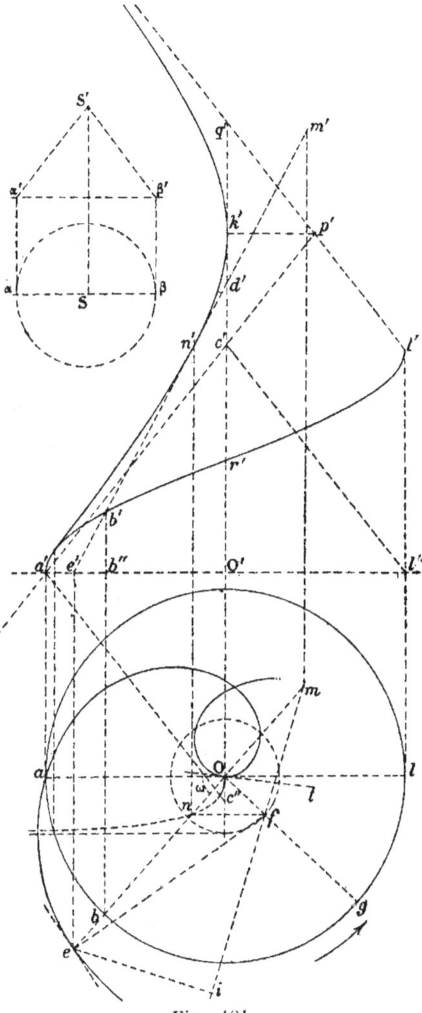

Fig. 184.

tale de la génératrice, et de relever ce point en m' sur la génératrice.

Dans le cas de la surface de vis, l'hélice décrite sur le noyau se réduit à l'axe du cylindre. La ligne de striction est donc (237) l'axe du cylindre ; on sait, en effet, qu'au point (O, d') de la génératrice le plan tangent est celui qui la projette horizontalement et qu'il est perpendiculaire au plan tangent à l'infini, qui est celui dont la génératrice est une ligne de plus grande pente. On a vu (239) que le paramètre de distribution est égal au pas réduit h.

248. Section par un plan perpendiculaire à l'axe.
— Un autre procédé pour construire le plan tangent consiste à chercher la trace de la surface sur le plan horizontal du point (m,m'), et à mener la tangente à cette courbe au point (m, m').

Cherchons d'abord la trace de la surface sur le plan horizontal de projection. A cet effet, on ne peut plus employer la méthode générale qui a servi pour l'hélicoïde réglé (240), car on voit que dans les deux termes de la relation $\frac{am}{ab} = \frac{Of}{r}$, les dénominateurs deviennent nuls, si l'on suppose que l'hélicoïde dégénère en surface de vis. Désignons alors par ω l'angle aOe, par ρ le rayon polaire Oe et par R le rayon du cylindre sur lequel est tracée l'hélice directrice ; on a :

$$\rho = Ob + be = R + b'b'' \cotg\alpha = R + h\omega \cotg\alpha.$$

On reconnaît là l'équation polaire d'une *spirale d'Archimède* ; elle passe par les points e, a, par le point O et la tangente Ot en ce point s'obtient en cherchant la projection horizontale de la génératrice qui passe par le pied O' de l'axe du cylindre. On a pour la sous-normale :

$$\frac{d\rho}{d\omega} = h \cotg\alpha = Of.$$

Si on porte cette longueur sur la perpendiculaire au rayon vecteur Oe dans le sens des angles polaires croissants, ce qui donne toujours le même point f, on a en ef la normale au point e de la spirale.

Si le plan horizontal sécant s'élève, la spirale tourne autour du point O dans le sens des angles croissants, et au point où elle rencontre la génératrice Ob, la normale passe toujours par le point f; d'où il suit que le plan tangent au point $(m_1 m')$ a pour trace sur le plan horizontal de ce point une droite dont la projection horizontale est perpendiculaire à mf.

249. Contour apparent. — D'après ce qui a été dit sur l'hélicoïde réglé (242) le point où la génératrice $(Ob, e'b')$ rencontre le contour apparent sur le plan vertical s'obtient en menant par le point f la frontale fn; il se relève en n'. On a, en projection horizontale [1]:

$$\rho = On = Of \cotg \omega = h \cotg \alpha \cotg \omega.$$

Cette courbe passe par le point O où elle est tangente à OO', par le point n, et elle est asymptote aux tangentes de front du cercle de rayon Of. La figure 184 représente une partie du contour apparent sur le plan vertical de projection et sa projection horizontale.

En projection verticale, ce contour apparent est l'enveloppe des projections verticales des génératrices : il est asymptote à la génératrice de front $a'c'$, tangent à l'hélice directrice, ainsi qu'à l'axe du mouvement, qui a même projection verticale que la génératrice située dans le plan debout $O'c'$. Pour avoir le point de contact, remarquons que cette génératrice s'appuie sur l'hélice au point r'; partant donc à partir de ce point $r'k' = O'c'$, on obtient en k' le point cherché. La courbe se prolonge ensuite par une branche asymptote à la génératrice

1. Comme on le voit aussi en faisant $r = 0$ dans l'équation trouvée au paragraphe 242 (note).

de front $l'p'$, passe de l'autre côté de cette asymptote et se reproduit ainsi alternativement de chaque côté de l'axe à chaque demi-spire.

250. Hélices doubles. — Les hélices doubles de la surface ne peuvent plus se déterminer par le même procédé que dans le cas de l'hélicoïde réglé, à cause des facteurs nuls ou infinis qui figurent dans la relation entre les éléments de la question ; mais il est aisé de les trouver autrement.

Les cylindres sur lesquels sont tracées ces hélices passent, en effet, par les points tels que p' où la génératrice de front $(aO. a'c)$ rencontre les génératrices symétriques telles que $l'p'$. Pour trouver leur distance à l'axe, menons par le point c' une parallèle à $l'p'$, elle passe par symétrie par le point l'' et l'on a :

$$c'q' = l''l = \frac{H}{2}.$$

Par suite, la cote de p' au-dessus de c' est égale à $\frac{H}{4}$ et comme on a $c'k' = O'r' = \frac{H}{4}$, l'horizontale du point p' passe par k' ; on a alors dans le triangle $p'k'c'$:

$$p'k' = k'c' \cot g\,\alpha = \frac{H}{4}\cot g\,\alpha.$$

Si le point p' était sur la génératrice de front parallèle à $l'p'$ et immédiatement supérieure, sa cote s'augmenterait de la moitié du pas, plus généralement de $n\frac{H}{2}$. L'équation aux rayons des hélices doubles est donc :

$$x = H\left(\frac{n}{2} + \frac{1}{4}\right)\cot g\,\alpha = \frac{(2n+1)H}{4}\cot g\,\alpha$$

dans laquelle n désigne un entier quelconque. L'hélice double de rayon moindre a pour rayon

$$\frac{H}{4}\cot g\,\alpha$$

on l'obtient en faisant $n = o$; on peut l'exprimer en fonction du pas réduit, on a alors :

$$R = \frac{2\pi h}{4}\cot g\,\alpha = \frac{\pi}{2}. \ \ Ot$$

et les autres rayons ont pour expression générale

$$x = \frac{(2n + 1)\pi}{2}\, h \cot g\, \alpha = \left(\frac{\pi}{2} + n\pi\right) Of.$$

On peut arriver au même résultat au moyen de l'équation, trouvée plus haut (248), de la trace horizontale de la surface. Le rayon polaire des points doubles de la spirale est perpendiculaire à la tangente Ot ; la direction de celle-ci s'obtient d'ailleurs en faisant $\rho = o$ dans l'équation de la courbe, ce qui donne :

$$\omega = -\frac{R}{h \cot g\, \alpha}$$

d'où, pour la direction du rayon polaire des points doubles

$$\omega = \frac{\pi}{2} + n\pi - \frac{R}{h \cot g\, \alpha}\; .$$

Remplaçant ω par cette valeur, il vient pour le rayon polaire correspondant

$$\rho = \left(\frac{\pi}{2} + n\pi\right) h \cot g\, \alpha$$

qui est la valeur déjà trouvée.

Ainsi, *l'hélice double de rayon moindre a pour rayon le développement du quart de la circonférence de rayon Of. Les autres rayons s'obtiennent en lui ajoutant des multiples entiers de la moitié de cette circonférence.*

251. Dessin de la vis à filet triangulaire. — La *vis à filet triangulaire*, souvent employée dans les arts, est engendrée par le mouvement hélicoïdal d'un triangle isocèle *abc* (fig. 185) dont le plan passe par l'axe du mouvement et dont la base *ac* coïncide avec les génératrices successives d'un cylindre concentrique à cet axe. Sur ce cylindre les sommets *a* et *c* décrivent la même hélice de pas *ac*, de façon qu'après une révolution complète le sommet *a* est venu en *c*.

Le mouvement hélicoïdal étant ainsi déterminé, les côtés *ab*, *cb* du triangle décrivent en général deux surfaces de vis distinctes. Le côté *ab* décrit la nappe inférieure de la vis qui est la *nappe supérieure* d'une surface de vis, puisqu'il rencontre l'axe en un point situé au-dessous de *ab* ; tandis que le côté *bc* décrit la nappe supérieure de la vis qui est la nappe inférieure d'une autre surface de vis.

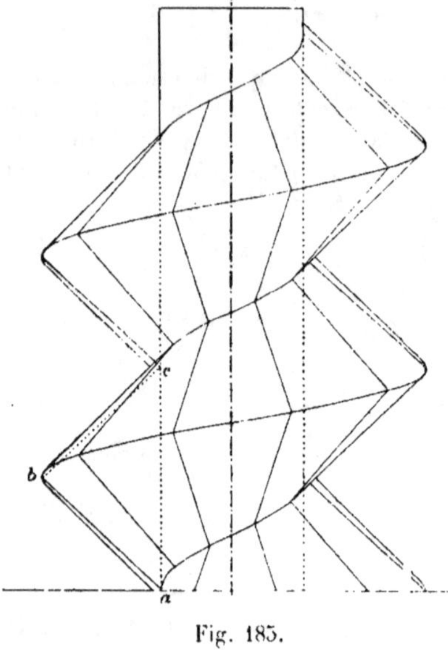

Fig. 185.

La vis est ainsi représentée par l'hélice décrite sur le cylindre de base par les points *a* et *c*, par l'hélice décrite par le sommet *b* du triangle qui est dite le *filet* de la vis, et enfin par des arcs de contour apparent, à la fois tangents aux deux hélices, et qui dans les limites de la figure peuvent être considérés comme des segments de droites.

Remarquons que le pas commun H des hélices étant la base *ac* du triangle générateur, la hauteur de ce triangle a pour valeur :

$$\frac{H}{2}\operatorname{cotg}\alpha = \pi h \operatorname{cotg}\alpha.$$

Supposons alors que le cylindre de base soit l'un de ceux qui renferment une hélice double, son rayon est égal (250), pour une certaine valeur entière de *n*, à :

$$(2n+1)\frac{\pi}{2} h \operatorname{cotg}\alpha.$$

Le rayon du cylindre sur lequel est décrit le filet est égal au précédent augmenté de la hauteur du triangle générateur, c'est-à-dire à

$$\left(\frac{2n+1}{2}+1\right)\pi h \operatorname{cotg}\alpha = (2n+3)\frac{\pi}{2} h \operatorname{cotg}\alpha.$$

C'est précisément le rayon du cylindre sur lequel est décrite l'hélice double qui correspond à la valeur de n immédiatement supérieure. De sorte que si le rayon du cylindre de base est choisi de façon que l'hélice décrite par les deux extrémités de la base du triangle générateur soit une hélice double, le filet est aussi une hélice double et la vis n'est plus composée de deux surfaces de vis distinctes, mais par une partie de la nappe supérieure et une partie de la nappe inférieure d'une même surface de vis (246).

SURFACE DE VIS A FILET CARRÉ

252. — Cette surface a été définie (239) comme étant le lieu d'une droite horizontale qui s'appuie constamment sur une hélice, en même temps que sur l'axe du cylindre qui renferme cette hélice. Soit $(O, O'c')$ l'axe du cylindre (fig. 186) ; figurons la projection verticale de l'hélice directrice. La génératrice de la surface qui passe par un point (a, a') de l'hélice est l'horizontale $(aO, a'c')$.

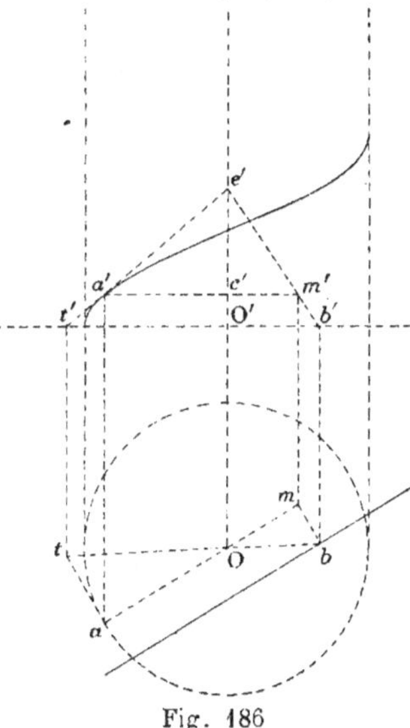

Fig. 186

253. Plan tangent. — Cherchons le plan tangent au point (m, m') de cette génératrice : l'inclinaison α étant nulle, le segment $h \cot \alpha$ devient infini, ce qui apprend que la perpendiculaire abaissée du point m sur la trace horizontale du plan tangent est aussi perpendiculaire à la projection horizontale Om de la génératrice. Ceci devait être puisque la génératrice est une horizontale du plan, et par là le plan tangent n'est pas déterminé.

Mais on peut user de ce que la surface admet le plan horizontal pour plan directeur, et employer un paraboloïde de raccordement. Ce paraboloïde admettra, comme la surface, le plan horizontal pour plan directeur et aura pour directrices l'axe du cylindre et la tangente à l'hélice au point (a,a'). Ainsi il se raccordera avec la surface aux points $(0,c')$, (m,m') et au point à l'infini sur la génératrice, par suite en tout point de la génératrice.

Le second plan directeur du paraboloïde est le plan vertical at ; par suite la seconde génératrice qui passe par le point (m,m') a pour projection horizontale la perpendiculaire mb à Om ; quant à sa projection verticale, elle passe par le point e' où la projection verticale de la tangente à l'hélice au point (a,a') rencontre l'axe du cylindre. Ceci résulte de ce que, le plan vertical étant perpendiculaire au plan directeur, les projections sur ce plan des génératrices du paraboloïde forment un système rayonnant ; ainsi le plan tangent est déterminé.

Comme vérification, les traces horizontales de la génératrice qu'on vient de construire et de la tangente à l'hélice au point (a,a') doivent se trouver sur une droite passant par le point O, trace du paraboloïde sur le plan horizontal.

On pourrait encore s'appuyer sur ce que le paramètre de distribution est égal au pas réduit h (239) et sur la connaissance du point central $(0,c')$ pour lequel le plan tangent est le plan vertical Oa.

254. Dessin de la vis à filet carré. — La *vis à filet carré* est engendrée par le mouvement hélicoïdal d'un rectangle $abcd$ (fig. 187), dont le plan passe par l'axe du mouvement et dont le côté ab coïncide avec les génératrices successives d'un cylindre concentrique à cet axe. Sur ce cylindre, les sommets a et b du rectangle décrivent deux hélices dont le pas commun est le double du côté ab.

Les côtés bc et ad décrivent deux surfaces de vis à filet carré parallèles, tandis que le côté cd, parallèle à l'axe décrit un cylindre concentrique au premier.

Chacune des surfaces de vis est limitée par deux hélices tra-

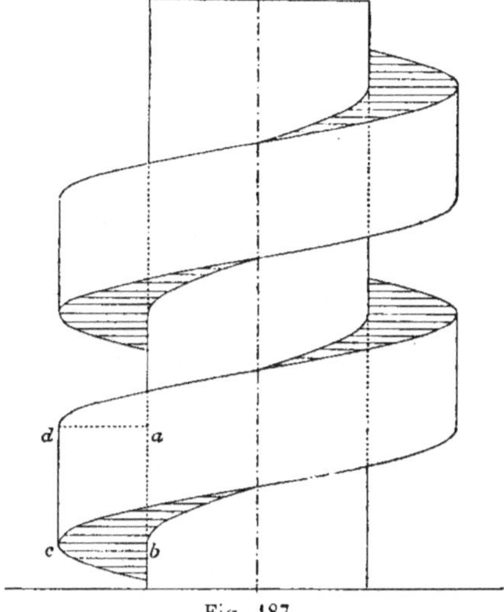

Fig. 187

cées respectivement sur ces cylindres et une partie seulement
de ces surfaces est visible, comme l'indique la figure.

CHAPITRE IX

COURBURE DES SURFACES

255. Rappel de résultats analytiques. — Une surface est engendrée par une courbe variable dont les équations renferment *un* paramètre arbitraire. On peut encore dire que les coordonnées d'un point de la surface, au lieu d'être fonctions d'*un* paramètre, comme lorsqu'il s'agit d'une courbe (127), dépendent de *deux* paramètres ; l'équation de la surface s'obtient alors en éliminant le paramètre entre les équations de la courbe variable, ou les deux paramètres entre les expressions des trois coordonnées.

En chaque point d'une surface, il existe, en général, *un plan tangent*, défini en analyse comme le lieu des tangentes en ce point à toutes les courbes tracées sur la surface et passant par ce point. En certains points singuliers, ce lieu n'est pas un plan et ces points sont exclus de l'étude qui va suivre.

Il suit de la définition du plan tangent qu'un plan quelconque, passant par le point de contact, coupe la surface suivant une courbe admettant pour tangente en ce point la droite d'intersection du plan sécant considéré avec le plan tangent.

Supposons que le plan sécant soit mené par la *normale* à la surface au point de contact m, et prenons sur la courbe d'intersection un point m' infiniment voisin du premier. La distance de ce point au plan tangent est la même que sa distance à la tangente suivant laquelle le plan sécant coupe le plan tangent. Elle est donc (129) *d'ordre supérieur à l'arc*, et, en général, *du second ordre* par rapport à cet arc. S'il existe sur une surface des points singuliers pour lesquels cette distance, sauf pour certains plans normaux particuliers, n'est pas du second ordre, les résultats qui seront démontrés ne s'appliquent pas à ces points.

256. Indicatrice. — Rapportons l'équation d'une surface au plan tangent en un point de cette surface, pris pour plan des xy, et à la normale en ce point prise pour axe des z. Si l'on se donne arbitrairement les coordonnées x et y d'un point de la surface, l'ordonnée z en résulte : les coordonnées x et y sont, si l'on veut, les deux paramètres (255) desquels dépend la fonction z. Désignons cette fonction par $f(x,y)$, et coupons la surface par un plan parallèle au plan tangent, infiniment voisin de ce plan, et passant par le point m' pris sur la surface à distance infiniment petite du point de contact ; si h est l'ordonnée du point l'équation de cette courbe dans son plan est :

$$h = f(x,y).$$

L'ordonnée infiniment petite h, qui est la même pour tous les points de la courbe considérée, mais qui varie et fait varier avec elle le plan sécant, lorsque le point m' se rapproche du point m, dépend des deux infiniment petits principaux x et y. Elle est d'ordre supérieur au premier, parce que le plan tangent à l'origine a été choisi pour plan des xy, et admettre qu'elle est du second ordre, c'est admettre qu'elle est développable en série dont les premiers termes sont du second degré par rapport aux variables x et y ; de sorte que l'équation de la courbe dans son plan est :

$$h = ax^2 + 2bxy + cy^2 + \varepsilon$$

ou ε désigne un infiniment petit d'ordre supérieur au second. D'où il résulte que, dans les hypothèses faites et aux infiniment petits près du troisième ordre par rapport aux accroissements des coordonnées du point de contact, *la courbe d'intersection d'une surface par un plan parallèle au plan tangent en un point et infiniment voisin de ce plan est une conique.*

Cette conique est rapportée à son centre, pied de la perpendiculaire abaissée du point de contact sur le plan sécant ; ses dimensions sont infiniment petites ; elle varie en même temps que le plan sécant, mais elle demeure homothétique à elle-même, puisque seul le terme indépendant h varie. Si l'on substitue à ce terme indépendant et infiniment petit, une quantité finie quelconque λ, on obtient la conique de dimensions finies :

$$ax^2 + 2bxy + cy^2 = \lambda$$

qui est homothétique et concentrique aux sections infiniment petites de la surface par des plans parallèles au plan tangent au point m et infiniment voisins de ce plan, et qui, au troisième ordre près, définit la surface aux environs du point m. Si on la trace dans le plan tangent, en l'orientant comme ses homothétiques le sont dans des plans parallèles, avec le point de contact pour centre, on lui donne le nom d'*indicatrice* de la surface en ce point.

257. Relation d'Euler. — La considération de l'indicatrice permet de trouver la loi suivant laquelle varie le rayon de courbure d'une section faite dans la surface par un plan renfermant la normale au point m.

Reprenons l'équation de la section dans son plan :

$$h = ax^2 + 2bxy + cy^2 + \varepsilon$$

et faisons tourner les axes dans le plan des xy jusqu'à les faire coïncider avec les axes de la conique; le terme en xy disparaît et il reste :

$$h = a'x^2 + c'y^2 + \varepsilon'.$$

Coupons la courbe par une droite menée par le centre :

$$\frac{x}{\cos\alpha} = \frac{y}{\sin\alpha} = d$$

il vient :

$$\frac{h}{d^2} = a'\cos^2\alpha + c'\sin^2\alpha + \varepsilon''$$

où la quantité ε'', quotient de la division par d^2 d'un infiniment petit d'ordre supérieur au second, est elle-même infiniment petite.

Mais, par définition (147), le premier membre a pour limite, lorsque le point m' se rapproche du point m, la moitié de l'inverse du rayon de courbure de la section en ce point. On a donc, en désignant par ρ ce rayon de courbure et par η un nouvel infiniment petit :

$$\frac{1}{2\rho} + \eta = a'\cos^2\alpha + c'\sin^2\alpha + \varepsilon''$$

d'où rigoureusement, en égalant les valeurs principales :

$$\frac{1}{2\rho} = a'\cos^2\alpha + c'\sin^2\alpha.$$

relation qui donne le rayon de courbure de la section normale faisant l'angle α avec le plan des zx, en fonction de cet angle et des paramètres a' et c' qui dépendent du point considéré sur la surface; et où l'on voit que ce rayon est proportionnel au carré du demi-diamètre correspondant de l'indicatrice.

Faisons $\alpha = 0$, c'est-à-dire coupons par la section normale qui renferme l'axe des x, et désignons par R_1 le rayon de courbure correspondant, il vient :

$$\frac{1}{2R_1} = a'.$$

De même, en coupant par la section normale qui contient l'axe
des y :

$$\frac{1}{2\mathrm{R}_2} = c'.$$

Remplaçant enfin a' et c' par ces valeurs :

$$\frac{1}{\rho} = \frac{\cos^2\alpha}{\mathrm{R}_1} + \frac{\sin^2\alpha}{\mathrm{R}_2}$$

formule importante, due à Euler, qui donne le rayon de courbure
d'une section normale en fonction de l'angle que fait son plan avec
le plan mené par la normale et l'un des axes de l'indicatrice.

Les rayons de courbure R_1 et R_2, qui figurent aussi dans cette
formule et qui correspondent aux sections normales passant par
les axes de l'indicatrice, sont les rayons de courbure *principaux* au
point considéré sur la surface ; les sections normales correspondantes sont les *sections principales*.

258. Indicatrice elliptique. Ombilics. — Les paramètres a' et c' sont susceptibles d'un signe ; il en est donc de même
des rayons de courbure R_1, R_2 et ρ. Si a' et c' ont le même signe, qui peut toujours être supposé le signe $+$ si l'on dispose
convenablement de l'axe des z, l'indicatrice est une ellipse. La
formule montre que le rayon de courbure ρ est alors affecté
du même signe, quel que soit l'angle α ; c'est-à-dire que toutes
les sections normales possibles tournent leur concavité du
même côté de l'axe des z. On dit alors qu'au point considéré
les courbures de la surface sont de même sens. Tels sont, en
tous leurs points, la sphère, l'ellipsoïde, l'hyperboloïde à deux
nappes, le paraboloïde elliptique, le tore en sa partie extérieure, etc. Si l'on porte à partir du point m, sur la normale en
ce point à la surface, une longueur ml (fig. 188) égale au rayon
de courbure ρ, le point l varie en même temps que l'angle α ;
mais comme ρ est proportionnel au carré du demi-diamètre
déterminé par la section normale correspondante dans l'indicatrice qui est une ellipse, le point l varie sur la normale entre deux points fixes, γ_1 et γ_2, situés du même côté de m
puisque ρ conserve toujours le même signe, et correspondant

l'un à son maximum, par exemple, qui est R_1, et l'autre à son minimum qui est R_2.

Si les rayons de courbure principaux sont égaux, le segment $\gamma_1\gamma_2$ se réduit à un point et le point l est fixe.

Alors l'indicatrice est un cercle, et l'on dit que le point m de la surface est un *ombilic*.

259. Indicatrice parabolique. – Si l'un des paramètres a' et c' est nul, l'indicatrice est une parabole, ou, pour préciser, un système de droites parallèles. Le rayon de courbure principal correspondant est infini, et l'on a, par exemple :

$$\frac{1}{\rho} = \frac{\sin^2\alpha}{R_2}$$

R_2 désignant l'autre rayon de courbure principal.

S'il arrive que, pour certains points d'une surface, l'indicatrice soit une ellipse, tandis qu'elle est une hyperbole en d'autres points de la surface, elle est parabolique pour les points d'une certaine ligne séparatrice des régions de la surface. Cette courbe est la *ligne parabolique* de la surface.

Sur le tore, par exemple, la ligne parabolique se compose des deux parallèles suivant lesquels la surface est touchée par ses plans tangents perpendiculaires à l'axe de révolution.

Dans le cas de l'indicatrice parabolique, le rayon R_1 étant devenu infini, le point γ_1 de la normale (258) est rejeté à l'infini et le point l, centre de courbure d'une section normale variable, décrit (fig. 190) tout le segment infini de cette droite, commençant au point γ_2 et qui ne renferme pas le point de contact m.

260. Indicatrice hyperbolique. — Si les paramètres a' et c' ne sont pas du même signe, la formule d'Euler peut s'écrire, en explicitant les signes :

$$\frac{1}{\rho} = \frac{\cos^2\alpha}{R_1} - \frac{\sin^2\alpha}{R_2}.$$

L'indicatrice est une hyperbole, et le rayon de courbure ρ qui est proportionnel aux carrés des demi-diamètres de cette courbe, change de signe deux fois en devenant infini. Le point l, partant du point γ_1 par exemple (fig. 189), décrit, à partir de ce point, le segment infini de la normale qui ne comprend pas le point de contact, puisque ρ ne s'annule pas; passe de l'autre côté de la normale, décrit l'autre segment infini de cette droite jusqu'en γ_2 et revient par le chemin inverse au point de départ.

Les sections normales correspondantes aux positions du point l, sur l'un des segments de la normale, tournent leur concavité vers ce segment, tandis que les autres la tournent vers l'autre segment. On dit alors qu'au point considéré, *les courbures de la surface sont opposées*. L'hyperboloïde à une nappe, le paraboloïde hyperbolique et toutes les surfaces gauches sont, en tous leurs points, des surfaces à courbures opposées. Il en est ainsi du tore, dans sa partie qui est entre la ligne parabolique et l'axe de révolution.

Deux sections normales particulières sont à considérer, celles dont les traces sur le plan tangent sont les asymptotes de l'indicatrice, et dont le rayon de courbure est infini. De part et d'autre du point de contact, leur concavité n'est pas tournée du même côté, et elles présentent en ce point une inflexion. Le cercle de courbure correspondant, ayant son rayon infini, se réduit à une droite qui est la trace du plan de la section sur le plan tangent; d'où il résulte que cette trace, au lieu d'être tangente à la surface comme celle de toutes les autres sections normales, lui est osculatrice. Ainsi :

Lorsqu'en un point d'une surface l'indicatrice est hyperbolique, il y a dans le plan tangent deux droites passant par le point de contact et osculatrices à la surface; ces droites sont les asymptotes de l'indicatrice tracée et orientée dans le plan tangent.

261. Construction du centre de courbure d'une section normale. — Une élégante construction du centre de courbure l est due à M. le colonel Mannheim[1].

Figurons la normale mN (fig. 188) et portons sur cette normale

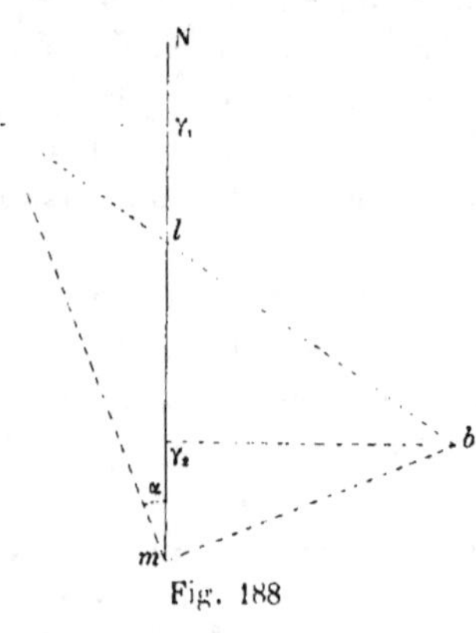

Fig. 188

à partir de m, et du même côté si l'indicatrice est elliptique, les rayons de courbure principaux R_1 et R_2, en $m\gamma_1$ et $m\gamma_2$; élevons en ces points les perpendiculaires $\gamma_1 a$ et $\gamma_2 b$ à la normale. Au point m faisons avec la normale l'angle α que fait le plan de la section considérée avec le plan de section principale de rayon de courbure R_1 et désignons par a le point où le côté de l'angle rencontre la perpendiculaire $\gamma_1 a$. Menons au point m la perpendiculaire mb à ma qui détermine de même le point b sur $\gamma_2 b$; la droite ab coupe la normale au point l cherché.

On a en effet, en écrivant que l'aire amb est égale à la somme des aires aml et lmb :

$$ma.mb = ma.ml. \sin\alpha + ml.mb \cos\alpha.$$

Divisant par le produit $ma.mb.ml$, il vient :

$$\frac{1}{ml} = \frac{\cos\alpha}{ma} + \frac{\sin\alpha}{mb}.$$

Mais on a, dans les triangles $ma\gamma_1$, $mb\gamma_2$:

$$ma = \frac{R_1}{\cos\alpha} \qquad mb = \frac{R_2}{\sin\alpha}$$

d'où :

$$\frac{1}{ml} = \frac{\cos^2\alpha}{R_1} + \frac{\sin^2\alpha}{R_2} = \frac{1}{\rho}.$$

On voit que le point l ne sort pas du segment $\gamma_1\gamma_2$.

Si l'indicatrice est hyperbolique, il faut porter les rayons R_1 et

1. Cours de Géométrie descriptive, 2ᵉ édition, p. 296.

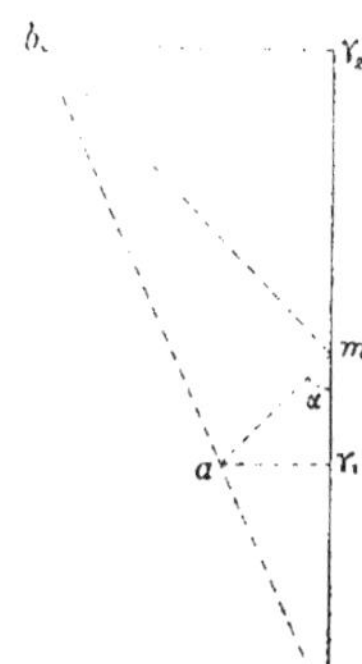

Fig. 189

R_2 de part et d'autre du point m ; on a alors la figure 189. Si l'on écrit cette fois que l'aire amb est égale à la différence des aires mbl et mal, on arrive à :

$$\frac{1}{ml} = \frac{\cos^2\alpha}{R_1} - \frac{\sin^2\alpha}{R_2} = \frac{1}{\rho}.$$

Le point l est toujours à l'extérieur du segment $\gamma_1\gamma_2$ et, pour une valeur convenable de l'angle α, il est rejeté à l'infini. La figure donne aisément pour cette valeur de α :

$$\operatorname{tg}^2\alpha = \frac{R_2}{R_1} = \frac{b^2}{a^2}$$

en désignant par a et b les demi-axes de l'indicatrice et l'on vérifie par là que l'angle α est bien le demi-angle des asymptotes de cette courbe.

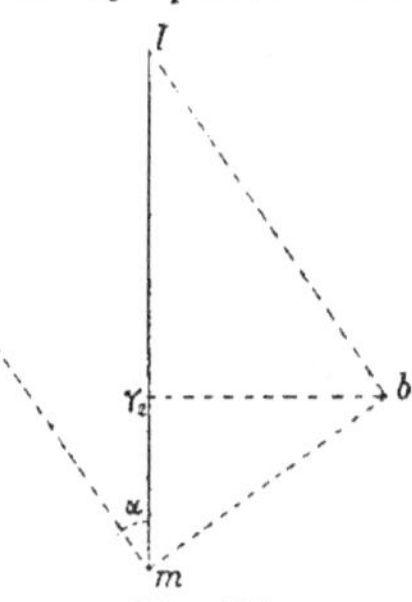

Fig. 190

Enfin, si l'indicatrice est parabolique, le point γ_1, par exemple, est rejeté à l'infini ; la construction devient alors celle de la figure 190, sur laquelle on voit que :

$$ml = \frac{mb}{\sin\alpha} = \frac{R_2}{\sin^2\alpha}$$

d'où, comme (259) :

$$\frac{1}{ml} = \frac{\sin^2\alpha}{R_2}.$$

262. Théorème de Meusnier. — Supposons maintenant qu'il s'agisse d'une courbe quelconque mm', plane ou gauche, tracée sur une surface par un point m de cette surface (fig. 191), et cherchons le rayon de courbure de la courbe en ce point.

Figurons la tangente ml au point m de cette courbe, et considérons le plan normal à la surface mené par cette tangente et la normale mN, plan qui détermine dans la surface la section normale mm'', admettant, comme la courbe donnée, pour tangente au point m la droite ml.

Soit m' un point infiniment voisin de m sur la courbe donnée : par ce point, menons un plan perpendiculaire à mt et soit p le point où ce plan rencontre la tangente mt ; la droite $m'p$ est perpendiculaire à cette tangente. Soit m'' le point infiniment voisin de m où le même plan rencontre la section normale mn ; la droite $m''p$ est aussi perpendiculaire à la tangente mt.

Désignons par ρ le rayon de courbure cherché et par ρ_n le rayon de courbure de la section normale mn au même point m. On a (147) :

$$\rho = \lim \frac{\overline{mp}^2}{2.m'p}$$

$$\rho_n = \lim \frac{\overline{mp}^2}{2.m''p}$$

$$\frac{\rho}{\rho_n} = \lim \frac{m''p}{m'p} = \lim \frac{\sin m''m'p}{\sin m'm''p}.$$

D'ailleurs, dans le triangle $m'pm''$, les trois côtés ont chacun une limite parfaitement déterminée. Le côté $m''p$, qui

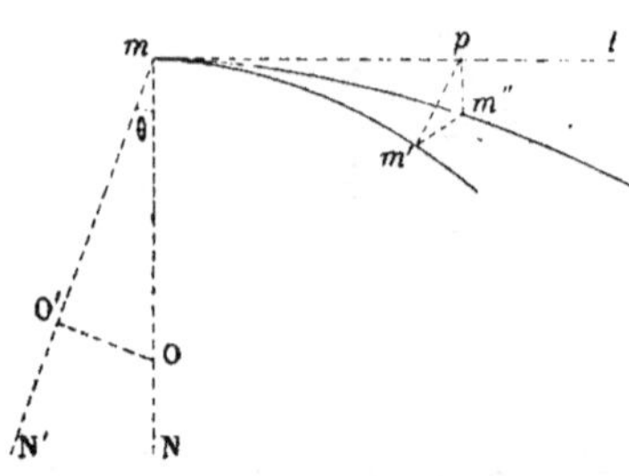

Fig. 191

dans le plan de la section normale, reste toujours perpendiculaire à mt, a pour limite la normale mN à la surface. Le côté $m'p$, qui est la perpendiculaire abaissée du point m' de la courbe donnée sur la tangente en m, définit (133) avec cette tangente un plan dont la limite est le plan osculateur en m à cette courbe ; la droite $m'p$ qui est toujours, dans ce plan, perpendiculaire à la tangente mt, a donc pour limite la normale principale (151) à la courbe donnée au point m. Enfin, les points m' et m'' étant infiniment voisins, la droite $m'm''$ a pour limite une tangente à la surface passant par m, dans le plan perpendiculaire à mt mené par ce point ; conséquemment, la droite d'intersection du plan tangent en m avec le plan NmN'.

22

Cette droite est perpendiculaire au plan Nmt de la section normale mn, par suite l'angle $m'm''p$ a pour limite un angle droit. Donc :

$$\frac{\rho}{\rho_n} = \lim \sin m''m'p = \lim \cos m'pm''.$$

Or, il résulte de ce qui précède que l'angle $m'pm''$ tend vers l'angle $N'mN$, qui est l'angle θ du plan de la section normale mn avec le plan osculateur de la courbe donnée au point m. On a donc finalement :

$$\frac{\rho}{\rho_n} = \cos\theta$$

Ou

$$\rho = \rho_n \cos\theta.$$

Ce qui signifie que *le centre de courbure de la courbe proposée est la projection, sur le plan osculateur de cette courbe, du centre de courbure de la section normale admettant au point m la même tangente*, théorème important dû à Meusnier[1]. Soient O et O′ les deux centres de courbure; le point O′ est la projection du point O sur la normale principale mN'.

On voit que toutes les courbes tracées par le point m sur la surface, tangentes entre elles en ce point et admettant le même plan osculateur, ont le même centre de courbure (sont osculatrices). En particulier, la section plane oblique $N'mt$ admet aussi le même centre de courbure[2].

263. Théorème d'Hachette. — Cherchons le plan osculateur en un point m de l'intersection de deux surfaces ; considérons en ce point les normales mN_1, mN_2 à chaque surface, et respectivement sur ces droites les centres de courbure c_1 et c_2

---

1. *Mémoire sur la courbure des surfaces* (*Recueil des savants étrangers*, t. X, 1785.

2. Il existe plusieurs démonstrations géométriques du théorème de Meusnier : l'une des plus élégantes, due à M. le colonel Mannheim (*Cours de Géométrie descriptive*, 2me édition, p. 294), est fondée sur les propriétés relatives au déplacement d'une figure de grandeur invariable. Ces propriétés ne sont pas comprises au programme de ce Cours.

des sections normales passant par la tangente à la courbe
d'intersection. Si du point c_1 on abaisse une perpendiculaire
sur le plan osculateur cherché, le pied c de cette perpendiculaire est (262) le centre de courbure de l'intersection ; de
même pour le point c_2. Il en résulte que la droite $c_1 c_2$ est perpendiculaire au plan osculateur et le rencontre au centre de
courbure c ; c'est l'axe de courbure de la courbe d'intersection.
Ce théorème dû à Hachette, s'énonce ainsi :

*La tangente en un point de la courbe d'intersection de deux
surfaces et la droite qui joint les centres de courbure des sections normales menées par cette tangente respectivement dans
chaque surface sont perpendiculaires entre elles. Le plan mené
par la première perpendiculairement à la seconde est le plan
osculateur au point considéré de la courbe d'intersection.*

Il est clair que le plan mené par la seconde perpendiculairement à la première est le plan normal en m à cette courbe.

Ce théorème permet de déterminer la tangente en un point
de la projection de la courbe d'intersection de deux surfaces
dans le cas où, la tangente de l'espace passant par le point de
vue, la tangente de la projection n'est plus (139) la projection
de la tangente.

Considérons, par exemple, deux demi-cylindres de révolution à génératrices horizontales, dont les sections droites O′
et O′₁ sont rabattues (fig. 192) sur le plan horizontal des deux
axes, qui se rencontrent. Le point m, où se coupent les géné-

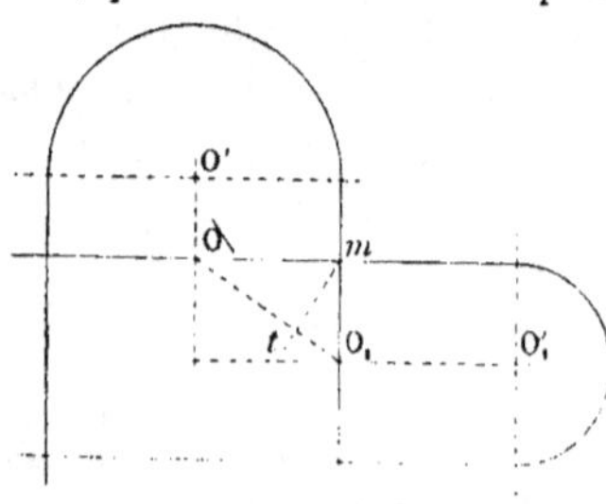

ratrices de naissance, appartient à la projection horizontale de la courbe d'arètes ; la tangente en ce point,
dans l'espace, est verticale
puisque les deux plans tangents sont verticaux ; mais
comme elle passe par le
point de vue (à l'infini) il y a

Fig. 192

(139) rebroussement en projection. Ici, le rebroussement n'est

pas apparent parce que la courbe est symétrique par rapport aux plans de projection et que les deux arcs de courbe se superposent ; mais la tangente de rebroussement n'en est pas moins la trace horizontale du plan osculateur. Pour l'obtenir, menons, d'après ce qui précède, les deux sections normales par la verticale du point m ; ce sont les sections droites de centres respectifs O et O_1 : le plan osculateur est perpendiculaire sur la droite OO_1, par suite sa trace horizontale, qui est la tangente cherchée, est la perpendiculaire abaissée du point m sur OO_1.

264. Surfaces tangentes. — Si deux surfaces sont tangentes entre elles au point m, les plans tangents ne sont pas distincts et l'on ne peut plus déterminer par la règle habituelle la tangente à la courbe d'intersection.

Nous allons prouver que dans ce cas, *la courbe d'intersection présente en général, au point de contact, un point double pour lequel les tangentes sont les diamètres communs aux deux indicatrices, supposées tracées, avec le même paramètre, et orientées dans le plan tangent en ce point.*

Coupons les deux surfaces par un plan parallèle au plan tangent commun et infiniment voisin de ce plan. Nous aurons (256), au troisième ordre près, deux coniques admettant pour centre commun le pied de la normale commune sur le plan sécant, et se coupant conséquemment en quatre points a, b, c, d (fig. 193), symétriques deux à deux par rapport à ce point. Ces quatre points sont, au troisième ordre près, les points de l'intersection dans le plan sécant.

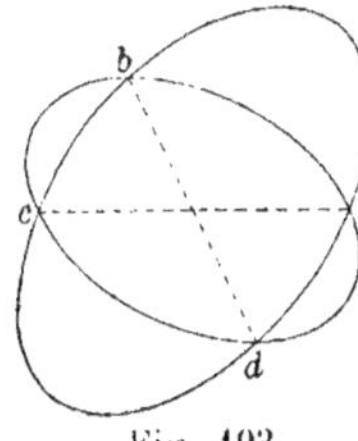

Fig. 193

Soit a_1 le point de l'intersection à distance infiniment petite du troisième ordre de a, soit a_2 la projection de a sur le plan tangent ; les sécantes ma et ma_1 ont la même limite, et cette limite commune est aussi celle de la tangente ma_2, parce que aa_2 est un infiniment petit du second

ordre. Cette limite est déterminée : en effet, faisons varier le
plan sécant ; la figure formée dans le plan par les deux courbes d'intersection demeure homothétique à elle-même (256),
et le rapport d'homothétie ne dépend que des distances du
plan sécant au plan tangent. Il suit de là que les projections
des points d'intersection décrivent, dans le plan tangent, deux
droites qui sont les diamètres communs aux deux indicatrices, pourvu que, dans ce plan, elles soient amplifiées avec le
même paramètre [1].

Ces diamètres communs peuvent d'ailleurs être réels ou
imaginaires conjugués et l'on a par conséquent, suivant les
cas, au point de contact un point double à branches réelles ou
bien un point isolé de l'intersection. Si les indicatrices sont
bitangentes, le point est de rebroussement ; mais ce n'est pas
un rebroussement ordinaire, à cause de la symétrie par rapport au point de contact, centre commun des deux indicatrices.

265. — Comme cas particulier, on peut considérer une
surface et son plan tangent en un point. L'indicatrice d'un
plan, en chacun de ses points, a tous ses diamètres infinis, car
toutes ses sections normales sont des droites, et leur rayon
de courbure est infini. Comme les diamètres infinis d'une
conique sont dirigés suivant les asymptotes, il suit de là que :

*La section d'une surface par son plan tangent en un point
présente en ce point un point double, pour lequel les tangentes
sont les asymptotes de l'indicatrice.*

Ce sera donc encore, suivant les cas, un point double à tangentes réelles, un point de rebroussement ou un point isolé.
Le point est isolé si les courbures de la surface en ce point

---

1. On peut encore dire (Mannheim, p. 306) : faisons passer un plan par
le point m et par un point infiniment voisin m' pris sur la courbe d'intersection. Ce plan coupe les surfaces suivant deux courbes tangentes en m et
passant par m'. A la limite, ces courbes ont le même rayon de courbure en
m, ce qui exige (257) que la trace du plan considéré sur le plan tangent soit
l'un des diamètres communs aux deux indicatrices. Or cette trace est la tangente en m à la courbe d'intersection, d'où l'on tire la même conclusion.

sont de même sens (258) : quant au rebroussement (ou ses variétés), il a lieu pour les points de la ligne parabolique (259), si la surface n'est pas développable.

Si la surface est développable, tout plan tangent lui est tangent tout le long d'une génératrice et la coupe partiellement suivant deux droites confondues (s'il la coupe en d'autres points, il n'est pas tangent en ces points). Par suite, les deux tangentes du point double de la section, pour tout plan tangent de la surface, sont confondues avec la génératrice et l'indicatrice, ayant ses asymptotes confondues, est parabolique en chaque point de la surface, et se compose (259) de deux droites parallèles à la génératrice.

Imaginons maintenant deux surfaces développables quelconques, tangentes entre elles au point m (fig. 194); menons, dans le plan tangent commun les génératrices ma, mb respectivement dans chaque surface. L'indicatrice, sur chacune d'elles, est un système de deux droites parallèles à la génératrice. Traçons-les, elles déterminent par leurs intersections mutuelles le parallélogramme $cdef$, car le point m est centre dans chaque indicatrice. Les diamètres communs sont les diagonales ce, df, et l'on a ce théorème, dont un cas particulier a déjà été démontré (62) :

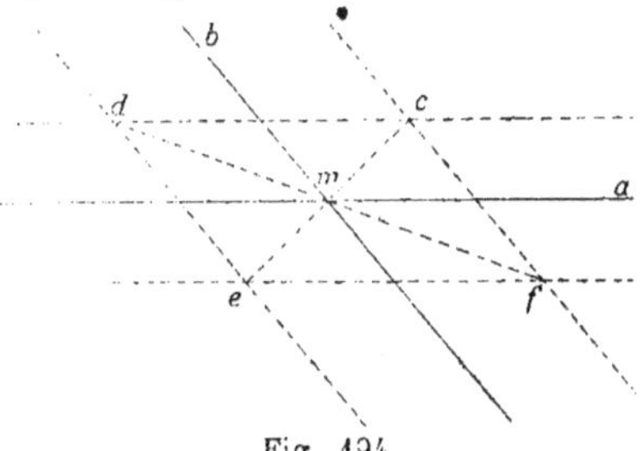

Fig. 194

Les tangentes, au point double de la courbe d'intersection de deux surfaces développables qui sont tangentes entre elles, sont conjuguées harmoniques par rapport aux deux génératrices menées, respectivement dans chaque surface, par le point de contact.

266. Surfaces osculatrices. — Supposons, comme précédemment que deux surfaces soient tangentes au point m : considérons deux courbes tracées respectivement sur chacune d'elles, tangentiellement à la même droite mt du plan tangent commun et admettant un même plan osculateur passant par mt.

La tangente mt n'est pas, en général, diamètre commun aux deux indicatrices. Coupons les deux surfaces par un plan infiniment voisin, à distance h du plan tangent ; le plan de section normale mené suivant la tangente mt détermine, dans les deux sections ainsi obtenues, des rayons différents d et d', et les rayons de courbure de section normale qui, dans chaque surface, sont respectivement les limites des expressions $\dfrac{d^2}{2h}$ et $\dfrac{d'^2}{2h}$ sont différents. Les centres de courbure de la section normale menée par mt étant différents, ces points n'ont pas la même projection sur le plan osculateur commun aux deux courbes données, et par suite (262) ces deux courbes n'ont pas le même centre de courbure.

Si, au contraire, la tangente mt est un des diamètres communs aux deux indicatrices construites, comme plus haut, avec le même paramètre et orientées dans le plan tangent commun, le raisonnement inverse prouve que les deux courbes ont le même centre de courbure, et par suite sont osculatrices puisqu'elles ont le même plan osculateur. On voit donc, pour réduire l'énoncé aux sections planes, que :

En général, deux surfaces étant tangentes en un point, les plans qui déterminent dans ces surfaces des sections osculatrices sont ceux dont la trace sur le plan tangent commun est l'un des diamètres communs aux deux indicatrices, supposées tracées avec le même paramètre et orientées dans le plan tangent commun

En particulier, il n'y a que deux sections normales répondant à la question ; pour qu'il y en ait plus de deux, il faut que les indicatrices aient un point commun en plus, et alors elles coïncident. Dans ce cas, tout plan de section normale, et par suite (262) tout plan de section oblique, détermine dans les deux surfaces deux courbes osculatrices. Plus généralement (262), deux courbes tracées respectivement par le point m sur chaque surface, et admettant le même plan osculateur, sont osculatrices.

Dans ce cas, on dit que les deux surfaces sont *osculatrices* au point m. Il suit de ce qui précède que pour que deux surfaces tangentes en un point soient osculatrices en ce point, il faut et il suffit :

Que trois plans, ayant sur le plan tangent commun des traces différentes, déterminent, respectivement dans chaque surface, des sections osculatrices entre elles.

Ou que les indicatrices, tracées avec le même paramètre et orientées dans le plan tangent commun soient les mêmes.

Ou que les deux surfaces admettent, au point de contact, les mêmes plans de sections principales et les mêmes rayons de courbure principaux.

267. Hyperboloïde osculateur d'une surface gauche le long d'une génératrice. — Considérons, comme application, une génératrice G d'une surface gauche ; le long de cette génératrice, il y a (221) une infinité d'hyperboloïdes de raccordement dont l'un peut être défini par une droite arbitraire. Choisissons pour cette droite une génératrice G', infiniment voisine de G, sur la surface gauche. Par un point m, arbitrairement choisi sur G, faisons passer un plan quelconque ; il coupe la surface et l'hyperboloïde, qui se raccordent en ce point, suivant deux courbes tangentes entre elles et ayant en outre un point commun infiniment voisin du point de contact, qui est celui où le plan sécant rencontre G'. A la limite, ces deux courbes ont (148) le même cercle de courbure et par suite sont osculatrices. Comme cela a lieu quel que soit le plan sécant mené par m et quel que soit le point m de G, il en résulte que l'hyperboloïde est, à la limite, osculateur à la surface tout le long de la génératrice. Ainsi :

Il existe un hyperboloïde osculateur à une surface gauche en tous les points d'une génératrice de cette surface.

Il suit de là (266) qu'au point m les deux surfaces ont la même indicatrice. Remarquons maintenant que si une droite est située sur une surface, en l'un quelconque de ses points elle est osculatrice à la surface ; elle est donc, pour ce point, l'une des asymptotes de l'indicatrice. La génératrice G de la surface gauche considérée est donc au point m l'une des asymptotes de l'indicatrice, tant pour cette surface que pour l'hyperboloïde osculateur. La seconde asymptote, pour l'hyperboloïde, est l'autre génératrice qui passe par le point m ; elle est aussi la seconde asymptote pour la surface gauche, ce qui s'énonce ainsi :

En un point d'une surface gauche, l'une des asymptotes de l'indicatrice est la génératrice qui passe par ce point ; le lieu de l'autre asymptote lorsque le point décrit la génératrice est l'hyperboloïde osculateur relatif à la génératrice [1].

L'hyperboloïde osculateur dégénère en paraboloïde toutes les fois

1. Cette proposition est due à Chasles ; voir Hachette (*Eléments de Géométrie à trois dimensions*, 1817, p. 86).

que trois génératrices infiniment voisines de la surface sont parallèles à un même plan, et en particulier pour toute génératrice d'une surface à plan directeur.

268. Lignes de courbure. — Monge a donné le nom de *lignes de courbure* aux lignes tracées sur une surface, qui sont les directrices (223) de normalies développables.

Nous allons prouver qu'*en chaque point d'une surface passent deux lignes de courbure, qui se coupent à angle droit, et qui sont tangentes aux axes de l'indicatrice en ce point.*

Comme plus haut (256), faisons dans la surface une section par un plan parallèle au plan tangent en m et infiniment voisin de ce plan. Nous obtenons, aux infiniment petits près du troisième ordre, une conique ayant pour centre le pied O de la perpendiculaire abaissée du point du contact sur le plan sécant, qui est la normale à la surface en ce point (fig. 195). Soient m' un point de la section et m'' le point de la conique situé sur Om' ; la distance $m'm''$ est infiniment petite du troisième ordre par rapport à l'arc mm' de la section normale en m, menée par le point m' : figurons les droites $m't'$, $m''t''$ tangentes respectives à la section de la surface au point m' et à la conique au point m''. Ces droites font un angle infiniment petit, car les dérivées de y par rapport

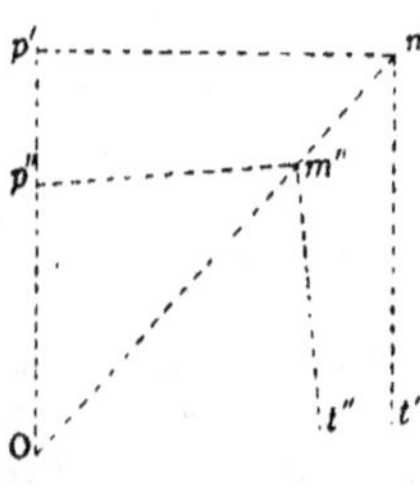

Fig. 195.

à x prises dans l'équation de la section ou dans celle de la conique ont la même limite, lorsque x et y tendent vers zéro ; cette limite commune est le coefficient angulaire du diamètre de l'indicatrice, conjugué de la projection sur le plan tangent du diamètre Om'. Les normales respectives aux deux courbes en m' et m'' font aussi par conséquent un angle infiniment petit.

La normale à la surface en m' est située dans le plan perpendiculaire à $m't'$ au point m' ; ce plan a pour trace sur le plan sécant la normale $m'p'$ à la section, et comme il est perpendiculaire au plan sécant, $m'p'$ est la projection sur ce plan de la normale en m' à la surface, d'où il résulte enfin que la perpendiculaire Op' abaissée du centre de la conique sur la normale $m'p'$ à la section est rigoureusement égale à la plus courte distance des deux normales infiniment voisines de la surface. En général, cette plus courte distance est infiniment petite du premier ordre par rapport à l'arc mm' pris pour infiniment petit principal; ou, ce qui revient au même, par rapport à l'angle des deux normales infiniment voisines à la surface en m et m'. On a en effet, dans le triangle $Om'p'$

$$Op' = Om' \sin Om'p'$$

or Om' est infiniment petit du même ordre que l'arc, et l'angle $Om'p'$, qui diffère infiniment peu de l'angle analogue $Om''p''$ dans la conique, est en général fini. Par conséquent (167), la normale en m à la surface n'est pas en général génératrice singulière des normalies dont les directrices sur la surface sont tangentes à l'arc mm'.

Supposons maintenant que le diamètre Om' soit l'un des axes de la conique : le point m'' est sommet, l'angle $Om''p''$ de la normale à cette courbe avec le diamètre Om'' est rigoureusement nul, par suite l'angle $Om'p'$ est infiniment petit. D'où il suit, par la relation précédente, que la plus courte distance Op' est un infiniment petit d'ordre supérieur par rapport à l'angle des deux normales infiniment voisines. La normale en m à la surface est alors génératrice singulière des normalies dont les directrices sur la surface sont tangentes à l'arc mm' ; et si, en chacun de ses points, la directrice est, comme au point m, tangente à l'un des axes de l'indicatrice, la normalie, ayant toutes ses génératrices singulières est développable.

On peut donc dire que les lignes de courbure sont les lignes tracées sur la surface qui, en chacun de leurs points, sont tangentes à l'un des axes de l'indicatrice. Par chaque point de la surface, il passe deux lignes de courbure rectangulaires entre elles ; ce qui donne lieu à deux systèmes de lignes courbure, dans lesquels toute ligne d'un système est une trajectoire orthogonale des lignes de l'autre.

Le plan tangent unique le long de la génératrice mO de la normalie développable est le plan passant par la normale mO et dont la trace sur le plan tangent en m est l'axe de l'indicatrice auquel est tangente la ligne de courbure. En effet, le plan ainsi défini est tangent à la normalie en m puisqu'il renferme la génératrice et qu'il passe par la tangente à la ligne de courbure, qui est tracée par ce point sur la normalie ; de plus, le point m n'est pas le point de contact de la génératrice mO avec l'arête de rebroussement de la normalie ; car si cela arrivait pour tous les points de la ligne de courbure, elle serait arête de rebroussement de la normalie, alors qu'elle est trajectoire orthogonale des génératrices (268). Le plan tangent au point m à la normalie est donc unique, et c'est le plan tangent tout le long de la génératrice.

269. Lignes de courbure des surfaces développables. — Toute génératrice d'une développable est tangente en chacun de ses points à l'un des axes de l'indicatrice, puisque celle-ci est constituée (265) par deux droites confondues avec la génératrice. C'est donc une ligne de courbure ; la normalie développable correspondante est le plan normal (188) tout le long de la génératrice.

Le second système de lignes de courbure se compose alors (268) des trajectoires orthogonales des génératrices.

Cherchons les rayons de courbure principaux : ce sont (257) les rayons de courbure des sections principales. L'indicatrice étant parabolique en tout point de la surface, l'un d'eux est infini (259) ; c'est celui qui correspond à la section faite par le plan normal tout le long de la génératrice ; l'autre est le rayon de courbure de la section normale passant par la tangente à la trajectoire orthogonale des génératrices, c'est-à-dire perpendiculaire à la génératrice.

Pour l'évaluer, considérons le plan normal tout le long de la génératrice, et imaginons, comme plus haut (185), que ce plan s'applique sur sa surface enveloppe. On a vu que sa caractéristique, qui est (151) l'axe de courbure de la trajectoire orthogonale considérée, est aussi la droite rectifiante de l'arête de rebroussement de la développable. Figurons la trajectoire orthogonale mm', et la génératrice ma (fig. 196) tangente à l'arête de rebroussement au

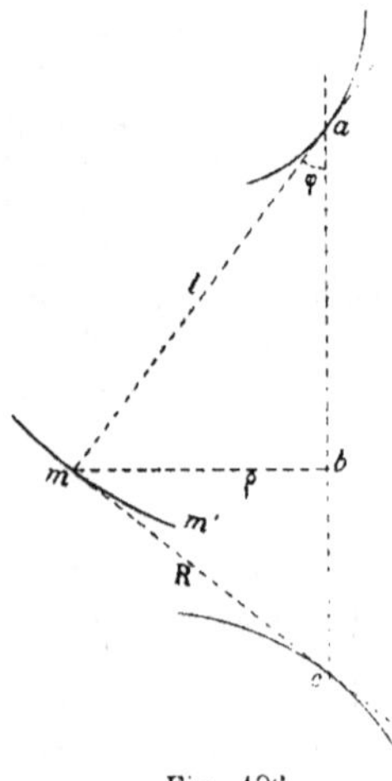

Fig. 196.

point a ; la droite rectifiante de cette arête passe (189) par le point a, où elle fait un certain angle φ avec la génératrice.

Le plan osculateur de la trajectoire orthogonale mm' est alors le plan mené par la tangente à cette courbe au point m, perpendiculairement à son axe de courbure ; sa trace sur le plan normal, normale principale de la courbe, est la perpendiculaire mb, abaissée du point m sur cet axe, et le point b est le centre de courbure de la trajectoire orthogonale. Mais la normale à la surface au point m est la perpendiculaire mc à la génératrice dans le plan normal, et le plan de section principale correspondant à la trajectoire orthogonale mm' est le

plan perpendiculaire au plan normal dont la trace est mc. Ce plan
et le plan osculateur ont la même trace sur le plan tangent en m à la
développable ; le rayon de courbure de la section normale se projette donc, d'après le théorème de Meusnier, sur le plan osculateur de
la trajectoire orthogonale suivant le rayon de courbure mb de cette
trajectoire, ce qui exige que le rayon de courbure principal soit
précisément égal à mc.

Désignons le par R, soient ρ celui de la ligne de courbure et l la
longueur ma de la génératrice ; on a :

$$R = l \, \mathrm{tg} \, \varphi$$

et

$$\rho = l \sin \varphi.$$

La trajectoire orthogonale étant ligne de courbure, la normale
mc décrit une normalie développable et le point c où elle rencontre
l'axe de courbure appartient à son arête de rebroussement, pour les
mêmes raisons que le point a appartient à celle de la développable
primitive (189), et l'on voit que *le centre de courbure principal est le
point où la normale à la surface touche l'arête de rebroussement de la
normalie développable.*

On voit aussi que la développable considérée et la normalie décrite par la normale mc sont *conjuguées*, car la trajectoire orthogonale mm' est ligne de courbure pour l'une et l'autre. Chacune
d'elles est la normalie développable correspondante à cette trajectoire, considérée comme ligne de courbure de l'autre ; le rayon de
courbure principal de la seconde est alors égal à l, et dans le triangle rectangle amc, où mb est la perpendiculaire abaissée du sommet
de l'angle droit sur l'hypoténuse, on a entre les rayons de courbure
principaux R et l et le rayon de courbure ρ de la trajectoire orthogonale, la relation

$$\frac{1}{\rho^2} = \frac{1}{R^2} + \frac{1}{l^2} \cdot$$

270. — Proposons-nous maintenant de calculer le rayon de courbure d'une courbe quelconque tracée sur une développable. Soit l
la longueur comptée, comme plus haut, sur la génératrice qui passe
par le point m considéré : soient α l'angle de la tangente à la courbe
en ce point avec la génératrice et θ l'angle du plan osculateur avec
la normale mc. Si ρ_n désigne le rayon de courbure de la section normale, on a par la relation d'Euler

$$\rho_n = \frac{R}{\sin^2 \alpha} = \frac{l \, \mathrm{tg}\, \gamma}{\sin^2 \alpha} \, .$$

Le théorème de Meunier donne alors pour le rayon de courbure cherché

$$\rho = \rho_n \cos \theta = \frac{l \, \mathrm{tg}\, \gamma \, \cos \theta}{\sin^2 \alpha} \, .$$

Le plan osculateur fait avec le plan tangent l'angle $\frac{\pi}{2} - \theta$, et l'on aurait (179) pour le rayon de courbure du développement

$$\rho' = \frac{\rho}{\sin \theta} = \frac{l \, \mathrm{tg}\, \gamma \, \mathrm{cotg}\, \theta}{\sin^2 \alpha} \, .$$

On voit que le rayon de courbure ρ est proportionnel à l ; si alors on considère sur la développable diverses courbes dont les plans osculateurs aux points où elles rencontrent la génératrice soient parallèles, les angles α et θ restant les mêmes, ainsi que l'angle γ de la rectifiante de l'arête de rebroussement avec la génératrice, *les centres de courbure de ces courbes décrivent une droite qui passe par le point où la génératrice touche l'arête de rebroussement* [1].

Inversement, on peut prouver que *toute droite qui rencontre l'arête de rebroussement peut être considérée de trois façons différentes comme le lieu des centres de courbure, relativement aux points de la génératrice correspondante de la développable, de courbes tracées sur la surface et dont les plans osculateurs en ces points sont parallèles* [2].

271. — Considérons maintenant l'une des lignes de courbure

1. Voir Mannheim (*Cours de Géométrie descriptive*, p. 396). Ce théorème est un cas particulier d'un théorème plus général, dû à Halphen.

2. En tout point d'une surface, il existe une surface lieu des centres de courbure de toutes les courbes tracées par ce point sur la surface. Elle résulte de la relation d'Euler et du théorème de Meusnier ; elle est du quatrième degré, elle admet la normale au point considéré pour droite double et sa trace sur le plan tangent se compose des asymptotes de l'indicatrice et des isotropes menées par le point de contact. Dans le cas où la surface est développable, elle renferme la génératrice et se raccorde avec la développable tout le long de cette droite.

Il suit de là que le plan mené par la génératrice et la droite donnée coupe cette surface, en dehors de la génératrice, suivant une courbe du troisième degré, et que, par conséquent, la droite coupe la surface en trois points, dont deux peuvent être imaginaires.

Les plans osculateurs correspondants admettent respectivement pour ligne de plus grande pente relativement au plan tangent les droites qui joignent le point de contact aux trois points d'intersection.

en un point m d'une surface, la normalie développable correspondante et l'axe de courbure de cette ligne, caractéristique de son plan normal. Cette ligne est une trajectoire orthogonale des génératrices de la normalie ; elle est donc aussi (269) ligne de courbure de la normalie et on peut appliquer ce qui a été dit plus haut. Son plan osculateur est le plan mené par le point m perpendiculairement à l'axe de courbure, son rayon de courbure a pour expression

$$\rho = l \sin \varphi$$

et ce rayon est, d'après le théorème de Meusnier, la projection du rayon de courbure de la section normale principale de la surface, puisque les deux courbes admettent, dans le plan tangent, la même tangente. Le centre principal de courbure est donc le point où l'axe de courbure rencontre la normale à la surface au point m, et on a vu plus haut (269) que ce point de rencontre est celui où la normale touche l'arête de rebroussement de la normalie. Ce théorème s'étend donc des surfaces développables à une surface quelconque ; il s'énonce ainsi :

L'un des centres de courbure principaux, en tout point d'une surface, est le point où la normale touche l'arête de rebroussement de la normalie développable correspondante.

La normalie conjuguée de la première (269) est engendrée par la normale à la première le long de la ligne de courbure. Cette normale est située dans le plan tangent à la surface primitive ; c'est l'autre axe de l'indicatrice. Par suite son plan tangent est précisément celui de la surface primitive et la normalie conjuguée n'est autre que la développable circonscrite à la surface primitive le long de la ligne de courbure considérée. Celle-ci est à la fois ligne de courbure pour les trois surfaces ; plus généralement :

Si une courbe est ligne de courbure pour une surface, elle l'est aussi pour toute surface circonscrite le long de cette courbe.

Car la normalie dont cette courbe est la directrice est la même pour les deux surfaces.

272. Lignes de courbure des surfaces d'égale pente. — Si la développable est une surface d'égale pente, les trajectoires orthogonales des génératrices sont (199) les sections par les plans d'égale pente. Le plan normal à l'une de ces trajectoires est constamment perpendiculaire à ces plans et par suite aussi sa caractéristique, qui décrit (199) le cylindre droit dont la base sur le plan d'égale pente est la développée de la trace de la surface sur ce plan. L'angle φ est donc le complément de l'angle de pente ; soit λ cet angle, on a alors pour le rayon de courbure principal

$$R = l \cotg \lambda.$$

et pour le rayon courbure de la trajectoire orthogonale, base de la surface,

$$\rho = l \cos \lambda.$$

Comme vérification, si l'on développe la surface, on trouve pour le rayon de courbure du développement de cette courbe

$$\rho' = \frac{\rho}{\cos \lambda} = l$$

puisque λ est l'angle du plan osculateur de la courbe avec le plan tangent.

Cela devrait être, en effet la courbe demeure trajectoire orthogonale des tangentes de la transformée de l'arête de rebroussement et la longueur l n'a pas changé.

La développable conjuguée est la surface d'égale pente à angle complémentaire ; elle est confondue avec la première si $\lambda = \dfrac{\pi}{4}$.

273. Lignes de courbure des cônes et cylindres. — Si la surface développable est un cône, les trajectoires orthogonales des génératrices se développent suivant les trajectoires orthogonales de droites concourantes, c'est-à-dire suivant des cercles concentriques au sommet du cône. Comme les longueurs ne sont pas altérées par le développement, tous les points d'une de ces trajectoires, sur le cône, sont également distants du sommet, d'où il suit que ces courbes sont sur des sphères ayant pour centre le sommet du cône.

La section principale correspondante est, comme dans les autres développables, la section faite par le plan perpendiculaire à la génératrice, et le plan osculateur est le plan perpendiculaire à la rectifiante qui, dans ce cas, décrit un cône de même sommet. Le rayon de courbure principal et le rayon de courbure de la ligne de courbure se déterminent comme dans les autres développables.

Dans les cylindres, les lignes de courbure sont les sections droites et le centre de courbure principal est celui de la section droite.

274. Lignes de courbure des surfaces de révolution. — Dans les surfaces de révolution, les lignes de courbure sont les méridiens et les parallèles ; les normalies correspondantes sont en effet pour les premiers les plans méridiens, et pour les parallèles des cônes de révolution ayant leur sommet sur l'axe de révolution.

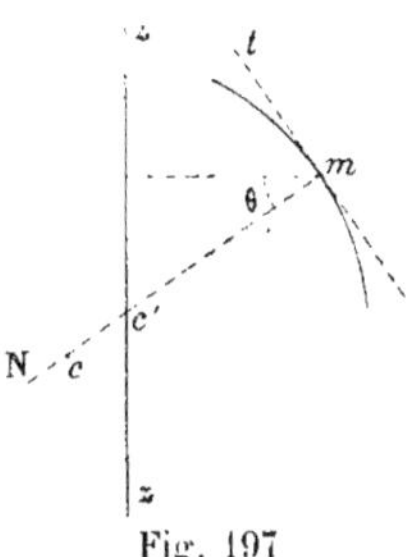

Fig. 197

Figurons l'axe de révolution zz' (fig. 197), une courbe méridienne de la surface et un point m sur cette courbe ; la normale mN est contenue dans le plan méridien. Les sections principales relatives au point m sont le méridien du point m, dont le plan renferme la normale mN et la tangente mt qui est l'un des axes de l'indicatrice, et la section par le plan perpendiculaire menée par mN qui renferme l'autre axe de l'indicatrice.

Les centres de courbure principaux sont : pour le méridien, le centre de courbure c de la courbe méridienne. qui est la section principale ; et pour l'autre section principale, le point où la normale touche l'arête de rebroussement de la normalie développable correspondante (272), c'est-à-dire le sommet c' du cône des normales le long du parallèle.

Le plan osculateur de la ligne de courbure correspondante est son plan lui-même, puisqu'elle est plane, c'est-à-dire le plan du parallèle, et son rayon de courbure est le rayon du parallèle, c'est-à-dire $mc'\cos\theta$, comme le veut le théorème de Meusnier.

275. Applications. — Cherchons la projection, sur le plan des axes, de la tangente à la courbe d'intersection de deux surfaces de révolution dont les axes se rencontrent, au point d'intersection des courbes méridiennes.

Soient ax, by les deux axes de révolution (fig. 198) et m un point d'intersection des courbes méridiennes ; la tangente à la courbe d'intersection dans l'espace est perpendiculaire au plan de la figure, comme étant l'intersection de deux plans perpendiculaires à ce plan. Elle passe donc par le sommet (à l'infini) de la projection et la tangente cherchée est (145) la trace du plan osculateur de l'intersection sur le plan de projection ; figurons les normales ma, mb aux deux surfaces ; les sections normales perpendiculaires au plan de projection sont (274)

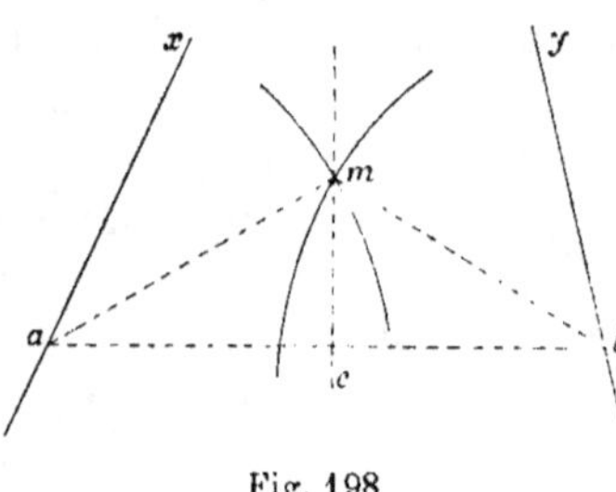

Fig. 198

principales dans l'une et l'autre surface, et les centres de courbure principaux sont respectivement les points a et b. Il suit de là, d'après le théorème d'Hachette (263), que la trace du plan osculateur est la perpendiculaire mc abaissée du point m sur ab.

On voit que la méthode, dite *des normales*, usitée pour construire la tangente en un point quelconque de l'intersection, s'applique également aux points d'intersection des courbes méridiennes.

276. — Cherchons encore les tangentes au point double de la courbe d'arêtes de la *voûte d'arêtes en tour ronde*. Cette voûte est définie en architecture comme formée par l'ensemble d'un demi-tore et d'un conoïde, et la courbe d'arêtes est l'intersection de ces surfaces.

Prenons pour plan horizontal de projection (fig. 199) le plan de l'équateur du tore ; sa trace horizontale est formée de deux cercles concentriques et le demi-tore est engendré par la révolution du demi-cercle o de rayon r autour de l'axe de révolution O, O'z'.

Dans le plan vertical de projection, figurons une ellipse de grand axe $a'b'$ et dont le demi petit axe O'm' est égal au rayon r du cercle générateur ; supposons cette ellipse tracée dans le plan de front ab tangent au tore et enveloppons la sur le cylindre

droit dont la base est le cercle extérieur du tore. On obtient
ainsi sur ce cylindre une courbe qui est prise pour directrice
d'un conoïde droit à plan directeur horizontal et dont la directrice rectiligne est l'axe de révolution du tore.

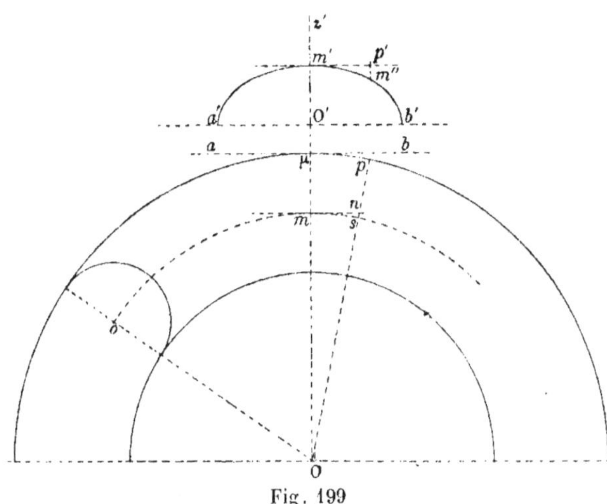

Fig. 199

Considérons le point (m, m') où le parallèle supérieur du
tore rencontre le plan méridien de profil ; ce point appartient
à la courbe d'intersection du tore et du conoïde, car il est
sur la génératrice debout du conoïde projetée verticalement
en m'.

En ce point, les deux surfaces sont tangentes : en effet, le
plan tangent au tore est horizontal ; il le touche en tous les
points du parallèle supérieur, qui est une ligne parabolique
(259) parce qu'en chacun de ces points le rayon de courbure
principal correspondant à la ligne de courbure constituée par
le parallèle (274) est infini. D'autre part, la génératrice debout
du conoïde est singulière, car le plan tangent au point (μ, m')
de l'ellipse enroulée est horizontal ainsi que le plan tangent
à l'infini ; le plan tangent est donc horizontal en tout point de
la génératrice, sauf au point central (O, m') où il est de pro-

fil : en particulier, il est horizontal au point (m, m') pour le conoïde comme pour le tore. Par suite, l'intersection des deux surfaces présente (269) un point double au point (m, m') et nous nous proposons de déterminer les deux tangentes en ce point à la courbe d'intersection.

Ces deux tangentes sont (264) les diamètres communs aux deux indicatrices, construites et orientées dans le plan tangent commun avec le même paramètre. En désignant comme plus haut (256) par λ la constante du second membre, l'indicatrice du tore rapportée à ses axes, qui sont la droite debout m' et la perpendiculaire menée par le point m dans le plan tangent, a pour équation :

$$ax^2 + cy^2 = \lambda.$$

L'une des quantités a et c est nulle ; si c'est la droite de front menée par m qui est l'axe des x, a est nul comme étant l'inverse du double rayon de courbure correspondant ; quant à c, c'est l'inverse du double de l'autre rayon de courbure principal, soit $\dfrac{1}{2r}$; l'équation se réduit donc à :

$$y^2 = 2\lambda r$$

et représente deux parallèles équidistantes de l'axe de front de l'indicatrice.

L'autre indicatrice aura de même pour équation :

$$x^2 = 2\lambda r'$$

en désignant par r' le rayon de courbure principal fini du conoïde au point (m, m').

Pour le calculer, prenons sur l'ellipse dans le plan vertical un point m'' infiniment voisin du point m', et abaissons de ce point la perpendiculaire $m''p'$ sur la tangente à la courbe au point m'.

Enroulons l'abscisse $m'p'$ sur la section droite du cylindre suivant un arc projeté horizontalement en μp, et considérons la génératrice du conoïde dont la projection horizontale est

Op. La droite Op rencontre les projections du parallèle supérieur et de la droite de front du point m aux points s et n, et l'on a :

$$r'' = \lim \frac{\overline{mn}^2}{2m''p'} = \lim \frac{\overline{ms}^2}{2m''p'} = \left(\frac{Om}{O\varkappa}\right)^2 \lim \frac{\overline{\varkappa p}^2}{2.m''p'} =$$

$$\left(\frac{Om}{O\varkappa}\right)^2 \lim \frac{\overline{m'p'}^2}{2.m''p'} = \left[\frac{R}{R+r}\right]^2 \frac{a^2}{r}$$

en remarquant que l'expression

$$\frac{\overline{m'p'}^2}{2.m''p'}$$

a pour limite le rayon de courbure de l'ellipse au point m', c'est-à-dire $\frac{a^2}{r}$.

L'indicatrice du conoïde a donc pour équation :

$$x^2 = \frac{2\lambda a^2 R^2}{r(R + r)^2}.$$

Éliminant λ entre les équations des deux indicatrices, on obtient celle du système de leurs diamètres communs, qui est :

$$x = \pm \frac{a}{r} \frac{R}{R+r} y$$

qu'il est alors aisé de tracer, à partir du point m, dans le plan horizontal.

Comme vérification, on trouve[1] que la courbe d'intersection du tore et du conoïde se projette horizontalement suivant deux spirales d'Archimède, qui se croisent en m et dont les tangentes en ce point ont les directions indiquées.

277. Problème inverse de la recherche des lignes de courbure. — Au lieu de chercher les lignes de courbure d'une surface, on peut se proposer de trouver quelles sont les surfaces dont une courbe donnée est ligne de courbure.

Supposons d'abord que la surface soit développable ; cela revient

----

1. Rouché et Brisse (*Ibid.*, p. 152).

à chercher (267) quelles sont les développables pour lesquelles la courbe donnée est trajectoire orthogonale des génératrices. Il suffit pour les obtenir de considérer toutes les normales en un point m de la courbe et d'appliquer le plan normal sur sa surface enveloppe (185). Chacune d'elles engendre une développable dont l'arête de rebroussement est une géodésique de la surface enveloppe du plan normal ; ces surfaces répondent à la question et il n'y en a pas d'autres, car si une courbe est trajectoire orthogonale des génératrices d'une développable, l'arête de rebroussement de la développable est géodésique de la surface enveloppe des plans normaux (188).

Supposons maintenant que la courbe donnée soit ligne de courbure sur une surface non développable, la normalie développable correspondante est l'une des précédentes et la développable circonscrite le long de la courbe est la normalie conjuguée (269), d'où il suit que :

Les surfaces dont une courbe est ligne de courbure sont toutes celles qui sont circonscrites le long de la courbe à l'une des développables ayant pour arête de rebroussement l'une des géodésiques de la surface enveloppe des plans normaux, qui correspondent à des droites concourantes au point où l'un des plans normaux est normal [1].

Par exemple, une courbe plane est ligne de courbure pour toutes les surfaces d'égale pente dont elle est la base et pour toutes les surfaces circonscrites à celles-ci le long d'elle-même.

---

[1]. Des considérations analogues permettent d'établir quelles sont les surfaces pour lesquelles une surface gauche donnée est normalie. La directrice est l'une des trajectoires orthogonales des génératrices de la surface ; pour l'une de ces trajectoires, une développable répond à la question ; c'est l'enveloppe du plan perpendiculaire à la génératrice en chaque point de la trajectoire orthogonale, plan dont la caractéristique est la trace du plan central sur le plan mobile. Enfin toutes les surfaces circonscrites à chacune de ces développables le long de la trajectoire orthogonale correspondante répondent à la question.

CHAPITRE X

TRACÉ DES LIGNES D'OMBRE

278. Théorème des tangentes conjuguées. — Ce théorème, dû à Dupin [1], et important par ses applications, s'énonce ainsi :

Si un plan variable est tangent à une surface, aux différents points d'une courbe tracée à partir d'un point sur cette surface, la tangente à la courbe en ce point et la caractéristique du plan sont deux diamètres conjugués de l'indicatrice de la surface en ce point.

Remarquons d'abord que le plan ne dépend que d'un paramètre, puisqu'il est déterminé en même temps que le point de la courbe où il est tangent à la surface et que ce point dépend lui-même (127) d'un paramètre. Le plan variable enveloppe donc une développable, qui est la développable circonscrite à la surface le long de la courbe considérée.

De plus, la caractéristique relative à une de ses positions passe par le point où il est tangent à la surface. En effet, le plan passe par les tangentes successives de la courbe tracée sur la surface ; ces tangentes sont les génératrices d'une développable, la caractéristique du plan passe donc (189) [2] par le

---

1. *Développement de géométrie*, p. 41.
2. Il semble bien que le théorème rappelé ait besoin d'une démonstration spéciale pour le cas où la surface est développable. On peut raisonner comme il suit : soit mm' l'arc de courbe, infiniment petit principal, décrit par le point de contact du plan sur la surface ; à un infiniment petit près du troisième ordre, les tangentes à la courbe en m et en m' se rencontrent et la droite d'intersection des plans tangents à la surface en ces points contient le point de rencontre. En d'autres termes, le segment ab de cette droite intercepté par les tangentes est un infiniment petit du troisième ordre. Ceci exige que le point

point où le plan est tangent ; et comme le plan n'est pas, en général, le plan osculateur à la courbe, ce point est celui où la génératrice touche l'arête de rebroussement, c'est-à-dire le point où le plan touche la surface.

Considérons maintenant la courbe donnée, le long de laquelle la surface et la développable circonscrite sont tangentes entre elles. Cette courbe constitue l'intersection partielle des deux surfaces ; les autres parties de l'intersection peuvent, il est vrai, la rencontrer, mais un point arbitrairement choisi sur la courbe n'est pas un de ces points de rencontre et la courbe donnée aux environs du point considéré, constitue à elle seule l'intersection des deux surfaces. Il suit de là et du théorème relatif à l'intersection de deux surfaces tangentes (264) que les diamètres communs aux deux indicatrices, orientées et construites avec le même paramètre, sont confondus. Or l'indicatrice de la développable se compose de deux droites parallèles ; il arrive donc que ces deux droites sont tangentes à l'indicatrice de la surface, et comme elles sont parallèles, la corde de contact, sur laquelle sont confondus les diamètres communs aux deux indicatrices, et qui est par conséquent la tangente à la courbe tracée sur la surface, est conjuguée par rapport à la conique de la parallèle, menée par le centre, aux deux tangentes, qui est la génératrice de la développable et, par suite, la caractéristique du plan variable [1].

279. Conséquences. — Ce théorème admet de nombreuses conséquences.

Considérons par exemple une courbe tracée sur une surface à partir d'un point m de cette surface et la normalie dont elle est la directrice.

La génératrice de la développable circonscrite le long de cette courbe, caractéristique du plan tangent en m, est perpendiculaire

---

a soit, sur la tangente en m, infiniment voisin du pied de sa plus courte distance avec la tangente en m' et qu'il ait par conséquent la même limite, qui est le point m. Par suite, la limite de la droite d'intersection des deux plans, qui est la caractéristique, passe par le point m.

1. Démonstration tirée du Cours Mannheim (2ᵉ édition, p. 320).

aux normales à la surface au point m et au point infiniment voisin, par suite, au plan parallèle à ces deux normales, qui est le plan asymptote de la normalie relatif à la normale en m, à la surface.

Faisons tourner ce plan d'un angle droit autour de la normale, il devient le plan central de la normalie et il a alors pour trace sur le plan tangent la caractéristique de ce plan. D'où il suit que :

Une courbe étant tracée à partir d'un point sur une surface, la tangente à cette courbe et la trace sur le plan tangent du plan central à la normalie, dont la courbe est directrice, sont deux diamètres conjugués de l'indicatrice [1].

En outre, *la trace du plan central décrit la développable circonscrite le long de la courbe tracée à partir du point sur la surface.*

Par exemple, si la ligne considérée est ligne de courbure, la normalie correspondante est développable ; le plan central est le plan normal à la ligne de courbure et sa trace sur le plan tangent est l'axe de l'indicatrice auquel cette ligne n'est pas tangente. On a vu (**269**) que cet axe décrit la développable circonscrite le long de la ligne de courbure, normalie conjuguée de la première.

280. Lignes asymptotiques. — Si la courbe est tangente à l'une des asymptotes de l'indicatrice au point m, comme celle-ci est à elle même sa conjuguée, le plan central de la normalie a pour trace sur le plan tangent la tangente à la courbe. Le plan asymptote est alors le plan normal à la courbe en m ; l'axe de courbure, caractéristique de ce plan, passe par le point où il est tangent à la normalie (**189**), par suite, il est parallèle à la normale et le plan osculateur, qui lui est perpendiculaire, est tangent à la surface.

Toutefois, si la courbe présentait une inflexion, deux plans normaux infiniment voisins seraient parallèles, l'axe de courbure serait rejeté à l'infini et le plan osculateur ne serait pas nécessairement tangent.

Réciproquement, si le plan osculateur est tangent à la surface, l'axe de courbure est parallèle à la normale, le plan normal est asymptote à la normalie et le plan central renferme la tangente à la courbe. Celle-ci est donc à elle-même sa conjuguée et, par suite, elle est l'une des asymptotes de l'indicatrice au point m.

Le théorème de Meusnier conduit aux mêmes résultats. On a en effet (**262**) :

1. Démonstration tirée du Cours Mannheim (2e édition, p. 315).

$$\cos \theta = \frac{\rho}{\rho_n} \, .$$

Si l'on suppose que ρ_n soit infini, ρ restant d'ailleurs fini, $\cos \theta$ est nul et le plan osculateur est tangent à la surface.

Réciproquement, si $\cos \theta$ est nul, ρ_n est infini, car l'hypothèse $\rho = o$ a été écartée (255).

Les lignes tracées sur une surface et qui, en chacun de leurs points, sont tangentes à l'une des asymptotes de l'indicatrice, sont appelées les *lignes asymptotiques* de la surface. Il y en a deux qui se croisent en tout point pour lequel les courbures sont opposées et leur plan osculateur, en tout point qui n'est pas d'inflexion, est tangent à la surface.

Les lignes asymptotiques ont pour enveloppe commune la ligne parabolique en chaque point de laquelle la tangente est la réunion des deux asymptotes de l'indicatrice. Il est clair, d'ailleurs, qu'elles ne peuvent pénétrer sur la partie convexe de la surface. Sur le tore, par exemple, elles sont tangentes aux parallèles supérieur et inférieur, et sont situées sur la portion de la surface comprise entre ces parallèles, qui est tournée vers l'axe de révolution.

281. Construction de l'indicatrice en un point de l'hélicoïde réglé. — Dans l'hélicoïde réglé, comme dans toute surface gauche (267), l'une des asymptotes de l'indicatrice est la génératrice de la surface au point considéré. Pour avoir l'autre, il suffit de trouver deux diamètres conjugués et de chercher ensuite la conjuguée harmonique de la génératrice par rapport à ces deux diamètres.

Le théorème de Dupin permet de trouver immédiatement deux diamètres conjugués de l'indicatrice en un point (m, m') de l'hélicoïde réglé (fig. 200). Supposons que la génératrice $(am, a'm')$ soit entraînée par le mouvement hélicoïdal et considérons l'hélice décrite par le point (m, m') ; la tangente à cette hélice se projette horizontalement suivant la perpendiculaire au rayon Om. Si l'on suppose en même temps que le plan tangent à la surface au point (m, m') soit entraîné avec toute la figure, le point de contact décrit sur la surface l'hélice du point (m, m') et la caractéristique du plan, dans l'espace comme en projection, est le diamètre conjugué de la tangente à cette hélice. Or, cette caractéristique, génératrice d'un hélicoïde développable ayant pour axe l'axe du mouvement, est une ligne de plus grande pente du plan, dont la projection horizontale a été déterminée (**238**) suivant la droite mf qui joint le point m au point f correspondant sur la perpendiculaire menée par O à la projection horizontale de la génératrice.

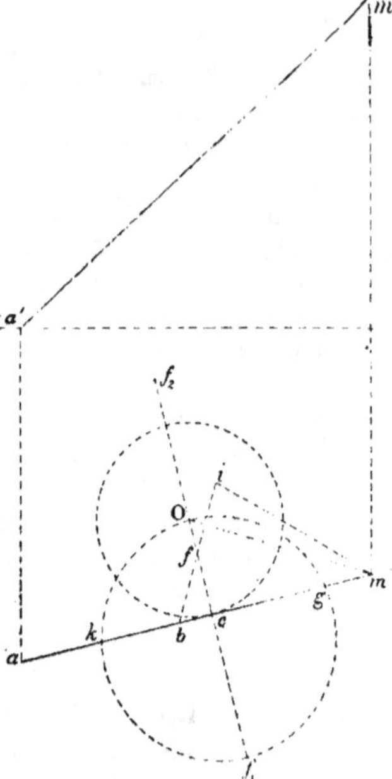

Fig. 200.

D'où il résulte enfin qu'*en projection horizontale, la perpendiculaire à l'extrémité du rayon mené du centre à un point de la génératrice, et la droite qui joint ce point au point f correspondant à la génératrice sont deux diamètres conjugués de l'indicatrice au point considéré.*

La seconde asymptote de l'indicatrice peut alors s'en déduire comme il suit : abaissons du point f la perpendiculaire sur le rayon Om, elle rencontre la génératrice am au point b; si l'on prend sur cette droite $fi = fb$, le point i appartient à la projection horizontale de la droite cherchée.

282. Hyperboloïde osculateur de l'hélicoïde réglé. — Lorsque le point m décrit la génératrice, le lieu de la seconde asymptote est dans l'espace l'hyperboloïde osculateur relatif à la génératrice (**267**). Il suit de là que la projection horizontale de cette seconde asymptote enveloppe une conique, qui est le contour apparent de l'hyperboloïde sur le plan horizontal ; il est aisé de déterminer cette conique[1].

Remarquons d'abord qu'à deux points de la génératrice, symétriques par rapport à son point de contact c avec le noyau, correspondent deux droites telles que mi, symétriques par rapport à la perpendiculaire Of à la génératrice ; la droite Of est donc un axe de symétrie de la conique. Si le point m vient en c, les deux diamètres conjugués sont cf et la génératrice elle-même ; la seconde asymptote coïncide avec la génératrice ; comme elle est perpendiculaire à l'axe Of, il en résulte que le point c est un sommet de la conique. On voit en même temps que les deux tangentes que l'on peut mener à la conique, par un point m de la génératrice, sont la génératrice elle-même et la seconde asymptote mi. Cela devait être, d'ailleurs, parce que la génératrice de l'hélicoïde est génératrice de l'autre système de l'hyperboloïde ; sa projection horizontale est donc tangente au contour apparent de l'hyperboloïde. Le plan de front qui la projette horizontalement, est tangent à l'hyperboloïde et les deux asymptotes de l'indicatrice, au point de contact, ont évidemment la même projection.

Supposons le point m à l'infini ; la perpendiculaire au rayon Om est rejetée à l'infini, et le point où la seconde asymptote de l'indicatrice rencontre la perpendiculaire Of est le symétrique du point c par rapport au point f ; l'asymptote correspondante étant perpendiculaire à Of, ce point est sommet, le centre de la conique est au point f, et la conique est suffisamment déterminée.

On peut trouver directement l'axe perpendiculaire à Of, ainsi que les asymptotes.

A l'extrémité de l'axe perpendiculaire à Of, la tangente est perpendiculaire à la génératrice. Elle correspond donc à un point m de cette génératrice tel que les deux directions conjuguées, précédemment déterminées, sont symétriques par rapport à la génératrice. Il faut pour cela que les angles Omc, fmc soient complémentaires ; la longueur de l'axe perpendiculaire à Of est alors cm. Or on a :

$$\operatorname{tg} Omc = \frac{Oc}{cm}$$

$$\operatorname{tg} fmc = \frac{fc}{cm}$$

<hr>

1. Voir sur le même sujet : De la Gournerie, *Mémoire sur les lignes d'ombre et de perspective des hélicoïdes gauches* (*Journal de l'École polytechnique*, 34e cahier, p. 1).

Les angles seront complémentaires si l'on a :

$$\frac{Oc}{cm} \cdot \frac{fc}{cm} = 1$$

d'où :

$$\overline{cm}^2 = Oc.fc.$$

Ainsi les longueurs des demi-axes de la conique sont d'une part fc, soit $r - h \cot g\,\alpha$ et de l'autre la moyenne proportionnelle entre Oc et fc, soit $\sqrt{r(r - h \cot g\,\alpha)}$. Il est clair que, dans le cas de la figure, la courbe est une ellipse, et comme Oc est plus grand que fc, l'axe dirigé suivant Oc est le petit axe, et la parallèle à la génératrice menée par le point f est le grand axe. Le carré de la distance focale est égale à :

$$Oc.fc - fc^2 = fc(Oc - fc) = fc.Of$$

Il suit de là que *le lieu des foyers de la conique, lorsque le point f varie*, c'est-à-dire, lorsque l'inclinaison de la génératrice prend des valeurs diverses, *est le cercle décrit sur Oc comme diamètre*.

On prévoit par là que lorsque le point f n'est plus sur le segment Oc, la conique est une ellipse dont le grand axe est dirigé suivant Of, ou bien une hyperbole ayant cette droite pour axe focal.

Pour le vérifier, cherchons les asymptotes : pour que la tangente mi devienne une asymptote, il faut qu'elle passe par le centre f. Il faut pour cela que mf et mc soient conjuguées harmoniques par rapport à mf et à la perpendiculaire menée par m au rayon Om ; cela exige que cette perpendiculaire soit confondue avec mf. Or, cette perpendiculaire rencontre la droite Oc en un point du segment infini qui commence à c en s'éloignant de O. Il faut donc pour que la conique soit une hyperbole, que le point f soit quelque part sur ce segment, par exemple en f_1. Pour avoir les asymptotes de l'hyperbole, il faut alors décrire le cercle de diamètre Of_1 ; il rencontre la génératrice en deux points g et k, et les asymptotes sont $f_1 g$ et $f_1 k$. Comme la génératrice est tangente au sommet c de l'hyperbole, il est clair que l'axe Of est l'axe focal ; quant à l'axe non transverse, sa longueur est cg, et l'on a bien, comme plus haut, pour déterminer cette longueur

$$\overline{cg}^2 = cO.cf_1.$$

en grandeur, mais non en signe, parce que cette fois les segments ne sont pas dirigés de la même manière.

Supposons enfin que le point f soit sur le segment infini opposé, commençant en O. Lorsqu'il est en O, on a $Oc = fc$. et la conique est le cercle de base du noyau. S'il prend une position quelconque telle que f_2, la conique demeure une ellipse parce que le cercle de diamètre Of_2 ne rencontre jamais la génératrice, mais son axe focal est l'axe dirigé suivant Oc, parce que l'on a toujours $Oc < f_2c$. Toutefois, lorsque le point f_2 s'éloigne à l'infini, elle dégénère en parabole, parce que le sommet c restant fixe, le centre n'est plus à distance finie. La surface correspondante est l'hélicoïde à plan directeur et à noyau (239).

On peut remarquer que *toutes ces coniques sont osculatrices au point* c; le rayon de courbure de l'une d'elles en ce point est égal, en effet, au carré du demi-axe perpendiculaire à Oc, divisé par le demi-axe suivant Oc; ce qui donne :

$$\rho = \frac{Oc.fc}{fc} = Oc$$

et le centre de courbure commun est le centre O. Le point c étant sommet pour toutes les coniques, elles ont en ce point *quatre* points communs et forment un système linéaire, c'est-à-dire que par un point du plan, il passe *une seule* de ces courbes.

283. Cas de la surface de vis à filet triangulaire.

— Lorsque la génératrice rencontre l'axe, les résultats se simplifient. Soient Om la projection horizontale d'une généra-

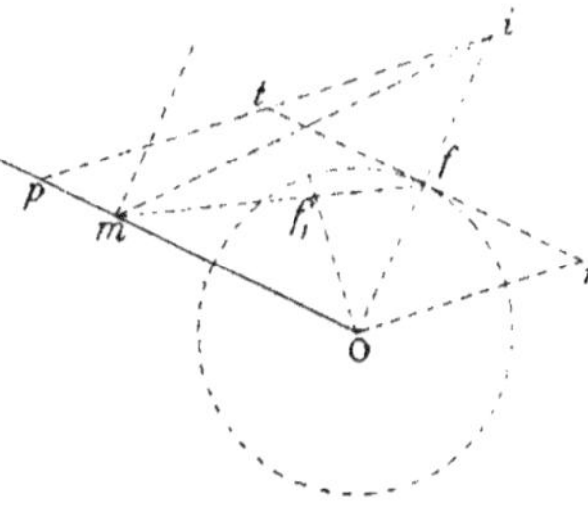

Fig. 201.

trice (fig. 201) et, sur la perpendiculaire à cette génératrice menée par le point O, le point f correspondant. Les diamètres conjugués sont alors mf et la perpendiculaire en m à la génératrice; d'où il suit que sur la droite Of qui, dans ce cas, est perpendiculaire au rayon Om, le point sur la seconde asymptote de l'indicatrice en m est le point i, symétrique du point O par rapport au point f.

On voit que ce point est indépendant de la position du point m sur la génératrice et que, par conséquent, dans le cas de la surface de vis à filet triangulaire, les projections horizontales des génératrices de l'hyperboloïde osculateur forment un système rayonnant. Cet hyperboloïde a, par suite, une génératrice verticale dont le pied est le point *i*, ce à quoi on devait s'attendre, car au point où la génératrice rencontre l'axe, la seconde asymptote de l'indicatrice est l'axe lui-même, qui est une droite de la surface. L'hyperboloïde ayant une génératrice verticale en possède donc une autre dans l'autre système [1].

284. Cas de la surface de vis à filet carré. — Si la génératrice est horizontale, l'inclinaison α étant nulle, le point *f* est rejeté à l'infini et la droite *mf* est perpendiculaire à la génératrice (fig. 201). Par suite, elle coïncide avec son diamètre conjugué, c'est donc la seconde asymptote de l'indicatrice. Ainsi, *dans la surface de vis à filet carré, la tangente à l'hélice directrice est la seconde asymptote de l'indicatrice.*

On voit que le paraboloïde de raccordement qui a été adopté (**253**) pour déterminer le plan tangent de cette surface, n'est autre que le paraboloïde osculateur le long de la génératrice, puisqu'en un point quelconque (m, m') de cette droite (fig. 186), la seconde génératrice $(mb, m'b')$ du paraboloïde est la seconde asymptote de l'indicatrice.

On voit aussi que les deux asymptotes de l'indicatrice, dans l'espace, comme en projection horizontale, sont perpendiculaires entre elles. *L'indicatrice en tout point de la surface, est donc une hyperbole équilatère.*

Enfin [2], comme conséquence, *les lignes de courbure sont*

---

1. Mannheim (*Cours de Géométrie descriptive*, p. 366).
2. Ce résultat n'est qu'un cas particulier d'un théorème plus général. On peut observer que la génératrice de la surface de vis à filet carré est normale au cylindre ; la surface peut donc être considérée comme la normalie au cylindre, ayant pour base l'hélice directrice : or le plan osculateur de l'hélice est normal au cylindre (154), il est donc tangent à la normalie au point (m, m'), et, par conséquent (280), l'hélice est une ligne asymptotique de la normalie. On retrouve ainsi la propriété du texte et sous cette forme le théorème énoncé sur les lignes de courbure de la surface de vis peut s'étendre à *toute normalie dont la directrice est ligne géodésique sur la surface primitive.*

*les courbes tracées sur la surface, qui coupent les génératrices
sous un angle de 45°.*

TANGENTE AUX LIGNES D'OMBRE PROPRE

285. — Si une surface est éclairée par des rayons lumineux parallèles ou convergents, la ligne d'ombre propre est la courbe de contact d'un cylindre ou d'un cône circonscrit. Il peut encore arriver que la source de lumière soit une surface lumineuse ; la ligne d'ombre est alors la courbe de contact de la développable à la fois circonscrite à la surface lumineuse et à la surface éclairée.

Le théorème des tangentes conjuguées s'applique dans tous les cas, et la tangente à la ligne d'ombre en un point est la conjuguée, par rapport à l'indicatrice en ce point, de la génératrice de la développable circonscrite, caractéristique du plan tangent à la surface aux divers points de la ligne d'ombre. Dans le cas où les rayons lumineux sont parallèles ou convergents, cette caractéristique est le rayon lumineux qui a fourni le point d'ombre.

286. Ombre sur l'hélicoïde réglé. — Nous allons appliquer ces principes à la détermination de la ligne d'ombre propre sur l'hélicoïde réglé. Cherchons d'abord un point de la courbe ; supposons pour cela que la génératrice (mh, $m'h'$) soit de front (fig. 202) et soit (S, S') le flambeau. Pour avoir le point d'ombre sur la génératrice, il faut chercher le point de contact du plan mené par cette droite et le flambeau. Construisons sur la perpendiculaire Oc à la projection horizontale de la génératrice le point f défini comme plus haut (238), Of étant égal en grandeur et en signe à $h \cot g\, \alpha$. On a vu que la droite qui joint ce point au point de contact inconnu, est perpendiculaire aux horizontales du plan. On peut la considérer comme la projection horizontale de la normale au point de contact ; on peut aussi (238) la regarder comme la projection horizontale de la caractéristique du plan tangent.

Il suffit alors d'abaisser du point f une perpendiculaire sur l'horizontale (sa, $s'a'$) du plan tangent. Cette droite rencontre la génératrice au point (m, m') cherché.

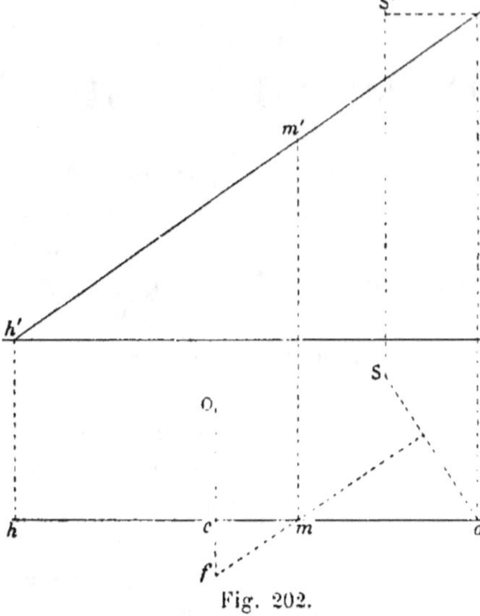

Fig. 202.

287. — Si l'ombre est au soleil, les constructions se simplifient en ce sens que l'on peut opérer sur la projection horizontale indépendamment de la projection verticale.

Soient (mh, $m'h'$) la génératrice considérée (fig. 203) et (ab, $a'b'$) le rayon lumineux mené par le point (a, a') de la génératrice, de trace horizontale (b, b'). Construisons Of comme précédemment ; abaissons du point O une perpendiculaire Of_1 sur la projection horizontale ab du rayon lumineux et du point f une perpendiculaire ff_1 sur la trace horizontale bh du plan tangent. Les triangles Off_1, abh, qui ont leurs côtés perpendiculaires, sont semblables et l'on a :

$$\frac{Of_1}{ab} = \frac{Of}{ah}$$

d'où :

$$Of_1 = \frac{ab}{ah} Of.$$

Si l'on désigne par i l'inclinaison des rayons lumineux, α étant comme précédemment celle des génératrices, on a aussi :

$$a'\mu = ab.\operatorname{tg} i = ah \operatorname{tg} \alpha$$

d'où :

$$\frac{ab}{ah} = \frac{\operatorname{tg} \alpha}{\operatorname{tg} i}$$

et :

$$Of_1 = Of \frac{\operatorname{tg} \alpha}{\operatorname{tg} i} = h \operatorname{cotg} i.$$

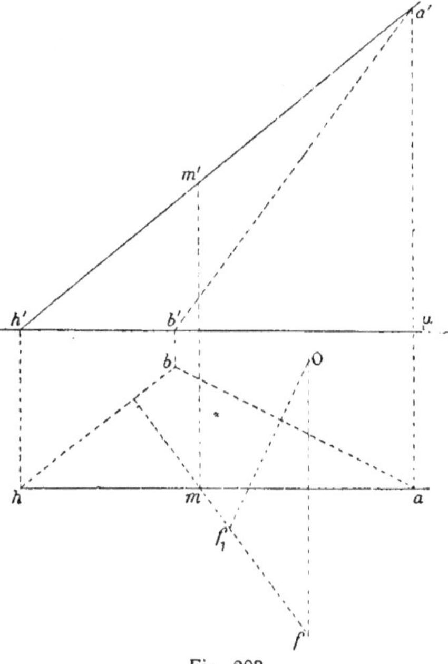

Fig. 203.

Ainsi la distance Of_1 est constante. Dès lors, il suffit de la porter en grandeur et en signe sur la perpendiculaire à la projection horizontale des rayons lumineux pour déterminer un point f_1 qui, étant joint au point f, détermine sur la génératrice le point d'ombre m.

Effectivement, la droite ff_1 est, par construction, la perpendiculaire abaissée du point f sur la trace horizontale du plan tangent.

Ce résultat peut s'expliquer directement par la théorie même du mouvement hélicoïdal. Il a été démontré, en effet (238) que la projection horizontale de la caractéristique d'un plan, supposé entraîné dans le mouvement hélicoïdal, passe par le point f relatif à l'hélicoïde décrit par une quelconque de ces droites. D'où il résulte que cette projection horizontale n'est autre que la droite ff_1 et que le point m où elle rencontre la droite ab est (189) la projection horizontale du point de contact.

288. — Cherchons maintenant la tangente à la projection horizontale de la courbe d'ombre.

Une première solution consiste à construire, comme plus haut (281), la seconde asymptote de l'indicatrice et à chercher la direction conjuguée du rayon lumineux par rapport aux deux asymptotes de cette courbe. Figurons l'asymptote mi (fig. 204) déterminée comme il a été dit en prenant $fi = fb$; menons par le point m une parallèle à la direction des rayons lumineux qui rencontre la droite

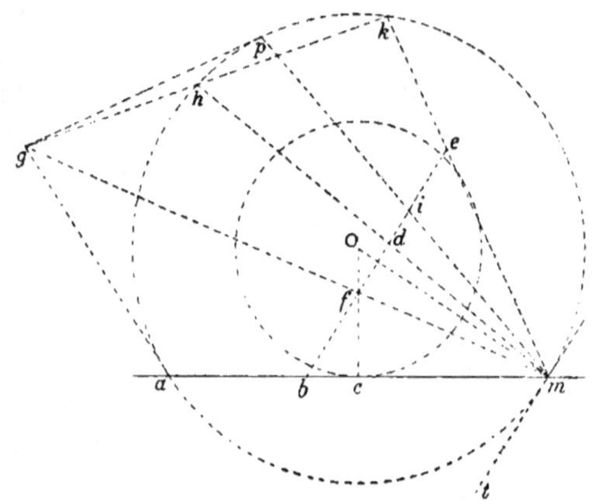

Fig. 204.

fb au point d ; la tangente cherchée passe par le point e, conjugué harmonique de d par rapport à b et à i.

On peut aussi se dispenser de construire la seconde asymptote de l'indicatrice, en remarquant que ses diamètres conjugués forment un faisceau en involution (80), dont les rayons doubles sont les asymptotes ; de ce faisceau on connaît un couple de rayons conjugués confondus avec la génératrice, puisqu'elle est l'un des rayons doubles et un autre couple de rayons conjugués (281), qui sont la droite mf et la perpendiculaire mt au rayon Om.

Or, d'après une propriété bien connue sous le nom de *théorème de Frégier*, les couples de rayons conjugués d'un faisceau en involution dont le sommet est sur une conique, interceptent dans cette conique des cordes concourantes. Décrivons alors le cercle de rayon Om qui rencontre la génératrice en un second point a ; la tangente en ce point est la corde sous-tendue par le couple de rayons conjugués confondus avec la génératrice. D'autre part, le couple des diamètres conjugués mt, mf sous-tend la corde mf qui rencontre en g la tangente au point a. Le point, dit de Frégier, est donc le point g ; menant alors par le point m la parallèle aux rayons lumineux, elle rencontre le cercle en un point h et la corde gh coupe le cercle en un second point k qui est sur la tangente cherchée.

La seconde asymptote mi de l'indicatrice, dont il n'a pas été fait usage dans cette construction, passe par le point de contact p de la seconde tangente au cercle menée par le point g.

289. Tracé de la courbe d'ombre. — Il est facile, d'après ce qui précède, de tracer la courbe d'ombre, en projection horizontale, par points et tangentes. Elle affecte différentes formes suivant les positions des points f et f_1 relativement au cercle de base du noyau. De la Gournerie, dans le mémoire cité plus haut [1], en a indiqué treize ; comme exemple, nous supposerons le cas suivant qui paraît lui avoir échappé.

C'est celui où le rayon lumineux est plus incliné que la génératrice de l'hélicoïde, elle-même plus inclinée que la tangente à l'hélice directrice, ce qui se traduit par les inégalités :

$$h \operatorname{cotg}\beta > h \operatorname{cotg}\alpha > r$$

en désignant par β l'inclinaison du rayon lumineux sur le plan horizontal.

Il suit de là que si l'on décrit (fig. 205) le cercle de base du noyau, le point f, variable avec la génératrice, décrit un cercle de rayon plus grand et le point f_1 est à l'extérieur des deux cercles. On suppose, en outre, la génératrice inclinée dans le même sens que la tangente à l'hélice directrice, c'est-à-dire que le segment Of est porté vers la projection horizontale de la génératrice.

Supposons le point de contact de la génératrice en a ; la droite ff_1 la coupe au même point, c'est le point d'ombre (286). Si la génératrice passe par f_1 et vient, par exemple, en bf_1, le point d'ombre vient en f_1 ; il a décrit la branche de courbe apf_1. La tangente en ce point est la droite qui joint le point f_1 à la position correspondante

____

1. *Ibid.*, p. 77.

f du point f, car elle est (281) conjuguée de la perpendiculaire f_1R à la droite qui joint le centre au point d'ombre, perpendiculaire qui, pour cette position de la génératrice, est parallèle au rayon lumineux.

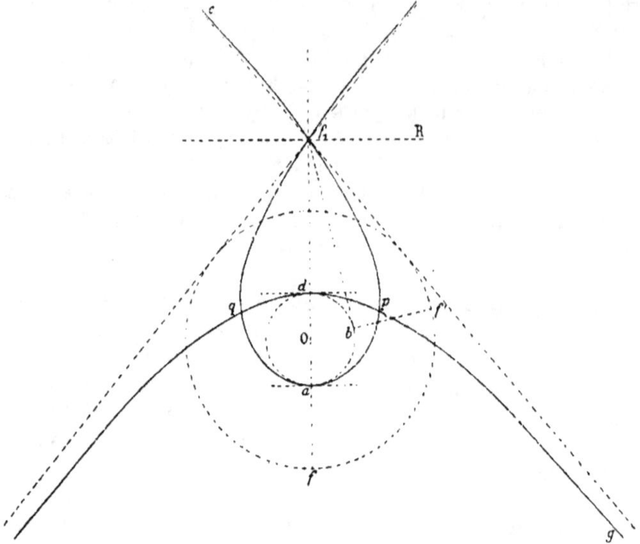

Fig. 205.

Si la génératrice devient parallèle à l'une des tangentes menées de f_1 au cercle de rayon Of, le point d'ombre s'éloigne à l'infini, et l'on a la branche infinie f_1c : la seconde asymptote de l'indicatrice est alors la symétrique de la génératrice par rapport à la tangente f_1f, car la perpendiculaire au rayon Om est tout entière à l'infini ; par suite l'asymptote à la courbe, conjuguée harmonique par rapport à la génératrice et à sa symétrique du rayon lumineux qui est aussi rejeté à l'infini, n'est autre [1] que la tangente f_1f.

Enfin, si la génératrice est la tangente en d, le point d'ombre est ce point lui-même et, pendant la dernière variation de la génératrice, il a décrit la branche infinie gd.

La courbe est symétrique par rapport à Of_1 ; il suffit alors de tracer les branches symétriques de celles qui sont déjà construites.

Elle présente un point double en f_1, correspondant aux deux tan-

---

1. Dans cet alinéa, la lettre f désigne le point de contact de la tangente menée du point f_1 au cercle de rayon Of.

gentes menées de ce point au cercle de rayon Of. De plus, si l'on mène par ce point une droite quelconque, elle coupe ce cercle en deux points ; elle peut donc être considérée de deux manières comme étant la droite ff_1. A chacune de ces droites correspond une génératrice, tangente perpendiculaire à Of au cercle base du noyau et dont le point de contact est sur le segment Of. Il y a donc, en outre du point double f_1, deux points du lieu sur la droite considérée et *le lieu est du quatrième degré*.

La figure montre qu'en outre du point double f_1, la courbe en possède deux autres p et q. Comme elle est du quatrième degré, elle ne peut en avoir d'autre ; c'est une quartique *unicursale* [1]. Les points doubles p et q peuvent d'ailleurs être imaginaires.

L'épure révèle deux points à l'infini ; il est aisé de voir que les deux autres sont imaginaires dans les directions isotropes (65) Supposons, en effet, que la génératrice devienne l'une des tangentes isotropes que l'on peut mener au cercle de base du noyau par le centre O ; cette droite est perpendiculaire à elle-même (80), elle coïncide donc avec la perpendiculaire Of abaissée du point O sur la génératrice, et le point f est le point à l'infini, dans la même direction, sur le cercle de rayon Of. Dès lors la droite ff_1 rencontre la génératrice en ce point lui-même, qui est point d'ombre, d'où il suit que la quartique est *circulaire*.

Les points cycliques sont donc des points simples de la courbe ;

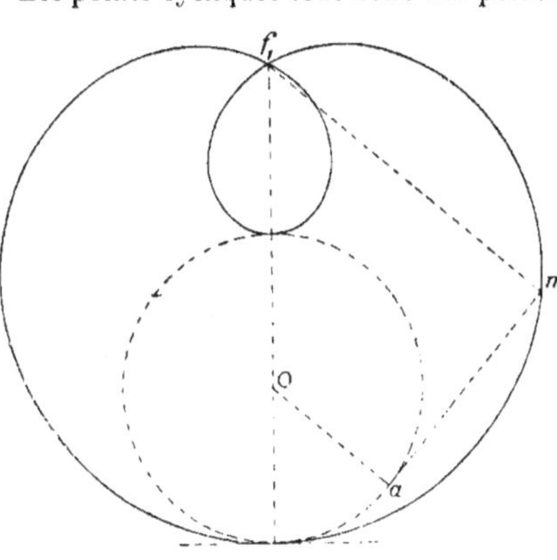

Fig. 206.

dans certains cas, ils peuvent être doubles par suite de leur coïncidence avec les points p et q. Supposons le point f rejeté à l'infini, c'est-à-dire $\alpha = o$, ce qui est le cas de l'hélicoïde à plan directeur, surface d'intrados de l'escalier à noyau plein (239). Décrivons le cercle base du noyau (fig 206), et soit am la projection horizontale d'une

1. De la Gournerie dit (*Ibid.*, p. 51), à propos du point f, que *la courbe peut avoir un nœud*. Il ne s'est pas aperçu des deux autres qui sont imaginaires dans tous les cas étudiés par lui.

génératrice ; le point f correspondant étant à l'infini dans la direction Oa, le point d'ombre est le pied de la perpendiculaire abaissée du point f_1 sur la génératrice. La courbe d'ombre est donc la podaire du point f_1 par rapport au cercle, c'est-à-dire un *limaçon de Pascal*. On sait que cette courbe admet les points cycliques pour points doubles ; le quartique est alors *bicirculaire*.

Si c'est le point f_1 qui est à l'infini, c'est le rayon lumineux qui est horizontal, et l'on retrouve les courbes étudiées plus haut (242) comme projections horizontales du contour apparent de la surface sur un plan vertical.

Si l'hélicoïde est développable, la courbe d'ombre se compose (207) de l'arête de rebroussement et des génératrices pour lesquelles le plan tangent est parallèle au rayon lumineux. La première a pour projection horizontale le cercle de base du noyau ; quant à celles-ci, elles se projettent suivant les tangentes menées du point f_1 à ce cercle. Il suffit pour le prouver d'observer que, si l'on mène à un cône de révolution d'inclinaison α des plans tangents par une droite d'inclinaison β, le sinus de l'angle de la trace horizontale de l'un de ces plans avec la projection horizontale de la droite a pour valeur

$$\frac{\operatorname{tg} \beta}{\operatorname{tg} \alpha}$$

et de remarquer que les horizontales du plan tangent le long d'une des génératrices considérées sont perpendiculaires à la projection horizontale de cette génératrice. Or la perpendiculaire à la génératrice dont la projection horizontale est l'une des tangentes menées de f_1 et la projection horizontale du rayon lumineux font précisément un angle dont le sinus est

$$\frac{Of}{Of_1} \equiv \frac{\operatorname{tg} \beta}{\operatorname{tg} \alpha} .$$

Enfin, si le rayon lumineux et la génératrice sont également inclinés, dans le même sens ou en sens inverse, il est aisé de voir que tout point de l'une des deux tangentes, perpendiculaires à Of_1, au cercle de base du noyau appartient à la courbe d'ombre ; c'est celle

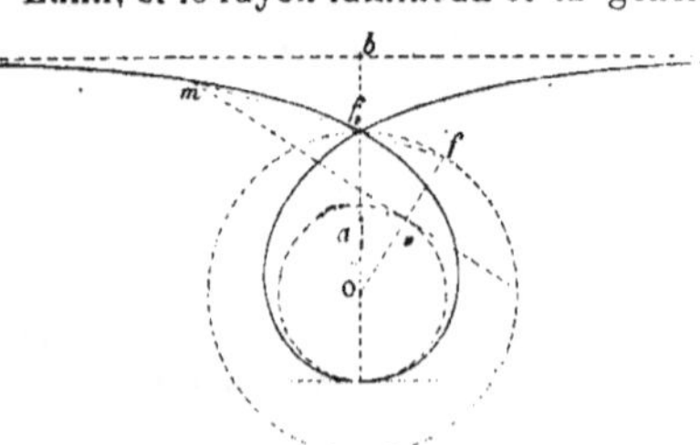

Fig. 207.

pour laquelle les points f et f_1 sont confondus et pour laquelle la droite ff_1 est par suite indéterminée.

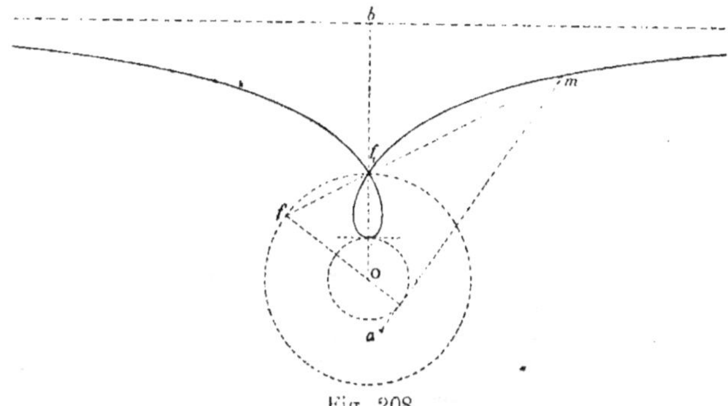

Fig. 208.

La courbe s'abaisse alors au troisième degré et présente l'une des formes indiquées (fig. 207 et 208) ; c'est une *strophoïde*.

Pour déterminer l'asymptote, remarquons que le point d'ombre s'éloigne à l'infini lorsque la génératrice prend la position pour laquelle les points f et f_1 coïncident, c'est-à-dire lorsque le contact est en a. Il s'éloigne alors dans la direction perpendiculaire à Of_1, c'est-à-dire dans la direction de la projection du rayon lumineux ; par suite, la tangente, qui tend à devenir parallèle au rayon lumineux, a la même limite que l'une des asymptotes de l'indicatrice. L'asymptote cherchée est donc la position limite de l'une des asymptotes de l'indicatrice, et cette limite n'est pas la génératrice, qui est déjà tangente à la courbe au point a.

Or la perpendiculaire au rayon Om s'éloigne indéfiniment, il en résulte (281) que la seconde asymptote de l'indicatrice rencontre la droite Of_1 en un point b symétrique de a par rapport au point f_1. On a donc, dans la figure 207 où le rayon lumineux et la génératrice sont inclinés dans le même sens :

$$r + Ob = 2Of_1$$

d'où :

$$Ob = 2Of_1 - r$$

et dans la figure 208, où ils sont inclinés en sens inverses :

$$- r + Ob = 2Of_1$$

d'où :

$$Ob = 2Of_1 + r.$$

Les points f et f_1 confondus peuvent aussi être à l'intérieur du cercle de base du noyau ; dans ce cas, le point f_1 est isolé (231), mais la détermination de l'asymptote reste la même.

290. Cas de la surface de vis à filet triangulaire.— Dans ce cas, la construction de la tangente à la courbe d'ombre (288) se simplifie ; la plus élégante, due à M. Mannheim [1], est la suivante. Construisons, comme plus haut (283), le point i par lequel passe la seconde asymptote de l'indicatrice (fig. 201) ; figurons aussi le point f_1 sur la perpendiculaire à la projection horizontale des rayons lumineux et en même temps sur la caractéristique mf. La tangente cherchée est la conjuguée par rapport aux asymptotes mO et mi de la perpendiculaire à Of_1. Menons par le point i la perpendiculaire ip à Of_1, la tangente passe par le milieu t du segment ip. Abaissons du point t une perpendiculaire sur Oi, elle est parallèle à la génératrice Om, et comme $ti = tp$, elle passe par le milieu de Oi, c'est-à-dire qu'elle est tangente au cercle au point f. Prolongeons-la jusqu'à la parallèle menée par O à la projection horizontale du rayon lumineux, à cause de $Of = fi$, on a $fr = ft$. Il est donc inutile de construire le point i et il suffit de porter sur la tangente en f le segment $ft = fr$ pour avoir un point de la tangente à la courbe d'ombre.

291. Trois formes de la courbe d'ombre. — L'étude qui a été faite du tracé de la courbe d'ombre dans le cas général de l'hélicoïde gauche, permet d'en abréger le détail dans le cas de la surface de vis à filet triangulaire. Il suffit de supposer $r = o$; il n'y a plus alors que deux cas généraux, savoir : $Of_1 < Of$ et $Of_1 > Of$.

Dans le premier cas (fig. 209), la courbe est fermée, puisqu'on ne peut pas mener de tangentes du point f_1 au cercle de rayon Of ; elle a des branches infinies dans le second cas (fig. 210) et les asymp-

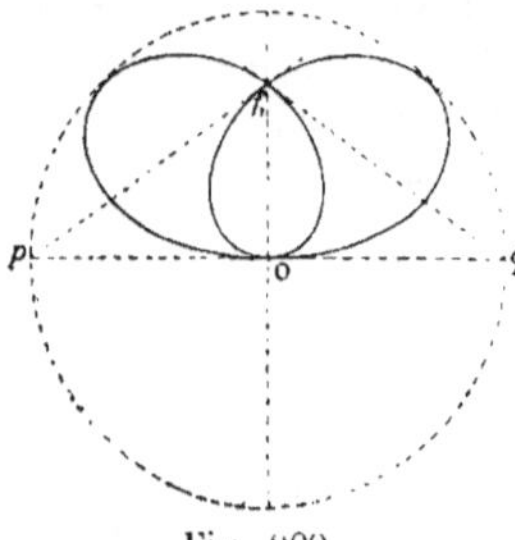

Fig. 209.

1. *Cours de géométrie descriptive*, p. 381. Voir aussi Poncelet (*Applications d'analyse et de géométrie*, t. I, p. 454).

totes sont toujours les tangentes menées du point f_1 au cercle
de rayon Of. Dans l'un et l'autre cas, les tangentes au point f_1

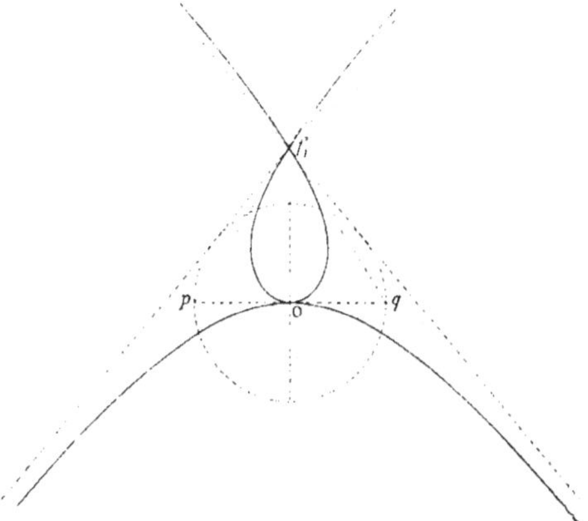

Fig. 210.

passent par les extrémités p et q du diamètre perpendiculaire
à Of_1; c'est la particularisation de la construction des mêmes
tangentes dans le cas (289) de l'hélicoïde gauche. La droite
des points doubles pq, du même cas (fig. 205), vient passer
par le centre O ; la courbe présente en ce point une singularité
spéciale. Il est point double, en ce sens que toute droite qui le
renferme, coupant la courbe en deux autres points, la rencontre au point O en deux points confondus ; mais la tangente est
unique, il appartient donc à la catégorie des points de rebroussement, et c'est le rebroussement spécial dont la figure est celle
de deux courbes
tangentes.

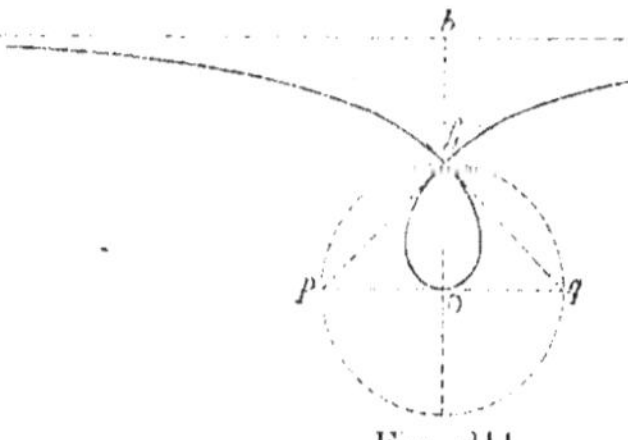

Fig. 211.

Enfin, il y a le
cas particulier où
$Of_1 = Of$; le de-
gré de la courbe
s'abaisse, comme
dans le cas de

l'hélicoïde gauche, au troisième et on a la strophoïde de la figure 211. Les tangentes au point f_1 sont toujours les droites f_1p et f_1q. Quant à l'asymptote, on a, d'après ce qui a été indiqué plus haut (289), en faisant $r = 0$:

$$Ob = 2Of_1.$$

292. Cas de la surface de vis à filet carré. — Si la surface de vis est à filet carré, l'inclinaison α étant nulle, le point f est rejeté à l'infini dans la direction perpendiculaire à la génératrice. Par suite, la courbe d'ombre est, en projection horizontale, le lieu des pieds des perpendiculaires abaissées du point fixe f_1 sur les droites qui passent par le point O ; c'est le cercle de diamètre Of_1 (fig. 212).

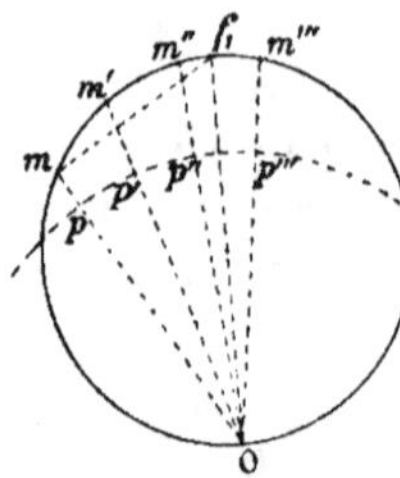

Fig. 212.

Dans l'espace, *la courbe d'ombre est une hélice dont le pas est égal à la moitié du pas de l'hélice directrice.* Considérons, en effet, trois points de la courbe d'ombre dont les projections m, m', m'' sous-tendent des angles égaux de sommet O. Les côtés de ces angles rencontrent le cercle, projection horizontale de l'hélice directrice, dont le centre est au point O, en des points p, p', p'' correspondant à des points P, P', P'' de cette hélice tels que la hauteur du point P' au-dessus du point P est égale à celle du point P'' au-dessus du point P', à cause de l'égalité des angles au centre. Il suit de là que les génératrices de la surface qui correspondent à des points de la courbe d'ombre tels que m, m', m'', s'élèvent successivement de hauteurs égales ; il en est de même par conséquent des points d'ombre successifs, et par là la courbe répond à la définition d'une hélice tracée sur le cylindre qui la projette horizontalement, puisque les points m, m', m'', étant vus du point O sous des angles égaux, sous-tendent aussi des angles au centre égaux entre eux.

Si l'on observe maintenant que lorsque le point m décrit tout le cercle qui est la projection de l'hélice, le point p ne décrit que la moitié du cercle de centre O, on voit que le point de la courbe d'ombre décrit deux spires de cette courbe, tandis que celui de l'hélice directrice n'en décrit qu'une ; le pas de l'hélice d'ombre est donc la moitié du pas de l'hélice directrice.

POINTS DE PASSAGE

293. — Lorsqu'une surface est éclairée, il peut arriver que les rayons lumineux qui lui sont tangents rencontrent la surface en d'autres points que le point de contact. Dans ce cas, c'est la surface éclairée elle-même qui intercepte les rayons lumineux (109) et l'on dit qu'il y a ombre *autoportée*. L'ombre propre et l'ombre portée géométriques forment alors deux courbes, intersection complète de la surface et du cône lumineux, se distinguant en ce que la première est la courbe de contact et la seconde, pour laquelle les plans tangents au cône et à la surface diffèrent, est le reste de l'intersection. Il s'agit d'étudier les parties *réelles* et les parties *virtuelles* (110) de l'une et de l'autre.

Coupons la surface par un plan passant par le point lumineux et figurons les rayons lumineux tangents Sa, Sb, Sc, Sd, Se, Sf, situés dans le plan sécant (fig. 213) ; les uns, tels que Sa, Sc, Sd, Sf sont extérieurs à la surface aux environs du point de contact, les autres sont intérieurs. Les points de contact des premiers sont dits points réels, les autres sont dits points virtuels de la courbe d'ombre

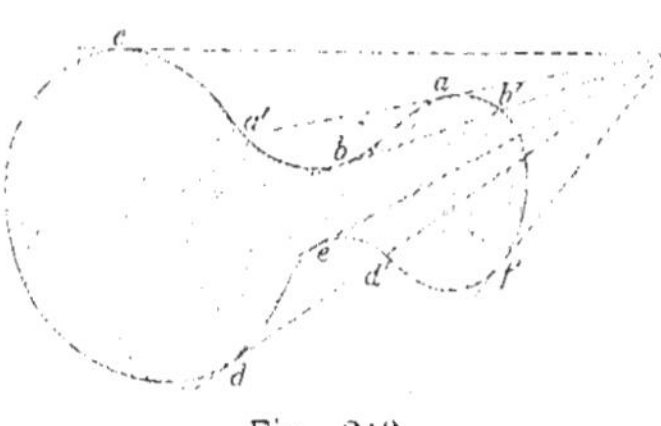

Fig. 213.

propre[1] ; il y a par suite des arcs réels et des arcs virtuels de la courbe d'ombre propre. Les points de séparation des arcs réels et des arcs virtuels ont reçu le nom de *points de passage* ou encore de *points limites*.

Il suit de cette définition que le rayon lumineux correspondant à l'un de ces points est extérieur au corps éclairé du côté de l'arc réel, tandis qu'il lui est intérieur du côté de l'arc virtuel. Un plan quelconque mené par ce rayon lumineux donne donc lieu à une section pour laquelle le point limite est un point d'inflexion, le rayon lumineux étant la tangente d'inflexion ; ce qui exige que cette droite soit l'une des asymptotes de l'indicatrice au point de passage, ou encore soit osculatrice à la surface. La tangente à la courbe d'ombre en ce point, qui est la conjuguée du rayon lumineux (285), est donc l'asymptote elle-même, c'est-à-dire le rayon lumineux. Ainsi, *en un point de passage le rayon lumineux est osculateur à la surface éclairée et tangent à la courbe d'ombre propre.*

Réciproquement, *tout point de la courbe d'ombre propre pour lequel la tangente est le rayon lumineux est un point de passage;* en effet, la tangente, étant confondue avec le rayon lumineux, ne peut être, d'après le théorème des tangentes conjuguées, qu'une asymptote de l'indicatrice ; par suite, le rayon lumineux est osculateur à la surface et la traverse.

On voit par là qu'il n'y a de points de passage que sur les surfaces à courbures opposées ; car, sur les autres, les asymptotes de l'indicatrice ne sont pas réelles.

On voit aussi que le cône d'ombre présente un rebroussement le long du rayon lumineux qui correspond à un point de passage. En effet, le rayon lumineux est tangent à la ligne d'ombre ; il en résulte (139) que la projection de cette courbe,

1. Il est clair que ces derniers répondent tous à la définition déjà donnée (110), mais parmi les points de contact des tangentes extérieures, il en est tels que le point *d* que l'on considère comme réels, quoiqu'il n'y ait pas ombre effective, puisque le rayon lumineux traverse la surface avant d'être tangents : on dit alors que ce sont des points réels *inutiles*. On verra un peu **plus loin la raison de cette distinction.**

effectuée du flambeau comme sommet, sur un plan quelconque, est douée d'un rebroussement au point où le rayon lumineux tangent rencontre le plan sécant. De plus, au point limite, le plan osculateur de la courbe d'ombre est tangent à la surface éclairée, car il est tangent au cône d'ombre (139), tout le long de la génératrice, et, en particulier, au point limite [1].

291. Détermination des points de passage. — Il résulte de ce qui précède un tracé des points de passage. La propriété de contact se conserve en projection ; les rayons lumineux qui donnent les points limites s'obtiennent donc en menant par les projections du flambeau des tangentes aux projections respectives de la courbe d'ombre. Les points de contact qui se correspondent sur les deux projections sont des points de passage ; les autres sont dans un plan de contour apparent et répondent à un rayon lumineux qui, dans l'espace, n'est pas tangent à la ligne d'ombre.

Considérons, par exemple, l'hélicoïde réglé : les points de passage de la courbe d'ombre se projettent horizontalement aux points de contact des tangentes perpendiculaires a Of_1 qui ne sont pas tangentes au contour apparent horizontal de la surface, c'est-à-dire au cercle de base du noyau. On ne trouve de pareils points de contact que dans certains cas, par exemple dans celui de la figure 206. Il en est de même pour la surface de vis à filet triangulaire (fig. 209), dans le cas où la projection horizontale de la courbe est fermée.

Si la surface de vis est à filet carré (fig. 212), on peut mener au cercle de diamètre Of_1 deux tangentes perpendiculaires à Of_1 ; l'une d'elles passe par le point O et correspond à des points de la courbe d'ombre pour lesquels le plan tangent, passant par l'axe, est un plan de contour apparent ; l'autre répond à la question. Il est aisé

---

1. Ce mode de raisonnement suppose qu'aucun des cas d'exception signalés à l'énoncé du paragraphe 139 n'est ici réalisé ; c'est-à-dire que la courbe d'ombre n'a, au point limite, ni inflexion, ni rebroussement. C'est ce qui ressort également de ce que, étant tangente à une asymptote de l'indicatrice, elle pourrait (280), d'après le théorème de Meusnier, n'avoir pas pour plan osculateur le plan tangent de la surface, si elle avait une inflexion au point limite.

de vérifier que, dans l'espace, le rayon lumineux est tangent à l'hélice d'ombre.

On a, en effet, entre le rayon r d'un cylindre, l'inclinaison α des tangentes à une hélice tracée sur ce cylindre et le pas réduit k, la relation :

$$r = k \cot g\, \alpha$$

d'où :

$$\cot g\, \alpha = \frac{r}{k} \cdot$$

Le cylindre sur lequel est tracée l'hélice d'ombre a pour rayon

$$\frac{1}{2}\, Of_1 = \frac{h}{2} \cot g\, \beta$$

on a vu d'ailleurs (292) que le pas k de cette hélice est égal à $\dfrac{h}{2}$; substituant ces valeurs on trouve :

$$\cot g\, \alpha = \frac{\dfrac{h}{2} \cot g\, \beta}{\dfrac{h}{2}} = \cot g\, \beta.$$

Il suit de là que sur chaque spire de l'hélice d'ombre, il y a un point pour lequel la tangente est parallèle au rayon lumineux ; c'est donc (293) un point de passage, et *la courbe d'ombre se compose alternativement d'une spire réelle et d'une spire virtuelle.*

295. Emploi de conoïdes. — On peut substituer un autre procédé graphique à celui qui consiste à mener par la projection du flambeau des tangentes à la projection de la ligne d'ombre. Dans cette manière d'opérer, les traces sur un plan des rayons lumineux qui donnent les points de passage, sont déterminées comme étant les points communs à deux courbes.

On emploie pour cela deux conoïdes ayant l'un et l'autre le plan de projection pour plan directeur, la courbe d'ombre pour directrice et, respectivement, une troisième directrice rectiligne, arbitraire. Figurons quatre points a, b, c, d, de la courbe d'ombre (fig. 214), comprenant un point limite l : ce qu'on peut toujours supposer car le point l est connu approximativement, comme point de contact d'un rayon lumineux.

Construisons les génératrices aa', bb', cc', dd' d'un premier conoïde dont la directrice rectiligne est la droite (D). La ligne d'ombre portée du conoïde, éclairé par le même flambeau, sur le plan de projection, est (207) l'enveloppe des droites, ombres portées par les différentes génératrices, telles que (d), (d'), (d''), (d''') ; traçons un arc de courbe

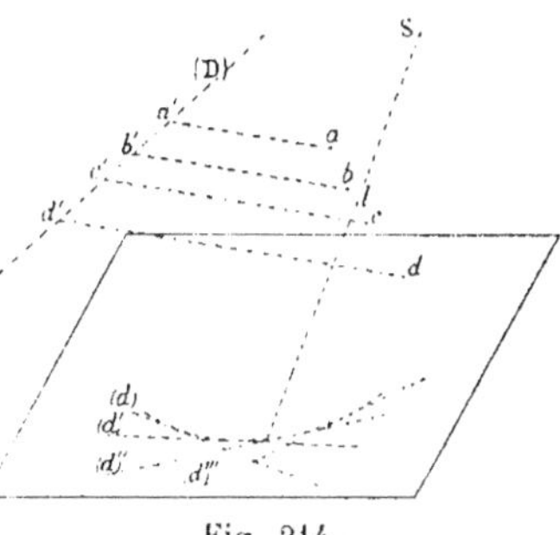

Fig. 214.

tangent à ces droites, il passe par l'ombre portée du point limite l. En effet, le plan tangent au conoïde en l est déterminé par le rayon lumineux Sl qui est tangent à la première courbe d'ombre, et par la génératrice du conoïde ; le point l est donc un point d'ombre propre sur le conoïde et la trace du rayon lumineux Sl appartient à l'ombre portée. Opérons de même avec un autre conoïde, nous aurons un autre arc d'ombre portée qui rencontre le premier en un point ; ce point est la trace du rayon lumineux qui passe au point limite.

Il est utile de rappeler (293) que le cône d'ombre sur la première surface éclairée admet la génératrice Sl comme génératrice de rebroussement, et que le plan tangent le long de cette génératrice est le plan osculateur de la courbe d'ombre, différent du plan tangent en l au conoïde; d'où il suit que, quoique cette courbe soit tracée sur le conoïde, son ombre portée n'est pas tangente à l'arc d'ombre portée par le conoïde, mais la coupe avec rebroussement.

296. Raccordement des courbes d'ombre propre et d'ombre autoportée. — Si un point réel d'ombre propre tel que a (fig. 213) porte son ombre sur la surface en a', le point a' de l'ombre portée est réel. Si le point réel de l'ombre propre est inutile, comme le point d, le point d' appartient à l'ombre portée géométrique, mais il n'y a pas ombre portée effective ; on dit que le point d' est un point inutile de l'ombre portée. Enfin, si le point d'ombre propre tel que b est virtuel, on dit que le point b' est un point virtuel de l'ombre portée.

Nous allons prouver que les points de passage sont communs aux deux lignes d'ombre propre et autoportée, et qu'en ces points ces lignes se raccordent.

Supposons que le rayon lumineux tangent tende vers celui qui passe par le point limite, du côté de l'arc réel de l'ombre propre. Il tend à devenir osculateur ; il rencontre donc la surface éclairée en un point infiniment voisin du point de contact, et ce point est un point réel de l'ombre autoportée, puisque le rayon lumineux est extérieur à la surface. On voit ainsi que le point limite appartient à l'ombre portée ; mais si l'on raisonne de même sur l'arc virtuel de la ligne d'ombre propre, on voit, en outre, que l'arc d'ombre portée correspondant est virtuel, et qu'alors, ce point est un point de passage de l'ombre portée réelle à l'ombre portée virtuelle.

Le point a' de l'ombre autoportée est à l'intersection du cône d'ombre et de la surface éclairée. La tangente à la ligne d'ombre en ce point est donc l'intersection du plan tangent au cône d'ombre et du plan tangent à la surface, ou, ce qui revient au même, des plans tangents à la surface éclairée en a et en a'. Si le rayon lumineux tend à être osculateur, les points a et a' tendent l'un et l'autre vers le point limite ; les deux plans tangents se confondent, mais leur droite d'intersection tend vers le rayon lumineux, car les deux points de contact se réunissent sur ce rayon qui, étant osculateur, est à lui-même son conjugué.

Ainsi *les points de passage de la courbe d'ombre propre sont aussi points de passage de la courbe d'ombre autoportée et, en ces points, les deux lignes se raccordent.*

297. Arcs réels utiles ou inutiles. — Si des points réels utiles de la ligne d'ombre propre deviennent inutiles, c'est que le rayon lumineux, extérieur à la surface éclairée, n'est pas d'abord intercepté par la surface entre le flambeau et le point de contact, et l'est ensuite. Si la surface est géométrique, le passage est marqué par un contact. Le rayon lumineux correspondant est bitangent à la surface ; c'est une génératrice double du cône d'ombre. Chacun des points de contact appartient également à la courbe d'ombre propre et à la courbe d'ombre portée, car chacun d'eux est l'ombre portée par l'autre.

En ces points, les courbes ne se raccordent pas ; mais, comme le plan tangent en chacun d'eux passe par le rayon lumineux et que ces plans sont distincts, la tangente à la courbe d'ombre autoportée est (296) le rayon lumineux lui-même, tandis que la tangente à la courbe d'ombre propre est sa conjuguée.

Réciproquement, si les deux courbes d'ombre ont un point commun qui n'est pas point de passage, le rayon lumineux est tangent à la surface en ce point, parce qu'il appartient à la courbe d'ombre propre. Mais ce point est l'ombre portée d'un point de la surface qui n'est pas le point considéré, puisque ce n'est pas un point limite, il est donc tangent ailleurs, par suite bitangent.

Si donc l'on observe qu'aux points de passage, les tangentes (confondues) aux deux courbes d'ombre sont aussi conjuguées par rapport à l'indicatrice, on peut dire qu'*en tout point de rencontre des courbes d'ombre propre et portée, les tangentes à ces courbes sont deux diamètres conjugués de l'indicatrice.*

298. Exemple. — Considérons, par exemple, l'ombre au soleil d'un tore et projetons la surface sur un plan perpendiculaire au rayon lumineux.

Si l'on définit le tore comme la surface enveloppe d'une sphère de rayon constant dont le centre décrit un cercle, on voit que son contour apparent sur un plan perpendiculaire au rayon lumineux est l'enveloppe d'un cercle de rayon fixe dont le centre décrit une ellipse, c'est-à-dire que cette enveloppe se compose de deux courbes

parallèles à l'ellipse, et également distantes. Ces courbes ont été
étudiées à propos d'une surface d'égale pente (201) et nous aurons
une ligne d'ombre telle que celle de la figure 215.

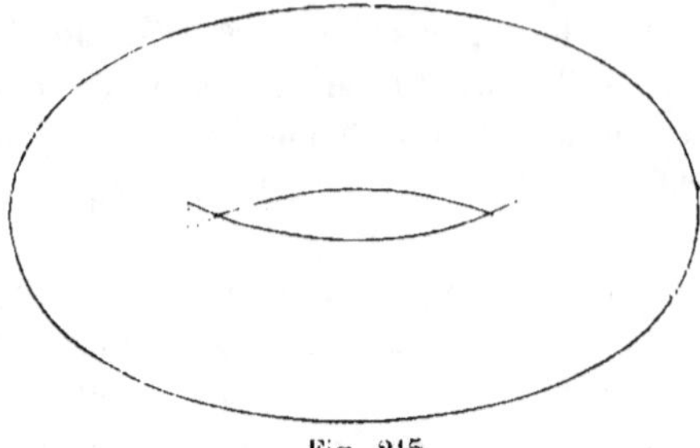

Fig. 215.

Tous les points de la courbe extérieure sont évidem-
ment réels et utiles
et ne donnent lieu
à aucune ombre
autoportée. Ceux
de la courbe inté-
rieure correspon-
dent à divers cas ; numérotons-les, en projection horizontale et représentons (fig. 216) les rayons lumineux dont chacun d'eux est la
trace sur le plan de projection.

Le rayon 1 est tangent extérieurement sans être sécant et corres-

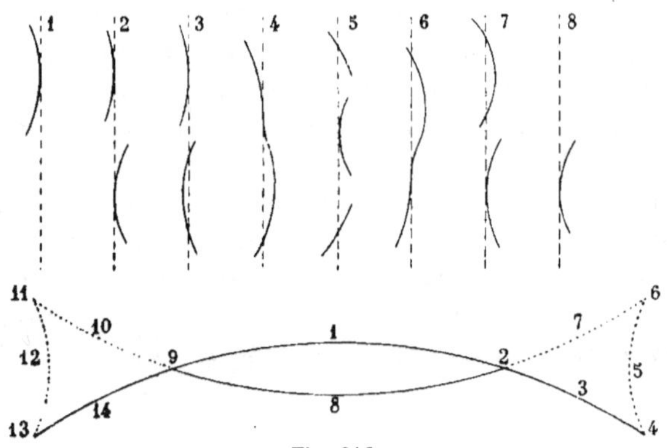

Fig. 216.

pond à un arc réel et utile 9-1-2 de l'ombre propre, qui porte une
ombre réelle et utile sur le plan de projection. Le rayon 2 est bitangent ; le point 2 est la trace d'une génératrice double du cône
d'ombre : l'arc d'ombre propre, lieu du point de contact supérieur,
demeure réel et utile, si les rayons viennent d'en haut, comme on
le voit sur le rayon 3 qui est tangent et bisécant : l'arc 2-4 est donc
encore réel et utile et donne lieu à un arc réel et utile d'ombre auto-

portée Le rayon 4 est génératrice de rebroussement du cône d'ombre ; il est osculateur et correspond à un point de passage ; pour ce rayon un des points d'intersection est venu se confondre avec le point de contact et les deux ombres deviennent virtuelles. L'arc 4-5-6 est tout entier virtuel, comme on le voit sur le rayon 5 qui est tangent intérieurement. Au point 6, il y a passage ; les deux ombres redeviennent réelles, mais inutiles, comme le prouve le rayon 7. Au point 2, on retrouve le double contact et l'arc 2-8-9 est tout entier réel et utile parce que les deux points d'intersection supérieurs ont disparu.

Les mêmes alternatives se reproduisent dans la partie symétrique de la trace du cône d'ombre et l'on voit que la projection des parties réelles et utiles, tant de l'ombre propre que de l'ombre portée, se compose des arcs 13-1-4 et 9-8-2.

TROISIÈME PARTIE

CHARPENTE

CHAPITRE PREMIER

ASSEMBLAGES

299. — La *Stéréotomie* est l'art de tailler, à l'aide d'épures préparées à l'avance, des solides limités par des surfaces géométriques.

Elle comprend la taille des bois, ou *Charpente*, et la taille des pierres ; nous ne traiterons que de la Charpente [1], dont nous commencerons l'étude par celle des assemblages le plus souvent employés.

300. — On appelle *assemblage*, l'ensemble du dispositif adopté pour assurer la solidité et la fixité du système de deux pièces de bois qui se rencontrent.

On peut distinguer plusieurs cas :

1° Les pièces se prolongent l'une et l'autre de chaque côté de leur rencontre ; on emploie alors les assemblages à *mi-bois* et les *moises*.

2° L'une des pièces de bois est arrêtée au croisement ; l'assemblage se fait par *tenon et mortaise*.

---

1. Voir la Préface.

3° Les deux pièces sont arrêtées à leur rencontre, elles sont de directions différentes et donnent lieu à l'*assemblage d'angle*.

4° Les pièces sont en prolongement l'une de l'autre ; leur assemblage porte le nom d'*enture*.

I. ASSEMBLAGES A MI-BOIS. MOISES

301. Assemblage oblique à mi-bois. — Supposons que deux pièces de bois de même épaisseur soient obliques l'une à l'autre et que la surface d'*occupation* soit le parallélogramme 1-2-3-4 (fig. 217) ; on pratique sur chacune d'elles une entaille ayant pour base ce parallélogramme et pour hauteur la moitié de l'épaisseur commune.

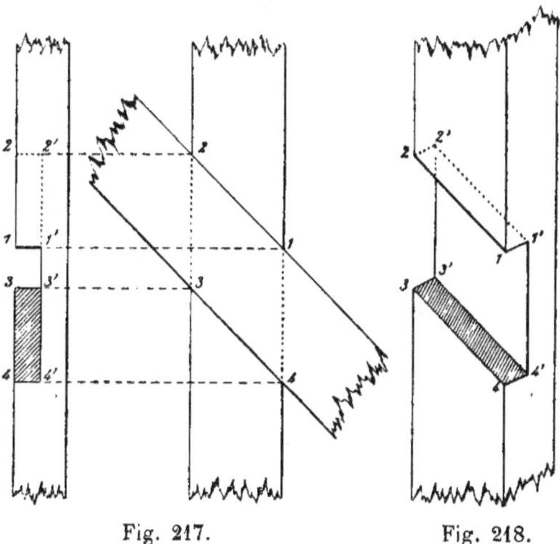

Fig. 217.   Fig. 218.

La figure 217 représente la projection de l'ensemble des deux pièces sur le plan d'une face de l'une d'elles et la projection de celle-ci sur la face perpendiculaire à la première. On peut, si l'on veut, dire que les deux projections sont faites sur un même plan, mais alors c'est la pièce qui a tourné d'un angle droit; suivant la locution usitée en charpente, on lui a *donné quartier*.

La figure 218 est une perspective isométrique de la même pièce. On y voit, suivant l'usage, des hachures sur les sections non dirigées suivant les fibres du bois.

302. Assemblage à mi-bois avec embrèvement. — Si l'effort à transmettre d'une pièce à l'autre est considérable, on consolide l'assemblage par un *embrèvement* qui règne sur toute la largeur des deux pièces.

Pour faire l'épure (fig. 219), on prend sur la plus petite

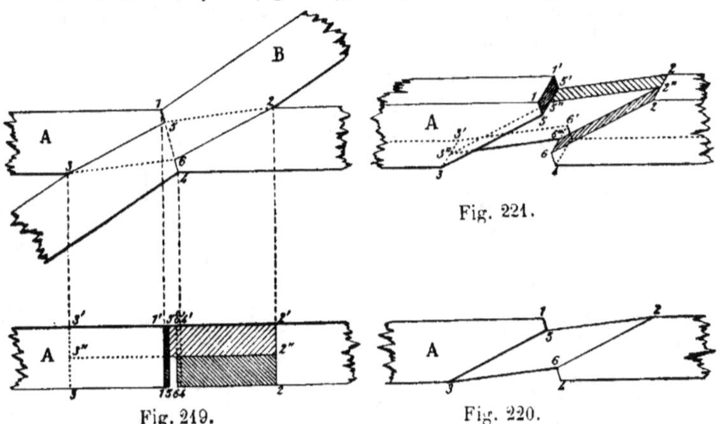

Fig. 221.

Fig. 219.

Fig. 220.

diagonale 1-4 du parallélogramme d'occupation 1-2-3-4, deux points, 5 et 6, à des distances égales des sommets 1 et 4 et l'on achève le parallélogramme 2-5-3-6. Pour tailler, par exemple, la pièce A, on enlève sur toute la hauteur de la pièce les triangles 1-5-2 et 3-6-4 : puis, dans la moitié supérieure seulement, le parallélogramme 3-5-2-6 : c'est ce que montrent les figures 220 et 221, dont l'une est une projection

de la pièce A seule, tandis que l'autre est sa perspective cavalière. Les deux pièces sont d'ailleurs identiques.

303. Assemblage à mi-bois de pièces délardées.

— On appelle pièces *délardées* ou *débillardées* celles dont les
sections droites sont des parallélogrammes. Soient A et B deux
pièces délardées obliques l'une à l'autre et qu'il s'agit d'assembler à mi-bois (fig. 222) ; elles doivent avoir la même hauteur.

Projetons-les sur le plan de la face inférieure ; pour cela,
rabattons sur ce plan les sections droites *mnpq* et *abcd* (fig. 222),
dont les sommets déterminent les projections des arêtes, et
par suite en 1-5, 3-6, 2-7, 4-8 les intersections des faces latérales ; si l'on joint les milieux 9-10-11-12 on obtient le
parallélogramme d'occupation. Si l'on enlève maintenant la pièce A, on voit l'entaille qu'elle détermine
dans la pièce B.

Faisons ensuite reposer la pièce B sur la face *cd*
après l'avoir fait tourner autour de l'arête 8-*d*, auquel
cas on dit encore *donner quartier*, quoique la rotation ne soit plus d'un angle droit, et projetons sur
cette face ; on a la

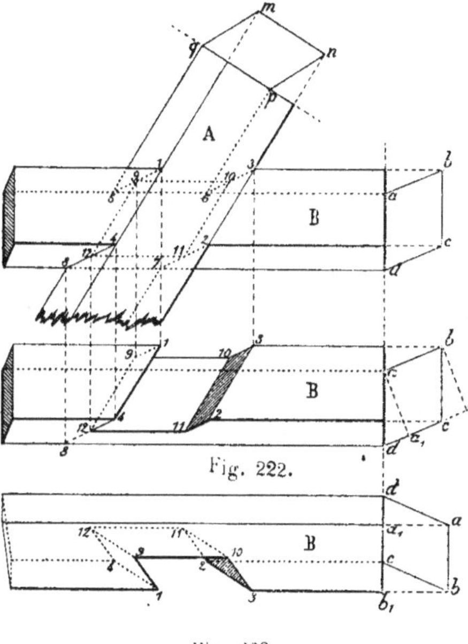

Fig. 222.

Fig. 223.

figure 223. On peut opérer soit en plaçant la section droite dans sa nouvelle position *adcb*, soit en abaissant les perpendiculaires *aa₁* et *bb₁* sur *cd* et reportant les longueurs *da₁*, *dc*, *db₁*, dans la figure 223, sur la trace *dc* du plan de section droite.

304. Moises. — Les *moises* sont des pièces accouplées, destinées à relier plusieurs autres pièces formant *pan de bois*.

La figure 224 montre deux pièces A et B, constituant l'*arbalétrier* et l'*entrait* d'une ferme (330), dont l'assemblage est consolidé par la moise C, composée des deux pièces C'.

On a des assemblages identiques à l'assemblage oblique à mi-bois traité précédemment : l'un d'eux est droit et l'autre est oblique. La partie supérieure de la figure montre la pièce A

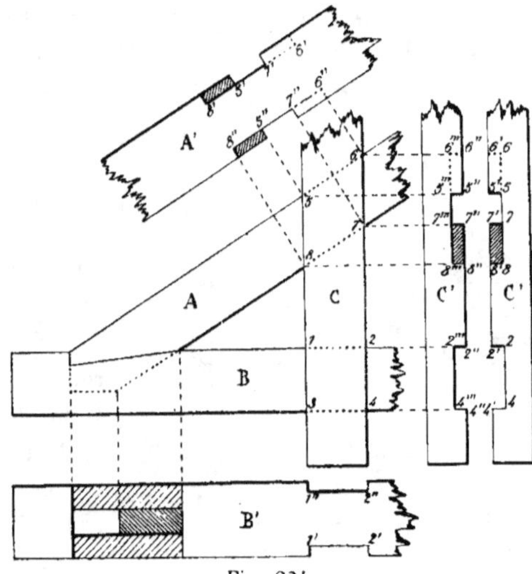

Fig. 224.

à laquelle on a donné quartier ; elle est entaillée sur deux de ses faces opposées suivant le parallélogramme 5-6-7-8 et sur une hauteur égale au sixième de son *équarrissage*.

Sur la partie droite de la figure, on a donné quartier aux moises pour mettre en évidence la profondeur d'entaille qui est égale à celle des pièces qu'elles resserrent. La distance des pièces C est donc égale à l'équarrissage des pièces A et B diminué de quatre fois la largeur de l'encoche.

A la partie inférieure, on voit l'entrait B auquel on a donné quartier.

L'assemblage par moises est toujours consolidé par des ferrures que l'on emploie aux points de croisement des pièces de charpente.

II. ASSEMBLAGES A TENON ET MORTAISE

305. Assemblage droit à tenon et mortaise. — Dans cet assemblage, l'une des pièces pénètre dans l'autre (300) par un petit prolongement qui est le *tenon* ; il occupe toute la hauteur de la pièce et le tiers environ de sa largeur. Son logement, préparé dans l'autre pièce, est la *mortaise*. De chaque côté du tenon, les parties libres du parallélogramme d'occupation sont les *jouées* ; la face du tenon qui touche le fond de la mortaise est son *about* (fig. 225, 226, 227).

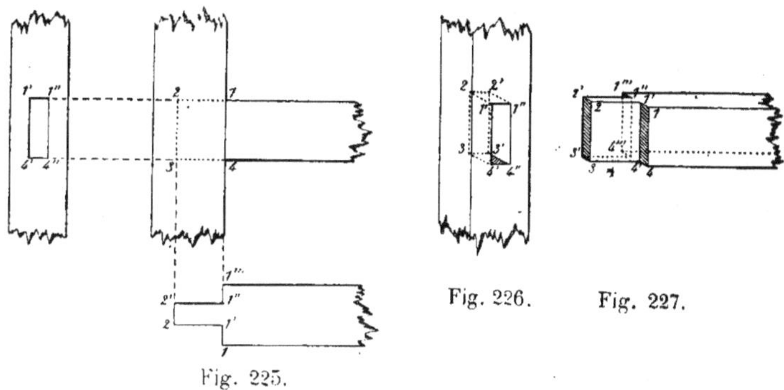

Fig. 225.

Fig. 226.

Fig. 227.

306. Assemblage oblique à tenon et mortaise. — La disposition est identique à la précédente : le tenon est

terminé à sa partie supérieure par le plan 1-3 normal aux
fibres de la pièce mortaisée, afin de faciliter le démontage
(fig. 228 et 229).

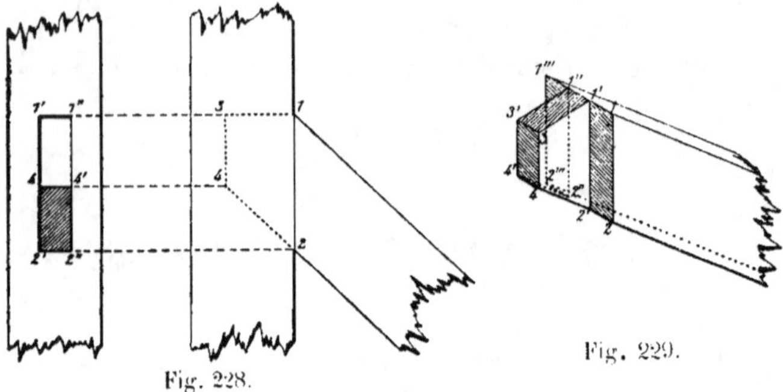

Fig. 228.   Fig. 229.

**307. Assemblage oblique à tenon et mortaise avec
embrèvement**. — Lorsque l'on peut craindre la rupture du
tenon, on ajoute un *embrèvement* ; l'effort est alors supporté
par une surface plus étendue. L'embrèvement consiste en deux
prismes triangulaires 1-2-3, dont les bases 1-2 occupent les
jouées du tenon. Les faces 1-3 et 2-3 sont *l'about* et le *pas* de
l'embrèvement (fig. 230 et 231).

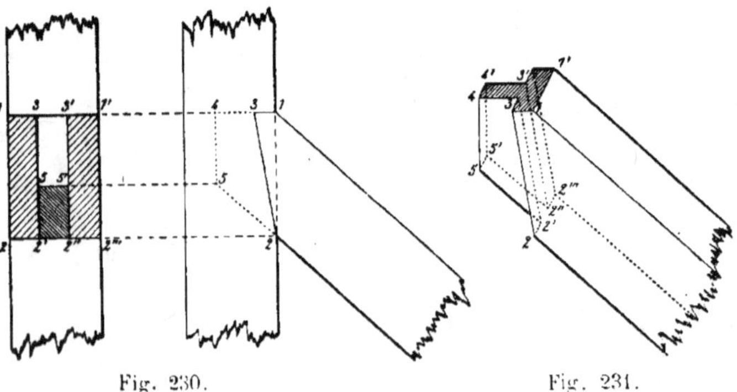

Fig. 230.   Fig. 231.

308. Assemblage oblique à tenon et mortaise avec

embrèvement à deux abouts. — Dans certains cas, on emploie deux abouts ; l'about 7-6 est alors perpendiculaire aux arêtes de la pièce à tenon (fig. 232 et 233).

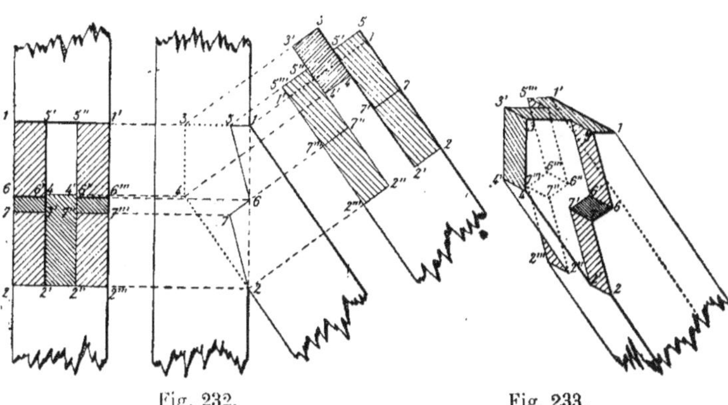

Fig. 232.   Fig. 233.

309. Assemblage oblique à tenon et mortaise avec embrèvement par encastrement. — Si les pièces n'ont pas le même équarrissage, l'embrèvement doit être encastré ; 1-1'-3-3''' est le rectangle d'occupation de la pièce oblique sur l'autre (fig. 234 et 235).

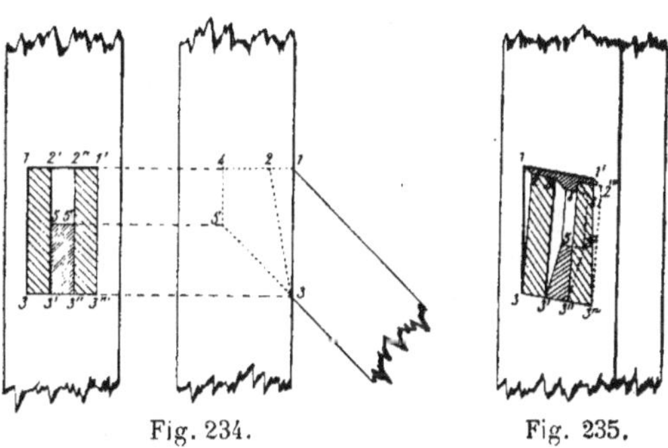

Fig. 234.   Fig. 235.

310. Embrèvement simple avec enfourchement. — Dans les charpentes peu soignées, on supprime le tenon. L'enfourchement consiste à laisser sur la pièce qui reçoit la poussée, le prisme triangulaire 1-2-3, de chaque côté duquel on pratique l'embrèvement ; on empêche de cette façon tout déplacement latéral de la pièce oblique (fig. 236 et 237).

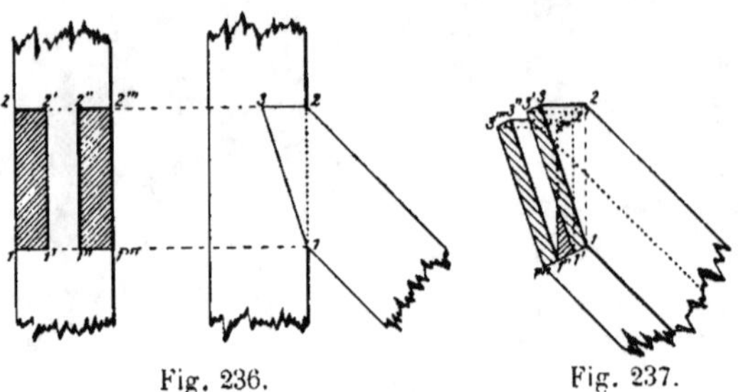

Fig. 236.   Fig. 237.

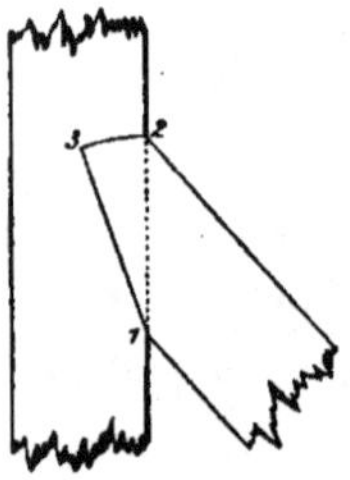

311. Joint anglais. — Pour faciliter le démontage, on peut remplacer l'about 2-3 par une portion de cylindre de révolution dont l'axe est la droite debout 1 (fig. 238). C'est ce qu'on appelle le *joint anglais*.

Fig. 238.

312. Assemblage à oulice. — Dans la construction des pans de bois, les pièces verticales principales ou *poteaux* sont assemblées aux pièces transversales ou *guettes* par l'assemblage à *oulice*. Il consiste en un petit tenon triangulaire 1-2-3 qui pénètre dans une mortaise de même forme (fig. 239).

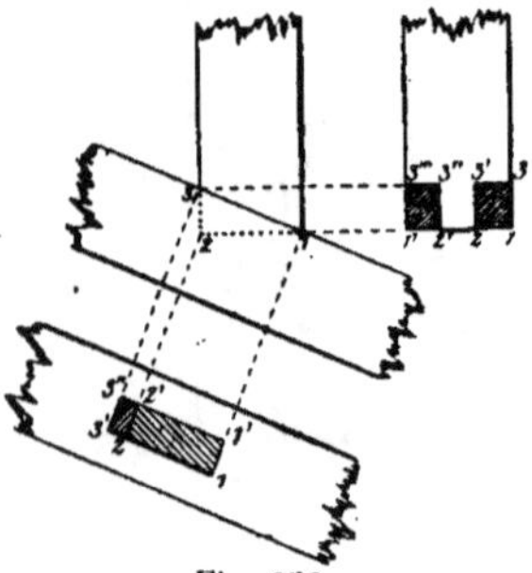

313. Assemblage à oulice avec embrèvement. — Il consiste à ajouter au précédent le

Fig. 239.

petit embrèvement projeté en 1-2-3 (fig. 240 et 241).

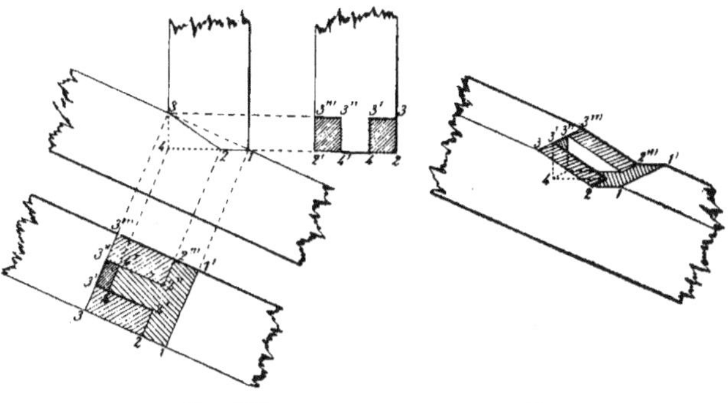

Fig. 240.   Fig. 241.

314 Assemblage oblique à tenon et mortaise avec renfort en chaperon. — Lorsqu'on peut craindre la rupture du tenon, on le consolide par un *renfort en chaperon* qui consiste dans le prisme triangulaire C (fig. 242).

Si l'on projette la pièce B en B′ sur un plan parallèle aux arêtes des deux pièces, les arêtes du tenon 11′, 33′, 44′, sont parallèles à l'axe de la pièce A, et la projection du renfort en chaperon est couverte de hachures.

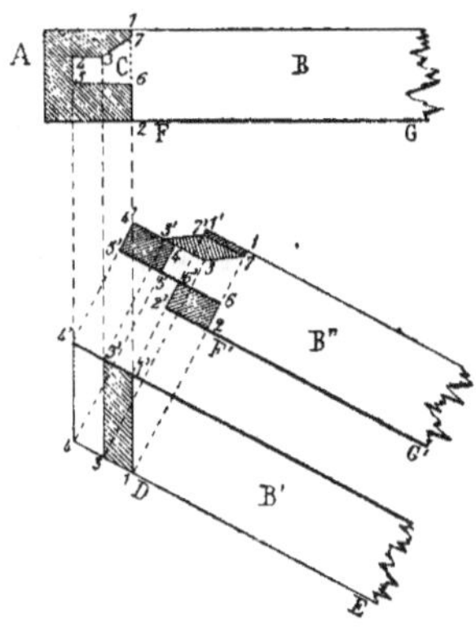

Fig. 242.

Si l'on donne quartier, on obtient en B″ la projection de la pièce B sur un plan parallèle à la face inférieure. Cette projection donne une idée très exacte du tenon et de son renfort, dont les arêtes sont maintenant projetées parallèlement aux grandes arêtes, à des distances indiquées par la première projection.

315. Assemblage à queue d'aronde à mi-bois. — Dans les assemblages à queue d'aronde, le tenon plus étroit à sa base qu'à son about, a la forme d'une queue d'hirondelle.

L'assemblage à queue d'aronde à mi-bois, représenté par les figures 243 et 244, s'emploie fréquemment pour réunir deux

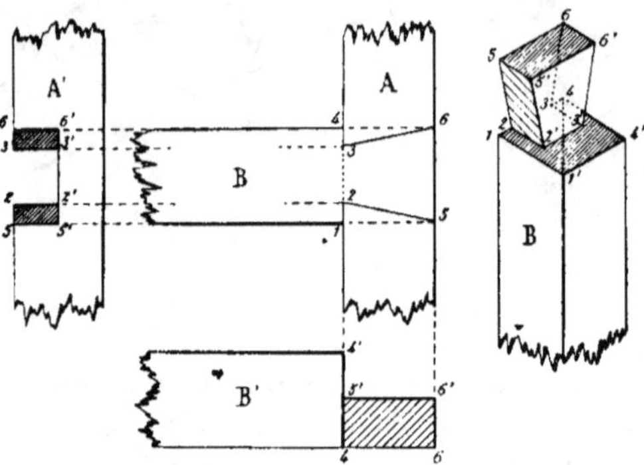

Fig. 243.   Fig. 244.

pièces horizontales, lorsque celle qui porte le tenon est soumise à des efforts transversaux ; telles sont les pièces de plancher. On voit, par la forme du tenon, que l'effort qui s'exerce sur la pièce B ne peut pas le faire sortir de sa mortaise. Aussi peut-on supprimer les chevilles.

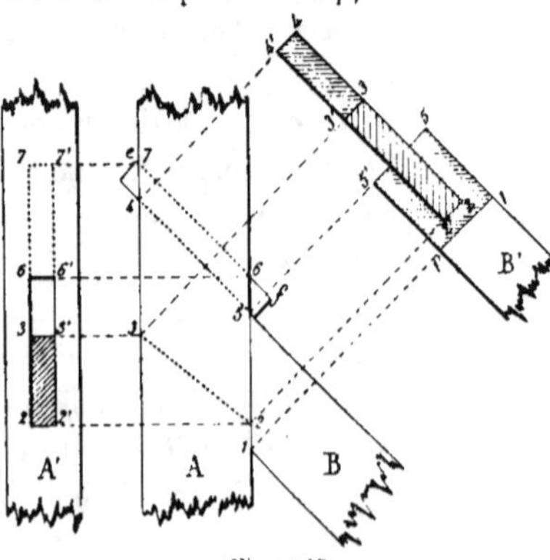

Fig. 245.

316. Assemblage oblique à tenon et mortaise à queue d'aronde avec clef. — Il est applicable aux pièces verticales, dans lesquelles la mortaise est intérieure. Dans l'exemple, le tenon n'a qu'un collet 1-2 (fig. 245 ; la figure 1-3-4-5 étant un parallélogramme. 3-4 est égal à 1-5 ; le tenon ne pourrait donc pénétrer dans la mortaise si l'ouverture de celle-ci ne dépassait pas la base 2-5 du tenon. Ceci conduit à augmenter cette ouverture d'une longueur 5-6 légèrement supérieure au collet 1-2. puis par le point 6 on mène une parallèle à la face 5-4 du tenon. Il reste alors, une fois le tenon introduit dans la mortaise, un espace libre 4-5-6-7 dans lequel on introduit une clef *ef* à laquelle on donne un peu plus de force à l'une de ses extrémités, de telle sorte qu'introduite de ce côté, elle fait l'effet d'un coin.

Sur la figure, on a donné quartier à la pièce B, et l'on voit la clef en 3-3′-4-4′.

317. Assemblage droit à tenon sur l'arête. — On emploie cet assemblage pour faire soutenir une pièce horizontale A (fig. 246) par une pièce verticale B. Elles sont carrées l'une et l'autre et de même équarrissage.

Projetons sur un plan vertical parallèle aux axes des deux pièces ; le triangle 1-2-3 est la projection de la surface d'occupation qui se compose de deux triangles symétriques.

Donnons quartier à la pièce A ; cette surface se projette alors suivant le carré 1-2-3-2′, dans lequel on inscrit le rectangle 4-5-6-7 base supérieure d'un prisme rectangulaire que l'on découpe dans la pièce A. On découpe aussi les petites surfaces planes 3-4-5 et 1-6-7, figurées sur la première projection en 1-6 et 5-3, de façon à avoir deux pans coupés inclinés à 45₀ sur la face 4-5-6-7 ; puis on fouille la mortaise en lui donnant une base 8-9-10-11 un peu plus petite que 4-5-6-7 pour donner de l'assiette au tenon.

Sur la gauche de la figure, on voit une section de A par un plan passant par 2-2′ et normal aux arêtes ; le tenon y est représenté en 10-11-12-13 ce qui permet de le ramener sur la première projection verticale.

Si l'on donne quartier à la pièce B on obtient la figure 247, sur laquelle on peut rapporter la largeur 12-13 du tenon prise

dans la section précédente. Cherchons maintenant la projection de l'assemblage sur une face de chaque pièce.

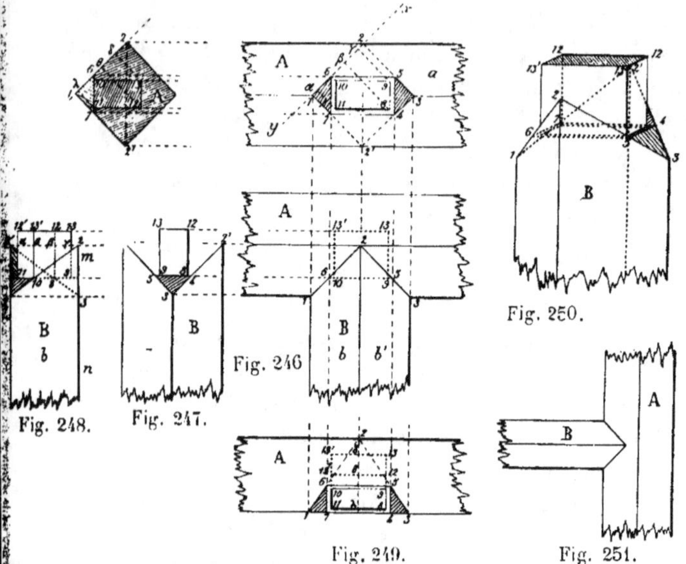

Fig. 250.

Fig. 248.   Fig. 247.

Fig. 246

Fig. 249.

Fig. 251.

Faisons tourner la pièce B (fig. 246) de 45° de façon à amener
sa face *b* en avant et projetons sur cette face. Pour cela, projetons les sommets de la base du tenon sur la ligne *xy* qui est
la trace, sur le plan de section droite, de la face sur laquelle
nous voulons tracer la projection de l'assemblage. Les points
1, 7 et 2', se projettent en 1, le point 11 en α, les points 10 et
6 en 6, 8 et 4 en β, 9 en γ, 5, 3 et 2 au point 2.

Portons maintenant à partir d'une ligne *mn* (fig. 248), parallèle aux arêtes et qui sera la projection des arêtes 2 et 3, les
longueurs 2-γ, 2-β, 2 6, 2-α, 2-2', égales aux précédentes ; par
ces points menons des parallèles à *mn* sur lesquelles nous relevons les points 1, 6, 2, de la figure 246. Nous déterminons
ainsi la projection du tenon et de toute la pièce sur la face *b*.

On obtient de même (fig. 249), la projection de A sur la face

26

a par une rotation de 45°. Les segments 2-5, 2-9, 2-6, 2-λ, 2-1 sont les éloignements des différents points à la face 12′ (fig.246) projetée suivant l'arête 2 (fig. 249).

La figure 250 donne la perspective cavalière de la pièce B.

Enfin si les pièces sont d'équarrissages différents, la surface d'occupation de la pièce B sur la pièce A n'atteint pas le plan diagonal 22′ (fig. 251).

318. Assemblage à tenon et mortaise de pièces délardées. — Considérons deux pièces délardées A et B de même hauteur (fig. 252), et définies l'une et l'autre par leur section droite rabattue sur le plan de la face la plus éloignée. Sur la section droite *abcd*, construisons les traces des prolongements des faces du tenon, qui sont parallèles aux traces

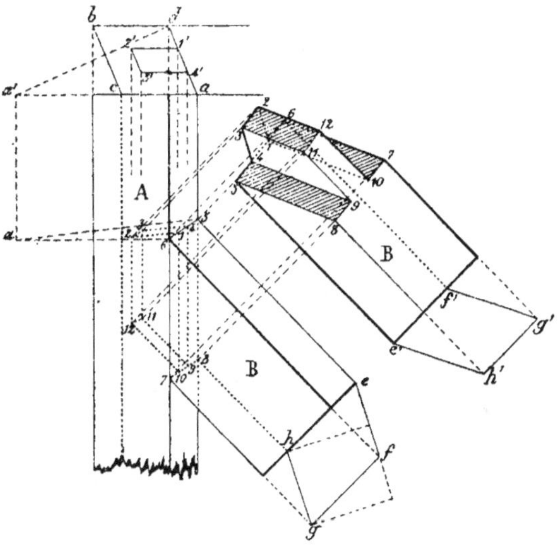

Fig. 252.

des faces de la pièce A. Les intersections mutuelles des arêtes donnent le polygone d'occupation en 5-6-7-8 et l'on en déduit la base du tenon en 1-4-9-10.

On limite le tenon en dessous par le prolongement de la face inférieure de la pièce B, en dessus par un plan mené par 5-6 perpendiculairement à la face d'occupation ; ce plan est déterminé par la perpendiculaire élevée au point d à la face ad. Comme cette face est perpendiculaire au plan de section droite, la projection de cette droite sur ce plan est la perpendiculaire $d\alpha'$ à ad et sa trace sur la face ac est (α, α'). En joignant $\alpha5$, on a la trace sur la face ac du plan cherché et par suite la direction des arêtes du tenon dans ce plan.

Si l'on donne quartier à la pièce B, comme on l'a déjà fait (303) sur des pièces délardées, de façon à projeter sur la face $e'f'$, on aperçoit tout le détail du tenon.

III. ASSEMBLAGE D'ANGLE

319. Onglet à tenons croisés. — Cet assemblage est formé par la rencontre de deux pièces A et B que nous supposerons rectangulaires (fig. 253). Chacune d'elles est munie d'un tenon, ayant la forme d'un prisme à base triangulaire, et d'une mortaise égale destinée au tenon de l'autre.

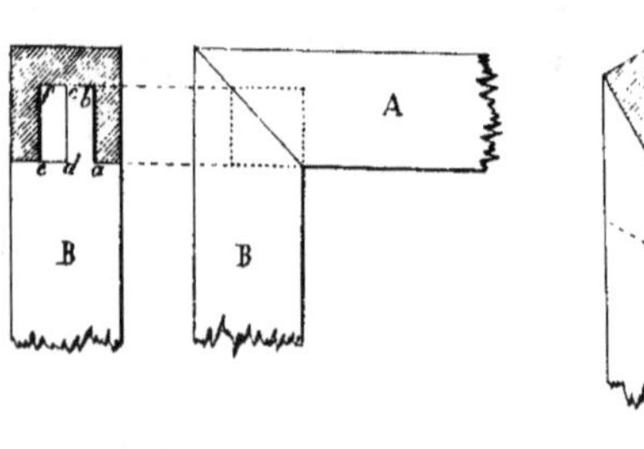

Fig. 253.   Fig. 254.

La figure 254 est une perspective isométrique de la pièce B.

IV. ENTURES

320. — On appelle *enture* l'assemblage qui réunit deux pièces en prolongement l'une de l'autre. Elle varie suivant la nature des forces qui sont en jeu.

321. Enture par quartier à mi-bois. — Cet assemblage est applicable à deux pièces verticales comprimées dans le sens de leurs fibres.

La section droite (fig. 255) est divisée par un trait de scie en quatre carrés m, n, o, p, puis sur la pièce A, on enlève les parallélipipèdes correspondants à m et p, sur B ceux qui correspondent à o et n.

La perspective cavalière (fig. 256) achève la représentation de cet assemblage, dont on assure la solidité par des ferrures.

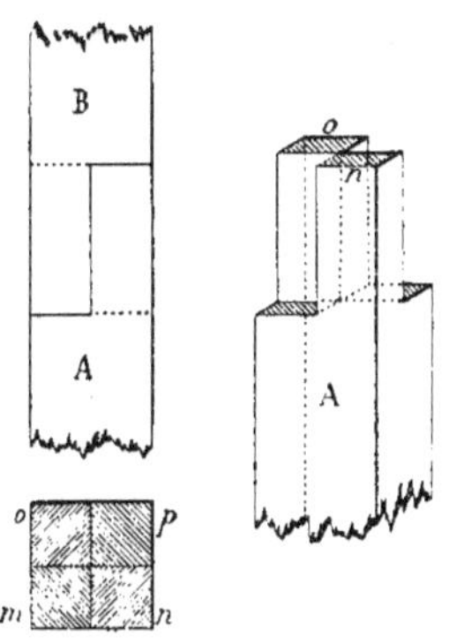

Fig. 255.   Fig. 256.

322. Enture à queue d'aronde à mi-bois. — Cette enture s'emploie lorsque les pièces de charpente sont soumises à des efforts de traction longitudinale.

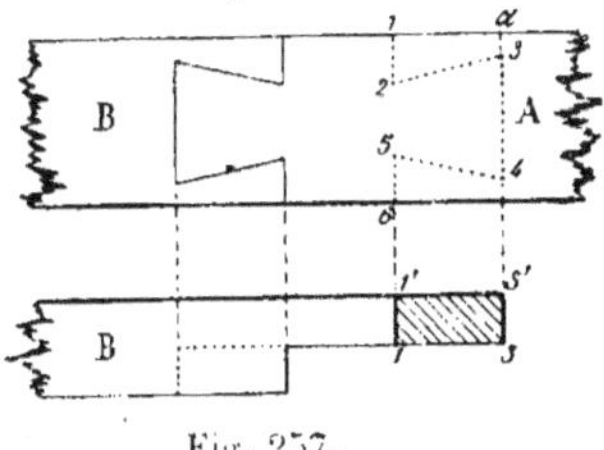

Fig. 257.

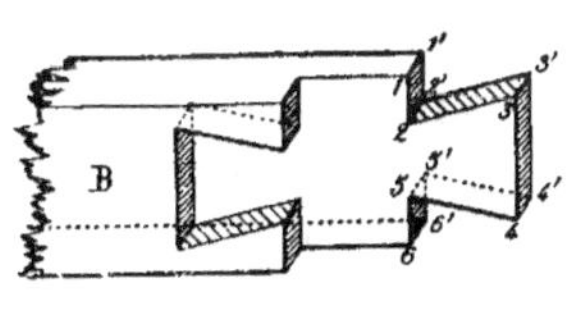

Fig. 258.

Chaque pièce possède sur la moitié de son épaisseur un tenon en forme de queue d'aronde et une mortaise de même forme pour le tenon de l'autre pièce (fig. 257).

La perspective cavalière (fig. 258) donne une idée exacte de l'assemblage.

323. Trait de Jupiter.—Cet assemblage s'emploie dans les mêmes cas que le précédent, mais il est plus solide ; il est représenté sur la figure 259. Les pièces A et B sont entaillées, suivant le profil indiqué ; sur toute leur largeur, une *clef* C empêche la disjonction de l'assemblage.

On augmente quelquefois la solidité de l'assemblage en ajoutant des entailles et des clefs (fig. 260).

Enfin on peut s'opposer au déplacement latéral des deux pièces au moyen d'*abouts en coupe brisée* (fig. 261). La trace de l'about de la pièce B sur la face supérieure est la ligne brisée 1-3-1' ; relevons ces points en 1 et 3 et menons par 3 la parallèle 3-4 à 1-2 jusqu'à l'entaille, on en conclut la ligne brisée 2-4-2', qui achève la projection de l'about.

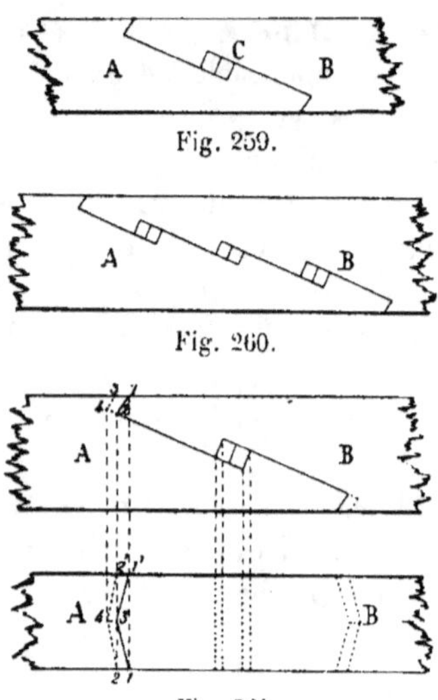

Fig. 259.

Fig. 260.

Fig. 261.

324. Trait de Jupiter avec about en coupe brisée pour pièces délardées. — Considérons le cas où les pièces sont délardées. Rabattons la section droite en *abcd* sur le plan de la face inférieure et figurons le trait comme ci-dessus en 1-2-3-4-5-6 sur la projection verticale (fig. 262). On en conclut, au moyen des droites α-6 et β-1, la projection de la trace

du trait sur la face *cd* et par suite en 1-7-1' la projection de
la trace de l'about sur la face supérieure. L'about se termine

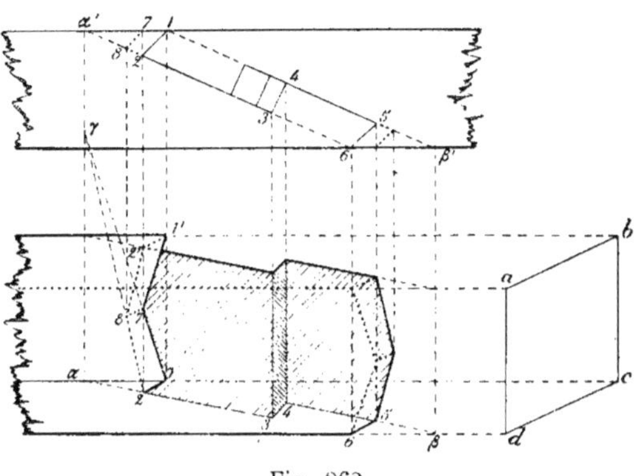

Fig. 262.

au moyen de la parallèle à 1-2 menée par 7, qui rencontre le
fond de l'entaille au point 8. Comme vérification, les droites
1-7, 2-8, α-α' doivent concourir en un point γ, sommet du
trièdre formé par la face supérieure de la pièce, le plan 2-1-7
et le plan 2-6 du trait.

FERRURES

325. Boulons. — Les ferrures sont souvent un auxiliaire
utile des assemblages ; les plus ordinairement usitées en charpente sont : les *boulons*, les *frettes*, les *équerres*, les *crampons*,
les *étriers* et les *goujons*.

Un *boulon* est une tige en fer, dont une extrémité est filetée, tandis que l'autre porte une tête. La tête peut être forgée
à part et soudée ensuite au corps du boulon ; ou bien elle peut
être fabriquée par étampage, opération qui consiste à porter
au rouge une des extrémités du boulon, et à la refouler au ba-

lancier dans une matrice ayant en creux la forme de la tête. On donne, en général, à la tête des boulons à bois la forme carrée, commode pour l'entaille à faire dans le bois où elle se loge. Près de la tête, le corps du boulon présente une partie carrée ; on perce à la tarière un trou rond dans les pièces à assembler, puis on y enfonce le boulon à coups de marteau ; la partie carrée fait son logement de même forme dans le bois et le boulon ne peut plus tourner lorsqu'on serre l'écrou. Entre l'écrou et le bois on interpose une rondelle métallique ou *rosette* destinée d'une part, à répartir la pression produite par le serrage sur une plus grande surface de bois, à éviter par conséquent l'écrasement des fibres ; et d'autre part à diminuer le frottement qui se produit alors entre deux pièces métalliques.

326. Frettes. — Les *frettes simples* sont des anneaux en fer d'une seule pièce (fig. 263), destinés à renforcer l'assem-

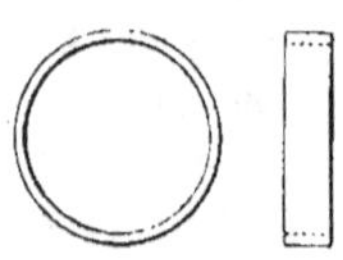

blage de pièces juxtaposées ou à consolider l'extrémité d'une pièce que l'on doit enfoncer dans le sol. On pose les frettes à chaud ; une fois portées au rouge on les force à leur place, ensuite on les éteint avec de l'eau.

Fig. 263.

Lorsque la frette se compose de plusieurs parties réunies

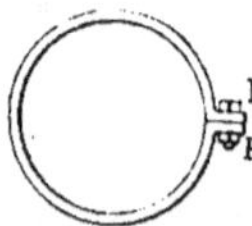

par des boulons, on dit qu'elle est *boulonnée*. Si la pièce à consolider est ronde, la frette est un anneau muni de deux oreilles boulonnées (fig 264). Quelquefois, la frette est en deux pièces, qui sont alors boulonnées aux extrémités d'un même diamètre.

Fig. 264.

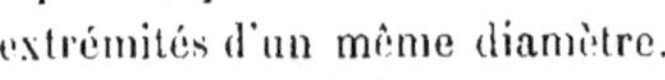

Si la pièce de bois est carrée, on utilise un *lien* formé d'une tige de fer de même forme que la pièce et filetée à chaque extrémité (fig. 265) ; une barre plate réunit

Fig. 265.

les extrémités et deux écrous produisent le serrage.

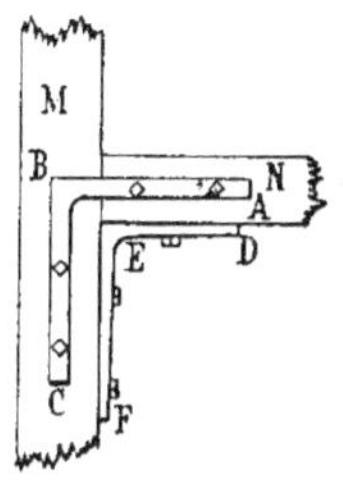

Fig. 266.

327. Équerres. — On appelle *équerre* une ferrure ABC, formée de deux parties qui sont le plus souvent à angle droit, et destinée à soutenir l'assemblage de deux pièces M et N (fig. 266), auxquelles elle est fixée par des boulons. Si l'équerre est logée dans une entaille de même profondeur qu'elle, elle est dite *équerre à plat*. Il y a aussi les *équerres de champ*, telle DEF (fig. 266).

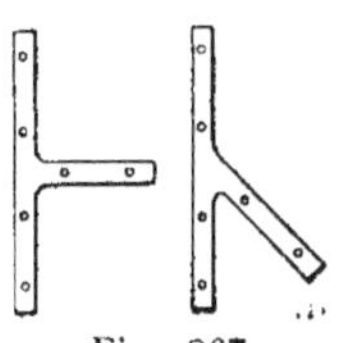

Fig. 267.

Enfin on emploie souvent les *équerres à double branche* (fig. 267) qui conservent leur nom, même lorsque les branches ne sont pas à angle droit.

Les équerres sont souvent terminées à leurs extrémités par des crampons.

328. Crampons, étriers, goujons. — Les *crampons* sont

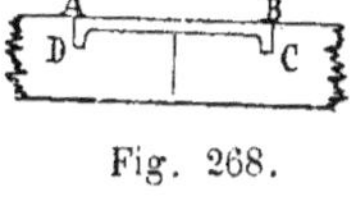

Fig. 268.

des barres de fer AB (fig. 268), recourbées à chaque extrémité en forme de crochet C et D qui maintiennent l'assemblage.

Dans cette catégorie de liens rentrent les *plates-bandes* que l'on emploie pour consolider les entures. On en place une sur deux faces opposées du joint et on les réunit par des boulons à bois.

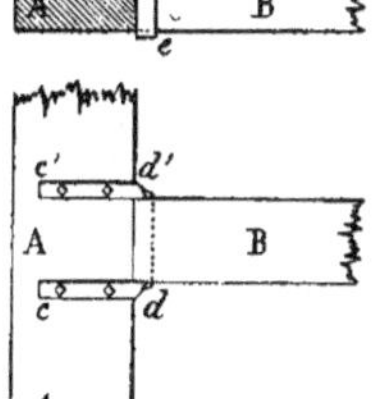

L'*étrier* est une ferrure destinée à soulager un assemblage à tenon et mortaise (fig. 269), lorsqu'il y a lieu de craindre que le poids de l'une des piè-

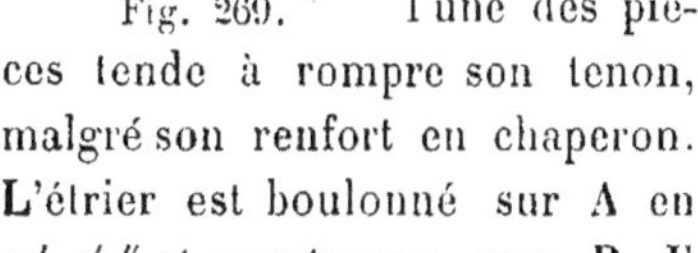

Fig. 269.

ces tende à rompre son tenon, malgré son renfort en chaperon. L'étrier est boulonné sur A en *cd*, *c'd'* et se retourne sous B. Il a quelquefois une forme plus simple (fig. 270).

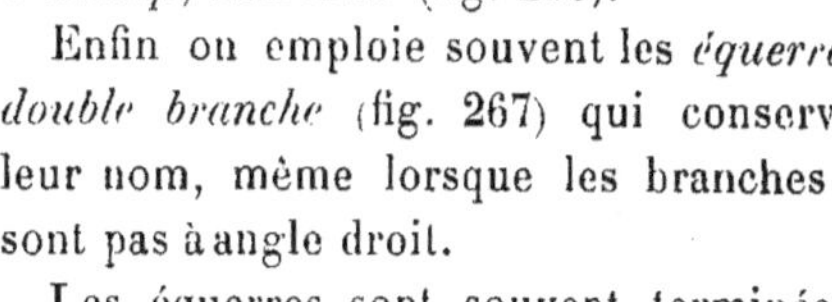

Fig. 270.

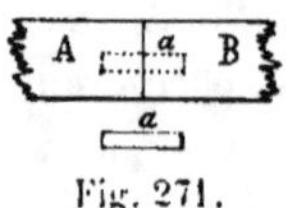

Fig. 271.

Les *goujons* sont de petits cylindres en fer *a* (fig. 271) qui réunissent deux pièces A et B en prolongement l'une de l'autre.

COMBLES. CROUPE BIAISE. NOUE

329. Combles. — Un *comble* est l'ouvrage en charpente qui supporte la toiture d'un bâtiment ; il a une ou plusieurs faces inclinées ou *égouts* ; dans le premier cas, le comble est plus spécialement nommé *appentis*. La couverture repose directement sur un *lattis* formé de lattes jointives ou à claire-voie, quelquefois par un plancher jointif ou *voligeage*, repo-

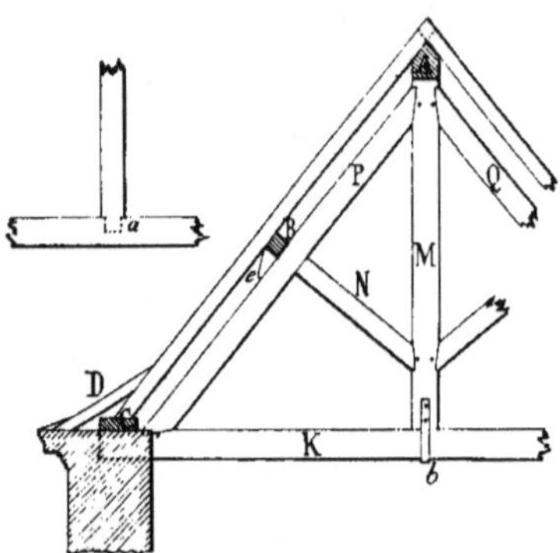

Fig. 272.

sant lui-même sur les *chevrons*, pièces de bois dirigées suivant la pente du toit (fig. 272). Les chevrons s'appuient à leur extrémité supérieure sur le *faîte* A et à leur extrémité inférieure sur une pièce horizontale C, dite *sablière*, encastrée dans le mur de l'édifice, dans laquelle ils s'assemblent par simple embrèvement. Sur les chevrons sont fixées des pièces D appelées *coyaux*, destinées à assurer l'écoulement des eaux pluviales et sur lesquelles on ajuste, tout au bord de la corniche, une petite planche qui est la *chanlatte*. La distance des chevrons est environ 50 centimètres et leur équarrissage est 11 sur 11. Ils reposent sur des *pannes* B, pièces horizontales distantes d'environ deux mètres, qui sont d'équarrissage plus fort que les chevrons.

Les pannes à leur tour sont supportées par une série de pans de bois parallèles qu'on nomme les *fermes*. Pour empêcher les pannes de glisser, on les arrête sur chaque ferme par une cale ou *échantignolle* *e* fixée à l'aide de clous.

On voit sur la figure 273 le plan de tout cet ensemble.

330. Fermes. — La ferme simple comporte deux pièces P et Q (fig. 272), parallèles aux chevrons, nommées *arbalétriers*. Une pièce horizontale K, qui est le *tirant*, reçoit les extrémités inférieures des arbalétriers, qui s'y assemblent à tenon et mortaise avec embrèvement. A leur extrémité supérieure les arbalétriers s'assemblent par tenon et mortaise avec embrèvement dans une pièce verticale M, nommée *poinçon*. Enfin, au droit de la panne, l'arbalétrier est soulagé par une pièce N, appelée *contrefiche*, dont l'autre extrémité s'assemble dans le poinçon par tenon et mortaise avec embrèvement.

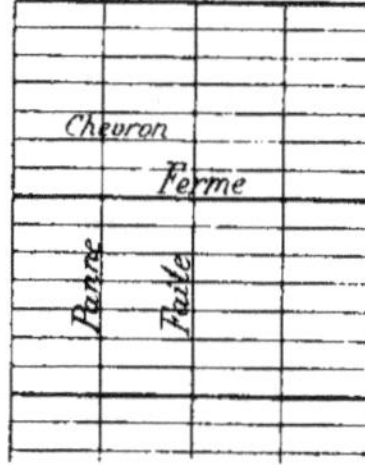

Fig. 273.

La théorie mécanique de la ferme résulte immédiatement de cette courte description. Les effets de la pesanteur sur chaque arbalétrier se répartissent plus ou moins également aux trois points d'appui et donnent lieu à trois forces verticales P, Q, R.

Soit ω l'inclinaison du comble ; il résulte des notions les plus élémentaires sur la composition et la décomposition des forces que la force P qui s'exerce à l'assemblage sur le poinçon peut être transportée au point d'appui sur le mur, à la condition d'introduire un couple, de forces horizontales égales à P cotg ω, l'une d'elles appuyant l'arbalétrier sur le poinçon, tandis que l'autre exerce sur le tirant une traction longitudinale.

La force verticale Q, qui s'exerce au droit de la panne, peut de même être transportée au point d'appui sur le mur, grâce à l'introduction de deux couples. L'un d'eux produit les mêmes effets que le précédent et ses forces ont pour valeur Q cos²ω cotg ω ; l'autre a aussi ses forces horizontales, égales à Q sin ω cos ω et l'une d'elles agit encore sur le tirant, mais l'autre applique la contrefiche sur le poinçon. La somme des forces horizontales qui, de ce chef, agissent sur le tirant est Q cotg ω. Enfin la force R est directement appliquée au point d'appui sur le mur.

En somme, les murs d'appui supportent une force verticale égale
au poids total de la couverture, sans aucune force horizontale, ce
qui est indispensable pour la stabilité de la construction. Ces dernières n'agissent que sur le tirant, qui subit un effort de traction
longitudinale, et sur le poinçon qui subit des compressions desquelles il résulte qu'il est suspendu et soulage le tirant au lieu de
le charger ; il lui est simplement relié soit par un tenon a, soit par
un étrier b (fig. 272). On profite souvent de cette circonstance pour
établir sur les tirants successifs les planchers de greniers servant
de magasins.

Si le bâtiment est plus important, le comble est *relevé* et la

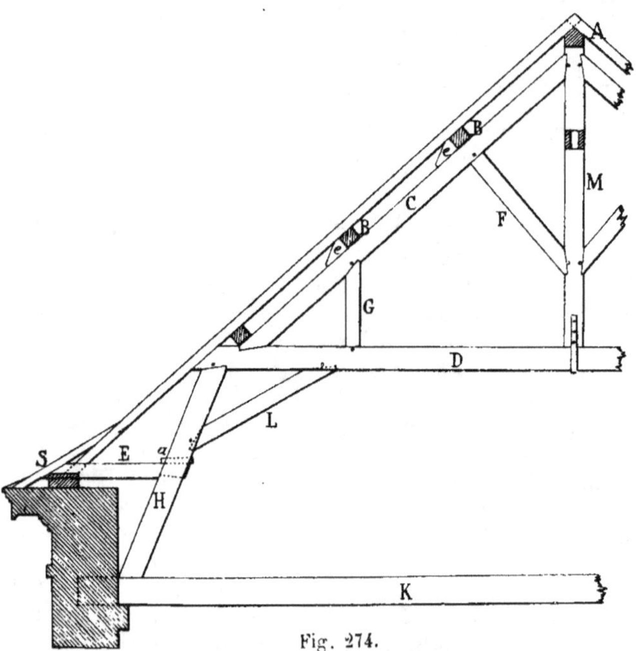

Fig. 274.

ferme se complique. Le tirant D (fig. 274) prend alors le nom
d'*entrait* et repose sur deux *jambes de force* H, assemblées sur
une pièce horizontale K de fort équarrissage, à laquelle on

réserve le nom de *tirant*. Un *aisselier* L réunit chaque jambe de force à l'entrait; une *jambette* verticale G soutient l'arbalétrier au droit de la panne B et de l'assemblage de l'entrait avec l'aisselier; enfin un *blochet* E réunit la jambe de force à la sablière.

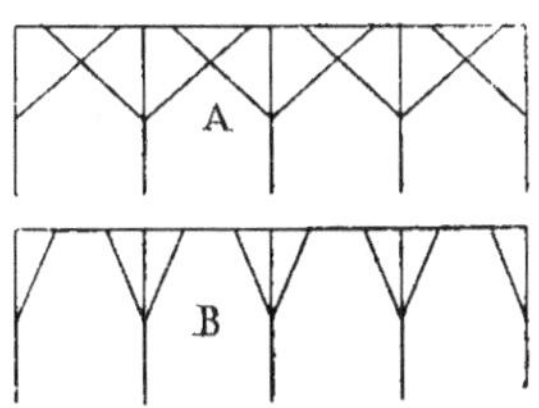

Fig. 275.

Le faîte, ou *panne faîtière*, repose sur les poinçons des fermes successives. Pour le soulager, on le soutient entre chaque ferme par des croix de St-André (fig. 275) ou par des aisseliers B. On donne à tout cet ensemble le nom de *ferme sous faîte*.

331. Pente des combles. — Elle résulte des surcharges diverses (vent et neige) que la couverture aura à supporter et de la nature des matériaux employés. A Paris, on adopte généralement les valeurs suivantes pour l'inclinaison ω ou la pente i, rapport de la hauteur du comble à la demi-largeur de l'édifice :

Pour les ardoises : $\qquad \omega = 33^0$ à $75^0 \qquad i = \dfrac{2}{3}$ à 4 ;

Pour les tuiles plates : $\qquad \omega = 36^0$ à $60^0 \qquad i = \dfrac{3}{4}$ à $\dfrac{7}{4}$;

Pour les tuiles mécaniques : $\quad \omega = 18^0$ à $60^0 \qquad i = \dfrac{1}{3}$ à $\dfrac{7}{4}$;

Pour les couvert. métalliques : $\omega = 5^0$ à $75^0 \qquad i = \dfrac{1}{10}$ à 4.

332. Croupes. — Considérons un bâtiment rectangulaire (fig. 276) ; les longs côtés CF, DE ont reçu le nom de *longs pans*, les égouts correspondants (329) sont les *égouts de longs pans*. Quelquefois, les murs perpendiculaires CD, EF s'élèvent jusqu'au faîte, et se terminent alors par deux faces triangulaires qui sont les *pignons*. Le plus souvent on les arrête au niveau du comble qui se complète alors par deux égouts triangulaires ACD, BEF qu'on appelle *croupes*.

La charpente d'une croupe comprend les pièces suivantes :

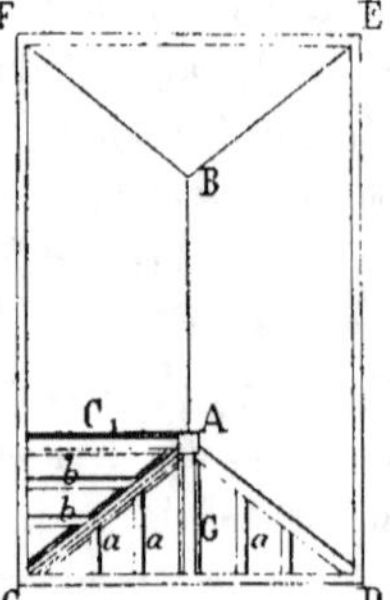
Fig. 276.

A, poinçon de croupe ;

C_1, dernier chevron de long pan, au-dessous duquel est l'arbalétrier de la dernière ferme de long pan ;

AC, AD, chevrons d'arêtiers ; au-dessous desquels sont les arbalétriers d'arêtiers ;

G, chevron de croupe, au-dessous duquel se trouve l'arbalétrier de croupe ;

b,b, empanons de long pan ;

a,a, empanons de croupe.

Les *empanons* sont des chevrons incomplets dont l'extrémité supérieure s'assemble dans le chevron d'arêtier.

Les croupes ACD, BEF sont *droites* parce que les murs de croupe sont perpendiculaires aux murs de longs pans, *mpq*

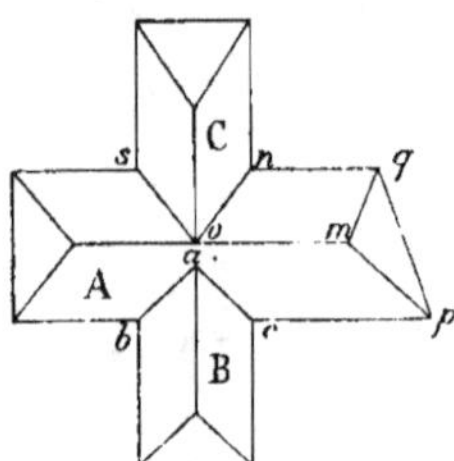
Fig. 277.

(fig. 277) est une croupe *biaise.*

Une demi-ferme telle que celle qui est projetée en *mp* est dite *ferme arêtière*; son arête est saillante. En *on*, *os* l'arête est rentrante ; alors on a une *ferme de noue*. Si les combles A et B qui donnent lieu à l'arête rentrante n'ont pas la même hauteur, la noue *ab* ou *ac* devient un *noulet* ou un *nolet*.

CROUPE BIAISE

333. **Enrayure**. — On appelle *enrayure*, le pan de bois horizontal qui supporte toute la charpente de la croupe ; nous allons la représenter, en complétant l'épure par l'indication des pièces non horizontales qui se projettent sur le plan de l'enrayure.

Sur un plan vertical, perpendiculaire aux murs de long pan, traçons le profil du comble (fig. 278). Soient A'B' la trace verticale du plan de l'enrayure, M et N les projections d'un chevron et d'un arbalétrier. Soient AC et BD les bords extérieurs des sablières de long pan, CD celui de la sablière de croupe. Les lignes d'intersection avec le plan des sablières des plans des faces supérieures et inférieures des chevrons, *lignes d'about* et *lignes de gorge*, s'obtiennent en leur menant des parallèles à une distance qui est la même pour la croupe et pour le long pan.

Il résulte de ce qui a été dit (330) sur la répartition des effets de la pesanteur sur les pièces d'une ferme que la somme des tractions longitudinales subies par le tirant est proportionnelle à la cotangente de l'angle d'inclinaison ω. Or la traction subie par le demi-tirant de croupe n'est pas détruite, comme dans les autres fermes, par une traction égale à l'autre extrémité du tirant ; il est donc indispensable de la réduire autant que possible afin d'empêcher le déversement du mur de croupe ; ce qui ne peut se faire qu'en augmentant l'angle ω.

Par suite, le point O, sommet de l'angle trièdre formé par les égouts de croupe et de long pan, qui doit se trouver d'ailleurs sur l'axe de symétrie du bâtiment, est déterminé de façon que sa distance à CD ne dépasse pas les $\frac{2}{3}$ de sa distance à AC, ou encore le tiers de la largeur totale du bâtiment. Menant alors par ce point les droites AB et OF, on a les *lignes de voie* de la dernière ferme de long pan et de la demi-ferme de croupe ; joignant OC' et OD', on a les lignes de voie des fermes arètières. Chacune de ces dernières rencontre la ligne de gorge de long pan correspondante en un point ; en joignant ces deux points on a la ligne de gorge de croupe.

Le poinçon n'a plus, comme ceux des autres fermes, une section droite rectangulaire ; l'un des côtés de cette section est parallèle à la ligne d'about de croupe. Il en résulte une

dissymétrie par suite de laquelle on dit que le poinçon est
dévoyé. On fait en sorte que chaque arête verticale, du côté
de la croupe, rencontre la ligne de voie de la ferme arêtière correspondante. Pour cela, on prend de part et d'autre du point
O sur AB, en *m* et *n*, le demi-équarrissage ; par ces points
on mène *mq* et *np* parallèles à AC jusqu'aux lignes de voie
des arêtiers, on joint *pq* qui est parallèle à la ligne d'about de
croupe ; de l'autre côté on limite la section par une parallèle
rs à AB qui assure une solidité suffisante ; et l'on a en *rspq* la
section du poinçon dévoyé.

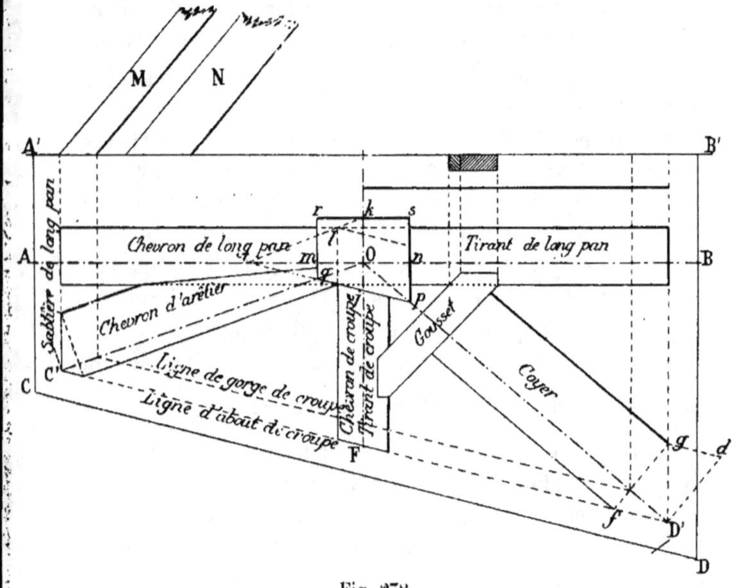

Fig. 278.

Le tirant et les arbalétriers de long pan sont également dévoyés, afin que la partie supérieure de ces derniers porte tout
entière sur le poinçon. On fait en sorte que la ligne de voie
AB divise la largeur du tirant dans le rapport de O*k* à O*j* ; il
suffit de prolonger *pq* jusqu'en *t* sur AB, et de joindre *tk* ; por-

tant ensuite sur *pn* l'équarrissage du tirant, et menant par le point obtenu une parallèle à *pq*, l'arête du tirant extérieure à la croupe passe par le point *l* où cette droite rencontre *tk*. La seconde arête du tirant est à une distance de la première égale à l'équarrissage ; elle passe en conséquence par le point où la face *pq* du poinçon rencontre la parallèle à *pn* menée par le point *l*.

Toute la ferme de long pan, avec ses arbalétriers et ses chevrons, est dévoyée comme son tirant.

Le demi-tirant de croupe n'est pas dévoyé ; il suffit de connaître son équarrissage pour tracer sa projection.

Les fermes arêtières sont également dévoyées ; leur tirant ou *coyer*, sur lequel s'assemble le pied de *l'arbalétrier d'arêtier* est dévoyé comme il suit : au point D′ on élève sur la ligne de voie OD′ une perpendiculaire D′*d* égale à l'équarrissage, par le point *d* on mène *dy* parallèle à la ligne d'about de croupe, puis à la rencontre *y* avec la ligne d'about de long pan on mène *gf* parallèle à D′*d* ; les arêtes du coyer passent par *f* et *g*. Le coyer de l'angle obtus est dévoyé de la même manière.

Le coyer ne s'assemble pas dans le tirant de ferme, mais dans une pièce appelée *gousset* qui le réunit aux tirants de ferme et de croupe, à l'aide d'un assemblage à mi-bois comme on le voit sur la projection verticale.

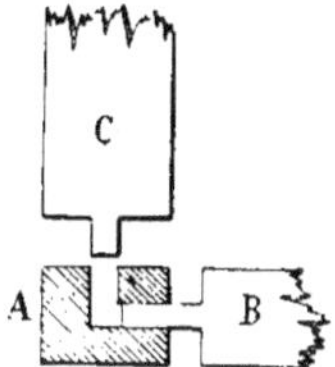

On évite ainsi un nouvel assemblage au point où le tirant de ferme A reçoit le tirant de croupe B et le poinçon C et où il est déjà affaibli par deux mortaises (fig. 279).

Au-dessus du coyer se trouve l'arbalétrier d'arêtier qui s'y assemble à sa partie inférieure ; et au-dessus de l'arbalétrier, le

Fig. 279.

chevron d'arêtier qui s'assemble dans la sablière. Ils sont dévoyés comme le coyer. A leur partie supérieure, ils rencontrent les pièces analogues de ferme et de croupe ; c'est pourquoi il est nécessaire de les *déjouter*, c'est-à-dire de les tailler de façon à pouvoir les réunir. On peut procéder de plusieurs manières : si on les limite aux plans verticaux O*g* et O*h* (fig. 280) on a le *déjoutement en tour ronde*. Il y a aussi le *déjoutement de pavillon* (fig. 281).

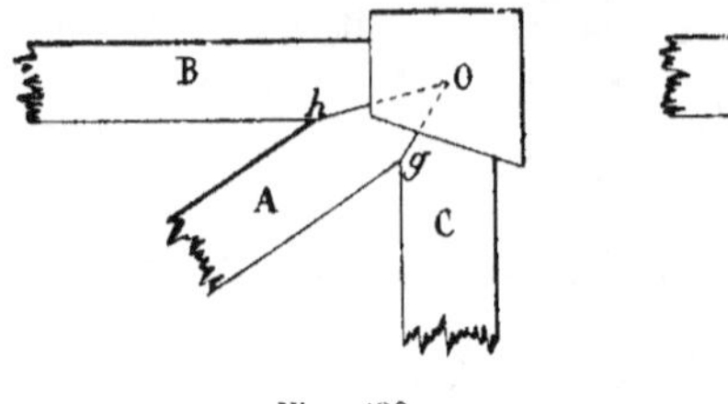

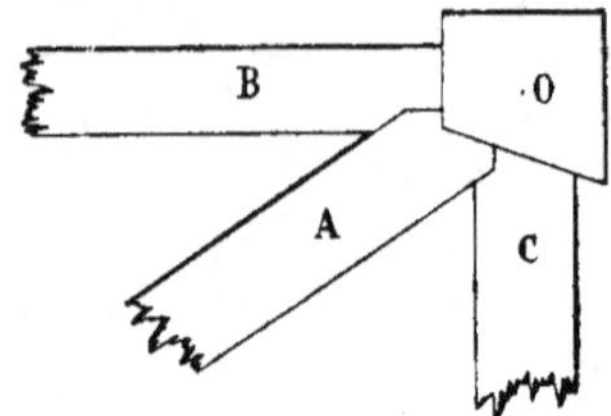

Fig. 280.   Fig. 281.

On taille l'arbalétrier et le chevron d'arêtier de façon que leurs faces supérieures soient parallèles aux plans des égouts de croupe et de long pan ; il est aisé de voir que c'est en dévoyant la ferme arêtière comme on l'a indiqué plus haut qu'on perd le moins de bois.

Considérons en effet (fig. 282) une section horizontale quelconque de la pièce, par exemple celle du plan de la sablière 1-3-5-10-11, qui est égale au rectangle 10-11-2-4 diminué des deux triangles 1-2-3, 3-4-5. Si maintenant la pièce a été dévoyée d'une autre manière, si par exemple les arêtes 4 et 2 viennent en 8 et 6, il faut enlever les deux triangles 9-3-6 et 3-7-8. Ces triangles ont la partie 1-2-3-7-8 commune avec les deux premiers, la différence des surfaces de *délardement*

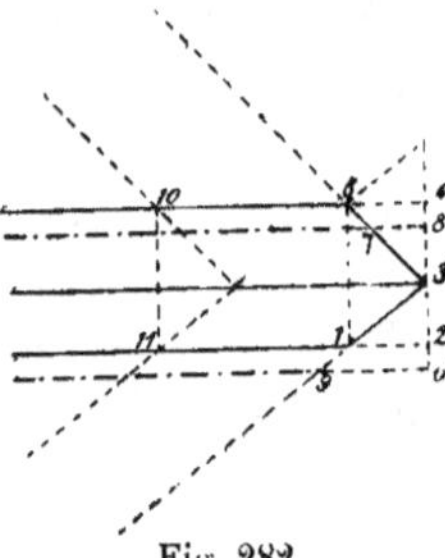

Fig. 282.

est donc celle des deux trapèzes 1-2-6-9 et 5-4-7-8, qui ont même hauteur ; d'ailleurs la base 1-2 du premier est égale, d'après la manière de dévoyer, à la base 5-4 du second, et par construction 9-6 > 7-8 ; le premier trapèze est donc plus grand que le second. Il en est de même dans chaque section horizontale, donc le volume des prismes de délardement est plus petit par le procédé employé que par tout autre.

334. Arbalétrier de long pan. — Prenons pour plan horizontal de projection le plan supérieur de l'enrayure (fig. 283).

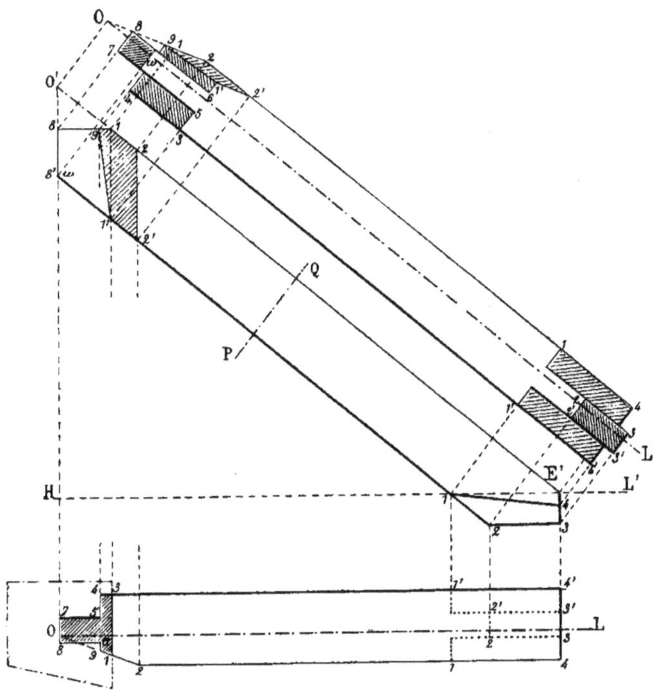

Fig. 283.

Soit (O,O′) le sommet de l'angle trièdre formé par les égouts de croupe et de long pan, soit OL la ligne de voie de la dernière ferme de long pan dévoyée comme il a été dit.

L'arbalétrier s'assemble dans le poinçon et dans le tirant de long pan par tenon et mortaise avec embrèvement ; nous allons représenter le détail de chaque assemblage.

L'arbalétrier est déjouté en tour ronde ; le tenon de l'assemblage avec le poinçon pénètre jusqu'à son milieu ; le plan de la face supérieure du tenon, qui est le même que celui de l'about de l'embrèvement, est horizontal. Il en résulte en 1-2-3-4-5-6-7-8-9 la projection horizontale de l'assemblage, dans laquelle la face horizontale est couverte de hachures.

La projection verticale s'en déduit, et il faut observer que la face de déjoutement est oblique aux fibres.

Au pied de l'arbalétrier, la face 3-4 est verticale ; les projections du tenon et de l'embrèvement s'obtiennent en divisant l'équarrissage en trois parties égales.

Si l'on donne quartier de manière à faire voir la face inférieure de la pièce, les points se repèrent par des lignes de rappel et par leurs distances à la ligne de voie qui sont données par la projection horizontale. La face de déjoutement se projette alors suivant le pentagone 9-1-2-2'-1' qui doit présenter un sommet saillant au point 1 et où l'on observe les vérifications suivantes : 1-2-1'-2' est un parallélogramme dans lequel 1-2 passe par le point O' et 1'-2' par le point ω'.

Afin de tailler la pièce, il est nécessaire d'avoir sa section droite. C'est un rectangle qu'on obtient en la coupant par un plan debout PQ perpendiculaire à ses arêtes ; la projection verticale donne l'une des dimensions de ce rectangle, on trouve l'autre sur la projection horizontale.

335. Arbalétrier d'arêtier. — Déterminons comme plus haut (333) la trace de l'arbalétrier sur le coyer ; on a un pentagone dont les côtés Iα et Iβ (fig. 284) sont parallèles aux lignes d'about de croupe et de long pan. On a vu que les faces supérieures de la pièce sont parallèles aux plans des égouts. Comme la pente de la croupe est plus forte (333) que celle des longs pans, la projection de la face parallèle à l'égout de croupe est plus étroite que celle de la face parallèle à l'égout de long pan [1].

1. Si l'on désigne par x et y les segments que la ligne de voie OD'

L'arbalétrier ne s'assemble pas dans le poinçon ; il l'em-

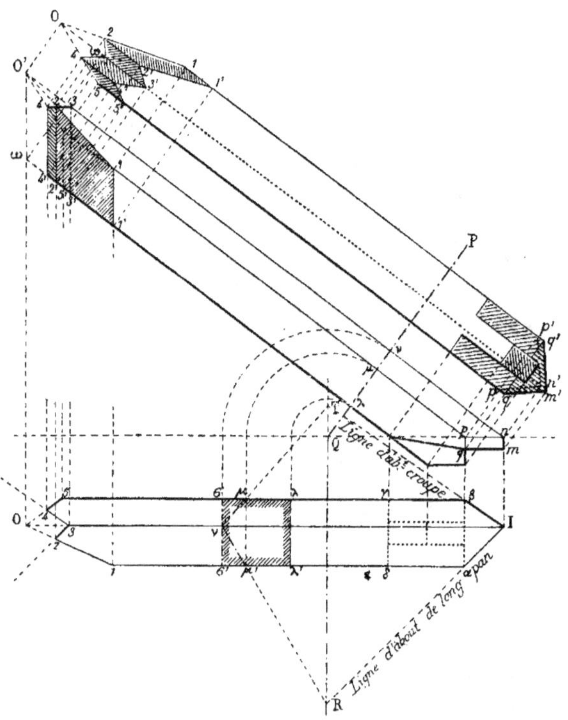

Fig. 284

(fig. 278) détermine sur l'équarrissage fg de la pièce, respectivement du côté de la croupe et du côté du long pan, par α et β les angles qui leur sont respectivement opposés au sommet D′ du triangle $fD'g$, on a en égalant deux expressions de la hauteur de ce triangle :

$$x \operatorname{cotg} \alpha = y \operatorname{cotg} \beta$$

d'où

$$\frac{y}{x} = \frac{\operatorname{tg} \beta}{\operatorname{tg} \alpha}.$$

Mais si l'on désigne par p et q les distances du point O aux lignes d'about de croupe et de long pan, on a par construction :

$$p < q$$

ou

$$OD' \sin \alpha < OD' \sin \beta,$$

d'où, les angles étant aigus

$$\operatorname{tg} \alpha < \operatorname{tg} \beta$$

d'où enfin :

$$x < y.$$

brasse seulement par deux faces verticales 2-3 et 3-4, appelées *faces d'engueulement*, qui coïncident lorsqu'il est en place avec les faces latérales du poinçon. On a ainsi en 1-2-3-4-5 la projection horizontale de la partie supérieure dans laquelle 1-2 et 4-5 sont les faces de déjoutement.

Le tenon et l'embrèvement du pied s'obtiennent en remarquant que le triangle $\alpha I \beta$ est la base d'un petit prisme triangulaire dont la hauteur mn est égale à l'about de l'embrèvement.

Donnons quartier à l'arêtier de façon à montrer sa face inférieure ; nous obtenons les projections sur cette face des faces d'engueulement et de déjoutement dont les côtés tels que 2-2' sont projetés parallèlement aux grandes arêtes ; les lignes 1-2 et 5-4 passent par le point O et les lignes 1'-2' et 5'-4' par le point ω ; mais il faut observer que les côtés tels que 1-2, 1'-2' ou 2-3, 2'-3', ne sont pas parallèles.

Si l'on coupe la pièce par un plan PQR perpendiculaire à ses arêtes, on obtient, par un rabattement, la section droite en $\lambda\mu\nu\mu'\lambda'$ et celle de la pièce capable en $\sigma\lambda\lambda'\sigma'$. Les triangles $\sigma\mu\nu$, $\sigma'\mu'\nu$ sont les sections droites des prismes de délardement. Comme vérification, les droites $\mu\nu$, $\mu'\nu$ doivent passer respectivement par les points T et R.

336. Arbalétrier délardé de ferme biaise. — Lorsque l'angle du biais dépasse une certaine limite, la dernière ferme de long pan doit aussi être biaise ; dans ce cas, les faces de l'arbalétrier qui seraient perpendiculaires à l'égout de long pan ne seraient plus verticales. Si l'on veut limiter l'arbalétrier par deux faces verticales, sa section droite n'est plus un rectangle ; on le taille alors dans une pièce rectangulaire capable, qu'il faut déterminer.

La figure 285 représente les projections de l'arbalétrier sur le plan de l'enrayure et sur un plan parallèle aux faces verticales. La section droite est rabattue en $\lambda\mu\varphi\nu$ et l'on en conclut en $\lambda\lambda_1\varphi\varphi_1$ celle de la pièce capable, par suite les triangles $\lambda\lambda_1\varkappa$, $\varphi\varphi_1\nu$ qui sont les bases des prismes de délardement. Sur le plan vertical, il faut observer que l'arête 7-2′, qui est dans

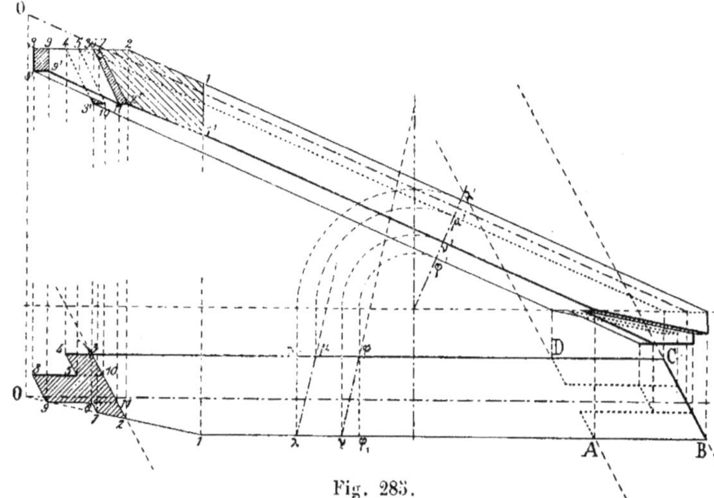

Fig. 283.

la face de déjoutement n'est pas parallèle aux autres arêtes de l'embrèvement.

337. Empanon droit ou de long pan. — Les empanons de long pan ont été définis (332). Ils sont limités à la sablière et au chevron d'arêtier ; ils s'assemblent dans la première par un simple embrèvement et, dans le second, à tenon et mortaise. Leur longueur dépend de leur distance au dernier chevron de long pan.

Prenons les mêmes plans de projection que pour la représentation de l'arbalétrier ; les projections des faces latérales de l'empanon sont les lignes $a4$ et $b1$, perpendiculaires aux lignes d'about de long pan et dont la distance est égale à l'équarrissage de l'empanon.

Si ef et gh sont les projections des faces latérales du chevron d'arêtier, la projection horizontale du tenon est le contour 1-2-3-4, où le côté 4-3 est perpendiculaire à ces droites.

On en conclut la projection verticale, en rappelant chaque

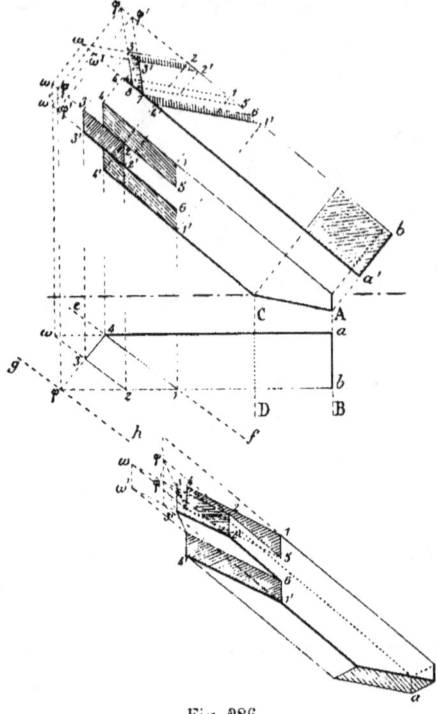

Fig. 286.

point comme il a été dit (334) pour l'arbalétrier.

Donnons quartier à l'empanon de façon à le projeter sur sa face inférieure . Les faces latérales se projettent en $a'4$ et $b'2$; l'arète 3-3' se projette suivant une parallèle aux grandes arètes, à une distance de chacune d'elles égale à celle du point 3 à la projection horizontale de l'arète correspondante.

Il y a différentes vérifications suffisamment indiquées sur la figure.

Enfin la perspective cavalière achève la représentation de l'empanon.

338. Empanons de croupe. — Les empanons de croupe ont aussi été définis (332) ; leurs projections horizontales sont parallèles aux lignes d'about de long pan. Ces pièces ne peuvent donc pas être placées *de niveau*, c'est-à-dire de façon que les horizontales de la face supérieure soient perpendiculaires aux grandes arètes, car ces horizontales sont parallèles à la ligne d'about de croupe. On peut alors procéder de deux manières :

1° On peut laisser à la pièce sa section droite rectangulaire ;

l'empanon est dit *déversé* : la méthode est économique, mais de mauvais effet décoratif.

2° On peut opérer comme pour l'arbalétrier de ferme biaise (336) et délarder la pièce de façon que ses faces latérales soient verticales ; l'empanon est alors *délardé* et la section droite n'est plus rectangulaire. Ce mode d'opérer s'emploie lorsque la charpente, devant être vue par dessous, on veut donner une bonne apparence à la construction.

339. Empanon déversé. — On prend sur l'épure de l'enrayure (333) les lignes d'about de croupe et de long pan PM et MN (fig. 287), ainsi que la ligne de voie Mh de l'arbalétrier d'arêtier, l'angle PMh étant plus petit (335) que l'angle hMN, parce que la pente de l'égout de croupe est plus grande que celle du long pan. Cherchons les lignes de gorge des chevrons, sur le long pan et sur la croupe.

Par un point h de la ligne de voie de l'arêtier, menons à cet effet un plan vertical H_1hi perpendiculaire à la ligne d'about de long pan. Rabattons ce plan autour de sa trace horizontale hi ; si l'on fait au point i l'angle hiH égal à l'inclinaison du long pan, le point du *lattis supérieur*, c'est-à-dire du plan des faces supérieures des chevrons, projeté en h se rabat en H. Menons à Hi une parallèle H$'i'$ à une dis·tance égale à l'équarrissage des chevrons de long pan ; la parallèle i'M$'$ à MN menée par i' est la ligne de gorge de long pan, elle se retourne en M$'\beta$ sur la croupe.

Déterminons la projection de l'arêtier en le dévoyant comme il a été dit (333) et figurons-le en traits ponctués ; traçons la ligne de voie pq de l'un des empanons, qui est parallèle à la ligne d'about de long pan.

Prenons un plan vertical auxiliaire passant par le point h et perpendiculaire à la ligne d'about de croupe ; les traces αH$_1$ et βH$_1'$ des plans du lattis supérieur et du lattis inférieur sur ce plan auxiliaire s'obtiennent en prenant hH$_1$ et hH$_1'$ respectivement égaux à hH et hH$'$: les droites αH$_1$ et βH$_1'$ doivent être parallèles.

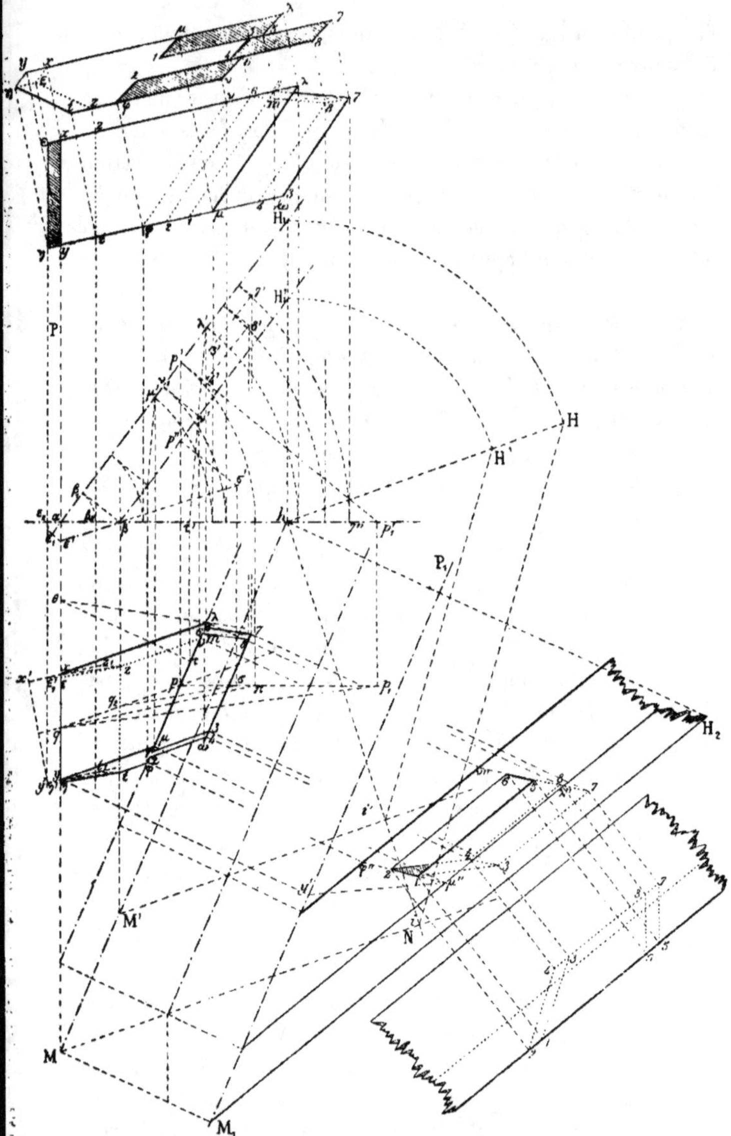

Fig. 287.

340. Projection horizontale. — Il est aisé maintenant d'obtenir la projection horizontale de l'empanon ; pour cela, rabattons sur le plan horizontal la face de l'empanon qui est dans le plan du lattis supérieur. Le point p, projeté en p' sur le plan vertical auxiliaire, se rabat en π ; par suite, πq se rabat en pq. La pièce n'étant pas délardée, les deux parallèles à πq, distantes de cette ligne de la moitié de l'équarrissage, limitent le rabattement de la face supérieure ; ces droites coupent la charnière aux points x et y qui ne bougent pas pendant le relèvement et qui déterminent les projections λx et μy de deux des arêtes de l'empanon.

Cherchons la trace horizontale du plan mené par pq perpendiculairement au plan du lattis, c'est-à-dire du plan parallèle aux faces latérales de l'empanon. Cette trace est parallèle à celles des faces ; or elle passe par q, et par p_1 trace horizontale d'une perpendiculaire menée par (p, p') au plan du lattis, c'est donc qp_1.

Les lignes xz et yt, parallèles à qp_1, sont donc les traces sur le plan de la sablière des plans menés par les arêtes λx et μy perpendiculairement au plan du lattis supérieur et déterminent sur la ligne de gorge de croupe les points z et t où celle-ci rencontre les faces latérales. Les projections des arêtes inférieures sont alors les parallèles zv et tp aux arêtes supérieures, et le parallélogramme d'occupation de l'empanon sur la sablière serait $xyzt$, s'il n'y avait pas un embrèvement.

On peut aussi opérer comme il suit :

Projetons en β_1 la ligne de gorge de croupe sur le plan du lattis supérieur et rabattons, comme plus haut, ce plan sur celui de la sablière ; la projection β_1 se rabat suivant la parallèle menée par β_2 à la ligne d'about, et contient les projections z_1 et t_1 des points z et t sur le lattis supérieur. Mais ces points sont aussi sur xx' et yy', rabattements des traces sur la face supérieure de l'empanon des faces qui lui sont perpendiculaires. Ils sont donc en z_1 et t_1 et, dans le relèvement, ils décrivent en projection horizontale les frontales z_1z

et $t_1 t$. D'où les deux autres arêtes $z v$ et $t_2 \eta$ de l'empanon.

Pour achever la projection du pied de l'empanon, il ne reste plus qu'à déterminer celle de l'embrèvement par lequel il s'assemble dans la sablière. On donne la profondeur de l'embrèvement $z \varepsilon'$ sur le plan vertical ; l'embrèvement se projette alors sur ce plan suivant $z \varepsilon' \beta$.

Les grandes arêtes de l'embrèvement sont les traces du plan debout $\beta \varepsilon'$ sur les faces latérales de l'empanon. Elles sont parallèles à l'intersection du plan $\beta \varepsilon'$ avec un plan quelconque parallèle aux faces latérales, par exemple avec celui qui passe par la droite $(p q_2, p'' \beta)$ située dans la face inférieure de la pièce. La perpendiculaire $(p \tau, p'' \tau')$ au plan du lattis est située dans ce plan, et par suite aussi la trace (τ, τ') de cette perpendiculaire sur le plan $\beta \varepsilon'$. L'intersection cherchée a donc pour projection horizontale la droite τq_2. Les parallèles $z \eta, t \eta_1$ à τq_2 sont alors les projections des arêtes de l'embrèvement. Quant aux traces de l'about sur les faces latérales de l'empanon, elles sont situées dans le plan vertical MP et se projettent par conséquent suivant $x z$ et $y \eta_1$.

Il y a une autre manière de procéder :

Projetons en ε_1 l'arête ε' de l'embrèvement sur le plan du lattis supérieur, et rabattons, comme plus haut, ce plan autour de sa trace horizontale xy ; le point ε_1 se rabat en ε_2 au moyen d'un arc de cercle et la parallèle à MP menée par ε_2 est le rabattement de la projection de l'arête de l'embrèvement sur le lattis supérieur. D'autre part, les faces latérales de l'empanon se rabattent suivant $x x'$ et $y y'$, ε'_1 et η'_1 sont donc les rabattements des projections des extrémités de cette arête de l'embrèvement ; dans le relèvement de l'empanon, ces points viennent en ε et η_1 par des perpendiculaires à la charnière.

Déterminons maintenant la projection du *tenon* par lequel l'empanon pénètre dans l'arêtier. Ses faces supérieure et inférieure sont parallèles au plan du lattis : son about 3-7 est un plan vertical parallèle aux faces latérales de l'arêtier ; une autre face est le prolongement de la face latérale $\mu\eta\iota\varsigma$ de l'empanon ; enfin la quatrième face du tenon est le plan passant par la trace $(\lambda\nu, \lambda'\nu')$ de l'autre face latérale sur la face verticale $\lambda\mu$ de l'arêtier et perpendiculaire à cette face.

Supposons que la base du tenon soit égale au tiers de l'épaisseur de la pièce ; la projection horizontale est connue, sauf en ce qui concerne les arêtes de la quatrième face.

En partageant $\lambda\nu$ en trois parties égales, on obtient en 5 et 6 les points de départ de ces arêtes ; nous aurons leur direction en cherchant l'intersection du lattis supérieur et du plan défini plus haut. Le point λ appartient à cette intersection ; cherchons celui qui est sur la ligne d'about de croupe PM. Pour cela, remarquons que la trace horizontale du plan passe par la trace τ de $(\lambda\nu, \lambda'\nu')$. D'ailleurs, le plan étant perpendiculaire à la face de l'arêtier qui est verticale, leurs traces horizontales sont perpendiculaires entre elles, et celle de la face du tenon est la perpendiculaire $\tau\theta$ à $\lambda\mu$, d'où le point θ sur PM. La droite $\theta\lambda$ est alors l'intersection cherchée ; les lignes 5-7 et 6-8, menées par 5 et 6 parallèlement à $\theta\lambda$, sont les arêtes du tenon dans la face perpendiculaire à $\lambda\mu$.

341. Projection de l'empanon sur ses faces. — On aura la projection de l'empanon sur sa face supérieure en le rabattant autour de la trace horizontale xy de cette face. Pour cela, portons sur le prolongement de MP le segment xy en vraie grandeur ; les faces latérales se réduisent aux deux droites $\varepsilon\lambda$ et $\eta\mu$, menées parallèlement à πq par les points x et y. Le rabattement donne en λ et μ les extrémités des arêtes. Quant aux points tels que τ et ν, avant de les rabattre, on les projette en ν_1 et β_1 sur la face supérieure ; la base 1-2-5-6 du tenon en résulte.

Pour avoir l'about du tenon, menons par le point 5 de la projection horizontale une parallèle à l'axe xy de rotation, qui rencontre en ω la projection horizontale de cet about, et abaissons de 7 une perpendiculaire $7m$ sur cette droite. Pendant le rabattement, 5ω reste parallèle à elle-même et la droite 7*m* lui reste perpendiculaire en projection : on en conclut, sur la nouvelle projection, le point ω au moyen de la longueur 5ω, puis l'about 7-3 qui est parallèle à λμ, et qui passe par ω : Enfin le point 3 est sur l'arête inférieure et le point 7 est à une distance connue de 5ω.

De même pour les points 8 et 4.

Comme vérification, les projections verticales 3′, 4′, 7′, 8′ peuvent s'obtenir en relevant 3, 4, 7, 8 sur des parallèles à αλ′ qui partagent λν′ comme 5 et 6 partagent λν. Si l'on rabat alors le point (3, 3′), il vient en 3, sur le prolongement de l'arête inférieure. On fait de même pour le point (7, 7′) et la droite 3-7 doit être parallèle à λμ. L'arête 7-8 est alors parallèle à λν et 4-8 est à une distance de 3-7 égale à la distance entre 2-6 et 1-5.

Si l'on donne quartier, on obtient chaque point de la projection sur l'autre face par les moyens habituels. Par exemple, l'arête εη de l'embrèvement est placée entre λy et νι, comme la parallèle menée par ε′ à αII₁ est placée entre les plans des lattis αII₁ et βII′.

342. Projections de la mortaise sur deux faces de l'arêtier. — Cherchons la projection de la mortaise sur un plan vertical M₁P₁ parallèle aux faces verticales du chevron d'arêtier. Pour cela, relevons les points λ, μ, ν, φ en λ″, μ″, ν″, φ″ sur les projections verticales des arêtes du chevron; nous aurons le parallélogramme d'occupation de l'empanon sur celui-ci ; relevons ensuite les points 1, 2, 5, 6 sur les droites φ″μ″ et ν″λ″, nous aurons l'entrée de la mortaise. Les cotes des points 3 et 4 sont en vraie grandeur sur le plan vertical auxiliaire *h*α ; quant aux points 7 et 8, ils sont sur le prolongement de 6-5, parce que la face correspondante du tenon est debout par rapport à la face verticale de l'arêtier.

Comme vérification, si l'on relève *y* en *y*′ et μ en μ″, on obtient en *y*′μ″ la projection verticale d'une grande arête de l'empanon ; les arêtes 1-3 et 2-4 de la mortaise doivent lui être parallèles. Quant aux arêtes telles que 3-7, elles doivent être parallèles aux grandes arêtes du chevron.

Si l'on veut la projection sur la face inférieure de l'arêtier, il suffit de lui donner quartier, comme il a déjà été fait (335). Les différents sommets de la mortaise s'obtiennent alors par leur distance aux faces latérales de la pièce, donnée en vraie grandeur sur la projection horizontale de l'empanon.

343. Empanon délardé. — Supposons maintenant (338) que la pièce soit délardée. On détermine, comme dans le cas précédent, les lignes d'about et de gorge de croupe et de long pan (fig. 288).

Figurons les deux droites $x\lambda$ et $y\mu$, parallèles aux lignes d'about de long pan, qui sont les projections des faces verticales de l'empanon ; la projection du tenon s'obtient facilement, car ses faces sont aussi verticales. En particulier, l'arête projetée en λ est verticale et la face $\lambda 2$ est menée par cette droite perpendiculairement aux faces verticales de l'arêtier.

L'embrèvement est défini en abK sur le plan vertical KH ; il se projette tout entier sur xy.

Projetons l'empanon sur le plan vertical de trace $H_o\Delta$, parallèle à ses faces latérales. Il faut trouver d'abord les projections des faces de l'arêtier ; pour cela, par α' et β' projections des traces horizontales α et β des arêtes, menons des droites à l'inclinaison du long pan, on obtiendra les projections des deux arêtes de l'arêtier projetées horizontalement en $\lambda\alpha$; d'où, en $\lambda'\mu'\nu'\rho'$ la projection du parallélogramme d'occupation de l'empanon sur l'arêtier, et la projection 3'-4'-7'-8' de la base du tenon, qui se termine par des parallèles 3'-1', 4'-5' aux arêtes de la pièce jusqu'à la rencontre de la ligne de rappel du point 1 et par des parallèles 5'-6' et 1'-2' aux arêtes de l'arêtier jusqu'à leur rencontre en 2' et 6' avec celle du point 2.

Le parallélogramme d'occupation $xyzu$ sur la sablière se

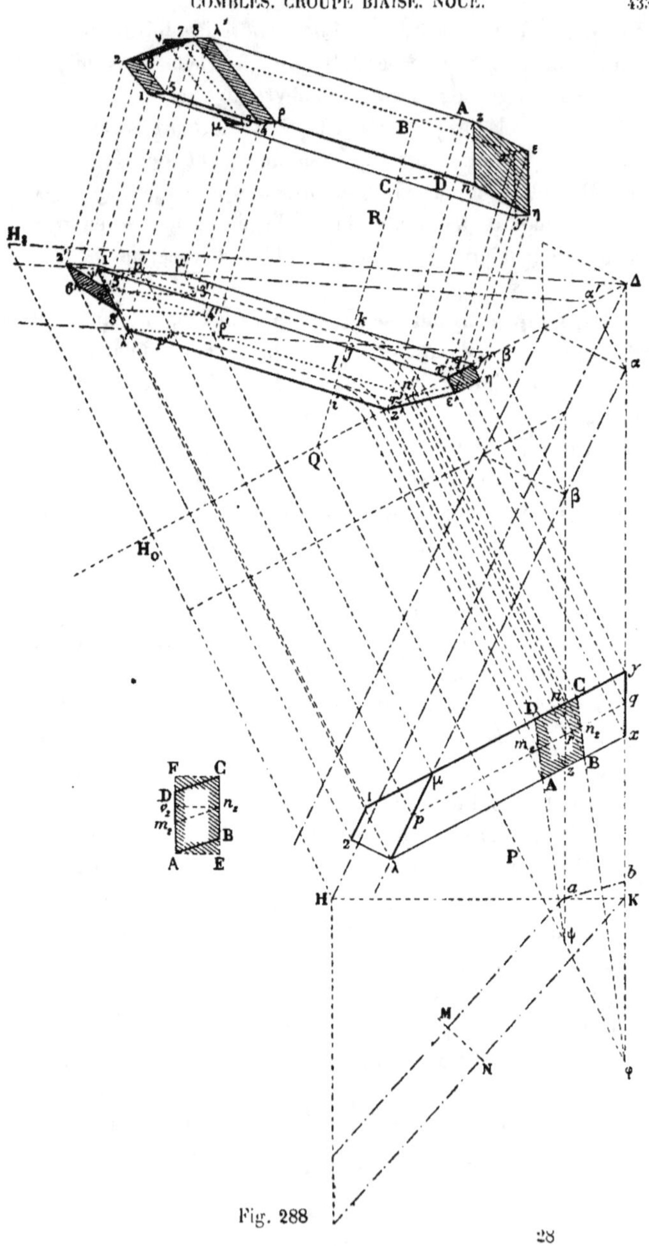

Fig. 288

projette sur ΔH_0 en x', y', z', n'; les arêtes de l'empanon s'obtiennent en joignant ces points aux points $v', \mu', \lambda', \rho'$; elles doivent être parallèles. Quant à l'about de l'embrèvement, il se projette suivant le rectangle $x'y'z'\eta'$ dont la hauteur est égale à Kb. L'autre face de l'embrèvement est le parallélogramme $n'z'\varepsilon'\eta'$.

Il est facile maintenant d'avoir la section droite de la pièce ; soit PQR un plan perpendiculaire aux arêtes ; rabattons les points d'intersection i, j, k, l, sur le plan horizontal, nous obtenons la section droite ABCD. C'est un parallélogramme dont les côtés opposés AD, BC, passent respectivement par les points ψ et φ où PQ rencontre les lignes d'about et de gorge de croupe : chacun de ces points est en effet le sommet du trièdre formé par le plan sécant, le plan horizontal et le plan d'un lattis ; d'ailleurs, il ne bouge pas dans le rabattement.

Projetons maintenant l'empanon sur le plan de ses faces AD et BC. Pour cela, plaçons le parallélogramme ABCD de manière que le côté BC soit sur le prolongement de QR ; les arêtes de l'empanon se projettent suivant des perpendiculaires à BC menées par les sommets, et les points de la première projection se relèvent sur celles-ci par des parallèles à QR. Si la pièce n'avait pas d'embrèvement, le parallélogramme d'occupation sur la sablière serait $xyzn$. D'ailleurs les arêtes $y\eta$ et $x\varepsilon$ de l'embrèvement sont verticales et par suite perpendiculaires à xy; elles lui restent perpendiculaires, puisque le côté xy de l'angle droit est parallèle au nouveau plan de projection. De là résulte en $xynz\varepsilon\eta$ la nouvelle projection de l'embrèvement.

Pour la même raison, les arêtes $\mu\rho$ et λv, qui sont aussi verticales, sont sur la nouvelle projection perpendiculaires à xy.

De la section droite ABCD, on conclut la section droite rectangulaire AECF de la pièce capable, et par suite les triangles de délardement ABE, CDF.

Inversement, il arrive quelquefois qu'on se propose de déterminer l'empanon de façon qu'une pièce donnée à l'avance, de section rectangulaire, en soit capable. Il faut que cette section ait pour hauteur AE la distance des plans de lattis supérieur et inférieur ; il suffit alors, après avoir déterminé en projection verticale la direction des arêtes de l'empanon, de chercher les projections $p'q'$, $p''r'$ des lignes moyennes, de projection horizontale pq, situées respectivement dans les plans des deux lattis. Les points d'intersection de ces droites avec le plan PQR se rabattent en m_2 et n_2 ; joignant $m_2\psi$ et $n_2\varphi$, on a deux côtés de la section droite. Les deux autres sont des parallèles à pq menées à des distances telles que la pièce choisie soit capable de l'empanon ; enfin, les triangles de délardement sont $m_2 n_2 v_2$.

244. Arbalétrier de croupe déversé. — L'arbalétrier de croupe se projette (fig. 278) sur le demi-tirant de croupe ; il est généralement déversé.

Pour le représenter, donnons-nous (fig. 289) les lignes d'about de croupe MP et de longs pans MN, PQ, ainsi que les lignes de gorge déterminées comme il a été dit à propos de l'enrayure. Les lignes de voie des arbalétriers d'arêtiers se rencontrent au point O, pied de l'axe du poinçon ; soient bh et dk les faces de déjoutement qui intéressent l'arbalétrier de croupe.

Par raison de symétrie, on assujettit l'axe de l'arbalétrier, droite d'intersection des plans diamétraux de la pièce, à rencontrer l'axe vertical du poinçon projeté en O. Sans cette précaution, le déversement rejetterait la pièce vers l'angle aigu de la croupe et l'assemblage des arêtiers avec l'arbalétrier de croupe présenterait des difficultés. La projection horizontale de l'axe résulte de cette condition ; c'est une parallèle aux longs pans menée par le point O et sa trace sur le plan de la sablière est en R, à égale distance des lignes d'about et de gorge de croupe. Le point R se projette verticalement en R', et comme on connaît la pente de la croupe, on en conclut, au moyen d'une parallèle au lattis menée par le point

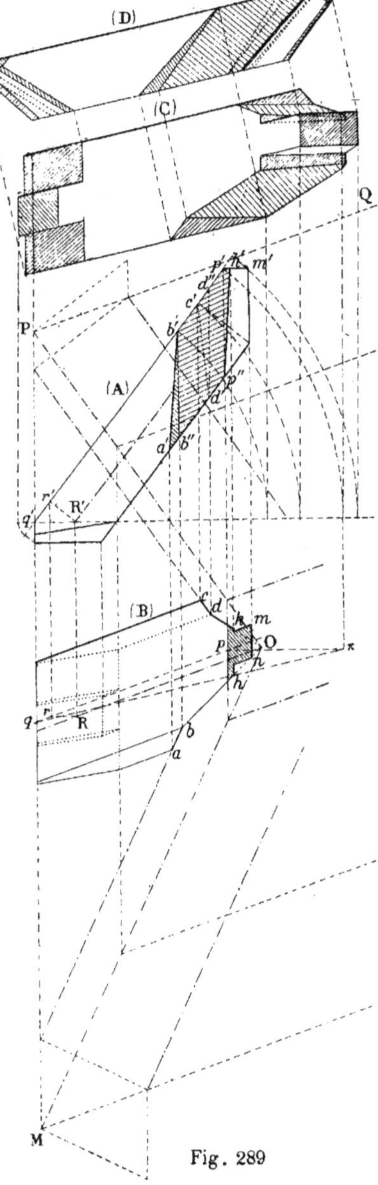

Fig. 289

R′, la projection verticale de l'axe. La ligne $(pq, p'q')$ qu'on s'est donnée 339) pour déterminer la projection horizontale de l'empanon déversé s'obtient alors immédiatement ; c'est la droite d'intersection, avec le plan du lattis supérieur, du plan mené parallèlement aux faces latérales de la pièce par l'axe dont on vient de déterminer les deux projections. Ce plan est perpendiculaire aux plans des lattis ; si donc par le point (R, R') on mène la frontale $(Rr, R'r')$, la trace (r, r') de cette perpendiculaire sur le plan du lattis supérieur appartient à l'intersection, et comme elle est parallèle à l'axe, on a ses projections en $(pq, p'q')$, ce qui permet d'achever comme précédemment (340) la projection de la pièce sur le plan de l'enrayure.

Au lieu de s'assembler, comme l'empanon, par un simple embrèvement, l'arbalétrier s'assemble avec la sablière à tenon et mortaise avec embrèvement. La projection horizontale de cet assemblage se détermine comme celle de l'empanon : elle se compose de lignes très voisines les unes des autres; c'est pourquoi celle du tenon a été figurée à part, pour plus de clarté.

Dans le poinçon, l'assemblage se fait également par tenon et mortaise avec embrèvement. On limite les faces latérales de la pièce aux faces verticales des arètiers ; les droites d'intersection se projettent en (ab, $a'b'$) et (cd, $c'd'$), et si, comme sur l'épure, on dispose les déjoutements de façon à faire passer deux arêtes de la pièce par les points b et d, on obtient comme surfaces d'occupation des faces latérales sur les faces verticales des arètiers les triangles $a'b'b''$, $c'd'd''$. Viennent ensuite les faces de déjoutement bh et dk qui sont verticales ; considérons, par exemple, celle qui est vue sur le plan vertical. Sa projection se compose de deux parties ; l'une extérieure au poinçon est le parallélogramme $b'b''p'p''$, l'autre est le triangle $p'p''h'$ de l'embrèvement. Quant au tenon, il est limité latéralement à deux plans verticaux parallèles aux arêtes de la pièce et au plan vertical mn, à une distance suffisante pour la solidité de l'assemblage : sa face supérieure est le plan horizontal $h'm'$ et sa face inférieure est le prolongement de celle de l'arbalétrier.

On obtient en (C) et en (D) les projections de la pièce sur ses faces par les mêmes procédés que pour l'empanon déversé. ·

NOUE

345. — On a appelé *noue* (332) l'arète rentrante à laquelle donne lieu l'intersection de deux combles de même hauteur, au point où les bâtiments qu'ils recouvrent se rattachent et se *nouent* l'un à l'autre. Le pan de bois vertical qui a même projection horizontale que l'arête rentrante est la *demi-ferme de noue*. Si les deux bâtiments qui se rencontrent se prolongent l'un et l'autre au delà de leur intersection, ils donnent lieu à quatre noues opposées deux à deux ; par suite, à chaque demi-ferme de noue en correspond une autre qui lui est opposée et qui forme avec elle une ferme complète.

Etudions la disposition d'une demi-ferme de noue. Soient xy, $x'y'$ deux plans verticaux respectivement perpendiculaires aux longs pans des deux bâtiments (fig. 290). Si les bâtiments se coupent à angle droit, xy et $x'y'$ sont perpendiculaires, la noue est *droite*; nous supposerons que les bâtiments se coupent sous un angle quelconque, auquel cas la noue est *biaise*. Donnons-nous la projection verticale de la dernière ferme de long pan sur le bâtiment xy : la figure représente le poinçon q' surmonté de la panne faîtière f', au-dessus de laquelle viennent s'assembler les chevrons c' des deux égouts. On connaît par conséquent, relativement au bâtiment xy, les lignes d'about et de gorge de chevrons. Soient OO' et OO'' les axes des deux bâtiments ; le point O'' est connu puisque les bâtiments ont la même hauteur, et si l'on se donne la largeur du second bâtiment, on en conclut le plan supérieur $O''a''$ des chevrons et par suite la ligne d'about des chevrons $a''a$ qui rencontre en a celle du bâtiment xy ; on a alors en Oa la ligne de voie de la demi-ferme de noue.

Cette demi-ferme se compose d'un poinçon ayant pour section droite un parallélogramme $dekl$, dont les côtés sont respectivement parallèles aux longs pans des deux bâtiments et dont une diagonale est dirigée suivant la ligne de voie Oa. L'équarrissage de ce poinçon est ordinairement plus fort que celui des poinçons q' ; il dépasse les pannes faîtières f, qui s'y assemblent à tenons et mortaises. On voit sur la projection verticale son extrémité taillée en pointe de diamant et susceptible de recevoir un ornement. Sous le poinçon se trouve le demi-tirant de noue, qui repose à son extrémité sur l'angle

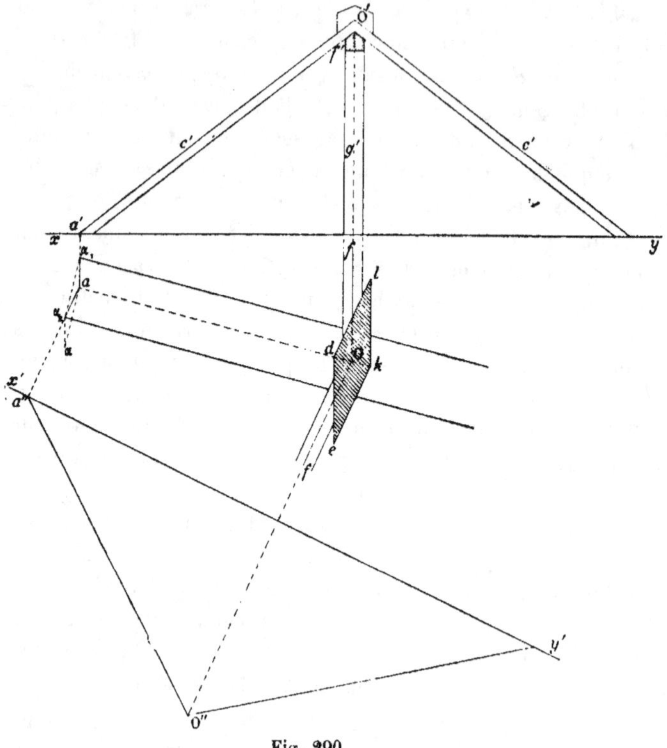

Fig. 290.

formé par les murs de longs pans donnant lieu à la noue et
qui, au delà du poinçon, est prolongé par un autre demi-tirant reposant sur le long pan opposé. Dans le cas où, par
suite de la disposition des bâtiments (fig. 291), à la noue ne
serait opposée ni une autre noue, ni une arête saillante, on
peut arc-bouter les deux demi-fermes de noues *ac*, *bc* contre
une demi-ferme *dc* du long bâtiment, dont le tirant supporte
alors la résultante des tractions longitudinales dirigées suivant les demi-tirants de noues.

Dans le demi-tirant s'assemble à sa partie inférieure l'arbalétrier de noue qui repose à sa partie supérieure sur le poinçon par deux faces d'engueulement ; cet arbalétrier supporte les extrémités des pannes des égouts $O'a'$, $O''a''$ des deux bâtiments. Enfin, sur ces pannes est placé le chevron de noue qui s'assemble à sa partie inférieure sur l'angle formé par la rencontre des deux sablières, tandis qu'à sa partie supérieure il s'appuie sur le poinçon par deux faces d'engueulement.

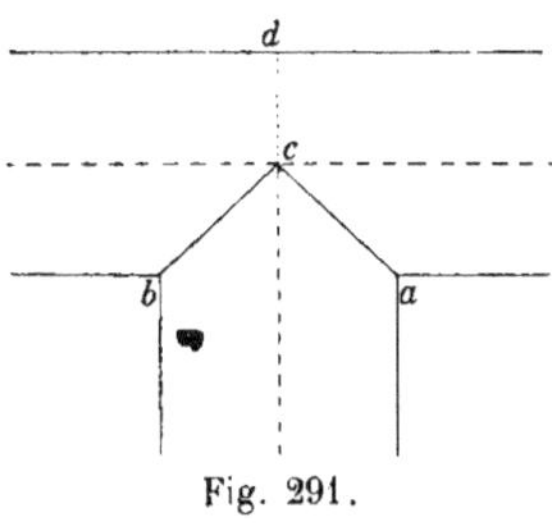

Fig. 291.

Lorsque les bâtiments n'ont pas la même largeur, la demi-ferme de noue est dévoyée. La méthode est la même que pour l'arêtier de croupe biaise : au point a, on élève $a\alpha$ perpendiculaire à la ligne de voie aO et égale à l'équarrissage de la pièce à dévoyer (tirant, arbalétrier ou chevron) ; par le point α, on mène une parallèle au long pan du bâtiment opposé, limitée en α sur l'autre long pan, et la pièce est placée en $\alpha_1\alpha_2$.

Il est facile d'évaluer le résultat ainsi obtenu. Prolongeons la ligne de voie aO (fig. 292) jusqu'en son point d'intersection β avec $\alpha_1\alpha_2$, et soient x et y les segments $\beta\alpha_1$, $\beta\alpha_2$ qu'elle détermine sur l'équarrissage $\alpha_1\alpha_2$, λ et μ les angles aigus $\alpha_1 a\beta$, $\alpha_2 a\beta$. On a :

$$a\beta = x \operatorname{cotg} \lambda = y \operatorname{cotg} \mu$$

d'où :

$$\frac{x}{y} = \frac{\operatorname{tg}\lambda}{\operatorname{tg}\mu}.$$

Mais si l'on désigne par l et l' les demi-largeurs des bâtiments, on a aussi :

$$a\mathrm{O} = \frac{l}{\sin\lambda} = \frac{l'}{\sin\mu}$$

d'où il suit que c'est avec l'axe du bâtiment le plus large que la ligne de voie fait l'angle aigu le plus grand ; et, en vertu de la première relation, que le procédé adopté pour dévoyer a pour effet de rejeter la noue du côté du bâtiment le plus large.

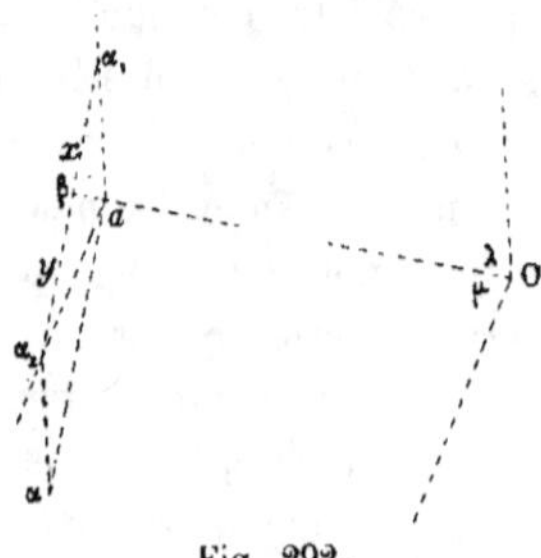

Fig. 292.

En particulier, si les largeurs sont égales, l'opération n'a pas d'effet et il suffit de porter de part et d'autre de la ligne de voie le demi-équarrissage de la pièce.

On peut encore remarquer, en menant du point d des perpendiculaires aux axes des bâtiments, que les équarrissages du poinçon de noue, comptés suivant ces perpendiculaires, sont proportionnels aux largeurs de ces bâtiments ; si ces largeurs sont égales, la section droite du poinçon est un losange.

346. Chevron de noue. — Le chevron de noue a deux faces donnant lieu à une arête rentrante et formées par les plans supérieurs, sur chaque bâtiment, des chevrons c'. De même il devrait avoir deux faces, se coupant suivant une arête saillante, formées par leurs plans inférieurs ; on supprime cette arête saillante en remplaçant les deux faces inférieures par une seule. On est conduit à ce résultat en vue d'assurer la solidité qui lui manque par suite de son arête rentrante. La face inférieure du chevron, dans cette disposition, rencontre les abouts des pannes des deux bâtiments ; on remédie à cet inconvénient en y pratiquant les entailles nécessaires au logement des pannes. De plus, à sa partie supérieure, le chevron rencontre les pannes faîtières en leur point de jonction avec le poinçon de noue, ce qui nécessite une disposition particulière dont nous allons étudier le détail.

Nous supposerons, pour plus de simplicité, que les largeurs des bâtiments sont égales ; alors la pièce est symétrique par rapport au plan vertical de la ligne de voie, et ses arêtes se projettent horizontalement (fig. 293) suivant les trois droites ab, $x_1\beta_1$, $x_2\beta_2$. Soient dc, dl, les deux faces symétriques du losange qui est la section droite du poinçon, dont le centre est au point O ; les axes des bâtiments sont les parallèles menées par ce point aux faces du losange. On en déduit les projections des deux pannes faîtières, et si l'on mène les parallèles x_1a, x_2a aux deux longs pans, la projection horizontale du chevron, symétrique par rapport à la ligne de voie aO, est limitée en $x_2 ε r u d r q x_1 a$.

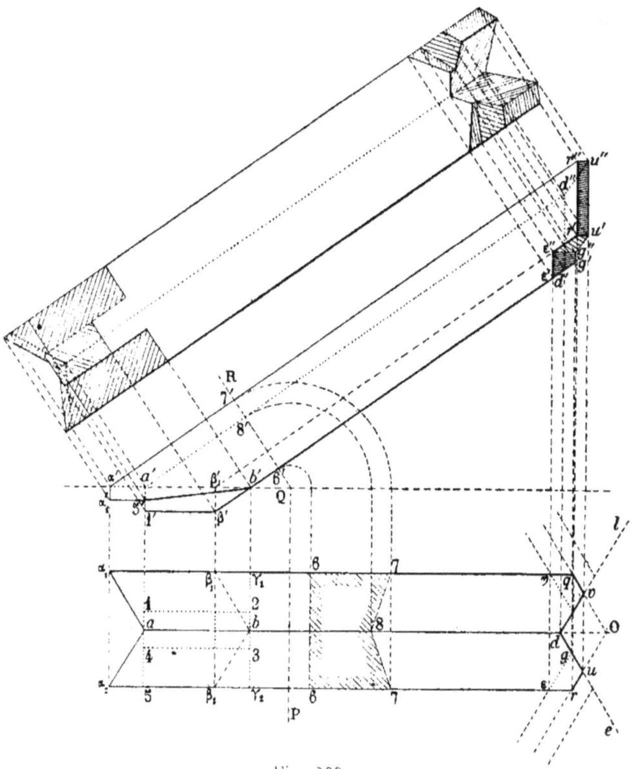

Fig. 293.

Sur le plan vertical, les arêtes $x_1 γ_1$, $x_2 ε$ ont la même projection $x' r''$; dans chacune des faces de front du chevron, se trouve une arête inférieure dont la trace serait sur la ligne de gorge du bâtiment correspondant, si le chevron était délardé. Traçons ces lignes de gorge $b'\beta_1$, $b'\beta_2$, respectivement parallèles à $a\alpha_1$ et $a\alpha_2$, ainsi qu'aux faces dr, dl du poinçon; nous aurons en $b'\varepsilon'$ la projection verticale de l'arête saillante du chevron délardé. Mais, ainsi qu'il a été dit plus haut, on ne le délarde pas et sa base hexagonale $a\alpha_1\beta_1b\alpha_2\beta_2$ est remplacée par le pentagone $a\alpha_1\gamma_1\gamma_2\alpha_2$ ce qui augmente son cube des deux prismes triangulaires dont les bases sont $b\beta_1\gamma_1$ et $b\beta_2\gamma_2$. Les deux arêtes de la face inférieure ont alors leurs traces en γ_1 et γ_2 et se projettent verticalement suivant $b'\varepsilon'$. Quant à l'arête rentrante, sa projection verticale est $a'd''$.

Considérons, sur chaque face de front, la parallèle aux arêtes projetée verticalement en $\beta'_1\varepsilon''$; elle est, relativement à chaque bâtiment, suivant la face, dans le plan inférieur des chevrons, c'est-à-dire dans le plan incliné de la panne faîtière. Celle qui est dans la face $\alpha_2\beta_2$ rencontre donc en ε et en r les arêtes correspondantes du faîte; ces points se relèvent en ε'' et r'. Ils appartiennent l'un et l'autre à l'intersection de la face $\alpha_2\beta_2$ du chevron avec la face εr du faîte; cette intersection est donc projetée et limitée en $(\varepsilon r, \varepsilon''r')$. La face $\alpha_2\beta_2$ du chevron coupe d'ailleurs la face verticale de la panne faîtière, ainsi que le plan vertical projetant la ligne de faîte, qui limite le chevron à sa partie supérieure, suivant des verticales $\varepsilon'\varepsilon''$, $r'r''$; on a ainsi limité la projection verticale commune des faces $\alpha_1\beta_1$, $\alpha_2\beta_2$.

Le plan vertical de la ligne de faîte coupe les plans supérieur et inférieur des chevrons courants suivant des horizontales; on a donc les horizontales $r'u'$ et $r''u''$ et la ligne de rappel du point u pour limiter le rectangle suivant lequel le chevron est coupé par ce plan vertical. L'intersection du plan incliné de la panne faîtière avec la face du poinçon se relève en $u'g''$ par la condition que $\varepsilon''g''$, qui est une arête de cette panne, soit horizontale: on a ainsi en $r'u'\varepsilon''g''$ la face d'occupation du chevron sur le plan incliné du faîte. Enfin les verticales $g'g''$, $\varepsilon'\varepsilon''$ limitent la face d'occupation du chevron sur la face verticale du faîte.

Les faces d'engueulement ont pour projection commune $d'd''u''u'g''g'$.

A sa partie inférieure, le chevron s'assemble sur la sablière à tenon et mortaise avec embrèvement. Le tenon se projette suivant $(1\text{-}2\text{-}3\text{-}4,\ a'b'1'\beta')$; l'embrèvement se compose de deux petits prismes dont l'un a pour projections $5\alpha\alpha_2$ et $5'a'\alpha'\alpha'_1$, et de deux parties telles que $(43\gamma_2 5,\ a'b'5')$. Les parties du tenon et de l'embrèvement projetées suivant $b\beta_1\gamma_1$ et $b\beta_2\gamma_2$ restent hors des mortaises pratiquées dans la sablière ; on peut, si l'on veut, les enlever une fois la pièce mise en place.

On aura la section droite de la pièce en coupant par le plan PQR, perpendiculaire aux arêtes, qui les rencontre aux points $6',7',8'$, rabattus suivant $6,6,7,7,8$. Le pentagone ainsi obtenu donne le rectangle 6-6-7-7, section droite de la pièce capable.

Si l'on donne quartier, on a la projection du chevron sur sa face inférieure, dont les points s'obtiennent par des lignes de rappel et les éloignements donnés par la projection horizontale.

347. Arbalétrier de noue. — On obtient d'une façon analogue les projections de cette pièce. Son pied est semblable à celui du chevron ; il s'assemble dans le tirant au lieu de s'assembler dans la sablière. Comme il est au-dessous des pannes faîtières, il ne les rencontre pas, et sa partie supérieure ne présente que les faces d'engueulement.

CHAPITRE III

ESCALIERS

348. — Lorsque la distance horizontale qui sépare deux niveaux est considérable on peut employer un *plan incliné ;* mais toutes les fois que la pente est supérieure à $\frac{1}{2}$, comme lorsqu'il s'agit de faire communiquer les étages d'une habitation, on établit un *escalier* pour franchir la différence de niveau. L'escalier est composé de *marches*, plans horizontaux sur lesquels on pose le pied (fig. 294), et de *contre-marches*, pièces verticales destinées à réunir deux marches successives et à fermer le jour qui existe entre elles. Chaque contre-marche est assemblée à rainures et languettes dans les deux marches qu'elle réunit.

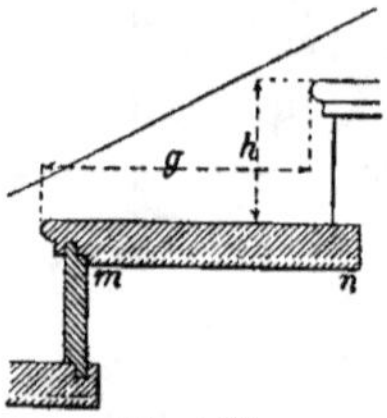

La *hauteur* de la marche est la différence des cotes des faces supérieures de deux marches successives.

Le *giron* est l'espace sur lequel on peut poser le pied lorsque l'escalier est droit ; dans les épures et les calculs, c'est la distance horizontale des faces antérieures de deux contre-marches consécutives ; en pratique, il s'augmente du recouvrement de la marche en avant de la contre-marche.

Fig. 294.

L'*emmarchement* est la longueur d'une marche ; il peut varier d'une marche à l'autre.

Enfin l'*échappée* est la distance verticale d'une marche à la surface d'intrados de la volée supérieure ; cette distance est toujours supérieure à deux mètres.

L'escalier le plus simple est l'escalier dit *à repos*, dans lequel chaque marche est formée d'une seule pièce encastrée dans deux murs latéraux. Cette disposition est dispendieuse.

Plus fréquemment, on emploie des escaliers en *vis à jour*, dans lesquels les marches s'engagent à une extrémité dans le mur de la cage, et à l'autre dans un pan de bois en charpente. La pièce qui sert de base à ce pan de bois est l'*échiffre*, puis viennent les *limons*, assemblés successivement l'un à l'autre ; l'ensemble limite le *jour* de l'escalier. Le mur qui lui sert de base, ou qui remplace tout le pan de bois dans les escaliers à repos, est dit *mur d'échiffre*. Par extension, on donne aussi le nom d'échiffre à tout le pan de bois.

Dans une habitation, l'escalier est formé de plusieurs révolutions, séparées par des espaces horizontaux nommés *paliers*, qui sont destinés à donner des points de repos et à assurer l'accès des divers étages. Une *marche palière*, plus large que les autres, remplace quelquefois le palier. La *marche d'arrivée* est celle qui donne accès au palier ; la première marche de l'escalier est le *remontoir*.

Lorsque l'escalier est composé de parties droites et de parties courbes, les premières s'appellent *volées*, les autres *quartiers tournants*. Dans les quartiers tournants, les arêtes saillantes des marches ne sont pas parallèles comme dans les volées ; le giron ne peut plus alors se mesurer comme il a été dit. Dans ce cas, on trace une courbe parallèle à la projection horizontale de la courbe de jour, et à une distance de celle-ci égale à celle du bras tendu lorsque la main repose sur la rampe. Cette ligne, supposée dans l'espace à l'intersection de la surface des arêtes saillantes des marches avec le cylindre qui la projette horizontalement, est celle que l'on suit généralement, soit en montant, soit en descendant l'escalier. On l'appelle *ligne de foulée* ou *courbe de gironnement*, et c'est sur elle que l'on mesure le giron.

Le *collet* d'une marche est sa largeur, comptée à l'extrémité encastrée dans le limon.

La hauteur des marches et la grandeur des girons varient avec l'importance du bâtiment et l'espace plan disponible comparé à la différence de niveau que l'on doit franchir. Le rapport de celle-ci au développement horizontal de l'escalier détermine la pente, qui est aussi le rapport de la hauteur d'une marche au giron. Cette pente ne peut varier qu'entre des limites assez rapprochées, et l'expérience prouve que les escaliers dont la pente est trop raide, comme ceux qui sont à pente douce, sont d'un usage également gênant. On applique ordinairement l'une des formules suivantes, qui établissent une relation entre la hauteur h et le giron g :

$$g + 2h = 0^{m}64$$
$$g + h = 0^{m}48$$

Elles sont toutes les deux satisfaites par $g = 0^{m}32$ et $h = 0^{m}16$, valeurs généralement adoptées lorsqu'on dispose d'un emplacement suffisant.

Connaissant le giron et la hauteur des marches, il n'y a plus qu'à en déterminer le nombre ; soient pour cela H la distance verticale à franchir entre deux paliers successifs, G la longueur de la ligne de foulée en projection horizontale et n le nombre de marches ; on a :

$$nh = H$$

et, en admettant que la dernière marche fasse corps avec le palier supérieur :

$$(n - 1)g = G.$$

Supposons qu'on adopte la première formule, dite formule de Blondel ; si l'on y remplace g et h par leur valeur en fonction de n, on a :

$$nG + 2nH - 2H = 0,64n^{2} - 0,64n.$$

Comme h est voisin de 0,16, on peut remplacer 2H par $2 \times 0,16n$: on peut alors supprimer le facteur n, et il vient en résolvant :

$$n = \frac{G + 2H + 0,32}{0,64}.$$

On prend alors pour n le nombre entier voisin du nombre trouvé, pair de préférence, et l'on en déduit g et h au moyen des relations précédentes.

349. Balancement des marches. — Considérons un escalier composé d'une volée et d'un quartier circulaire. Soient $abcdefghi$, ABCDEFGHI, les traces horizontales du cylindre de jour et du cylindre de foulée (fig. 295).

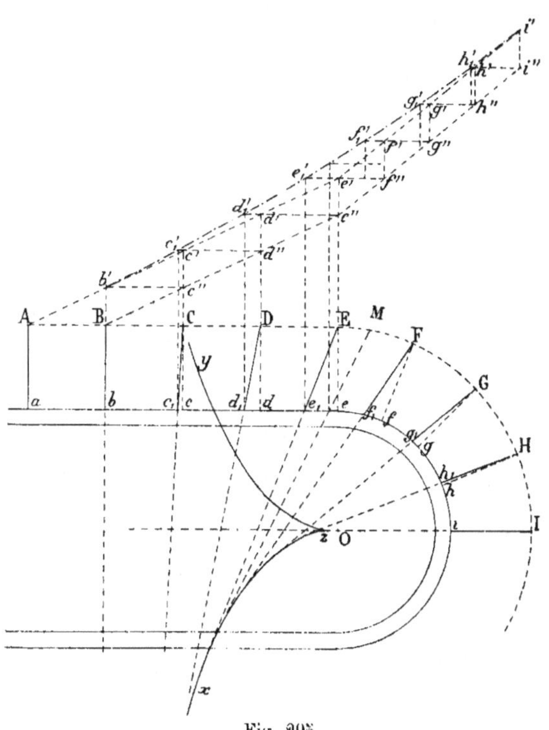

Fig. 295

Si l'on opérait dans le quartier tournant, comme dans la

volée, les arêtes saillantes des marches Aa, Bb, Cc,...... Hh seraient normales à la courbe de jour, le giron conservant toujours la même valeur, déterminée comme nous l'avons vu ci-dessus. Mais l'on voit immédiatement que, dans ce cas, le collet subit une brusque variation et passe de la valeur *de* à la valeur *ef*, qui sont entre elles dans le rapport des rayons du cylindre de foulée et du cylindre de jour.

Il suit de là que si l'on développe l'escalier sur un plan parallèle à la volée, en portant successivement la hauteur d'une marche et le développement horizontal d'un collet, les traces sur le cylindre de jour des arêtes saillantes des marches sont sur une ligne $Ae'i'$ brisée en e', et les arêtes rentrantes sur une autre ligne brisée $Be''i''$, que l'on peut obtenir en descendant la première d'une hauteur verticale égale à la hauteur d'une marche. Il en résulterait pour le limon une brisure qui produirait un effet désagréable. C'est pour toutes ces raisons que l'on a recours au *balancement* des marches.

On remplace la ligne brisée $Ae'i'$, par une courbe $b'e_1'i'$, tangente à Ab' au point b' où l'on veut faire commencer le balancement et passant par le point i', développement de la trace de l'arête saillante de la marche qui se trouve au milieu du quartier tournant.

Au point i', milieu de la partie balancée, il est essentiel qu'il y ait une variation sensible de collet d'une marche à l'autre. C'est pourquoi, la courbe *ne doit pas être tangente* à la droite $e'i'$.

Soient c_1', d_1'. . les points d'intersection des prolongements des marches avec la courbe ainsi définie ; projetons c_1', d_1'. e_1' en c_1, d_1. e_1, et sur le quartier tournant, prenons les arcs e_1f_1, f_1g_1, g_1h_1 respectivement égaux aux distances horizontales entre les lignes de rappel des points e_1', f_1', g_1', h_1', nous aurons les nouveaux collets. On voit que leur variation a été rendue progressive et que les deux inconvénients signalés ont disparu.

La courbe du balancement MND a été représentée à part (fig. 296).

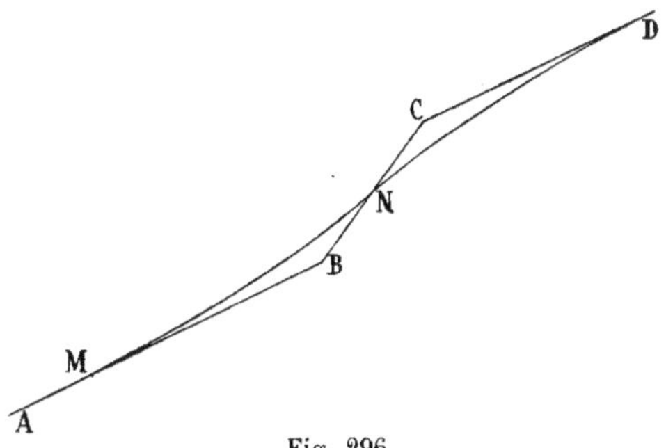

Fig. 296

On substitue souvent à ce procédé un balancement dit *arithmétique* [1]. Soient n le nombre des marches balancées, l le

1. L'exposé seul de ce procédé est arithmétique et il est aisé de l'interpréter géométriquement.

Quelle que soit la courbe de balancement adoptée, ses abscisses horizontales, comptées à partir du point i', correspondantes aux ordonnées des plans supérieurs de chaque marche comptées à partir du même point, sont respectivement égales à la somme de tous les collets de la marche considérée et des marches supérieures. Dans le cas du balancement arithmétique, ces abscisses ont respectivement pour valeurs

$$c, \quad 2c+r, \quad 3c+3r, \quad 4c+6r, \quad \ldots\ldots\ nc+\frac{1}{2}n(n-1)r,$$

et il est facile de voir que les traces des arêtes saillantes des marches sur le cylindre de jour développé sont sur la *parabole* dont l'axe est horizontal et qui a pour équation

$$y\,[ry+h\,(2c-r)] - 2h^2x = 0$$

ou, en remplaçant r et c par leurs valeurs en fonction des données g, l, n,

$$y\,[(ng-l)\,y + (2n-1)\,hl - n^2gh] - n(n-1)\,h^2x = 0.$$

Si l'on cherche la tangente à cette courbe au point A, on trouve que son coefficient angulaire est égal à

$$\frac{h}{c+\left(n-\frac{1}{2}\right)r}$$

et diffère par conséquent de

$$\frac{h}{g} \equiv \frac{h}{c+(n-1)\,r}$$

développement de la partie balancée du cylindre de jour, c le plus petit collet, et r la différence, supposée constante, de deux collets consécutifs. Les valeurs des collets sont par suite :

$$c, \; c + r, \; c + 2r, \; c + 3r, \ldots c + (n-1)r,$$

et le dernier collet doit être égal au giron, d'où

$$c + (n-1)r = g.$$

Si l'on fait la somme des termes de cette progression, il vient

$$l = \frac{c+g}{2} \, n.$$

On a donc deux équations pour déterminer r et c. Si la valeur trouvée pour c paraît trop petite, il faudra augmenter l et par suite le nombre des marches balancées.

Cela posé, soient Aa, Bb, Cc, Dd, ... Ii les projections des arêtes saillantes des marches, une fois le balancement effectué (fig. 295). Dans l'espace, ces arêtes sont dans des plans horizontaux équidistants ; on peut donc les regarder comme des génératrices d'un hélicoïde gauche à plan directeur horizontal dont une directrice est immédiatement connue,

qui est celui de la droite Ae'.

On peut alors chercher une parabole qui ait son axe horizontal, qui passe par les points i et A, et *qui soit tangente* en ce dernier à la droite Ae', comme cela est indiqué dans le balancement géométrique. Cette parabole peut se construire par points, comme aussi on peut trouver son équation qui est

$$y \left[\frac{y}{nh} \left(g - \frac{l}{n} \right) + \frac{2l}{n} - g \right] - hx = 0 .$$

Elle présente en outre cet avantage que le premier collet, correspondant à $y = h$, a pour valeur

$$\frac{2l}{n} - g + \frac{1}{n} \left(g - \frac{l}{n} \right).$$

Or $g - \dfrac{l}{n}$ est toujours positif, sans quoi il n'y aurait pas lieu à balancement. Il suit de là que cette valeur est toujours supérieure à celle du premier collet dans le balancement arithmétique, qui est $\dfrac{2l}{n} - g$.

puisque les traces des arêtes saillantes des marches sur le cylindre de foulée n'ont pas été modifiées par le balancement, et que ces traces sont sur une hélice. Il faut une seconde directrice pour achever de définir la loi de variation de la génératrice. On pourrait prendre la courbe $A'e_1'i''$, enroulée sur le cylindre de jour ; mais il est plus simple de tracer l'enveloppe des projections horizontales des arêtes saillantes des marches. On a ainsi une courbe xyz, base d'un cylindre droit que l'on peut donner comme noyau à l'hélicoïde, qui par là est complètement défini. Pour en avoir une génératrice quelconque, par exemple celle qui passe par un point M pris arbitrairement sur la ligne de foulée, menons par ce point une tangente à la courbe enveloppe, puis relevons sur l'arc de courbe $c_1'f_1'$ le point où la tangente à l'enveloppe rencontre la trace horizontale du cylindre de jour ; la projection verticale de la génératrice cherchée est l'horizontale de ce point [1].

350. Limon d'escalier tournant. — Les limons d'escaliers peuvent se présenter sous deux formes : dans les escaliers à *crémaillère* le limon terminé en dessous par la surface hélicoïdale précédemment définie, est taillé à la partie supé-

---

1. Il faut avoir soin, dans le tracé de la courbe xyz, de placer son rebroussement z un peu à gauche du centre O du quartier tournant. Si l'on désigne par α et β les inclinaisons respectives de la droite $i'e'$ et de la tangente en i' à la courbe $i'e_1'$, par R et r les rayons du cylindre de foulée et du cylindre de jour, et si l'on pose :

$$m = \frac{\operatorname{tg}\alpha}{\operatorname{tg}\beta}$$

j'ai prouvé que l'on a :

$$Oz = \frac{(m-1)Rr}{R - mr}$$

valeur qui ne peut être nulle que si $\alpha = \beta$; or il a été spécifié que la courbe $i'e_1'$ n'est pas tangente à la droite $i'e'$ et, en pratique, on a toujours $R > mr$.

Il suit de là que le point z est toujours à gauche du point O.

M. Mannheim a conclu de cette valeur la construction suivante : élever au point I la perpendiculaire II_1 à OI, vue du point O sous l'angle β ; élever de même la perpendiculaire ii_1 vue du point O sous l'angle α ; la droite $I_1 i_1$ passe au point de rebroussement.

rieure pour recevoir directement les marches et contre-marches ; il arrive aussi que le limon ne soit pas entaillé et soit limité, à sa partie supérieure comme à sa partie inférieure, par des surfaces parallèles ; l'extrémité des marches est alors cachée par le limon. Quoique cette forme soit surannée, nous l'adopterons pour simplifier l'épure.

Figurons, comme plus haut, la trace horizontale du cylindre de foulée, et soient ABC...., abc...., (fig. 297) celles des faces extérieure et intérieure de l'échiffre. Soient Aa la première marche balancée et ω la courbe à laquelle sont tangentes les projections horizontales des arêtes saillantes des marches.

Comme l'indique la coupe jointe à l'épure, la face inférieure de l'échiffre passe un peu au-dessous des arêtes rentrantes des marches, et la face supérieure passe un peu au-dessus des arêtes saillantes.

Elles coïncident respectivement avec la surface hélicoïdale définie plus haut (349), qu'on aura abaissée ou élevée d'une certaine quantité.

Nous allons représenter le limon limité par deux assemblages que nous placerons en P et en Q.

Projetons d'abord l'assemblage P sur un plan vertical parallèle à l'échiffre. Les traces des arêtes saillantes des marches sur la surface extérieure de l'échiffre sont projetées aux points β', γ'...., si l'on a pris sur les lignes de rappel des points B, C..., les longueurs $\beta\beta'$, $\gamma\gamma'$.... égales à la hauteur des marches. En portant ensuite Bβ et Cγ égales à tz et B'β', C'γ' égales à xy, on a les projections de points situés sur les courbes suivant lesquelles le cylindre de jour rencontre les faces inférieure et supérieure du limon. Menant par ces points des horizontales jusqu'aux lignes de rappel des points b et c, on obtient de même les courbes analogues sur le cylindre qui limite intérieurement le limon. Si l'on coupe le limon par les droites debout des points C et C', on voit aisément que, de ces quatre courbes, une seule est cachée ; celle qui à l'intersection de la face supérieure avec le cylindre de jour.

La projection horizontale P du joint est prise à égale dis-

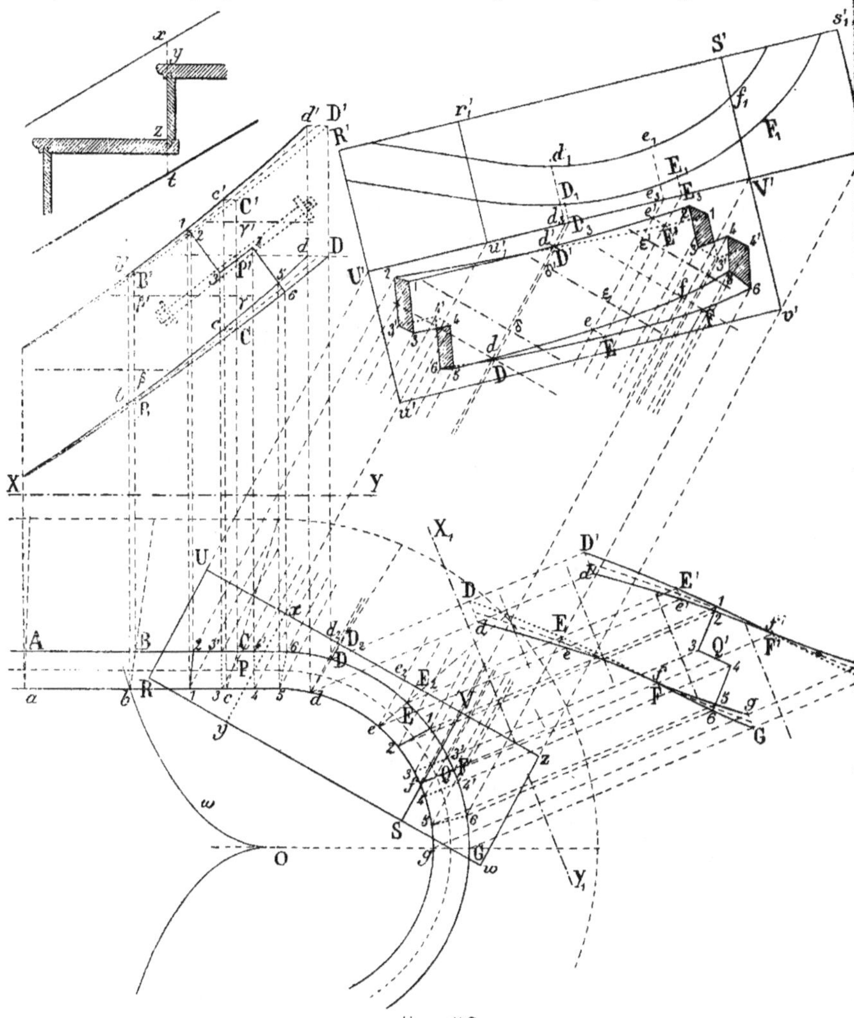

Fig. 297.

tance des faces latérales de l'échiffre. Soit P' la projection verticale, prise de même à égale distance des faces supérieure

et inférieure. Une face du joint est un plan debout 3-4 tangent à l'intersection du cylindre qui renferme le point P' et d'un hélicoïde parallèle aux faces supérieure et inférieure du limon et passant par le point P' ; les deux autres faces de l'assemblage sont parallèles entre elles et sont situées dans deux plans debout 1-2-3, 4-5-6 perpendiculaires au premier et distants du point P' de la moitié de l'épaisseur du joint.

La face 1-2 coupe la face supérieure du limon suivant une courbe projetée en 1-2 et sensiblement droite ; on peut d'ailleurs en déterminer un point intermédiaire sur le cylindre moyen. On obtient de même en 2-3', 1-3, 3'-3, 3-4, 3'-4', 4'-4, 4-5, 4'-6, 5-6 les projections horizontales des autres arêtes qui limitent les faces de l'assemblage.

Les mêmes constructions donnent sur un plan X_1Y_1, parallèle au plan tangent en Q au cylindre moyen, la projection de la portion de l'échiffre située de part et d'autre de l'assemblage suivant. Il faut observer seulement que, dans les limites de cette projection, se trouve une génératrice debout Ff de chaque hélicoïde. Il suit de là qu'en projection verticale, les courbes qui limitent le limon se rencontrent aux points f et f', où leur visibilité est changée.

Cela posé, on cherche le parallélipipède capable : on figure deux plans verticaux UV et RS qui comprennent la projection horizontale du limon et qui seront deux faces opposées du parallélipipède ; l'on fait ensuite sur ces plans une nouvelle projection verticale du limon par les mêmes moyens que les deux premières. Il y a, comme dans la précédente, une génératrice debout ; elle est voisine de Dd, et les projections verticales des arêtes du limon se coupent en des points voisins de d et d'.

Inscrivons cette projection dans un rectangle U'V'$u'r'$ le plus petit possible ; il achève de déterminer le parallélipipède capable, dont les arêtes debout sont alors projetées en UR, xy, VS et zu.

Afin de tailler la pièce, prolongeons les cylindres verticaux qui limitent le limon jusqu'aux faces $U'V'$ et $x'y'$ du parallélipipède, et cherchons leurs traces sur ces plans. La face supérieure URSV se rabat autour de $U'V'$ en $R'S'V'U'$; les points d'intersection des génératrices des cylindres avec cette face se relèvent par les moyens habituels, leurs éloignements étant donnés en projection horizontale. On a ainsi deux courbes formées chacune d'une droite et d'un arc d'ellipse.

Transportons maintenant la face inférieure parallèlement à elle-même jusqu'à ce que $u'v'$ vienne en $u_1'r_1'$, les nouvelles courbes ont avec les précédentes une partie commune limitée aux droites $r_1'u_1'$ et $S'V'$. Pour un point tel que F, situé sur la partie non commune, il suffit de l'élever d'une quantité convenable EE' pour l'amener sur la face supérieure du limon et d'opérer ensuite sur ce point comme sur les précédents ; les arcs de courbe situés entre $u_1'r_1'$ et $s_1'v_1'$ sont les traces des cylindres sur la face inférieure.

Dans la pratique, on construit ces courbes sur les faces mêmes du parallélipipède dont la face $U'V'u'v'$ a été préalablement rendue horizontale. On en repère les points au moyen du fil à plomb, et des éloignements pris sur la projection horizontale. On creuse alors le prisme suivant les deux surfaces cylindriques et l'on achève de tailler le limon au moyen des longueurs telles que $d'd_3$... $D'D_3$... qui donnent les points des arêtes.

351. Raccordement de l'échiffre avec le palier. —

A chaque palier, une poutrelle, dont les extrémités sont encastrées dans les murs de la cage de l'escalier, s'assemble avec le dernier limon inférieur et avec le premier limon supérieur.

La figure 298 représente les projections de ces assemblages.

Entre la volée et le palier, l'échiffre est limité, à sa face supérieure et à sa face inférieure, par un conoïde à plan directeur horizontal dont on se donne, sur le cylindre droit de base $\alpha\beta$, une courbe directrice à la fois tangente à l'arête correspondante de la partie horizontale et à celle de la partie inclinée[1]. Les joints sont formés sur chaque face de l'échiffre,

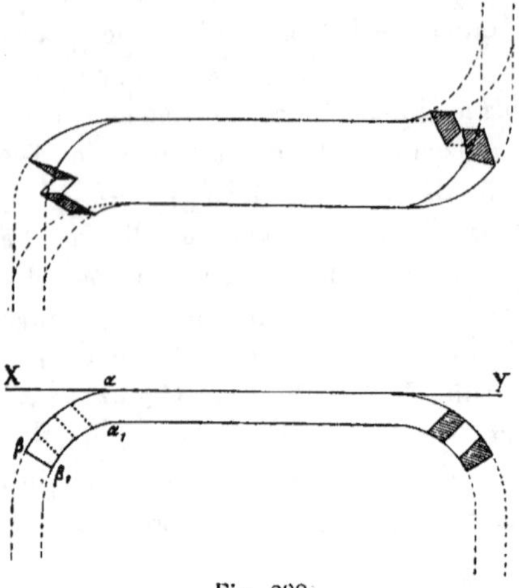

Fig. 298.

par une petite sur-
face plane normale
à la courbe d'inter-
section de la face
avec le cylindre
moyen; chaque joint
se complète par une
troisième face sen-
siblement perpendi-
culaire aux premiè-
res.

La partie hori-
zontale du limon
peut faire corps avec
la poutrelle; dans le
cas contraire, on la
taille à part et on la boulonne sur celui-ci.

352. Escalier anglais. — On nomme ainsi un escalier
sans limon dont les marches, solidement boulonnées (fig. 299)

1. Soient G_1 la dernière génératrice de la partie inclinée de l'échiffre,
G_2 la première génératrice de la partie horizontale.

Si le conoïde est droit, sa directrice verticale est nécessairement celle dont
le pied est le point d'intersection des projections horizontales de G_1 et de G_2.
Il se raccorde avec la partie horizontale de l'échiffre; en effet, le plan tangent à l'infini sur G_2 est horizontal, ainsi que le plan tangent au point ou G_2
rencontre la courbe $\alpha\beta$ puisque la tangente à cette courbe en ce point est
horizontale par construction. La génératrice G_2 est donc singulière, et le
plan tangent au conoïde est horizontal tout le long de la génératrice.

En particulier, la courbe analogue à $\alpha\beta$ sur le cylindre intérieur de l'échiffre
se raccorde comme la première avec l'arête correspondante de la partie
horizontale de l'échiffre. Le point central est sur la directrice verticale et la
génératrice singulière est conique.

Le conoïde ne se raccorde pas avec la partie inclinée de l'échiffre. En
effet, si le plan tangent au conoïde coïncide avec le plan incliné de l'échiffre
au point de G_1 sur $\alpha\beta$, il en diffère au point à l'infini ainsi qu'au point sur
la directrice verticale.

Il y a donc nécessairement une brisure, qu'il serait aisé d'éviter en remplaçant la directrice rectiligne de la surface gauche par une autre directrice
choisie de façon que la génératrice G_1 soit aussi génératrice singulière.

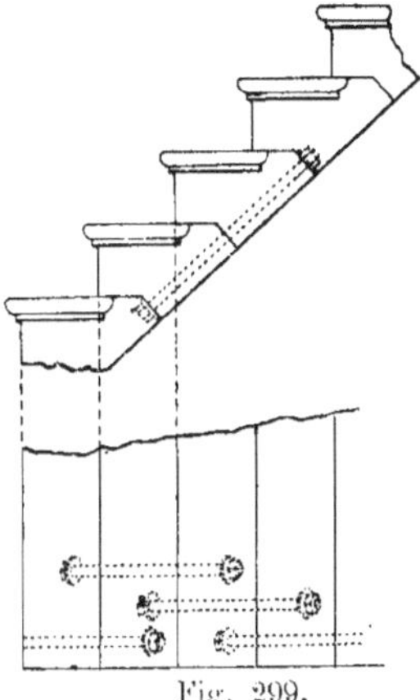

Fig. 299.

reposent simplement l'une sur l'autre.

L'escalier à crémaillère (350), ou *demi-anglais*, possède en même temps l'aspect gracieux de l'escalier anglais et la solidité de l'escalier à limon plein (fig. 300). Il est formé de marches qui reposent sur la crémaillère, et de contre-marches qui s'assemblent avec elles à onglet suivant le plan ab (319), ou lorsqu'il y a balancement suivant a_1b_1.

La crémaillère elle-même se

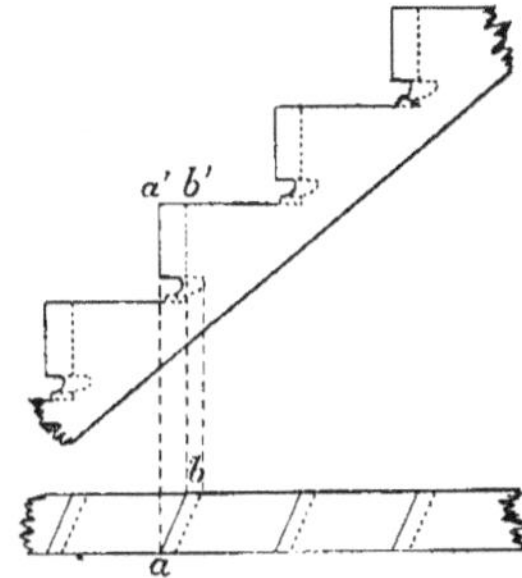
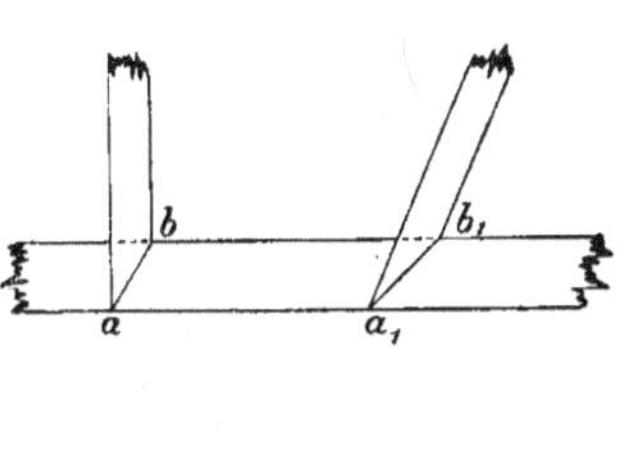

Fig. 300.

compose de pièces boulonnées, dont les joints sont normaux à la trace du cylindre moyen sur sa face inférieure.

FIN

ERRATA

Page 12, fig. 13. La ponctuation de la mortaise n'est pas exacte.

Page 75. Le paragraphe 65 devrait être en caractères maigres (voir la Préface).

Page 106, ligne 8. *Au lieu de ff, Lisez ff'*.

Page 205, ligne 10.　　» sent. » sont.

Page 330, ligne 23, et page 345, lignes 12 et 18. *Au lieu de* du troisième ordre. *lisez* d'ordre supérieur au second.

Page 389. Les paragraphes 299 et 300 devraient être en caractères maigres.

Page 414, ligne 11. *Après* croix de St-André, *ajoutez* A.

Page 427, figure 287. Dans la projection horizontale de l'empanon, l'arête 6-8 doit être en points ronds.

Page 431, ligne 5. *Au lieu de* Enfin, *lisez* enfin.

Pages 437-444. Les paragraphes 345, 346 et 347 devraient être en caractères maigres.

Page 442, figure 293. L'arête 2-3, figurée comme cachée en projection horizontale. n'existe pas.

TABLE DES MATIÈRES

CHAPITRE III.

DEUXIÈME PARTIE

COURBES ET SURFACES

CHAPITRE I.

CHAPITRE II.

CHAPITRE III.

CHAPITRE IV.

CHAPITRE V.

CHAPITRE IX.

COURBURE DES SURFACES

CHAPITRE X.

TRACÉ DES LIGNES D'OMBRE

TROISIÈME PARTIE

CHARPENTE

CHAPITRE PREMIER.

CHAPITRE II.

COMBLES. CROUPE BIAISE. NOUE

FIN DE LA TABLE DES MATIÈRES.

Fig. 1.
Fig. 2.
Fig. 1.

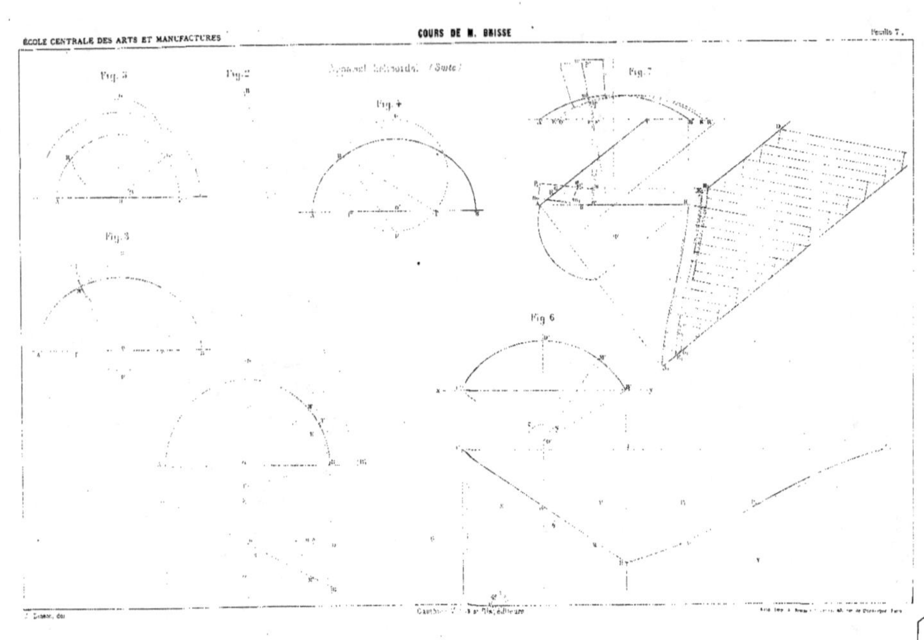
Fig. 1
Fig. 2
Fig. 3
Fig. 4
Fig. 6
Fig. 7
Appareil hélicoïdal (Suite)

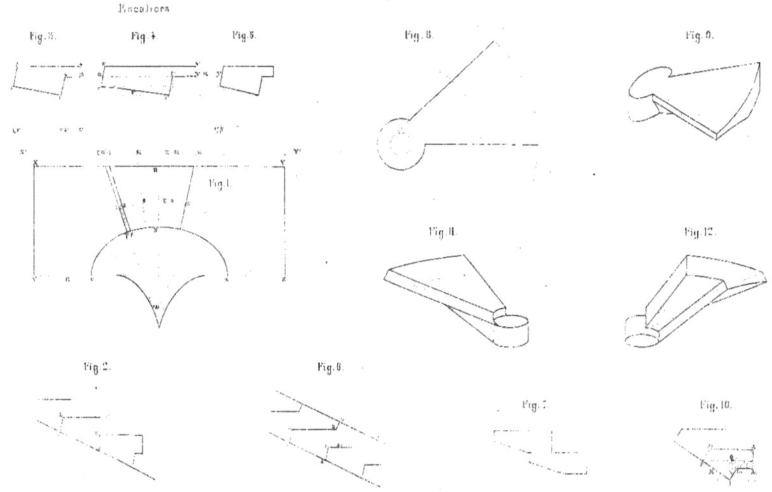
Escaliers
Fig. 3.
Fig. 4.
Fig. 5.
Fig. 8.
Fig. 9.
Fig. 1.
Fig. 11.
Fig. 12.
Fig. 2.
Fig. 6.
Fig. 7.
Fig. 10.

Gauthier-Villars et fils, éditeurs.

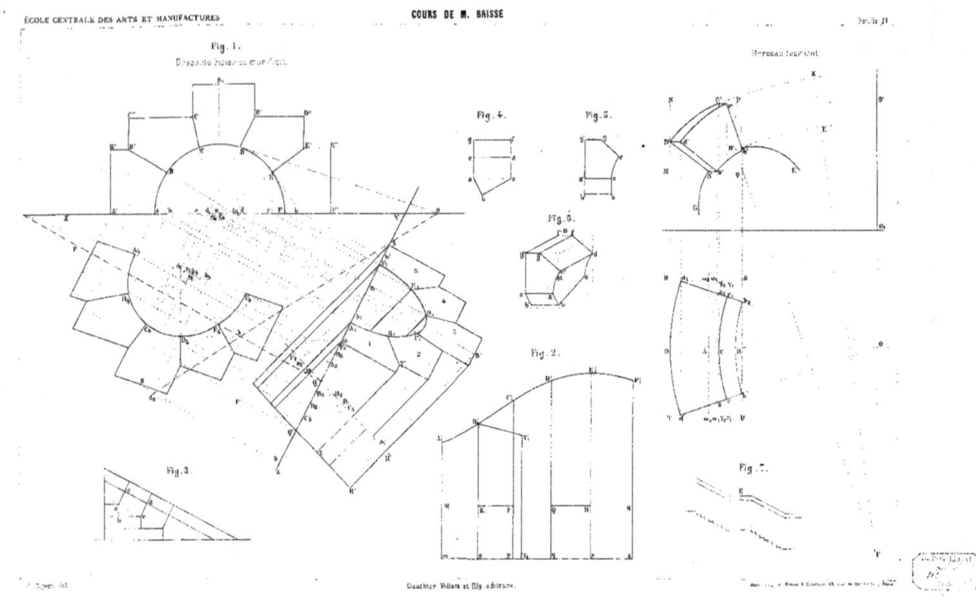
Fig. 1.
Fig. 2.
Fig. 3.
Fig. 4.
Fig. 5.
Fig. 6.
Fig. 7.
Berceau tournant